LUFTVERTEIDIGUNG DER DDR

FLA-RA-KOMPLEX S-200 »WEGA«

Peter Kraus

Motor buch Verlag

Einbandgestaltung: Frank Zähringer unter Verwendung von Bildern von Cooper6 (© GFDL) und Vitaly Kuzmin (© CC BY-SA 4.0).

Bildnachweis: siehe Abschnitt 12.7.

ISBN: 978-3-613-04212-4

1. Auflage 2019

Sie finden uns im Internet unter www.motorbuch-verlag.de

Lektorat: Martin Gollnick
Innengestaltung: Anneliese Meier
Druck und Bindung: Graspo CZ, 76302 Zlín
Printed in Czech Republic

Ich widme dieses Buch allen Zivilangestellten, Soldaten, Unteroffizieren, Fähnrichen und Offizieren sowie deren Angehörigen, die von der ersten Stunde an bei der Aufstellung der ersten Fla-Raketen-Abteilungsgruppe des Fla-Raketen-Systems S-200 der DDR-Luftverteidigung in Prangendorf dabei sein durften. Zur Erinnerung an die Entbehrungen in dieser aufopferungsvollen, aber auch spannenden Zeit.

Peter Kraus
Hauptmann a. D.

Inhalt

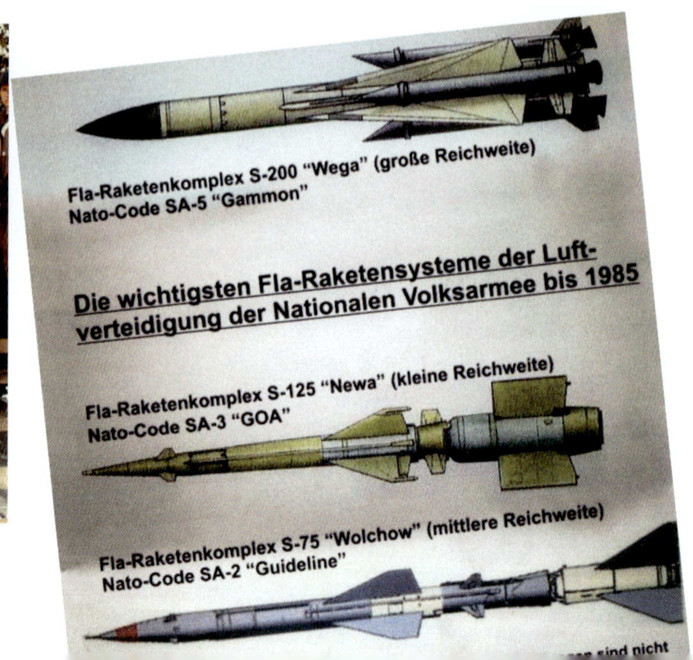

Fla-Raketenkomplex S-200 “Wega” (große Reichweite)
Nato-Code SA-5 “Gammon”
Die wichtigsten Fla-Raketensysteme der Luft-
verteidigung der Nationalen Volksarmee bis 1985
Fla-Raketenkomplex S-125 “Newa” (kleine Reichweite)
Nato-Code SA-3 “GOA”
Fla-Raketenkomplex S-75 “Wolchow” (mittlere Reichweite)
Nato-Code SA-2 “Guideline”

NATO-OTAN

Dieter Lehmer.

Geleitwort

Mit der Einführung des weitreichenden Fla-Raketensystems S-200 »WEGA« begann Anfang der 1980er-Jahre eine neue Etappe der Entwicklung der Fla-Raketentruppen der Luftverteidigung der DDR.
Auf der Grundlage einer neuen Struktur wurde erstmalig eine neue taktische Einheit, eine Fla-Raketen-Abteilungsgruppe (FRAG) geschaffen. Sie bestand in Prangendorf aus zwei Fla-Raketenabteilungen und einer Technischen Abteilung, die in einem Objekt (Stellungssystem) untergebracht waren. Die Gefechtsmöglichkeiten einer solchen FRAG waren um ein Vielfaches höher als die der bestehenden Fla-Raketenabteilungen (S-75 und S-125).
Der Autor Peter Kraus war als Offizier der Startausrüstung von Anfang an direkt am Prozess der Ausbildung in Gatschina, der Übernahme, Entfaltung und Herstellung der Einsatzbereitschaft der Technik beteiligt. Seine in diesem Buch gemachten Aussagen und die Darstellungen des Waffensystems S-200 sind also authentisch.
Auf der Grundlage von vorhandenen deutschen Projektierungsunterlagen, seiner eigenen Erfahrungen, umfangreichen Recherchen und vielen Gesprächen mit Beteiligten ist es ihm gelungen, ein reales Bild der Besonderheiten des Fla-Raketensystems S-200 zu zeichnen. Damit würdigt er auch die großen Anstrengungen der Soldaten, Unteroffiziere, Fähnriche und Offiziere, die sie bei der Entfaltung und beim Aufbau des Systems unternommen haben.
Mit diesem Buch wird eine Lücke in der Literatur über die Fla-Raketentruppen der Luftverteidigung der DDR geschlossen.
Ich wünsche diesem Buch von Peter Kraus möglichst viele Leser – und dem Autor die gebührende Anerkennung.

Dieter Lehmer
Oberst a. D.

Vorwort

Es war eine Kette von Zufällen, die mich Ende 2015 veranlasste, ein Buch über ein Waffensystem der Luftverteidigung der DDR zu schreiben, über ein Luftabwehrsystem, von dem bis heute noch nicht viel bekannt ist.
Das mag sicher auch daran liegen, dass über dieses Fla-Raketensystem S-200 »Wega« bis zum Ende der NVA der Deckmantel strengster Geheimhaltung gelegt war und nur ein vergleichsweise kleiner Teil der Armeeangehörigen der Waffengattung »Luftverteidigung« dabei sein durfte, als der Komplex aufgebaut und in das Diensthabenden-System des Warschauer Vertrages übernommen wurde.
Um das damalige Vorhaben der Staats- und Militärführung der DDR zur Einführung dieses Waffensystems vollends zu verschleiern, mussten wir seinerzeit unsere mit Stolz getragene Uniform mit der Waffenfarbe der Luftverteidigung, unser Hellgrau, gegen das Himmelblau der Luftstreitkräfte eintauschen.
Das im Jahr 2004 erschienene Buch »Blazing Skies« (Flammende Himmel) von Wilhelm von Spreckeisen und Wolf-Jochen Vesper wurde mir erst Jahre nach seinem Erscheinen bekannt, und ich las es mit großem Interesse. »Blazing Skies« ist eine umfassende Publikation über die Flugabwehrraketentruppe der Luftwaffe der Bundeswehr und stellt deren Entwicklung bis weit nach dem Ende der DDR und der NVA dar. In dem Kapitel »Die Integration der Flugabwehrraketenverbände der Nationalen Volksarmee« stellen sich die Verfasser die Frage, ob die Geschichte der Fla-Raketenverbände der NVA nicht auch in ihrem Buch Platz hätte finden müssen. Sie kamen aber zu der aus meiner Sicht berechtigten Auffassung, dass eine derartige Ausweitung des Themas für ihr Buch nicht angemessen gewesen wäre.
Wer auch sollte besser über diesen eigenständigen NVA-Teil der Geschichte deutscher Fla-Raketentruppen berichten können, als deren Armeeangehörige selbst.
Inzwischen gibt es auf dem Fachbuchmarkt zur Militärgeschichte der Nationalen Volksarmee kaum eine Waffengattung, über die mehr Bücher veröffentlicht wurden, als über die geheimnisumwobenen Fla-Raketentruppen der Luftstreitkräfte/Luftverteidigung der NVA. 2010 erschien das Buch »Die Fla-Raketentruppen der Luftverteidigung der DDR« von Bernd Biedermann und Siegfried Horst, 2011 folgte »Das Fla-Raketenregiment 13 – Edgar Andre Parchim« von Burghard Keuthe, und im Jahr 2012 folgten zwei weitere Publikationen mit den Titeln: »43. Fla-Raketenbrigade ›Erich Weinert‹« von Bernd Kirchhainer et al. und »Der Fla-Raketenkomplex S-300 PMU in der NVA« von Bernd Biedermann et al.

Ich habe alle Bücher gelesen, im letztgenannten sind auch zwei Beiträge von mir enthalten. Leider musste ich aber feststellen, dass keines dieser Bücher umfassende Kenntnisse über das Waffensystem S-200 vermitteln konnte. Das liegt schlichtweg daran, dass keiner der Autoren in seiner militärischen Laufbahn dieses Waffensystem eingehend kennen lernen konnte.
Als ich im März 2015 aus Anlass des Jahrestages der NVA wieder am Treffen von »Ehemaligen« in Sanitz teilnahm – nicht, um alten Zeiten hinterher zu trauen, sondern um sich über Erlebtes auszutauschen –, traf ich zum ersten Mal nach der Wende einen alten Weggefährten meines Jahrganges wieder, Hauptmann a. D. Joachim Kraekel. Joachim war beim S-200er in einer funktechnischen Kompanie tätig. Wir hatten uns Einiges zu erzählen. Im Gespräch äußerte ich meinen Wunsch, noch einmal die alte Stellung zu besuchen. Joachim meinte nur, dass dies sich über Fred Pinske, ebenfalls Hauptmann a. D. und Weggefährte, doch organisieren lassen müsste. Ich hingegen hegte da so meine Zweifel, da die gesamte Stellung noch aktiv von der Bundeswehr-Luftwaffe genutzt wird.
Was ich nicht wusste: Fred war zu diesem Zeitpunkt Kasernenkommandant der Dienststelle Sanitz im Dienstgrad Hauptmann der Bundeswehr und durchaus berechtigt, kontrollierte Besichtigungen zu ermöglichen. Schnell war der Kontakt hergestellt, und schon hatte ich einen Termin für mein Vorhaben.
Eigentlich interessierte mich vorerst nur eine Startstellung, mein ehemaliger Wirkungsbereich beim S-200. Fred ließ es sich natürlich nicht nehmen, mich bei diesem Besuch in der Stellung Prangendorf/Gubkow persönlich zu begleiten. Vorsorglich hatte ich Fotoapparat, Zeichenmaterial, einen digitalen Entfernungsmesser und einen Zollstock mitgebracht. Während Fred streng darauf achtete, dass ich nicht versehentlich in den aktiven Bereich der Bundeswehr hinein fotografierte, und dabei viel zu erzählen hatte, versuchte ich, im Eiltempo alles zu vermessen, was die Startstellung mit dem doppelten Raketenbunker hergab. Irgendwie beschäftigte ich mich wohl schon mit dem Gedanken, diese Angaben für die Nachwelt festzuhalten, auch wenn ich noch keine Vorstellung davon hatte, in welcher Form das geschehen könnte.
Nach diesem ersten Termin und der Auswertung meiner Bilder und Zeichnungen stellte ich fest, dass ich für eine umfassende Gesamtdarstellung weitere Fotos der noch vorhandenen Anlagen der alten S-200 Stellung machen musste. Auch ein zweiter Termin war schnell gemacht, und ich fotografierte noch mehr Details der alten Anlagen bzw. von ihren Überresten.
Weitere glückliche Umstände führten schließlich dazu, dass ich Zugang zu alten Original-Unterlagen über das gesamte Stellungssystem des S-200 in Prangendorf erhielt. Dies war

die eigentliche Geburtsstunde für mein Vorhaben, ein Buch über den ersten Fla-Raketenkomplex S-200 der DDR-Luftverteidigung zu schreiben.
Ein Teil dieser Unterlagen befand sich in Form von losen Blättern in mehreren blauen Müllsäcken, ein anderer Teil war in muffig riechenden und stark verrosteten Ordnern abgeheftet. Der größte Fundus bestand aus 23 Planrollen, alle im Maßstab 1:500 auf DIN-A0-Format (84 x 118 cm) gedruckt, die aneinandergelegt eine riesige Fläche ergaben und bis in kleinste Detail den gesamten Stellungsbereich des S-200 darstellten.
Über vier Wochen benötigte ich, das gesamte Material zu trocknen, zu sichten und nach Brauchbarkeit zu ordnen. Parallel begann ich mit einer intensiven Recherche im Internet und meldete mich im Bundesarchiv Freiburg an. An dieser Stelle möchte ich mich herzlich bei Herrn Sebastian Remus für die hervorragende und professionelle Unterstützung bei der Recherche im Bundesarchiv Freiburg bedanken.
In der Zwischenzeit gelang es mir, mit dem ersten Kommandeur der Fla-Raketen-Abteilungsgruppe in Prangendorf, Herrn Dieter Lehmer, Oberst a. D., in Kontakt zu treten, und am 17. Oktober 2015 hielt ich ein siebenstündiges Gespräch mit ihm auf einem Diktiergerät fest. Ich bedanke mich bei Herrn Dieter Lehmer für das inhaltsreiche Gespräch und für die Fotos, die er mir überlassen hat.
Ohne die Mithilfe vieler weiterer Zeitzeugen, die bereitwillig ihr Fachwissen zur Verfügung stellten, hätte ich das Buch nicht schreiben können:
Herrn Lothar Herrmann, Oberst a. D., danke ich für die Bereitstellung seiner persönlichen Unterlagen über das Waffensystem S-200.
Besonders bedanken möchte ich mich bei Fred Pinske, Hauptmann a. D. der NVA und Hauptmann a. D. der Bundeswehr, und Joachim Kraekel, Hauptmann a. D. der NVA. Fred schrieb als ehemaliger Spezialist der Technischen Abteilung zu diesem Thema und ermöglichte mir die mehrfachen Besuche des alten Stellungssystems. Joachim, Spezialist der ehemaligen Funktechnischen Kompanie des S-200, stellte mir seine Original-Aufzeichnungen aus dem Umschulungslehrgang 1983 in der damaligen Sowjetunion zur Verfügung. Darüber hinaus durfte ich ihm zu fast jeder Tages- und Nachtzeit Fragen zu seinem ehemaligen Verantwortungsbereich beim S-200 stellen. Mit viel Engagement und unglaublichem Erinnerungsvermögen half er, viele Unklarheiten bei meiner Recherche zum vorliegenden Buch zu beseitigen.
Herrn Till Hartmann, heute wohnhaft in Schweden und Leutnant a. D., möchte ich für die ergänzenden Ausführungen zur Funkmess-Aufklärungsstation Oborona-14 danken.
Herrn Ralf Stellmacher, Stabsfeldwebel a. D., danke ich für die Überlassung eines besonderen Fotos und wichtige Informationen zur Stromversorgungsanlage der gesamten Stellung des S-200.
Herrn Roland Bartel, Hauptmann a. D. und Spezialist der Kabine K-2, danke ich für den gemeinsamen Erfahrungsaustausch und die Überlassung von Fotos zum S-200 in Prangendorf.
Herrn Hans Radke, Stabsfähnrich a. D., danke ich für die Recherche zur gemeinsamen Überführung des Autodrehkranes AD-28 tschechischer Produktion zur 43. Fla-Raketenbrigade in Sanitz.
Mein Dank geht auch an Lutz Eckharth. Er überließ mir aus seinem Archiv ehemaliges Lehrmaterial der Militärakademie »Friedrich Engels« in Dresden und eine Dienstvorschrift der Technischen Abteilung des S-200.
Nicht zuletzt möchte ich mich bei meiner Tochter Antonia bedanken. Sie hat mit viel Fleiß und Ausdauer alle Texte Korrektur gelesen und bremste meine steten Neigungen, im sogenannten »Militärjargon« zu schreiben. Mit ihrer Hilfe gelang es bestmöglich, rein militär-fachliche Ausführungen zivilverständlich zu formulieren.
Dank sagen möchte ich auch dem Motorbuch-Verlag in Stuttgart und seinem Lektor Martin Gollnick, die maßgeblich an der Gestaltung des Buches mitgewirkt haben.

Peter Kraus
Parkentin, im Frühjahr 2019

Einleitung

Über Jahrzehnte war in allen Mitgliedsstaaten des Warschauer Vertrages der Fla-Raketen-Komplex S-75 »Wolchow« (Nato Bez.: SA-2) der Standard-Komplex in der Luftverteidigung. Heute zählt er zu den bekanntesten Luftabwehrsystemen der damaligen Zeit. Trotz seiner steten Modernisierungen jedoch war dieser Komplex an die Grenze seiner Einsatz-Möglichkeiten gekommen, nicht zuletzt infolge der von der NATO forcierten Einführung neuer, hoch und schnell fliegender Aufklärungs- und Angriffsmittel sowie schwerer Raketenträger, welche ihre Luft-Boden-Raketen außerhalb der Luftverteidigungszonen des WV starten konnten. Bereits 1958 begannen deshalb in der Sowjetunion erste Planungen für einen Fla-Raketenkomplex, dessen taktisch-technische Paramater weder bei seiner Einführung in den Truppendienst noch zu einen späteren Zeitpunkt von irgendeinem Waffensystem der Luftverteidigung der NATO-Streitkräfte auch nur annähernd erreicht wurden.
Als einziges Fla-Raketensystem der Nato mit größerer Reichweite konnte die als Nachfolger des Boden-Luft-Lenkwaffensystem MIM-3 »Nike Ajax« entwickelte MIM-4 »Nike Hercules« der US-Rüstungsindustrie Luftziele in einer Entfernung von 6 bis 140 km und in einer Höhe bis zu 46 km bekämpfen. Der Flugkörper (Rakete) erreichte dabei eine Geschwindigkeit von maximal 3,65 Mach.
Das große Interesse der USA und der Bundesrepublik Deutschland daran, den Fla-Raketenkomplex S-200 unmittelbar nach seiner Außerdienststellung am Standort Badingen auf seine Wirksamkeit und Verwundbarkeit hin zu untersuchen, unterstreicht die nachfolgend wiedergegebene Drucksache 12/2098 des Deutschen Bundestages in der 12. Wahlperiode vom 11.06.1993, in der die Bundesregierung Antwort gibt »auf die Kleine Anfrage der Abgeordneten Dr. Dagmar Enckelmann und der Gruppe der PDS/Linke Liste«:

– Drucksache 12/4962 – Waffenexport

Frage:
Trifft es zu, dass die USA Interesse am Fla-Raketensystem S-200 »WEGA« angemeldet haben?
Antwort:
Die USA haben im Rahmen der engen Zusammenarbeit auf dem Gebiet der Technischen Auswertung fremden Wehrmaterials Interesse am Fla-Raketensystem S-200.
Frage:
Gibt es bereits Verhandlungen über einen möglichen Export, und mit welchem Ergebnis?
Antwort:
Die gegenwärtigen Verhandlungen mit den USA werden mit dem Ziel einer leihweisen Überlassung des SA-5-Waffensystems oder Teilen hiervon zum Zweck gemeinsamer Untersuchungen zu Wirksamkeit und Verwundbarkeit des Waffensystems geführt.
Frage:
Warum wurde das im September 1992 außer Dienst gestellte Waffensystem, das sich am Standort Badingen/Osterne (Kreis Gransee, Land Brandenburg) befindet, wenige Monate danach einer eingehenden Überprüfung durch die Unternehmen Telefunken und »Industrie und Anlagenbaugesellschaft« (IABG) unterzogen?
Antwort:
Die durch deutsche Unternehmen (Industrieanlagen-Betriebsgesellschaft/IABG, Telefunken-System/TST) durchgeführten Analysen sind Teile der Untersuchungen zu Wirksamkeit und Verwundbarkeit des Waffensystems.
Frage:
Zu welchem Zweck beabsichtigt die amerikanische Regierung die Übernahme eines Waffensystems, das der Vernichtung von fliegenden Gefechtsständen, Störträgern, Trägern von Luft-Boden-Raketen sowie hoch- und schnellfliegenden Zielen auf maximaler Entfernung (240 km) dient?
Antwort:
Bei dem Waffensystem handelt es sich um ein leistungsstarkes, weitreichendes Luftverteidigungssystem, das außer in den Ländern des früheren Warschauer Paktes auch in Staaten wie Iran, Syrien, Libyen, Nord-Korea disloziert ist. Im Rahmen der Proliferation von Rüstungstechnik kann eine weitere Verbreitung nicht ausgeschlossen werden. Wegen der davon ausgehenden Bedrohung dürfte es auch im amerikanischen Interesse liegen, Wirksamkeit und Verwundbarkeit dieses Waffensystems zu untersuchen.
An dieser Stelle sei mir gestattet, darauf zu verweisen, dass diese Antwort vom Inhalt her einen Widerspruch in sich darstellte. Ein Waffensystem, welches zwar weitreichend ist, aber ausschließlich der Luftverteidigung eines Landes dient, stellt nur für denjenigen eine Bedrohung dar, der – aus welchen Grund auch immer – versucht, die Lufthoheit des betreffenden Landes zu überwinden. Selbst der Laie wird verstehen, dass mit Luftverteidigungsmitteln weder ein Land angegriffen noch besetzt werden kann.
In dem weiteren Schriftverkehr wird aufgeführt, welche Gefechtstechnik aus Badingen von der USA angefordert wurde. Es waren unter anderem eine Führungskabine K-9, eine weitreichende Rundblickstation »Oborona«, ein Höhenfinder PRW-17, zwei Ziel-Aufhellstationen K-1, zwei Startrampen, zwei Start-Leitkabinen K-3 und 26 Raketen.
Die Anfrage, ob es weitere Interessenten an dem Waffensystem S-200 gibt, wurde mit *»(...) dass dies nicht der Fall wäre«* beantwortet.

Zuletzt wurde der Komplex 1996 überprüft. Mit amerikanischer Gefechtsbesatzung testete die Bundeswehr umfassend die möglichen Schwachpunkte und Leistungsparameter des Systems. Bei Tests der amerikanischen Luftwaffe, die mit verschiedenen Flugzeugtypen und funktechnischen Anlagen die Abwehrmöglichkeiten prüfte, durften Bundeswehrangehörige allerdings nicht dabei sein. Nach Insiderinformationen sollen die hohen Erwartungen an die Gefechtsmöglichkeiten des Fla-Raketensystems im vollen Umfang erfüllt worden sein.
1984 übernahm die 43. Fla-Raketenbrigade mit dem Brigadestab in Sanitz bei Rostock als erster taktischer Verband der DDR-Luftverteidigung das neue Waffensystem, das Fla-Raketen-System S-200 »Wega« (Nato-Bez. SA-5).
Alle bisherigen Fla-Raketensysteme der Luftverteidigung aus sowjetischer Produktion trugen bis Anfang der 90er-Jahre als Beinamen die Namen von Flüssen der ehemaligen Sowjetunion (Desna, Pechora, Wolga, Newa, Wolchow). Der Name »Wega« folgte dieser Tradition nicht mehr.
Zwei Komplexe des Systems wurden zu einer Fla-Raketen-Abteilungsgruppe zusammengefasst und in der Nähe des kleinen Örtchens Prangendorf, südlich von Rostock, in Stellung gebracht. Auf Grund des hohen Geheimhaltungsgrades wusste die Bevölkerung nicht, was da wirklich stationiert wurde. Prangendorf bekam daher sowohl bei der Zivilbevölkerung als auch bei den Armeeangehörigen schon bald den Beinamen »Psst-Dorf«.
Der S-200 war in seiner Grundstruktur der Gefechtselemente und den Abläufen der Gefechtsarbeit mit den bisherigen Systemen der Luftverteidigung nicht vergleichbar. Angesichts der Größe seiner Gefechtsordnung, seiner Leistungsparameter und der Größe der Rakete stellte er ein gigantisches Waffensystem dar.
Wenn das System auch als verlegbar galt, so muss man den S-200 doch auf Grund des dafür erforderlichen enormen Zeitaufwandes als stationären Fla-Raketen-Komplex bezeichnen. Damit unterschied er sich ebenfalls wesentlich von vorangegangenen Fla-Raketen-Systemen. Eine Wechselstellung für den »Ernstfall«, wie sie bereits in Friedenszeiten für die meisten Fla-Raketenabteilungen der »Wolchow«- und »Newa«-Systeme vorbereitet waren, war weder vorgesehen noch realisierbar.
Die Einführung dieses Systems der Luftverteidigung sowie der Bau des erforderlichen Stellungssystems führten zu einer enormen Belastung des Rüstungsbudgets der DDR.
Zum Schutz des Luftraumes der DDR waren für die Luftverteidigungskräfte der NVA drei Standorte vorgesehen. Im Norden (zur 43. Fla- Raketenbrigade gehörend) mit dem Standort Prangendorf zum Schutz vor Angriffen aus dem Ostseeraum und aus westlichen Richtungen, im mittleren Raum der DDR (zur 41. Fla-Raketenbrigade gehörend) mit dem Standort Badingen zum Schutz der Hauptstadt Berlin und im Südraum (zur 51. Fla-Raketenbrigade gehörend) mit dem Standort Eckolstädt zum Schutz vor Angriffen aus westlichen und südlichen Richtungen. Am Standort Eckolstädt konnte allerdings bis 1990 noch keine Einsatzbereitschaft hergestellt werden. Zusätzlich befand sich im Raum Magdeburg eine Fla-Raketen-Abteilungsgruppe S-200 der Gruppe der sowjetischen Streitkräfte in Deutschland.

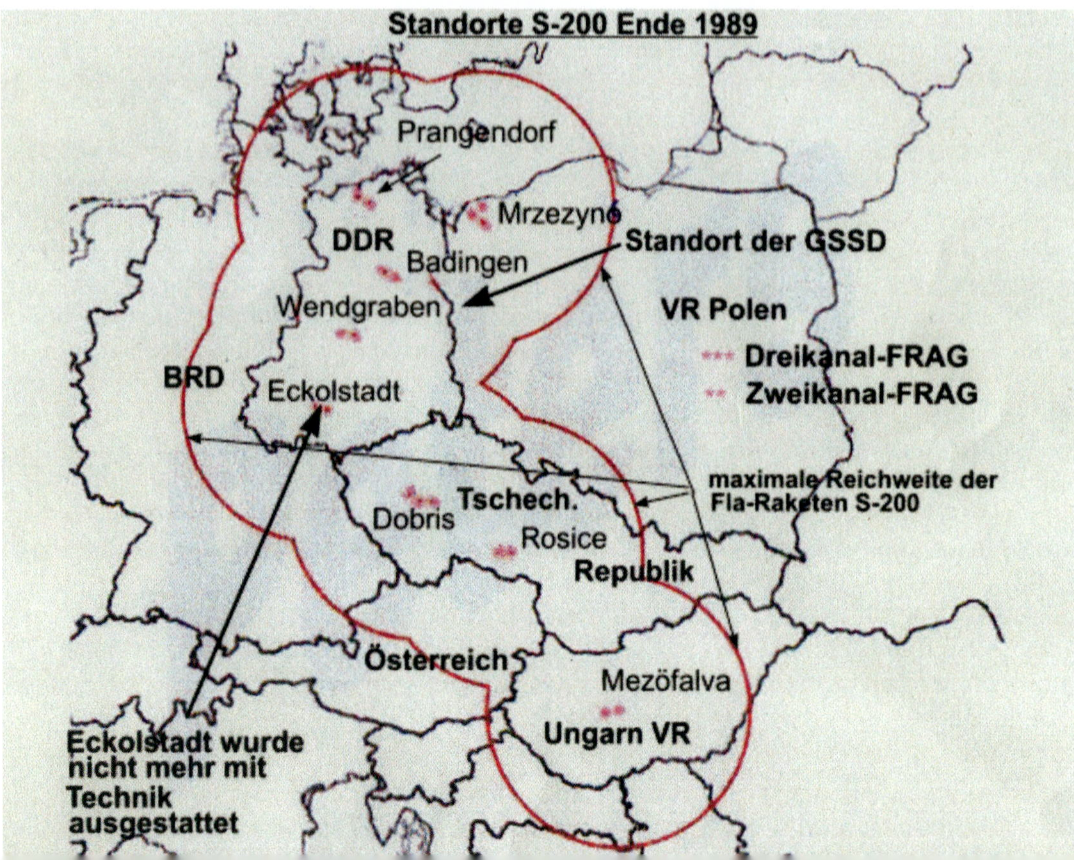

Standorte S-200 um 1989 in Ländern des Warschauer Vertrages.

1989, nur fünf Jahre nach Indienststellung des ersten S-200er in der DDR-Luftverteidigung, waren die letzten Fla-Raketenkomplexe der NATO, die »Nike Hercules«, außer Dienst gestellt worden, völlig neue, hochmobile Systeme befanden sich bereits in der Entwicklung oder waren bereits in die Bewaffnung aufgenommen worden.
Es waren Waffensysteme auf beiden Seiten der damaligen Militärblöcke, der NATO und des Warschauer Vertrages, welche mit einem unvergleichlich geringeren Aufwand an Mensch und Technik alle bisherigen Luftverteidigungsmittel der Welt in den Schatten stellten. In ihren Weiterentwicklungen sind heute auf diesem Gebiet die Systeme S-400 und S-500 der russischen Rüstungsindustrie einzigartig und unübertroffen. Die Nato hat auch hier bis heute keine auch nur annähernd vergleichbaren Systeme in ihrer Bewaffnung.
Das amerikanische System »Patriot«, 1982 in Dienst gestellt und seit 15. Juni 1989 in der Bewaffnung der Bundeswehr-Luftwaffe, sowie der russische Komplex S-300 PMU, ebenfalls 1982 erstmalig an die sowjetische Luftverteidigung übergeben und seit 1985 Bestandteil der DDR- Luftverteidigung, waren die ersten truppentauglichen Systeme dieser neuen Generation von Mitteln der Luftverteidigung zur effektiven Luftzielbekämpfung in allen Höhenlagen und mit maximalen Zielgeschwindigkeiten.
War bis zu deren Einführung die Elektronenröhre das bestimmende Bauteil aller elektrotechnischen Schaltungen, so setzte sich nunmehr die Mikroprozessortechnologie vollends durch. Man muss dazu wissen, dass das bis dahin erfolgte Festhalten an Röhrenschaltungen und damit verbunden die zögerliche Einführung von Transistoren und mikroelektronischen Baugruppen nicht etwa veralteten Praktiken und Denkweisen geschuldet war. Von den Herstellern wurde das Festhalten an der Röhrentechnologie vielmehr damit begründet, dass Untersuchungen ergeben hatten, dass die bei Kernwaffeneinsätzen auftretende Kernstrahlung und der elektromagnetische Impuls eine geringere Wirkung auf Röhrenschaltungen haben. Außerdem sei die bewährte Technologie der geforderten Robustheit im Gefechtseinsatz besser gewachsen.
Durch konstruktive Veränderungen in der Unterbringung der neuen Transistor- und Mikroprozessorschaltungen und zusätzlich eingebaute Schutzschaltungen setzte sich diese Technologie nun aber zunehmend durch. Raketen in wesentlich kleinerer Bauart dieser neueren Systeme erreichen heute mit äußerst effektiven Fest-Brennstoffen Reichweiten, welche die der Rakete des Komplexes S-200 bei weitem übertreffen. Trotzdem sind Komplexe des Systems S-200 noch viele Jahre weltweit im Einsatz geblieben.
Vor 1990 wurde der S-200 von folgenden Staaten eingesetzt: Ägypten, Bulgarien, Indien, Tschechoslowakei, Iran, Nordkorea, Usbekistan, Syrien, Kasachstan, Polen, DDR, Russland, Moldawien, Ukraine, Turkmenistan und Libyen.
1990 gab es in den damaligen Sowjetrepubliken 343 Fla-Raketenabteilungen S-200 »WEGA«. Weitere 52 Abteilungen gab es unter anderem in Vietnam, Libyen, Syrien und Nordkorea.

Länder	Fla-Raketen-abteilungsgruppen	Anzahl FRA	Anzahl Startrampen	Anzahl Fla-Raketen	Länder	Fla-Raketen-abteilungsgruppen	Anzahl FRA	Anzahl Startrampen	Anzahl Fla-Raketen
Aserbaidshan	2	4	24	48	Bulgarien	1	2	12	24
Weißrussland	4	10	60	120	DDR/GSSD	4	8	48	96
Estland	4	13	96	192	Polen	1	3	18	36
Georgien	1	2	12	24	Tschechien	2	5	30	60
Kasachstan	6	13	78	156	Ungarn	1	3	18	36
Litauen	2	6	36	72					
Letland	5	15	90	180	**WV ohne UdSSR**	**9**	**21**	**126**	**252**
Moldawien	1	2	12	24					
Russland	167	232	1392	2784	Lybien	8	16	96	192
Turkmenien	2	4	24	48	Mongolei	1	2	12	24
Ukraine	14	40	240	480	Nordkorea	2	4	24	48
Usbekistan	1	2	12	24	Syrien	5	9	54	108
					China	nicht bekannt			
ehem. UdSSR	**209**	**343**	**2076**	**4152**	**außerhalb WV**	**16**	**31**	**186**	**372**

Die Fla-Raketenkomplexe S-200 waren mit ihrer Reichweite bis zu 250 km Entfernung und ihrer Störfestigkeit eine ungeheure Feuerkraft der Luftverteidigung
Die Übersicht zeigt aber auch in welchem Maße die Ressourcen der Sowjetunion für militärische Zwecke eingesetzt wurden. Weltweit waren bis zum Beginn der 90ger Jahre 234 Fla-Raketenabteilungsgruppen mit 395 FRA im Einsatz

Quelle : http://rammstein dfmk.hu/~s200/, die Zahlen für die Anzahl der Startrampen und Fla-Raketen wurden hochgerechnet. Die Anzahl der Raketen kann an einzelnen Standorten durchaus doppelt so hoch gewesen sein wie angegeben.

Weltweite Standorte S-200 um 1990.

Wenn man davon ausgehen kann, dass die durchschnittlichen Fla-Raketen-Abteilungsgruppen (FRAG) aus zwei (z. B. in der DDR) bis drei (z. B. überwiegend in der UdSSR) solcher Abteilungen des S-200 bestanden, dann hat es weltweit zirka 160 Stellungen der FRAGs gegeben. Erst etwa ab 2013 findet man keinerlei Hinweise mehr darauf, dass sich dieses Waffensystem noch im Dienst der russischen Streitkräfte befindet.
Innerhalb der Länder des Warschauer Vertrages kam der Komplex nicht zum Gefechtseinsatz, wurde aber regelmäßig zur Überprüfung der Gefechtsbesatzungen von den Einsatzländern auf dem Staatspolygon in Aschuluk in der Sowjetunion zum scharfen Schuss auf unbemannte Flugkörper eingesetzt. Diese Überprüfungsschießen dienten gleichzeitig dazu, Raketen, die die Grenze der Nutzungsdauer/Lagerungsfähigkeit erreicht hatten, zu verbrauchen. In anderen Ländern hingegen kam der S-200 bei kriegerischen Auseinandersetzungen durchaus zum realen Gefechtseinsatz und war je nach Ausbildungsstand und Kampfbereitschaft der Gefechtsbesatzungen mehr oder weniger erfolgreich.
Nachdem im Juni 1982 die israelische Luftwaffe mehrere Schläge gegen den Libanon und Syrien geflogen hatte und faktisch die gesamte syrische Luftabwehr zerschlagen wurde, sollte sich die Lage Anfang 1983 schlagartig ändern. Am 7. Dezember 2015 berichtete die *Berliner Zeitung* unter der Überschrift

»Russische Kreuzfahrt in den Krieg«

unter Berufung auf Schilderungen des Zeitzeugen Valeri Anissimow von den damaligen Ereignissen:

»Anissimow ahnte damals nicht, dass Syriens Präsident Hafz Assad heimlich nach Moskau reiste und die Verlegung zweier Flugabwehrraketen-Regimenter erwirkte, mitsamt den modernsten Waffen, die die Sowjetunion bieten konnte: S-200 Raketen. Die besaß die Flugabwehr um Moskau, bei der Anissimow diente.
Am 7. Januar 1983 bestieg er zusammen mit 1200 Soldaten in Nikolajew am Schwarzen Meer das Passagierschiff Ukraina.
Am Vortag hatte man ihnen in der Kaserne Zivilkleider ausgegeben, in denen waren sie dann nachts in völliger Stille durch die Stadt marschiert. In der örtlichen Zeitung las Assinimow die Meldung: ›Studenten, die im sozialistischen Wettbewerb gesiegt haben, brechen mit der Ukraina zu Kreuzfahrt im Mittelmehr auf.‹
(...) Beim Durchqueren der Dardanellen trafen sie auf ein amerikanisches Kriegsschiff, da mussten alle unter Deck und den Mund halten. Die schwere Technik der ›Touristen‹, in Wüstentarnfarbe umgemalt, wurde in fünf Frachtschiffen transportiert.«

Nach drei Tagen Fahrt kamen die russischen Truppen in Syrien an. Die Geheimhaltung war jetzt obsolet geworden, und sofort wurden Gewehre und syrische Uniformen ausgegeben. Die kilometerlange Militärkolonne mit den großen S-200-Raketen wurde von winkenden Menschen an der Straße nach Damaskus begrüßt.

»(...) Sein (Anissimows) Regiment wurde in Dumeir bei Damaskus stationiert, ein zweites kam nach Homs.
Das überraschende Auftauchen der sowjetischen Truppen änderte die militärische Balance. Die israelischen Piloten, vom Zielradar erfasst, mieden fortan syrischen Luftraum.
›Aber eine teure S-200-Rakete gegen ein einfaches israelisches Flugzeug einsetzen, das wäre natürlich nicht richtig gewesen‹, sagte er kühl. Die Raketen mit einer Reichweite von mehr als 200 Kilometern sollten das wertvollste Gerät der Israelis neutralisieren – neuartige ›Hawkeye‹-Frühwarnflugzuge, die mit ihren Radaren aus der Luft Dutzende Ziele zugleich erfassen konnten. Der syrische Verteidigungsminister kam eigens vorbei und versprach eine Belohnung, wenn ein solches Flugzeug abgeschossen würde.«
Im Falle einer militärischen Auseinandersetzung hatten vorerst die russischen Regimenter die Aufgaben der Luftraumverteidigung Syriens zu übernehmen. Erst im Oktober 1984 sollten die syrischen Streitkräfte die vorhandenen S-200-Komplexe übernehmen, und die beiden Flugabwehrregimenter wurden in die Sowjetunion zurück verlegt.
Wie oben schon erwähnt, hörten nach dem ersten Einschalten der Funkmess-Stationen vorerst jegliche Aktivitäten der US-Luftflotte im Mittelmeerraum auf. Auch israelische Flugzeuge, die bis dahin täglich 60 bis 80 Einsätze geflogen hatten, beendeten ihre Einflüge in den syrischen Luftraum. Die für die Koordination sämtlicher Flüge und der Luftraumaufklärung im Mittelmeerraum zuständigen fliegenden Gefechtsstände vom System »AWACS« und E-2C »HAWKEYE« hielten von nun an einen respektvollen Abstand von wenigstens 250 km zum Libanon und zu Syrien. Die Flüge über die Beeka-Ebene wurden sofort eingestellt.
Im Oktober nahmen die Aktivitäten der 6. US-Flotte wieder zu, ein vernichtender Schlag gegen Syrien wurde vorbereitet. Der Kampfauftrag der russischen Gefechtsbesatzungen des S-200 lautete: »(...) bei Einflug in die Vernichtungszone des S-200 sind die gegnerischen Flugzeuge sofort zu bekämpfen.« Zum scharfen Schuss mit dem S-200 kam es aber nicht, da die Amerikaner stets den Wirkungsbereich der S-200 Systeme mieden.
Im Mai 1984 begannen die Amerikaner mit dem extrem schnell fliegenden, unbewaffneten Aufklärer vom Typ SR-71 »Blackbird« über dem Mittelmeerraum auf der Linie Zypern–Libanon–Ägypten und wieder zurück Aufklärung zu fliegen. Das nutzten die Gefechtsbesatzungen der S-200 Einheiten, um das funkelektronische Begleiten dieser extrem hoch und

schnell fliegenden Maschinen zu üben. Gleichzeitig wurde die Verringerung der Abstrahlung der Ziel-Aufhellstation trainiert. Die dabei gemachten Erfahrungen der Kommandeure und diensthabenden Kräfte sollten wenig später auch in den Gefechtsdokumenten der Systeme S-200 der DDR-Luftverteidigung ihren Niederschlag finden.

Am 14. April 1986 starteten auf zwei Stützpunkten in Großbritannien um 17.36 Uhr 19 Jagdbomben-Flugzeuge vom Typ F-111F und fünf Flugzeuge dieses Typs mit spezieller Ausrüstung zum funkelektronischen Kampf, um einen Angriff auf Tripolis in Libyen zu fliegen. Sechs Maschinen mussten bereits im Anflug nach Problemen beim ersten Auftankmanöver auf ihre Stützpunkte zurückkehren. Eine F-111F wurde von einer Rakete S-200 abgeschossen, eine Maschine musste mit technischen Problemen in Spanien notlanden. Nur vier Maschinen des Kampfverbandes waren letztlich im Zielgebiet angekommen und konnten ihre Bombenlast erfolgreich abwerfen. Die anderen Flugzeuge brachen entweder ihren Angriffsflug ab oder verfehlten ihr Ziel.

Mit der Einführung des S-200 in den Truppendienst der DDR sah sich der damalige Gegner, wie oben schon erwähnt, gezwungen, vorrangig die Einsatzprinzipien der Luftaufklärungsmittel sowie die Angriffsstrategien für Luftschläge aller Art gegen die Länder des Warschauer Vertrages wesentlich zu überdenken.

Mit diesem Buch soll der interessierte Leser, ob Laie oder Fachmann, die Möglichkeit erhalten, die Besonderheiten dieses Waffensystems kennenzulernen. Dabei sollen zahlreiche Fotos und Skizzen aus bisher unveröffentlichten Original-Bauzeichnungen zum gesamten Stellungs-System einen besseren Eindruck von der Größe der Gefechtsordnung geben. Informationen aus einem siebenstündigen Interview, das der Autor 2015 mit dem ersten Kommandeur der damals neuen Fla-Raketen-Abteilungsgruppe, Oberst a. D. Dieter Lehmer, führte, sowie Auszüge aus persönlichen »Geheime Verschluss Sache«-Dokumenten ehemaliger Angehöriger mögen dem besseren Verständnis dienen.

Vom ersten Kadergespräch an der Offiziershochschule der Luftstreitkräfte/Luftverteidigung »Franz-Mehring« in Kamenz bei Dresden bis zur Übernahme der FRAG 431 in das Diensthabende System des Warschauer Vertrages war ich, Hauptmann a. D. Peter Kraus, mit dabei. Als erster Feuerzugführer der Startbatterie unterstand ich dem Batteriechef Hauptmann Lothar Klann, einem sehr befähigten Offizier mit umfangreicher Truppenerfahrung. Diese Batterie gehörte zum Bestand des zweiten Schießkanals, Abteilungskommandeur Major Sieg.

Unvergessen bleiben für mich die dreimonatige, äußerst effektive Umschulung vom System S-75 »Wolchow« auf das neue Waffensystem S-200 »Wega« in Gatschina bei Leningrad (heute Sankt Petersburg), die Übernahme der Technik mit Hilfe sowjetischer Industrievertreter und die vergleichsweise kurzfristige Herstellung der vollen Gefechtsbereitschaft der Fla-Raketenabteilungsgruppe.

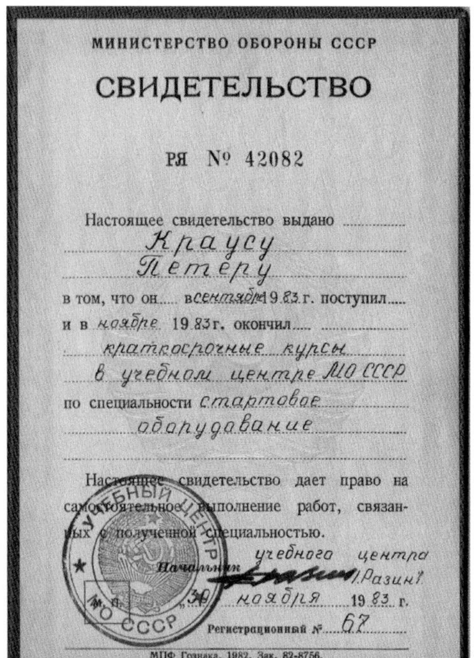

МИНИСТЕРСТВО ОБОРОНЫ СССР

СВИДЕТЕЛЬСТВО

РЯ № 42082

Настоящее свидетельство выдано Краусу Петеру

в том, что он в сентябре 1983 г. поступил и в ноябре 1983 г. окончил краткосрочные курсы в учебном центре МО СССР

по специальности стартовое оборудование

Настоящее свидетельство дает право на самостоятельное выполнение работ, связанных с полученной специальностью.

Начальник учебного центра [signature] Разин

„30" ноября 1983 г.

М. П.

Регистрационный № 67

МПФ Гознака. 1982. Зак. 82-8756.

Urkunde des Ministeriums für Verteidigung der UdSSR über die Teilnahme des Autors an einem Intensivkurs in einem Ausbildungszentrum der UdSSR, Spezialisierung Startausrüstung.

1983: Gruppenfoto der Lehrgangsteilnehmer am ersten Intensivkurs zur Schulung auf das Fla-Raketensystem S-200 in Gatschina bei Leningrad, heute Sankt Petersburg.

1. Abriss der Entwicklung S-200 »Wega« und Chronik der ersten S-200er-Einheit der DDR-Luftverteidigung

1950–1953

Die Entwicklung hochfliegender Überschallflugzeuge machte große Fortschritte. Die zu dieser Zeit üblichen Luftabwehrsysteme konnten diese neuen Luftziele kaum wirksam abwehren. Auf Grundlage deutscher Entwicklungen im Zweiten Weltkrieg wird das als Vorläufer des S-200 bezeichnete Fla-Raketensystem » Berkut« entwickelt.
Die Entwicklung des später als »S-25« bezeichneten Systems geht auf einen Befehl Stalins aus dem Jahre 1945 zurück. Er forderte damals, zum Schutz von Moskau innerhalb von fünf Jahren ein leistungsfähiges Luftabwehrsystem zu schaffen.
Die Raketen vom Typ V-300 starteten wie das deutsche Vorbild »Wasserfall« C-2 senkrecht von einem Starttisch, hatten eine Reichweite von etwa 35 km, eine Flughöhe von 25.000 m und konnten Flugziele mit Geschwindigkeiten von 1.100 bis 1.200 km/h bekämpfen.
Anmerkung: Raketen des Typs V-300 wurden später leicht modifiziert und bis zum Verbrauch für Trainings zum Gefechtsschießen als hoch- und schnellfliegende Zieldarstellungsmittel verwendet.

1956/57

Die sowjetische Regierung vergibt abermals Aufträge, um ein effizienteres Luftabwehrsystem großer Reichweite zu entwickeln. Der 1957 in Dienst gestellte S-75 »Dwina« (Nato-Code: SA-2, Guideline) war nicht in der Lage, strategische Luftziele zu bekämpfen, zumal seine damalige Reichweite bei 30 km lag. Brauchbare Weiterentwicklungen konnten aber zu diesem Zeitpunkt immer noch nicht geschaffen werden.

1958

Im Juni werden durch Beschluss des Ministerrates der UdSSR die Vorgaben zur Konstruktion eines Fla-Raketensystems großer Reichweite konkret festgelegt. Diese waren:

1. Möglichkeit der Bekämpfung von Luftzielen mit einer Geschwindigkeit von bis zu 1000 m/s (3600 km/h) in Flughöhen von 5 bis 35 km und auf eine Entfernung von 150 km.
2. Bei Zielgeschwindigkeiten von 2000 km/h Bekämpfungsmöglichkeit auf eine Entfernung von 180 bis 200 km.
3. Eine Trefferwahrscheinlichkeit von 70–80%.
4. Ein erster Prototyp sollte 1961 für Testzwecke zur Verfügung stehen.

Jetzt wurde auch endgültig über das Lenkverfahren, die Selbstlenkung der Rakete auf das Ziel, entschieden. Die Selbstlenkung basierte auf dem Verfahren der Zielaufhellung (Anstrahlen eines Zieles durch eine Ziel-Aufhellstation) und dem Empfang der reflektierten Signale durch den Lenkflugkörper über einen Selbstlenkkopf. Aus den empfangenen Signalen werden zur Steuerung der Rakete Lenkkommandos erarbeitet.
Die notwendige Reflexionsfläche des Zieles für den Suchkopf der Rakete war auf ⅓ der Reflektionsfläche des damaligen Abfangjägers MIG-17 ausgelegt. Jedoch gab es erhebliche Probleme mit dieser völlig neuen Technik am Suchkopf der Rakete, und auch die Reichweite war nicht zufriedenstellend. Aus diesem Grund ging man einen Schritt zurück und konzentrierte sich auf eine kombinierte Lenkung. Als Bezeichnung war von Anfang an »System S-200« vorgesehen. Zwar war das Konstruktionsbüro KB-1 (heute Almas-Antei) Hauptauftragnehmer, es wurden aber zusätzlich zahlreiche sowjetische Entwicklungsbüros für die verschiedensten Elemente des Systems mit herangezogen, um die Entwicklungszeit zu minimieren. Das Entwicklungsbüro unter Pjotr Dmitrijewitsch Gruschin übernahm den Entwurf der Rakete.

1960

Bei der Entwicklung des S-200 werden wesentliche Komponenten und Strukturen des S-25 übernommen, allerdings vielfach und einschneidend modifiziert. Mehrere Fla-Raketen-Abteilungen wurden unter Führung einer K-9-Station, welche aus zwei Kabinen bestand, zu einer FRAG zusammengefasst. Die Rakete und die Startrampe wurden völlig neu konstruiert. Eine neue Betriebsart, die Frequenzmodulation, wurde in das System integriert. Unter Leitung des Ingenieurs Raspletin wurden erste Erprobungen einzelner Elemente des neuen Waffensystems vorgenommen. Es wurden unzählige Mängel festgestellt. So gab es weiter Probleme mit der Antenne des Selbstlenkkopfes der Rakete, und das Lenkverfahren musste mehrfach überarbeitet werden. Auch waren die Leistungs-Parameter der funktechnischen Systeme noch immer nicht zufriedenstellend.

1961

Ab Mai begannen Erprobungen der Aufklärungs- und Zielzuweisungsmittel. Dabei wurde übergangsweise und nur für Versuchszwecke mit dem Radar P14-»Lena« gearbeitet. Später wurde die »Oborona-14« (russische Nomenklatur: 5N84A) eingeführt. Der NATO-Code lautete: Tall King C.
Die Erprobung der Fla-Rakete W 860 begann ebenfalls in dieser Zeit und endete im Sommer 1962.

1964

Es fanden erstmalige, überwiegend erfolgreiche Versuche mit dem gesamten System S-200 statt.
Insgesamt wurden 86 Fla-Raketen gestartet und 38 Luftziele vernichtet. Im Winter 1965/66 kam es beim Start von zwei Raketen zur Explosion der Booster (erste Stufe bestehend aus vier Feststofftriebwerken). Die Untersuchungen zu diesem Vorfall zogen sich über ein halbes Jahr hin.
Alle Versuche mit dem neuen Suchkopf 5G23 werden erfolgreich abgeschlossen.
Am 6. November empfiehlt die staatliche Abnahmekommission, das System S-200 in die Bewaffnung aufzunehmen. Bei der letzten scharfen Überprüfung des Systems auf reale Ziele wurden zwei Flugzeuge vom Typ T-16M und zwei Jagdflugzeuge MIG 19M verbraucht.

1967

Die erste Systeme werden mit der Bezeichnung S-200A »Angara« an die Truppen der Luftverteidigung der UdSSR übergeben und vorrangig in den Luft-Verteidigungsgürtel um Moskau integriert.
Das System S-200A »Angara« (NATO-Bezeichnung SA-5A) mit den Raketentypen W-860/5W21 und W860P/5W21A hatte eine Reichweite von 160 km und eine Einsatzhöhe von 20.100 m, die bisher übliche »Funkkommando-Lenkung« der Fla-Rakete war durch die wesentlich störfestere »halbaktive Selbstlenkung« ersetzt worden.
Theoretisch konnten fünf Schießkanäle zu einer FRAG zusammengefasst werden. Von den in der ersten Phase ausgelieferten Komplexen in der Fünf-Kanal-Version ging man allerdings wieder ab, da diese Variante durch die mögliche große Anzahl von Zielen in der Vernichtungszone praktisch nicht mehr beherrschbar war. So wurden nachfolgend in der Regel nur noch zwei bis drei Kanäle (Abteilungen) zu einer FRAG zusammengefasst.

1968

Die Nato-Aufklärung hat 40 Stellungen S-200 in der Sowjetunion festgestellt.
Es werden bis zirka 1970 Untersuchungen vorgenommen und wissenschaftlich begleitet, um festzustellen, ob der S-200 taktische ballistische Flugkörper bekämpfen kann. Nach zehn Starts von ballistischen Raketen des Typs 8K11 (SCUD A) und einem Start einer Rakete 5W21 A (S-200) kam man zu dem Schluss, dass der Komplex technisch dazu geeignet ist.
Auch die technischen Aufklärungs- und Zielzuweisungsmittel des Fla-Raketenkomplexes S-200 waren geeignet, selbstständig taktisch-ballistische Flugkörper (TBM) geringer Reichweite zu erfassen und die Zielparameter dem System zu übergeben.
Wesentliche Erkenntnisse der Erprobungen waren unter anderem, dass für eine wirksame Bekämpfung von TBM laufend und genügend genau die Entfernung bestimmt werden musste, da schießtechnisch die Entfernungsbestimmung im Selbstlenkkopf der Rakete des S-200 nicht vorgesehen und auch nicht notwendig war. Bei weiteren Versuchen konnte festgestellt werden, dass ein Erfassen des Zieles durch den Selbstlenkkopf möglich war. Auch die berechnete Effektivität sowie das notwendige aufzubringende Lastvielfache des Flugkörpers bestätigten die technische Möglichkeit zur erfolgreichen Bekämpfung von TBM.
In einem weiteren Versuch wurde die Rakete ohne Zielauffassung gestartet und erst bei einer Entfernung von 88 km zur TBM auf das Ziel aufgeschaltet. Unter anderem aufgrund der hohen Radialgeschwindigkeit beider Flugkörper führte dieser Versuch allerdings zu keinem erfolgreichen Schießergebnis.

1969

Bereits 60 Fla-Raketenstellungen mit den System S-200 sind in der SU ausgebaut.

1970

Das System S-200 wird als S-200 W »Wega« (SA-5B) weiterentwickelt.
Mit den modernisierten Lenkflugkörpern W-860PW/5W21P können nun Luftziele auf 250 km Entfernung und in 29.200 m Höhe bekämpft werden. Mit den weiterentwickelten Raketentypen W-870 wurde eine Reichweite von 280 km und eine Einsatzhöhe von über 40 km erreicht.
Als modifiziertes System S-200M »Wega«-M kamen nun die Raketentypen W-880/5W28 und W-880N/5W28N zum Einsatz. Erstmalig konnte die Rakete auch mit einem Atomsprengkopf ausgestattet werden: »N« steht für nuklear.

Bei diesem modifizierten Komplex hatte man bereits damit begonnen, Röhrenschaltungen teilweise durch digitale Leiterplatinen zu ersetzen.

1973

Die sowjetische Verteidigungsindustrie entwickelt eine Exportvariante mit der Bezeichnung S-200 »Wega-E«.
Die Raketen vom Typ W-880Ä/5W28Ä hatten eine Reichweite von 240 km. Ihre Einsatzhöhe lag bei bis zu 40.800 m – eine Höhe, die weder von den damaligen NATO-Aufklärungsflugzeugen U-2 noch von der extrem schnell fliegenden (3.600 km/h) Lockheed SR-71 »Blackbird« erreicht werden konnte.
Die Fla-Raketen 5W21, 5W28 und 5W28M wurden im Kalinigrader Konstruktionsbüro und Herstellerwerk OKB »Fakel«, die Ziel-Aufhellstation K-1 im Werk ALMAZ und die Startrampe 5W 72 W im Spezialmaschinenbaukombinat in St. Petersburg hergestellt.

1976

Das System S-200 wurde nochmals modernisiert und erhielt die Bezeichnung S-200 »Dubna« (SA-5C). Mit den Raketen 5W25W, W880M/5W28M vergrößerte sich die Reichweite auf 300 km.
Die Raketen vom Typ W-880MN/5W28MN waren mit einem 5-kt-Nuklearsprengkopf (zum Vergleich: die Hiroshima-Atombombe hatte eine Sprengkraft von 13 kt = 13.000 Tonnen TNT) ausgerüstet und waren vorrangig zur Abwehr massiver Luftschläge durch den Gegner vorgesehen.
Eine Exportvariante ist nicht bekannt geworden.

Die »Stunde null«

1977

Das Jahr 1977 dürfte das Jahr gewesen sein, in dem sich der Nationale Verteidigungsrat der DDR erstmalig mit dem neuen Fla-Raketensystem S-200 »Wega« beschäftigte. Es ist die »Geburtsstunde« für den S-200 der DDR-Luftverteidigung. Es folgte im Januar 1978 eine erste Aufgabenstellung des Ministers für Nationale Verteidigung, Armeegeneral Heinz Hoffmann.

1978

Unter der GVS-Nr. C 505 290 schreibt der Stellvertreter des Ministers für Nationale Verteidigung und Chef der Luftstreitkräfte/Luftverteidigung, Generalleutnant Wolfgang Reinhold, an den Stellvertreter des Ministers für Nationale Verteidigung und Chef des Hauptstabes, Generaloberst Fritz Streletz:
»Entsprechend der vom Minister für Nationale Verteidigung am 25.01.1978 gegebenen Aufgabenstellung habe ich die Möglichkeit geprüft, noch im Perspektivplanzeitraum bis 1980 zusätzlich einen Fla-Raketenkomplex vom Typ S-200 W und Abfangjagdflugzeuge vom Typ MIG-25 P in die Luftstreitkräfte/Luftverteidigung einzuführen.
Im Ergebnis der Überprüfung schlage ich Ihnen vor:
1. Die Einführung eines Fla-Raketenkomplexes S-200 W für die Schaffung gemischter Gruppierungen zur Deckung der Hauptstadt der Deutschen Demokratischen Republik, Berlin, und anderer wichtiger Zentren und Räume ist mit den den Luftstreitkräften/Luftverteidigung bis 1980 bestätigten Führungsgrößen nicht realisierbar.
Es wäre jedoch zweckmäßig, nach Entscheidung des Ministers für Nationale Verteidigung, forciert mit allen stabsmäßigen und pioniertechnischen Vorbereitungen zu beginnen, um die Voraussetzungen für die Einführung des ersten Komplexes etwa im Jahre 1981 zu schaffen. Sondergenehmigungen auf dem Gebiet des Investbauwesens wären dazu erforderlich.
Ein Vorschlag zur Einführung dieses Fla-Raketenkomplexes, einschließlich der zu seiner Deckung notwendigen Fla-Raketenkomplexe S-125, ab 1981 wird Ihnen bis zum 01.05.1978 entsprechend der Aufgabenstellung des Ministers für Nationale Verteidigung im Rahmen des Vorschlages für den nächsten Perspektivplan übergeben.
(...) wird dieser Vorschlag bestätigt, bitte ich Sie 1. um Genehmigung einer außerplanmäßigen Konsultation zur Einsatzvorbereitung des Fla-Raketenkomplexes S-200 W und des Abfangjagdflugzeuges MIG-25 P in der UdSSR kurzfristig unter meiner Leitung beantragen und durchführen zu können, 2. den Plan der Entwicklung der Nationalen Volksarmee und der Grenztruppen der DDR 1976 bis 1980 entsprechend präzisieren zu lassen.«

1979

30 km östlich von Magdeburg, in Wendgräben/Loburg (52°9'11,63"N, 12°1'38,55"E) befindet sich eine gut gesicherte und von der Außenwelt völlig isolierte FRAG mit zwei Schießkanälen S-200 der GSSD (Gruppe der sowjetischen Streitkräfte in Deutschland).
Unter größter Geheimhaltung besuchten Generalmajor Heinz Trautsch, zu diesem Zeitpunkt Stv. Chef LSK/LV für Fla-Raketentruppen im Kommando LSK/LV, und der Stellvertreter/Leiter Ausbildung unter Generalmajor Heinz Trautsch, Oberst Kurt Kronig, sowie wenige ausgesuchte Offiziere vom Kommando der NVA erstmalig eine Gefechtsstellung des Fla-Raketensystems S-200.
Laut Vertrag (VVS-Nr.: IV/6790) wird mit der Sowjetunion für Oktober die Lieferung der ersten Apparatur des AFS »VEKTOR-2 WÄ« an die NVA vereinbart.

1980

Am 2. Mai 1980 hatte sich der damalige Kommandeur der zweiten Abteilung des Fla-Raketenregimentes 13, der S-75-»Wolchow«-Abteilung 132 in Tramm, Oberstleutnant

Dieter Lehmer, beim damaligen Stellvertreter des Chefs LSK/LV und Chef Fla-Raketentruppen im Kommando LSK/LV, Generalmajor Trautsch, zum Kadergespräch zu melden. In diesem Gespräch wurde zum ersten Mal der Begriff »Fla-Raketen-System S-200« erwähnt.
Am 28. Juli 1980 wendet sich Generaloberst Wolfgang Reinhold in einem persönlichen Schreiben unter der GVS-Nr. C 506 426 an den Stellvertreter des Ministers und Chef des Hauptstabes. Es geht hierbei um das Arbeitsprotokoll zur Einsatzvorbereitung für das Fla-Raketensystem S-200 WÄ (WEGA).
Reinhold teilte unter anderem mit, dass eine sowjetische Spezialistengruppe in der Zeit vom 2. bis 16. Juli 1980 im Bestand der Fla-Raketentruppen der Luftstreitkräfte/Luftverteidigung gearbeitet hatte. Diese Gruppe arbeitete auf der Grundlage der Zusatzvereinbarung Nr. 0262878-2 vom 9. Juni 1980 zum Vertrag Nr. 84/02002 vom 12. August 1969 über technische Hilfeleistungen der Sowjetunion gegenüber der DDR im Bestand der LSK/LV. Weiter heißt es in dem Schreiben:

»Dazu gestatte ich mir nachfolgende Bemerkungen:

1. *Es wurden zwei Standorte zur Entfaltung von Fla-Raketen-Abteilungsgruppen S-200 WÄ im Raum Rostock für die 43. FRBr und Gransee für die 16. FRBr. (später in 41. FRBr umbenannt) ausgewählt.*
2. *Zur Erfüllung der Forderung des Punktes 1. des vorliegenden Arbeitsprotokolls schlage ich vor, die Deckung der Fla-Raketenabteilungsgruppe S-200 WÄ der 43. FRBr in Höhen unter 100 m durch einen Fla-Raketenkomplex S-125 (Newa) im Entwicklungszeitraum 1986–1990 vorzusehen. Den Vorschlag des Leiters der Rekognoszierungsgruppe, Oberst Rostowski, dafür den im Entwicklungszeitraum 1981–85 im Raum Dranske geplanten Fla-Raketenkomplex S-125 vorzusehen, halte ich aus Gründen der Deckung des Raumes DRANSKE für unzweckmäßig.«*

Dazu muss man wissen, dass auf der Halbinsel Bug bei Dranske auf Rügen ein Schnellbootsverband der Volksmarine, die 6. Flottille, stationiert war. Mit dem Schutz dieser Flottille vor überraschenden Luftangriffen war der entfaltete Komplex S-125 »Newa« bei Dranske ausreichend ausgelastet.

»... im Zusammenhang mit den geplanten Objekten halte ich es für zweckmäßig, die 1. Sekretäre der Bezirksleitungen der SED ROSTOCK und POTSDAM über die in ihren Bezirken geplanten Maßnahmen persönlich zu informieren.
Reinhold
Generaloberst

Dem Arbeitsprotokoll sind mehrere Anlagen beigefügt, die in graphischer Darstellung die Einsatzreichweiten der Funkmessstationen bzw. die Wirkungszonen des Komplexes an den vorgesehen Standorten darstellen.
Am 12. August 1980 teilte Generalmajor Manfred Rühl, Stellvertreter des Stellvertreters des Chefs des Hauptstabes für operative Fragen und Chef der Verwaltung Operative Führung des Ministeriums für Nationale Verteidigung (MfNV), in einer Aktennotiz dem Stellvertreter des Ministers und Chef des Hauptstabes, Generaloberst Fritz Streletz, Folgendes mit:

»Entsprechend Ihrer Weisung wurden die auf der Grundlage der Übergabe des Arbeitsprotokolls für die Rekognoszierung der Stellungen der Abteilungsgruppen ›Wega‹ stehenden Fragen geprüft.
In diesem Zusammenhang gestatte ich mir zu melden:

1. *Die Arbeit der Rekognoszierungsgruppe des Generalstabes der Streitkräfte der UdSSR erfolgte auf Bitte des Stellvertreters des Ministers und Chefs des Hauptstabes mit dem Schreiben, GVS-Nr.: A 550 201, vom 04.10.1979 und der dazu gegebenen Zustimmung des Generalstabes VVS-Nr.: 318/13/05726 vom 12.12.1979.*
2. *Die Auswahl der Stellungen in den Bezirken ROSTOCK und Potsdam berücksichtigen sowohl die operativen als auch Fla-Raketentechnischen Forderungen. Dabei wird unter Beachtung ähnlicher Abteilungsgruppen auf dem Territorium der Volksrepublik Polen und der Tschechoslowakischen Sozialistischen Republik (CSSR) davon ausgegangen, dass in der Perspektive zur vollen wirkungsvollen Deckung des Territoriums der DDR noch zwei Abteilungsgruppen in den Räumen Jüterbog und Halle entfaltet werden müssten.*
   Die Stellungsräume des Systems ›Wega‹ sind so ausgewählt, dass sie außerhalb der Reichweite taktischer Raketen (des Gegners) liegen, über eine direkte Raketensicht ab 300 m Höhe verfügen und gegnerische Trägerflugzeuge (B-52 und FB-111) in einer Höhe von 10.000 bis 12.000 m vor Start der Flugkörper sowie das Frühwarnsystem AWACS bekämpfen können.
3. *Bei Dislozierung in den festgelegten Räumen ergeben sich unter Berücksichtigung der bisher vorhanden und geplanten Fla-Raketenabteilungen »Wolchow« und »Newa« keine Verlegungen der schon in Friedenszeiten bestehenden Fla-Raketenabteilungen (...)*
4. *Da einige Fragen, wie z. B. die Frequenzen und Abstrahlungsintensität einiger zum Einsatz gelangender Stationen, uns gegenwärtig nicht bekannt sind und damit von uns nicht eingeschätzt werden können, ist es zweckmäßig, den Stellvertreter des Ministers für Verteidigung der UdSSR und Chef des Generalstabes der Streitkräfte zu bitten,*

- *den ausgewählten Standorten der Abteilungsgruppen seine Zustimmung zu geben und*
- *uns entsprechende Angaben über Frequenzen oder andere Einflüsse mitzuteilen, um gegenseitige Störungen mit funkelektronischen Mtteln staatlicher und militärischer Bedeutung (Zentralkomitee der SED, Ministerium für Post- und Fernmeldewesen, Kommando Volksmarine) sowie strahlungsgefährliche Wirkung auf die Bevölkerung auszuschließen.*

5. *Für die zügige Fortführung der Vorbereitungsarbeiten für Bauinvestitionsmaßnahmen wäre es vorteilhaft, wenn sich der Stellv. des Ministers und Chef der LSK/LV zu einer ersten persönlichen Information mit den 1. Sekretären der Bezirksleitungen der SED ROSTOCK und POTSDAM in Verbindung setzen könnte.*

Bei einer Rücksprache zu Entwicklungsfragen im Kommando der LSK/LV wurde bekannt, dass sich Generaloberst Wolfgang Reinhold mit Generalmajor Fritz Ludwig (Chef Militärbauwesen und Unterbringung im Ministerium für Nationale Verteidigung) beim Genossen Minister am 13.08.1980 zum Vortrag der Fragen der Bauinvestitionen angemeldet haben. Ich bitte um Kenntnisnahme und Ihr Einverständnis und um Unterzeichnung des vorbereiteten Schreibens.

Rühl
Generalmajor

Der 28. August 1980 sollte für mich persönlich in meiner zukünftigen militärischen Laufbahn eine ungeahnte Bedeutung erlangen. Es war der Tag, an dem ich mich entsprechend meines Einberufungsbefehls auf den Weg machte, um als Offiziersanwärter die Laufbahn eines Offiziers der Fla-Raketentruppen der Nationalen Volksarmee einzuschlagen. Dass an diesem Tag zwischen der DDR und der damaligen Sowjetunion ein Vertrag geschlossen werden sollte, der die Einführung eines neuen Waffensystems in die DDR-Luftverteidigung beinhaltete, konnte ich nicht ahnen. Ich konnte erst recht nicht wissen, dass ich drei Jahre später damit unmittelbar zu tun habe würde.
Unter der Signatur DVW 1/53150 des Bundesarchives in Freiburg findet sich ein Protokoll zu einem Vertrag zwischen der Regierung der DDR und der Regierung der Union der sozialistischen Sowjetrepubliken. In diesem Protokoll geht es sinngemäß um die Vereinbarungen zu und Unterstützung bei der Einführung des Fla-Raketenkomplexes S-200 »WEGA Ä« mit dem Raketentyp W-880 Ä in die DDR-Luftverteidigung durch die mit der DDR brüderlich verbundenen UdSSR. Es wird dem Bestreben Ausdruck verliehen, damit die Verteidigungsbereitschaft des Warschauer Vertrages weiter zu erhöhen.
Im Anhang zum Protokoll werden die Punkte der technischen Unterstützung mit den Fristen zu deren Erfüllung durch die sowjetischen Spezialisten aufgeführt. In diesem Zusammenhang wird vereinbart, dass zu diesem Zweck zwei Monate nach Vertragsabschluss sowjetische Spezialisten abkommandiert werden sollen.
Die Übergabe der typenbezogenen technischen Unterlagen zum S-200 sollte im ersten Quartal 1981 erfolgen. Die Hilfe bei der Anlieferung der Technik, deren Montage und Inbetriebnahme sollte entsprechend den jeweiligen Erfordernisse erfolgen.
Am 29. August 1980 beauftragte die Regierung der Union der Sozialistischen Sowjetrepubliken den Genossen Leonid Nikolajewitsch Kisseljow als Chef der Technischen Hauptverwaltung des Staatlichen Komitees der UdSSR für Außenwirtschaftsbeziehungen mit der Führung der Verhandlungen und der Unterzeichnung des Protokolls zwischen der Regierung der Union der Sozialistischen Sowjetrepubliken und der Regierung der Deutschen Demokratischen Republik über technische Hilfeleistung für die DDR beim Bau spezieller Objekte.
Oberstleutnant Dieter Lehmer wurde mitgeteilt, dass er für eine neue Funktion in den Fla-Raketentruppen vorgesehen sei. In einem Raum mit abgestelltem Telefon hatte OSL Lehmer dann 30 Minuten Zeit, sich an Hand von Dokumentationen einen ersten Überblick zu taktisch-technischen Daten des neuen Waffensystems zu verschaffen. Mit der Unterschrift zu einer Schweigepflichtserklärung bekundete der vierzigjährige OSL Lehmer seine volle Bereitschaft, die zukünftige neue Funktion eines Kommandeurs einer Fla-Raketen-Abteilungsgruppe (FRAG) zu übernehmen.
Mitte Mai flog eine Gruppe von Offizieren des Kommandos der LSK/LV unter Leitung von Generalmajor Trautsch für eine Woche in die Sowjetunion. In dem südlich von Moskau gelegenen Rjasan wurde eine FRAG der sowjetischen Fla-Raketen-Truppen besichtigt, um sich mit der vollständigen Entfaltung des Waffensystems S-200 vertraut zu machen.
Im Dezember wird der später zum Oberst ernannte Dieter Lehmer zur weiteren Vorbereitung auf seine neuen Aufgaben ins Kommando der Luftstreitkräfte/Luftverteidigung der DDR abkommandiert.

1981

In einem GVS-Dokument vom 25. Juli 1981 mit der Nr. 506 886 informiert Generaloberst Wolfgang Reinhold Generaloberst Fritz Streletz, dass in der Zeit vom 8. bis 27. Juli 1981 entsprechend einem Protokoll vom 28. August 1980, GVS-Nr. B 669 584, zwischen der Regierung der UdSSR und der Regierung der DDR eine Konsultation in der DDR stattfand. Am 6. August 1981 bedankt sich Generaloberst Fritz Streletz in einem Schreiben (GVS-Nr. A / 551 177) beim Stellvertreter des Ministers für Verteidigung der UdSSR und Chef des Generalstabes der Streitkräfte, Marschall der Sowjetunion Nikolai Wassiljewitsch Orgakow für dessen ständige Hilfe und Unterstützung bei der Erfüllung der gestellten Aufgaben.

Mit der Bitte um Kenntnisnahme werden Orgakow drei Ausfertigungen des Arbeitsprotokolls der o. g. Konsultation übergeben. In dieser Konsultation ging es um eine Begutachtung des Generalplanes zum Ausbau der Feuerstellung für das Fla-Raketensystem S-200 »Wega« durch sowjetische Spezialisten auf Grundlage des sowjetischen Originalprojektes.
Am 1. Oktober findet eine Ministerratssitzung der Luftstreitkräfte/Luftverteidigung statt. Der Sekretär des Militärrates, Oberst Cartsburg, protokolliert dazu unter der GVS-Nr. 506 973 unter anderem Folgendes:

Betrifft:
<u>Stand der Vorbereitung der Einführung von Basiseinheiten für den Zeitraum 1982–85. Schlussfolgerungen und Maßnahmen</u>
1. Der Entwurf des »Zyklogramms der Einführung neuer Waffensysteme und Sicherstellungstechnik« ist dem Stellvertreter des Ministers und Chef der LSK/LV bis zum 30. 11. 1981 zur Bestätigung vorzulegen.
Die Einführung der Hauptarten der Technik der Waffengattungen in den Jahren 1982–85 hat entsprechend diesem Zyklogramm zu erfolgen.
<u>Verantwortlich:</u>
- *für die Vorlage des Entwurfes des Zyklogramms*
  Stellv .d. Chefs LSK/LV und Chef RD
- *für die Durchsetzung des Zyklogramms*
  Stellv. d. Chefs LSK/LV und Chef des Stabes Stellv. d. Chefs LSK/LV und Chef RD
  Stellv. d. Chefs LSK/LV für FRT
  Stellv. d. Chefs LSK/LV für LSK
  Chef Funktechnische Truppen
  Chef Allgemeinmilitärische Ausbildung/Schulen

(...)

<u>III. Stand der Vorbereitung der im Zeitraum 1983–85 zur Einführung vorgesehenen Basiseinheiten und Hauptarten der Technik der Waffengattungen</u>
<u>(1) Fla-Raketenabteilungsgruppe S-200</u>
Die Konsultation zur Einsatzvorbereitung wurde 1980 durchgeführt und alle Elemente der taktisch-technischen Daten, der Gefechtsmöglichkeiten, der Komplettierung, der Struktur- und der Projektierungsfragen wurden erfasst.
Im Ergebnis der Arbeit einer gemeinsamen Rekognoszierungsgruppe wurde der Einführungsbefehl des Stellvertreters des Ministers und Chef der LSK/LV erarbeitet und ein Regierungsprotokoll als Grundlage der Verträge über technische Hilfeleistungen unterzeichnet. In Realisierung des ersten Vertrages wurde der DDR das Typenprojekt übergeben.
Das Bestätigungsdokument für S-200 und die Grundlagen AST Teil I und II wurden erarbeitet.
Mit Hilfe der sowjetischen Spezialisten wurde die Anpassung der technischen Projekte an die konkreten Standorte (Generalpläne) durchgeführt.
Grundlage der weiteren Vorbereitung und Realisierung des Entwicklungsvorhabens ist der vom Minister für Nationale Verteidigung bestätigte Entschlussvorschlag.
<u>(2) Automatisiertes Führungssystem »Senesh«</u>
Die Konsultation zur Einsatzvorbereitung wurde in Verbindung mit der Maßnahme zum »S-200« realisiert.
Das Bestätigungsdokument und die Grundlagen AST Teil I und II wurden erarbeitet.
Die bauliche Vorbereitung erfolgt auf Grundlage eines eigenen Typenprojektes.
(...)

<u>IV. Schlussfolgerungen</u>
(4) Für den größten Teil der im Zeitraum 1983–85 einzuführenden Basiseinheiten und Hauptarten der Technik verlaufen die Vorbereitungsarbeiten planmäßig.
Dabei sind besonders die Langfristigkeit und Organisiertheit der Einsatzvorbereitung der Fla-Raketenabteilungsgruppe S-200 hervorzuheben.
(...)

Auszug (in Bildern) aus DVL 3/53393

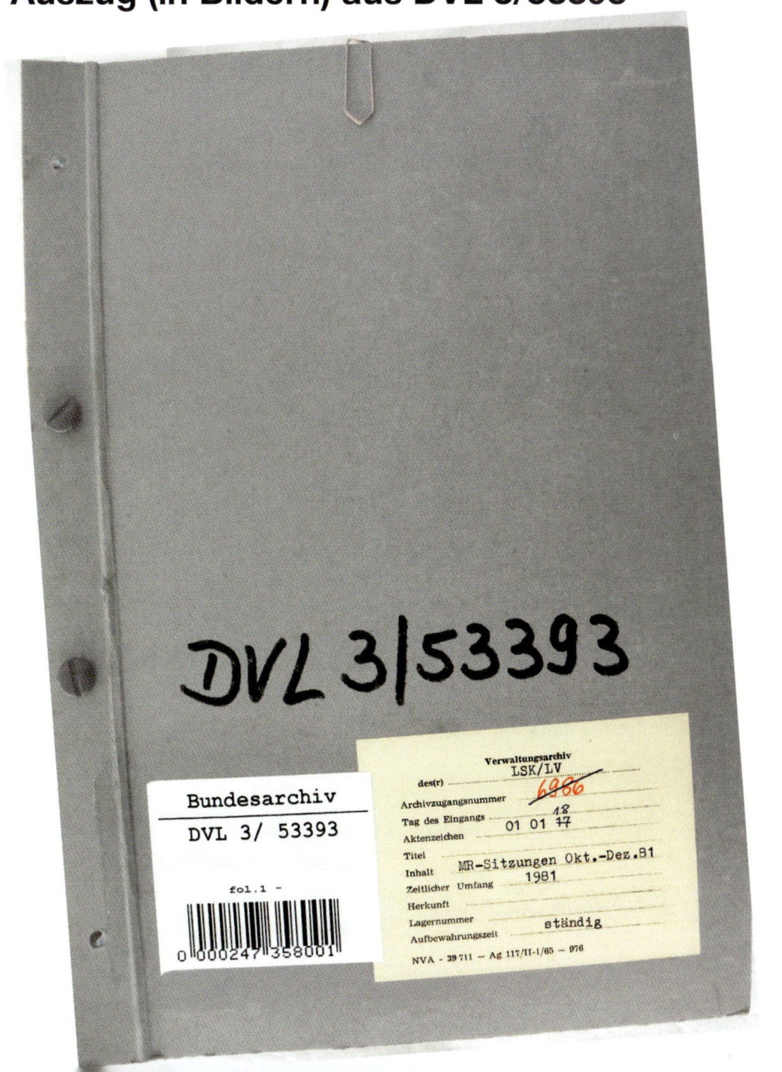

Übersicht über die geplante Einführung von neuer Technik in die Bewaffnung der NVA. Interessant ist hier der Vermerk zur geplanten Einführung der neuen störgeschützten 3D-Funkmessstation zur Tieffliegerortung, ST-68 U.

Geheime Verschlußsache 52

Nr. C 5 C6 973 01 Ausf. Blatt 73

15

Anlage 2

Plan der Einführung von Hauptarten der Technik der Waffengattungen

Art	Typ	1982	1983	1984	1985	Bemerkungen
		Anzahl				
1	2	3	4	5	6	7
Abfangjagd-flugzeug	MiG-23ML	14	14	4		
Jagdbomben-flugzeug	MiG-23BN			12		
	SU-22M	20				
Übungsjagd-flugzeug	MiG-23UB	2[1)]	2			
	SU-22U	2		2[+)]		
	L-39ZO	4				
Kampfhub-schrauber	Mi-24D	16		1[+)]		
Transport-Hubschrauber	Mi-8T		5[+)]			
	Mi-2			2	2	für Grenztruppen
Luftbewegliche Führungsstelle	Mi-9		8			
Transport-flugzeuge	L-410UVP	3	3			
	TU-134A	2	2			
	Nachfolge-typ für TU-134A				2[+)]	
	IL-62M	1		1		
Funkmeß-stationen	P-18-1	10	11	10	10	
	P-37		1	2	2	
	ST-68U		1			

1	2	3	4	5	6	7
Funkhöhen-messer	PRW-13M1-1	18				
	PRW-16	1	3	2	2	
Fla-Raketen-Komplexe	S-200			1 (2Abt.)	1 (2Abt.)	Beide Komplexe noch im Abkommen für 1984 enthalten
	Newa				4	1985 für Volks-marine
Führungs-systeme	Udar			1	1	
	Senesh			1		
	WP-01M	2	2	1	1	
	WP-02M	2	1	1		
	WP-04M	1	1			
	WP-08M		2			
	WP-11M	1		4	1	
	WP-15M	1				
Unbemanntes Aufklärungs-mittel	Reis		1 (1 Staffel)			

Legende:

+) = nicht im Abkommen

1) = Davon gegenwärtig nur 1 Flugzeug im langfristigen Abkommen enthalten

Unter Spalte 5 (1984) und unter Spalte 6 (1986) sind die (jeweils zwei) Abteilungen des S-200 der zukünftigen FRAGs 431 Prangendorf und 411 Badingen aufgeführt.

40

Verteiler:

1. STMCLSK/LV
2. CDS
3. LSK
4. FRT
5. RD
6. FuTT
7. AMA/S

Beschluß Nr. 13 /81
der Sitzung d. MR d. LSK/LV
vom 1. 10. 1981

Geheime Verschlußsache!
GVS-Nr. C/ 506 973

Geheime Verschlußsache!
01. Ausfertigungen 19 Blatt
Az.: 01 01 17

Betrifft:
Stand der Vorbereitung der Einführung von Basiseinheiten für den Zeitraum 1982 - 85. Schlußfolgerungen und Maßnahmen

1. Der Entwurf des "Zyklogramms der Einführung neuer Waffensysteme und Sicherstellungstechnik" ist dem Stellvertreter des Ministers und Chef der LSK/LV bis zum 30. 11. 1981 zur Bestätigung vorzulegen.
Die Einführung der Hauptarten der Technik der Waffengattungen in den Jahren 1982 - 85 hat entsprechend diesem Zyklogramm zu erfolgen.

Verantwortlich:
- für die Vorlage des Entwurfes des Zyklogramms
Stellv. d. Chefs LSK/LV und Chef RD
- für die Durchsetzung des Zyklogramms
Stellv. d. Chefs LSK/LV u. Chef d. Stabes
Stellv. d. Chefs LSK/LV u. Chef RD
Stellv. d. Chefs LSK/LF für FRT
Stellv. d. Chefs LSK/LV für LSK
Chef Funktechnische Truppen
Chef Allgemeinmilitärische Ausbildung/Schulen

Termin: ständig

2. Zur Ergänzung des Zyklogramms sind folgende militärische Bestimmungen zu erarbeiten:
- Richtlinie für die Erarbeitung von Entscheidungsblättern, Einführungskonzeptionen und Einführungsbefehlen sowie für die Durchführung von Einführungsberatungen;
- Ordnung über die Durchführung Technischer Schleusen.

Verantwortlich: Stellv. d. Chefs LSK/LV u. Chef RD

Termin: 30. 10. 1982

Dieses Dokument ist bis auf die Urschrift im Dezember 1982 zu vernichten.

F. d. R.
Sekretär des Militärrates

Cartsburg
Oberst

NVA 10 105 Ag 117/III/89/1

Schreiben aus dem Sekretariat des Militärrates von Oberst Cartsburg zum Stand der Vorbereitung der Einführung von Basiseinheiten für den Zeitraum 1982–85.

Geheime Verschlußsache 54

Nr. C 5 C6973 01 Ausf.-Blatt 15

17

Anlage 3

Stand der Durchführung von Konsultationen zur Einsatzvorbereitung und der Erarbeitung von Bestätigungsdokumenten

Für folgende Waffensysteme wurden Konsultationen durchgeführt:

Mi-9	1979
SU-22M/SU-22U	1980
S-200	1980
Senesh	1980
Reis	1981

Für folgende Waffensysteme stehen Konsultationen aus:

MiG-23ML	1980 vom Hersteller abgelehnt, für 1981 neu beantragt
ST-68U	1980 und 1981 vom Hersteller abgelehnt, für 1982 neu beantragt
Udar	für 1982 beantragt

Zu allen Waffensystemen wurden Bestätigungsdokumente erarbeitet, außer für Udar (fehlende Informationen).

Stand der Durchführung von Konsultationen zur Einsatzvorbereitung und der Erarbeitung von Bestätigungsdokumenten.

Geheime Verschlußsache 55

Nr. C 5 C6973 01 Ausf.-Blatt 16

18

Anlage 4

Stand und Bedarf an Wohnraum für Garantie- und Kundendienstvertreter der Herstellerländer

Art der Technik	Anzahl	Ort der Stationierung	Bemerkungen
1	2	3	4
MiG-23	12	Peenemünde/Wolgast	
SU-22M	17	Drewitz/Cottbus	Ab 1982
L-410UWP	1	Strausberg	
TU-134A	3	Marxwalde	
IL-62M	4	Königs Wusterhausen	
MiG-23BN	2	Preschen	
Mi-24D	7	Basepohl	Ablauf Garantie 1984/85
Mi-8	2	Brandenburg/ Basepohl	Ablauf Garantie 1983/Fortsetzung Kundendienst
L-39ZO	1	Bautzen	Kundendienst bis 1985
AN-26	4	Dresden	Ablauf Garantie 1982/Kundendienstvertreter bis 1985
Mi-9	-	-	Garantievertreter (gesondert) nicht vorgesehen
Oborona-14	1	Altenburg	Ist wohnraummäßig gesichert
Wosduch-1M	1	Neubrandenburg	Ab 1983 Cottbus
Kabina-66	2	Wusterwitz	Bis 1985
PRW-13	2	Pudagla	Bis 1985
Udar	(1)		(1) Bedarf ab 1984 geschätzt
Reis	(3)	Cottbus	(3) Bedarf ab 1983 geschätzt
FRK	2	Strausberg	Bis 1985

Geheime Verschlußsache 56

Nr. C 5 C6973 01 Ausf.-Blatt 17

19

1	2	3	4
S-200	(3)	Gubkow	(3) Bedarf ab 1983/84 geschätzt
Senesh	1	Rövershagen	Zugleich Kundendienstvertreter für Wektor

Die benötigte Anzahl ausgestatteter Wohnungen ist vorhanden oder wird im Jahre 1982 bereitgestellt.

Die Bereitstellung und Ausstattung zusätzlich benötigter Wohnungen für folgende Waffensysteme wird nach Feststellung des konkreten Bedarfs veranlaßt.

- Reis evtl. 3 Wohnungen ab 1983
- S-200 evtl. 3 Wohnungen ab 1983/84
- Udar evtl. 1 Wohnung ab 1984

Stand und Bedarf an Wohnraum für Garantie- und Kundendienstvertreter der Herstellerländer. Wahrscheinlich aus Tarnungsgründen benannte man hier als Ort der Stationierung für das Personal zum S-200 den Standort Gubkow und nicht Prangendorf.

Es folgt eine weitere Anlage, in der die Mengen an technischen Dokumentationen für die neuen Hauptarten der Bewaffnung und Ausrüstung aufgeführt sind. Für den S-200 lagen zum Zeitpunkt dieses Protokolls noch keine Dokumentationen vor. In der Übersicht sind allerdings allein für den S-200 ca. 200 Dokumente angegeben, die etwa 36.000 Seiten und 6.000 Zeichnungen beinhalten sollten. OSL Lehmer beginnt auf der Basis der etwas später vorliegenden sowjetischen Originaldokumentationen direkt mit dem »Projektierungsbüro Süd-Dresden« an der Erstellung der Dokumentationen zum Bau der gesamten Stellung mit dem notwendigen Wegesystem und allen Schutzbauwerken für die zukünftige 1. FRAG-Stellung in Gubkow/Prangendorf zu arbeiten. Erstmalig in der Geschichte der Truppen der LV der NVA wird der Stellungsbau auf Grund seiner Komplexität nicht in Truppeneigenleistung vorgenommen, sondern durch das Ingenieur-Bauregiment 2 (IBR 2) mit dem Oberbauleitungsbereich 4 der 5. Ingenieur-Baukompanie (IBK) aus Bernau. Unzählige zivile Betriebe waren an der Bauausführung beteiligt. Der Zutritt zu dem Baugelände der neuen Stellung war neben dem zukünftigen Kommandeur, OSL Lehmer, nur einem ganz kleinem Kreis an ausgesuchten Offizieren aus dem Kommando der LSK/LV gestattet.
OSL Lemer musste nicht nur einmal Kompetenzgerangel mit dienstgradhöheren Offizieren der Brigade- und der LVD-Führung bewältigen.

1982

OSL Lehmer beginnt mit der Zusammenstellung seines zukünftigen Offizierskaders aus erfahrenen Kadern bestehender Fla-Raketenabteilungen der 3. LVD. Zwei Grundforderungen stellte er bei der Auswahl, zum einen war das die absolute Fachkompetenz des ausgesuchten Kaders, zum anderen sollte nach Möglichkeit kein Offizier älter sein als er selbst. Selbst General Trautsch musste, nach eingänglichen Beschwerden von Abteilungskommandeuren, OSL Lehmer darauf verweisen, dass er nicht nur die Allerbesten aus den bestehenden Abteilungen anfordern könne.
Auf Grund der außergewöhnlich hohen Einstufung der Geheimhaltung über alles, was auch nur andeutungsweise mit dem neuen System zu tun hatte, kann man davon ausgehen, dass jeder einzelne Kader umfassend durch das Ministerium für Staatssicherheit überprüft wurde, bevor eine endgültige Zustimmung für eine neue Dienststellung unter OSL Lehmer im neuen Waffensystem gegeben wurde.
Aus weiteren Tarnungsgründen ist zuerst in Erwägung gezogen worden, die Waffenfarbe bzw. die gesamte Uniform des Personals der DDR-Volksmarine anzupassen. Hintergrund war die Überlegung, dass sich nicht weit vom zukünftigen Standort Prangendorf entfernt, in der Nähe der Kleinstadt Tessin, ein zurückverlagerter, vollverbunkerter Hauptgefechtsstand der Volksmarine befand. Das Erscheinungsbild dieser Uniform wäre somit in der Öffentlichkeit nicht ungewöhnlich gewesen. Letztlich wurde aber entschieden, die Waffenfarbe der Luftstreitkräfte (blau) zu übernehmen. Man nahm hier Bezug auf den ebenfalls nicht weit entfernt gelegenen NVA-Flugplatz bei Laage.

1983

Die Sowjetunion beginnt mit der Auslieferung einer Exportvariante des S-200 »Wega«. Syrien erhält sechs Komplexe. Danach folgen die befreundeten Länder des Warschauer Vertrages: DDR, CSSR, Ungarn und Polen sowie weitere Länder weltweit.
Im Mai/Juni führt Oberst Balcerowiak, Chef Sektion Fla-Raketentruppen, an der Offiziershochschule der Luftstreitkräfte/Luftverteidigung »Franz Mehring« in Kamenz Kadergespräche mit ausgesuchten Offiziersschülern des Jahrganges durch, die kurz vor der Ernennung zum Leutnant stehen. Auch hier ging es um eine Bereitschaftserklärung unmittelbar nach der Ernennung zum Leutnant, an einer Umschulung in der Sowjetunion teilzunehmen, um ein neues Waffensystem kennen zu lernen. Alles sei äußerst geheim, und er könne sonst nichts dazu sagen. Mein erster Gedanke war damals: *»Waren denn die letzten drei Jahre Studium jetzt umsonst? Was kann ich noch mit dem angeeignetem Wissen über den Fla-Raketenkomplex ›Wolchow‹ anfangen?«* Da ich aber stets allem Neuen sehr aufgeschlossen gegenüberstand und -stehe, war meine Antwort schnell gegeben.
Wir zukünftigen jungen Leutnante waren für die ersten Dienststellungen als Zugführer und Techniker vorgesehen. Von September bis November fand dann die Umschulung auf das Waffensystem S-200 des ersten Kaders der LV der NVA in der UdSSR in Gatschina statt.
Zu diesem Zeitpunkt konnte ich noch nicht ahnen, dass ich genau fünf Jahre später in der gleichen Lehreinrichtung, in dem gleichen Unterkunftsgebäude, in der gleichen Etage und nur ein Zimmer weiter eintreffen würde, um abermals auf ein noch moderneres Fla-Raketensystem umzuschulen. Nun in der Dienststellung Batteriechef, wurde ich abermals umgeschult. Ich hatte das Glück, dass weltweit beste System der Luftabwehr, den Komplex S-300 PMU, kennen zu lernen. Nach dem Lehrgang wurde das zukünftige Personal der beiden Abteilungen der FRAG übergangsweise in der 2. Fla-Raketenabteilung Eichhof des FRR-23 untergebracht. Bis zur endgültigen Fertigstellung der neuen Dienststelle in Prangendorf und der Wohnsiedlung wurden in Eichhof die Kenntnisse aus dem vorherigem Lehrgang vertieft.
Zugleich wurden die ersten Fla-Raketen S-200 in die Schutzbauwerke der technischen Abteilung des FRR-23 eingelagert.

1984

Das Personal bezieht unter OSL Dieter Lehmer das neue Kasernenobjekt in Prangendorf. Den Berufssoldaten wird angemessener Wohnraum zugewiesen.
Mit Befehl 127/84 des Kommandeurs der 3. LVD wurden die Aufgaben zur Formierung und Herstellung der Geschlossenheit festgelegt, die Fla-Raketen-Abteilungsgruppe wurde offiziell der 43. Fla-Raketenbrigade unterstellt. Der Brigadestab der 43. Fla-Raketenbrigade ist nur 13 km entfernt und befindet sich in Sanitz.
Im Herbst/Winter 84/85 erfolgte unter äußerst schwierigen Witterungsbedingungen und unter strengster Geheimhaltung die Entfaltung des ersten weitreichende Fla-Raketensystems S-200 »Wega« (Nato-Code SA-5 Gammon) auf dem Territorium der DDR bei Prangendorf, südöstlich von Rostock. Die entfaltete Einheit erhielt die taktische Bezeichnung FRAG 431 (43 steht für 43. Fla-Raketen-Brigade und 1 für erste FRAG = Fla-Raketen-Abteilungsgruppe). Unsere FRAG bestand aus zwei Fla-Raketen-Abteilungen.
Über 20 Werksvertreter, darunter erfahrene Truppenoffiziere des Systems S-200, unterstützten das Personal bei der Entfaltung und den ersten Funktionskontrollen.
Der Standort Prangendorf mit dem zirka 56 m hohen und etwa 140 ha großen Plateau erfüllte alle Voraussetzungen für die Entfaltung des neuen Waffensystems. Aufgrund der Besonderheit, dass die S-200-Rakete mit einem Selbstlenkkopf ausgestattet war, der das Ziel in der Regel vor dem Start erfassen musste, war bei der Wahl des Standortes und dem Bau der Stellung, anders als bisher bei den Fla-Raketensystemen »Wolchow und »Newa« üblich, dem Schusswinkel gegenüber dem Deckungswinkel Vorrang gegeben worden.
Wer an der Auswahl des Standortes seitens der NVA-Führung beteiligt war, lässt sich heute nicht mehr einwandfrei klären. Wenn überhaupt jemand aus der Führung des Kommandos LSK/LV der DDR beteiligt war, so wahrscheinlich doch eher mit weniger entscheidendem Einfluss, weil dies die sowjetische Militärführung im Rahmen des Gesamt-Verteidigungskonzeptes Mitteleuropa und des Warschauer Vertrages bereits entschieden hatte.
Zu der hervorragenden Lage des ersten Standortes für den S-200 mit der Nähe zur Küste und der dort stationierten 43. Fla-Raketen-Brigade gab es keine Alternative im Nordraum der ehemaligen DDR.

1985

Am 29. April führt der Minister für Nationale Verteidigung, Armeegeneral Heinz Hoffmann, einen Truppenbesuch der Gefechtsordnung der ersten FRAG S-200 in Prangendorf durch.

1985: Der Kommandeur der 43. Fla-Raketenbrigade, Oberst Gerhard Spakowski, erstattet Armeegeneral Heinz Hoffmann vor dem Stabsgebäude der Dienststelle Prangendorf Meldung. Rechts hinten steht der Kommandeur der FRAG 431, Oberst Dieter Lehmer.

1985: Objektbegehung in Prangendorf während des Truppenbesuches von Armeegeneral Heinz Hoffmann. V.l.n.r. im Vordergrund: Generaloberst Reinhold, Armeegeneral Hoffmann, Oberst Spakowski, Oberst Lehmer, N.N.

Am 11. Juni wird der Oberkommandierende der GSSD, Armeegeneral Saizew vom Kommandeur der 3. LVD, Oberst Bernd Schwipper, in der FRAG empfangen.

1985: Der Oberkommandierende der Gruppe der sowjetischen Streitkräfte in Deutschland, Armeegeneral Michael Mitrofanowitsch Saizew, wird in der Dienststelle Prangendorf von Generaloberst Wolfgang Reinhold, Chef des Kommandos der Luftstreitkräfte/Luftverteidigung der NVA, empfangen.

1985: Armeegeneral Saizew (links) verabschiedet sich nach dem Truppenbesuch in Prangendorf von Generalmajor Kronig (Mitte hinten), Oberst Spakowski, Oberst Lehmer und einem Offizier des Stabes der FRAG 431 (mit Ehrenbezeigung).

Am 29. August erfolgt eine Besichtigung der Gefechtsordnung durch den Generalsekretär des ZK der SED, Erich Honecker.

1985: Erich Honecker, Staatsratsvorsitzender der DDR, schreitet in Begleitung von Armeegeneral Heinz Hoffmann die Ehrenformation ab.

Vom 30. August bis 13. September findet während der Truppen-Übung »Elbe 85« erstmalig ein automatisiertes Gefechtsschießen eines Verbandes der Luftstreitkräfte der NVA mit der 43. Fla-Raketenbrigade auf dem Staats-Polygon in Aschuluk statt.
Die FRAG 431 hat dabei die Aufgabe, bei ihrem Erstschießen Zieldarstellungsmittel LA-14 (Drohne) auf 140 km Entfernung und RM (ausgediente und modifizierte Fla-Raketen »Dwina«) zu vernichten. Die Gefechtsaufgabe wird mit der Note »ausgezeichnet« erfüllt. Am 30. November erfolgt dann die Zulassung der FRAG 431 zum DHS.

1986
Die FRAG 431 nimmt mit den Fla-Raketenabteilungen 4324, 4325 und 4335 der 43. FRBr an einem weiteren Gefechtsschießen in Aschuluk teil. Das Schießergebnis der FRAG wird mit »ausgezeichnet« bewertet.

1988
Am 25. Mai besucht der rumänische Verteidigungsminister die FRAG in Prangendorf.
Beide Abteilungen der FRAG 431 fahren mit den Abteilungen der 43. Fla- Raketenbrigade, FRA 4335 und FRA 4331, erneut zum Gefechtsschießen. Eine Abteilung der FRAG wird mit der Note 1, die andere mit der Note 3 bewertet. Die Note 3 ist das Ergebnis von Startproblemen der Rakete des einen Schießkanals, die trotz zuvor durchgeführter fehlerfreier Funktionskontrollen auftreten.

1989
Vom 3. bis 28. April wird das Gefechtsschießen im Trainings- und Überprüfungszentrum Lieberose vorbereitet.
In der Zeit vom 22. Mai. bis 13. Juni findet das letzte, aber auch das umfang- und erfolgreichste Gefechtsschießen in der Geschichte der Truppen der Luftverteidigung der NVA statt. Die 43. FRBr absolviert mit allen Waffensystemen (S-125, S-75, S-200 und dem erst ein Jahr zuvor in die Bewaffnung aufgenommenen Komplex S-300) unter automatisierter Führung der Gefechtshandlung erfolgreich das Prüfungs- und Gefechtsschießen in Aschuluk.
Die FRAG, mit einer Abteilung beteiligt, hatte die Aufgabe, die Zieldarstellungsmittel LA-17 und Swesda-2 (hoch und schnell fliegendes Ziel) zu bekämpfen.
Am 25. August erhält die 43. FRBr am Standort Prangendorf in einem militärischem Zeremoniell ein Ehrenbanner durch den Minister für Nationale Verteidigung, Generaloberst Keßler.
Vom 29. Januar bis 31. August finden durch vorgesetzte Stäbe sechs Überprüfungen der 43. FRBr zur Gefechtsarbeit mit realer Zieldarstellung über Polen statt. Auch die FRAG ist mit bereits stark verringertem Personalbestand daran beteiligt.

Im Kasernen-Objekt (auch A-Objekt genannt) S-200 Prangendorf wird die 43. FRBr durch das MfNV als »Bester Truppenteil« ausgezeichnet.

1990
Am 2. Oktober wird die 43. FRBr. aufgelöst und die Truppenfahne abgegeben.
Die FRAG ist aus dem DHS herausgelöst und wird von der Bundeswehr übernommen.

1991
Die FRAG wird in ein FlaRak-Geschwader (FlaRakG) umgegliedert.

1993
Die Außerdienststellung des letzten S-200-Komplexes aus dem Bestand der Bundeswehr ist abgeschlossen.
Am 12. Januar 1993 berichtet die *Ostsee-Zeitung (OZ)* unter der Rubrik »Blickpunkt«: »Keine Wega-Raketen mehr im Sanitzer Forst«

1993: Die FRAG 431 ist endgültig außer Dienst gestellt.

Blickpunkt Dienstag, 12. Januar 1993 / 3

Die Vorgänger der Flugabwehrraketen vom Typ Hawk, die jetzt in die beiden Stützpunkte bei Sanitz einziehen, wurden seit Anfang 1990 vollständig abgewrackt. OZ-Foto: R. Schulz

Keine Wega-Raketen mehr im Sanitzer Forst

Luftwaffenstützpunkte im Land werden mit „Hawks" bestückt

Sanitz (dpa) Besucher waren im Forst von Sanitz östlich von Rostock zu DDR-Zeiten unerwünscht. Flugabwehrraketen des sowjetischen Typs S 200 Wega lagen startbereit im Wald versteckt. Die Nationale Volksarmee (NVA) hatte sie gegen den „Klassenfeind" im Westen gerichtet. Heute ist auf dem weitläufigen Gelände nur noch eine Übungsrakete dieses Systems mit einer Reichweite von 200 Kilometern zu finden. Die Waffensysteme wurden verschrottet, die Fahrzeuge dienen der Feuerwehr oder humanitären Zwecken in den GUS-Staaten und in Afrika.

Die 43. Flugabwehrraketenbrigade der NVA, die 1962 gegründet und im Oktober 1990 in das 51. Flugabwehrgeschwader der 5. Luftwaffendivision der Bundeswehr umgewandelt wurde, wird jetzt aufgelöst. Von einstmals 1600 Soldaten und 300 zivilen Mitarbeitern sind heute nur noch 380 Soldaten und 70 Zivilisten am Standort verblieben. Sanitz bleibe jedoch als Luftwaffenstützpunkt erhalten, erklärt Commodore Wolfgang Bäumler.

Das Geschwader 31 aus Westertimke südwestlich von Hamburg werde nach Mecklenburg verlegt. Das sei nicht ohne Probleme: In Westertimke gingen Arbeitsplätze verloren, in Sanitz fehlten 250 Wohnungen für die künftig 850 Soldaten. Die Gemeinde Sanitz sei aber sehr kooperativ und unterstütze die Ansiedlung der „Bürger in Uniform", so der Bundeswehr-Offizier.

Das 31. Flugabwehrraketengeschwader Sanitz mit den Standorten Purkshof und Prangendorf werde das einzige seiner Art in Mecklenburg-Vorpommern. Gemeinsam mit fünf weiteren Raketen-Geschwadern werde der Schutz des Luftraums über der Bundesrepublik gewährleistet. Ausgerüstet werde Sanitz künftig mit Hawk-Raketen, die Bundeswehr investiere in den nächsten acht Jahren dort etwa 150 Millionen Mark allein im militärischen Bereich.

Persönlich werte er seine über zweijährige Dienstzeit im nordöstlichsten Bundesland nach vielen Jahren im Westen Deutschlands, in Dänemark und Kanada als die aufregendste Zeit, so Bäumler. „Es ist einmalig und als Soldat nie wieder zu erleben, an der Wiedervereinigung mitzuarbeiten, nicht nur Zuschauer zu sein", sagt der Commodore Wolfgang Bäumler.

DETLEF KUZIA

Es war der Komplex, der knapp zehn Jahre zuvor als erster von geplanten drei Komplexen in das DDR-Luftverteidigungssystem eingegliedert wurde, ein Waffensystem, welches der Nato an der Nahtstelle zum Warschauer Vertrag einigen Respekt abverlangte.

2. Das Waffensystem S-200 »Wega«

(Alle hier gemachten Angaben beziehen sich auf Original-Ausbildungsdokumentationen mit der GVS-Nr. C 835022, 3. Ausfertigung mit 96 Blatt und Ausfertigung 2 mit 102 Blatt, die während des Umschulungslehrganges in der damaligen Sowjetunion erstellt wurden. Sie geben direkt den vermittelten Lehrstoff durch die sowjetischen Ausbilder wieder und sind damit frei von jedweden Interpretationen, wie sie heute im Internet und anderen Publikationen zu finden sind. Ergänzt werden diese Angaben durch Aufzeichnungen, die nach dem Lehrgang zu Ausbildungszwecken am neuen Standort des ersten S-200 in Prangendorf entstanden sind. Bei gleicher GVS-Nr. handelt es sich um die 1. Ausfertigung mit 82 Blatt. Auf andere Informationsquellen weise ich an entsprechender Stelle gesondert hin.)

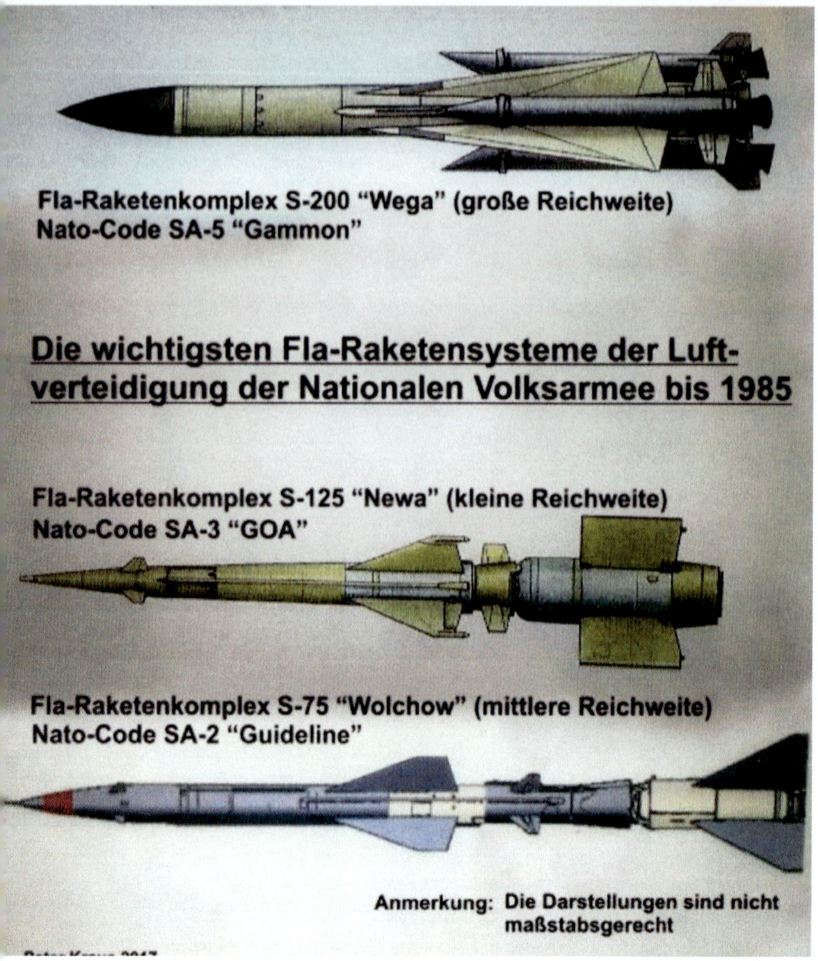

Übersicht über die Fla-Raketensysteme der DDR-Luftverteidigung.

Die Schaffung gemischter Gruppierungen von Luftverteidigungsmitteln des Landes war aus mehreren Gründen notwendig geworden. Zum einen hatten sich die Angriffsmöglichkeiten des Gegners durch Schaffung neuer Generationen von Luftangriffsmitteln drastisch erweitert. Bei der Entwicklung dieser neuen Angriffsmittel legte man unter anderem allergrößten Wert darauf, die Reichweiten von Luft-Boden-Raketen (z. B. Anti-Funkmess-Raketen und Flügelraketen) entscheidend zu erhöhen. So können die Trägermittel (strategische Bombenflugzeuge wie die B-52 und B-1) diese Luft-Boden-Raketen außerhalb der Wirkungszonen der Luftverteidigungssysteme des Gegners starten.

Zum anderen hatte die Nato mit dem System »AWACS« ein fliegendes Führungssystem geschaffen, mit dem es möglich geworden war, außerhalb gegnerischer Luftverteidigungszonen die gesamten Angriffsaktivitäten im vorgesehenen Luftraum zu koordinieren.

Die bisherigen Fla-Raketen-Systeme kleiner und mittlerer Reichweite der Luftverteidigung des Landes (Systeme »Wolchow« und »NEWA«) wie auch der Truppenluftabwehr (Systeme »KUB« und »Krug«) waren nicht in der Lage, o. g. Trägermittel vor Erreichen der Landesgrenze zu vernichten. Die Einführung von Fla-Raketenkomplexen großer Reichweite war daher eine logische und unumgängliche Maßnahme der Mitgliedsstaaten des Warschauer Vertrages, mit der diesen Entwicklungen Rechnung getragen wurde.

2.1. Hauptaufgabe und Eigenschaften des Fla-Raketensystems S-200 WÄ

Der Fla-Raketenkomplex großer Reichweite S-200 arbeitete nach dem Prinzip der halbaktiven Zielsuchlenkung mit Funkmessstationen im Dauerstrichprinzip.

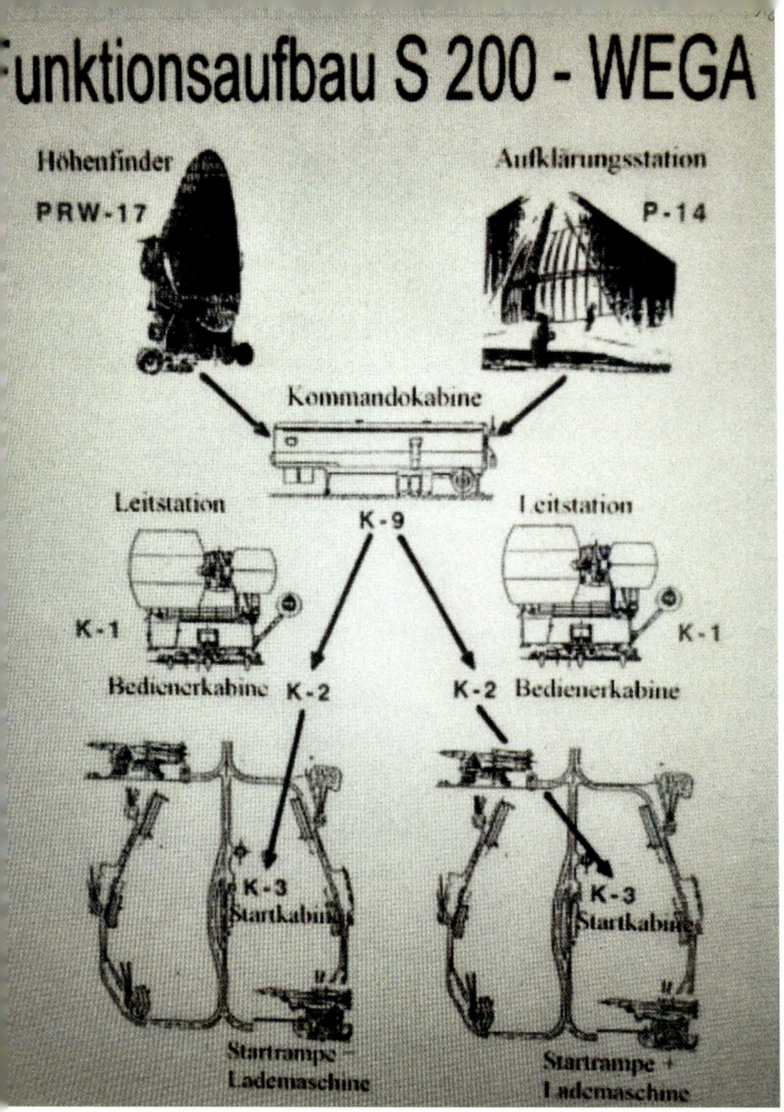

Hierbei wurden mögliche Ziele ständig von der Ziel-Aufhell- und -Begleitstation K-1 (RPZ) angestrahlt. Das von den Zielen reflektierte Signal wurde über den Zielsuchkopf der Rakete empfangen und mittels eines Bordrechners und des Autopiloten in Lenkkommandos für die Rudermaschinen der Rakete umgerechnet.

Allgemeiner Funktionsaufbau S-200 »WEGA«.

Übersicht aus einer russischen Originaldokumentation über das Zusammenwirken der Elemente: Gefechtsstand der FRAG mit der Kabine K-9 (l.u.), Gefechtsstand der Abteilung mit den Kabinen K-2 (m.u.) und K-1 (m.o.), der Start-Leitkabine K-3 (r.u.) und der Startrampe mit Fla-Rakete (r.o.). Links oben sind die Mittel der Automatisierten Zielzuweisung dargestellt (Höhenfinder PRW-11 und Rundblickstation D-80). Später werden das der Höhenfinder PRW-17 und die weitreichende Rundstation Oborona-14 sein.

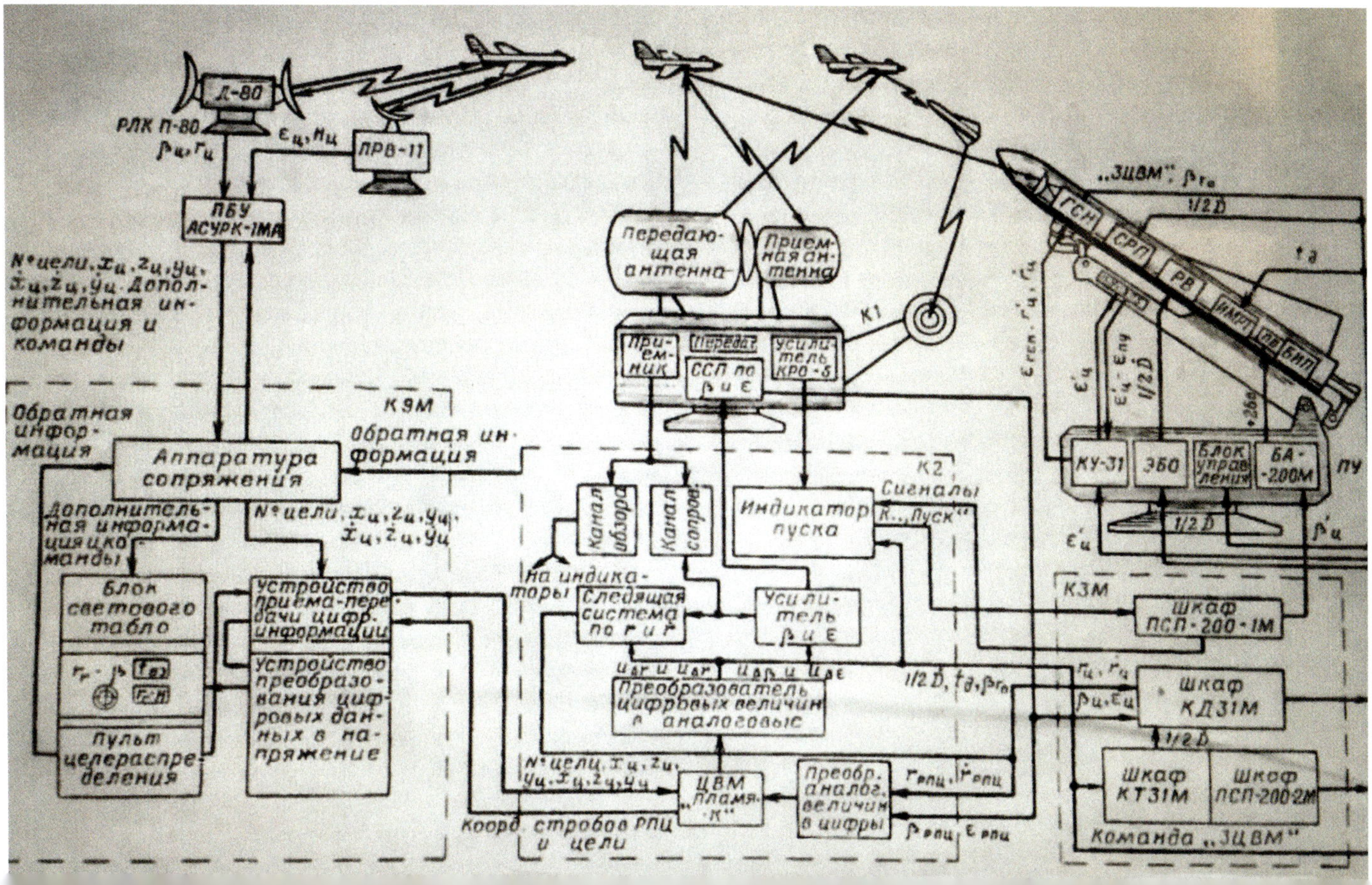

In der Regel wurden die Raketen erst gestartet, wenn die Zielsuchköpfe das Ziel bereits erfasst hatten. Es war aber auch möglich, erst die Raketen zu starten und dann im Flug mit den Zielsuchköpfen das Ziel zu erfassen. Die Methode der halbaktiven Ziel-Suchlenkung und der hohe Grad der Automatisierung der Lenkung garantierte eine hohe Vernichtungswahrscheinlichkeit von Einzelzielen mit nur einer Rakete.

Zu den wichtigsten Gefechtseigenschaften des Komplexes gehörte die hohe Wirksamkeit der Bekämpfung von Zielen mit geringen Reflexionsflächen sowie Trägern passiver Störungen und aktiver Rauschstörungen.

Die hohe Störfestigkeit des Fla-Raketenkomplexes wurde durch folgende Faktoren gewährleistet:

- Anwendung des Dauerstrichverfahrens mit Frequenzselektion nach der Dopplerfrequenz in extrem geringer Bandbreite sowie den Einsatz von Sperrfiltern.
- Hohes energetisches Potenzial der Ziel-Aufhellstation.
- Anwendung der Methoden der unmittelbaren Vergleichspeilung bei der Winkelbegleitung des Zieles.
- Möglichkeit der Lenkung der Rakete auf Störträger.
- Gedeckte Arbeit des Funkzünders der Fla-Rakete und die Anwendung der Methode der Zweikanalphasenpeilung im Funkzünder bei der Bekämpfung von Störträgern.
- Unterschiedliche Frequenzen der Aufhellstation der Schießkanäle.

Die Vernichtung besonders wichtiger Luftziele gehörte zur Hauptaufgabe des Fla-Raketenkomplexes S-200. Dazu gehörten:

- Trägerflugzeuge mit aktiven funktechnischen Störmitteln in maximal möglicher Entfernung sowie von wichtigen Zielen, die im Schutz von aktiven und passiven funktechnischen Störmitteln operierten.
- Trägerflugzeuge mit Luft-Boden-Raketen.
- Hoch- und schnellfliegende Ziele und Ziele mit geringer Reflektionsfläche.

Mit dem S-200 konnten mehrere Ziele oder Einzelziele aus Gruppenzielen sowie aufeinanderfolgende Ziele innerhalb großer Höhenbereiche vernichtet werden. Einiger dieser wichtigsten Ziele seien hier genannt:

Strategischer Bomber B-52 und B-1, Bomber FB-111, Fliegender Gefechtsstand Boing E-3A »Sentry« für AWACS, Frühwarnflugzeug Grumman E-2 »Hawkeye«, luftgestartete Flügelraketen von Boing, Typ AGM-86, bzw. von General Dynamics, Typ AGM-109 »Tomahawk« und die Strategischen Aufklärer von Lockheed U-2 (Nachfolger ist TR-1) bzw. SR-71 »Blackbird«. In Kapitel 5 finden Sie zu den einzelnen Typen die wichtigsten taktisch-technischen Angaben.

Zusammengefasst kann gesagt werden:

Der Fla-Raketenkomplex S-200 WÄ unterscheidet sich wesentlich von den bisher innerhalb der Fla-Raketentruppen/LV eingesetzten Fla-Raketenkomplexen. Ausgehend von der wesentlich größeren Vernichtungszone unterscheidet er sich vor allem durch folgende Eigenschaften:

- Er ist ein Mehrkanalkomplex, der zu einer Fla-Raketenabteilungsgruppe entfaltet wird, die in der Regel aus zwei bis drei Schießkanälen (FRA) besteht.
- Der wirksame Gefechtseinsatz des Fla-Raketenkomplexes setzt die Zielzuweisung über ein automatisiertes Führungssystem oder die eigenen Aufklärungs- und Zielzuweisungsmittel (PRW-17, Oborona) voraus.
- Die Ziel-Aufhellstationen (K-1) arbeiten im Funkmess-Dauerstrichbetrieb, die Lenkung der FLA-Raketen erfolgt mittels halbaktiver Lenkung.

2.2. Anforderungen an die Gefechtsordnung (GO) der FRAG

Zur Gefechtsordnung gehörten alle Elemente des Systems und deren Entfaltung im Gelände. Die FRAG verfügte in der Regel über zwei bis drei Schießkanäle. Jeder Schießkanal wurde zu einer Feuereinheit (Fla-Raketenabteilung) der FRAG entfaltet. Die Aufgabe bestand darin, die Gefechtseigenschaften des Komplexes voll auszuschöpfen, um Gefechtshandlungen in beliebigen Richtungen führen zu können. Abhängig von der Anzahl der Schießkanäle ging man für eine FRAG von einer notwendigen Fläche zwischen 113 und 121 ha aus.

Die Gefechtsordnung sollte eine rechtzeitige Aufklärung des Luftgegners und Feuereröffnung und eine effektive Rundumverteidigung ermöglichen. Deshalb musste zu möglichen Luftzielen in 300 m Höhe bis auf eine Entfernung von 80 km eine quasioptische Sicht bestanden haben. Die Antennenkabine K-1 musste ebenfalls eine direkte Sicht zu allen Startrampen haben. Die Entfernung zu Einflugschneisen sollte mindesten 2,5 km, die zu Überlandleitungen 1 km betragen. Funkmess-Mittel waren so aufgestellt, dass eine gegenseitige Störung ausgeschlossen werden konnte.

Gleichzeitig sollte die GO einen Mindest-Schutz vor Massenvernichtungsmitteln gewährleisten. Vorhandene Wege- und Wassersysteme sollten nach Möglichkeit eingebunden werden.

Eine weitere wichtige Forderung an die Gefechtsordnung war der Schutz der entfalteten Technik vor herabfallenden Teilen (Starttriebwerken) gestarteter Raketen. In einem Umkreis von 950 bis 3.400 m vom Startpunkt der Raketen konnten abgetrennte Feststoff-Booster (vier je Rakete) erhebliche Schäden anrichten.

Um eine gegenseitige Beeinflussung (Rückkopplungen) der Suchköpfe in den Raketen auf den Startrampen und der

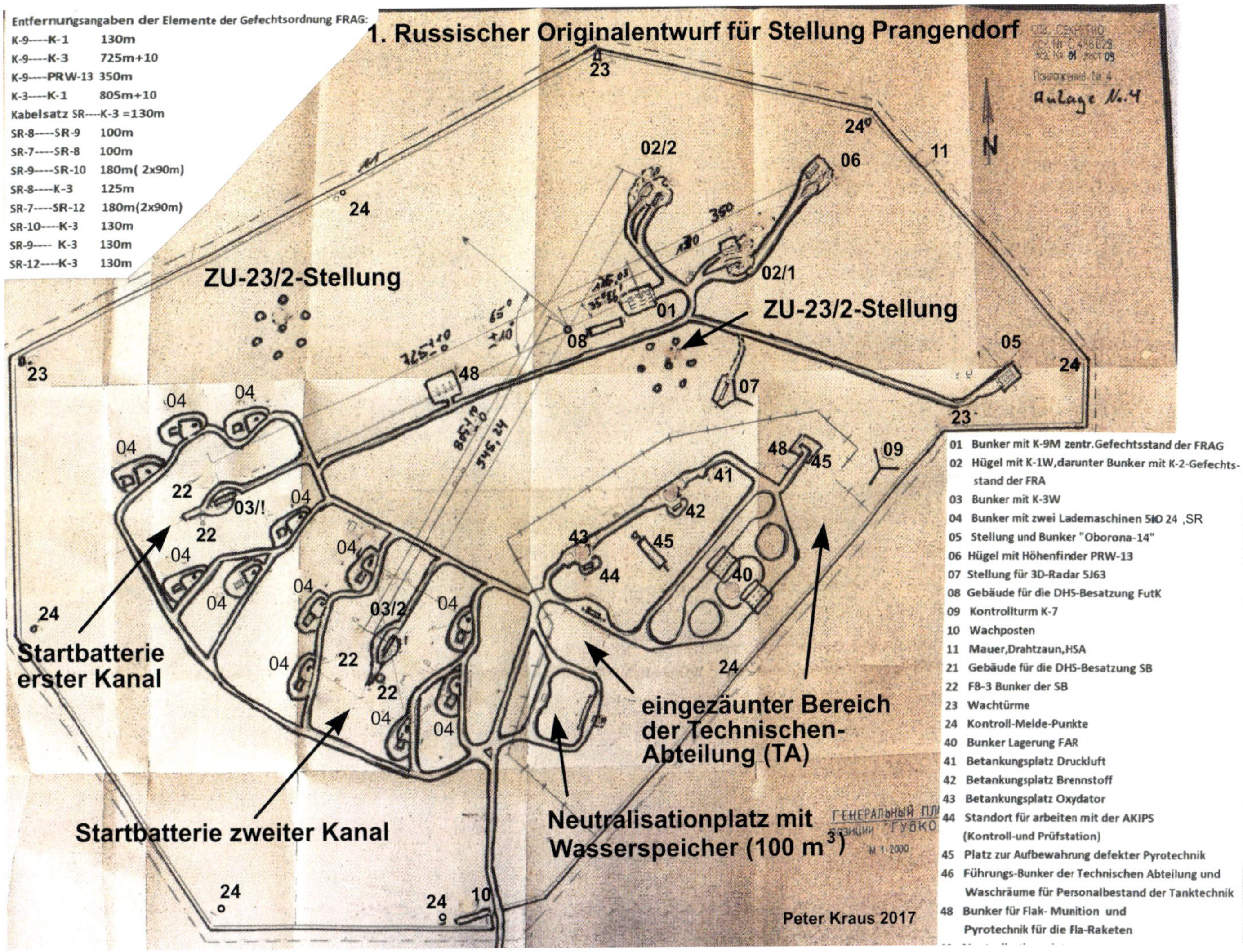

Russischer Original-Entwurf zur Stellung S-200 Prangendorf. Man beachte die schräge Ausrichtung der Längsachse des Stellungssystems von südwestlicher nach nordöstlicher Richtung. Die in Küstennähe aufgestellte FRAG 431 in Prangendorf hatte im Ernstfall mit zwei Hauptanflugsrichtungen des vermeintlichen Gegners zu rechnen. Es waren die nördlichen und die westlichen Richtungen, aus denen der Gegner erwartet werden musste.

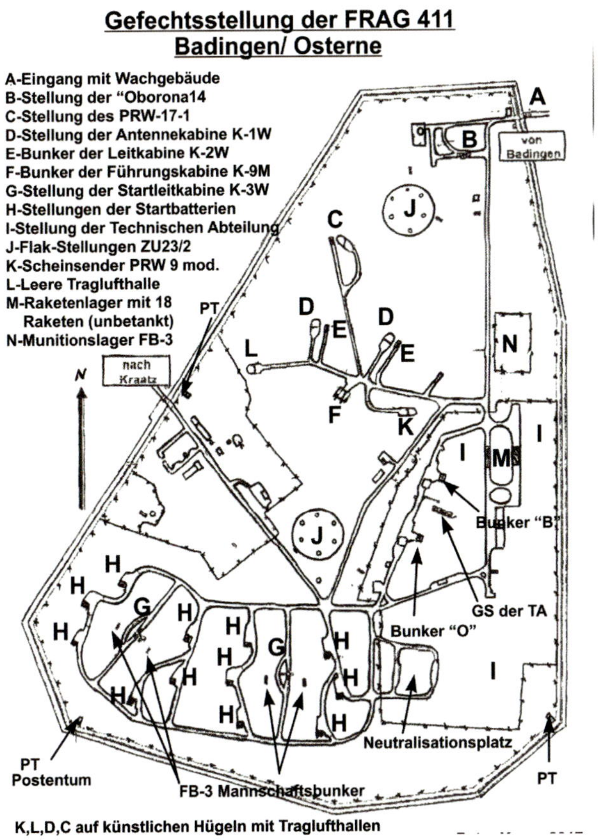

Die schematische Darstellung der Gefechtsstellung der FRAG 411 in Badingen unterscheidet sich nur geringfügig von der Prangendorfer. Allerdings ist hier deutlich festzustellen, dass die Längsachse der Stellung in klarer Nord-Süd-Richtung liegt. Anders als im Norden wurde beim Bau dieser Stellung von der Hauptanflugsrichtung gegnerischer Luftangriffsmittel aus westlicher Richtung ausgegangen.

Antennensysteme der Ziel-Aufhellstationen in der FutK zu verhindern, musste ein vorgegebener Abstand zwischen diesen Elementen eingehalten werden. Gleichzeitig spielte hier auch der Schutz der Startrampenbedienungen vor elektromagnetischer Strahlung eine wichtige Rolle.
Für die Startstellungen wie auch für das Wegesystem zwischen TA und Startbatterie war zu berücksichtigen, dass der Wenderadius der Transport-Ladefahrzeuge 25 m betrug. Kurvenradien waren entsprechend anzulegen. Jede einzelne Startstellung musste eine Ein- und eine Ausfahrt haben, einen Schutz vor Massenvernichtungsmitteln bieten und mit natürlicher Tarnung versehen sein.
Der Deckungswinkel war, anders als bei bisherigen Fla-Raketensystemen, mit beinahe 0° Voraussetzung für die Arbeit mit Raketen, die einen Zielsuchkopf an Bord hatten.
Die Gefechtsordnung der FRAG untergliederte sich in folgende Bestandteile: Gefechtsstand, funktechnische Stellung, Startstellung und Stellung der AZM. Da die Stellung der Technischen Abteilung und die Stellungen der Mittel der Rundumverteidigung Bestandteil des geschützten Areals der GO der FRAG waren, seien sie an dieser Stelle ebenfalls genannt.
Nachfolgend ist eine Schema-Zeichnung zu sehen, wie sie in der Ausbildungsstätte Gatschine verwendet wurde. Auf der Zeichnung sind Entfernungen/Abstände zwischen den einzelnen Elementen der Gefechtsordnung angegeben. Durch nachfolgende Informationen werden diese Angaben ergänzt.
Der Gefechtsstand (K-9) und die Zielverteilungskabine K-2 liegen auf der Symmetrieachse der GO der FRAG. Die Stromversorgung des Gefechtsstands ist max. 20 m entfernt.
Im Abstand von 180 m, im Halbkreis angeordnet, befinden sich die Ziel-Aufhellstationen (K-1). Je nach Anzahl der Fla-Raketenabteilungen sind innerhalb der FRAG zwei oder drei Stationen aufgestellt.
Der Höhenfinder PRW-17 kann bis zu 350 m vom Gefechtsstand entfernt entfaltet sein.
Der Kontroll- und Prüfturm K-7 befindet sich in einer Entfernung von 450 bis 500 m zum GS.

Diese Zeichnung ist den Ausbildungsunterlagen vom Umschulungslehrgang auf das System S-200 entnommen. Hier wurde eine Drei-Kanal-Variante (dritter Kanal nur halb dargestellt) mit den maximalen Entfernungen der einzelnen Elemente gezeichnet. Die Abstände waren durch die Kabellängen für die Verbindungen der einzelnen Stationen vorgegeben. Aber auch elektromagnetische Aspekte spielten dabei eine Rolle.

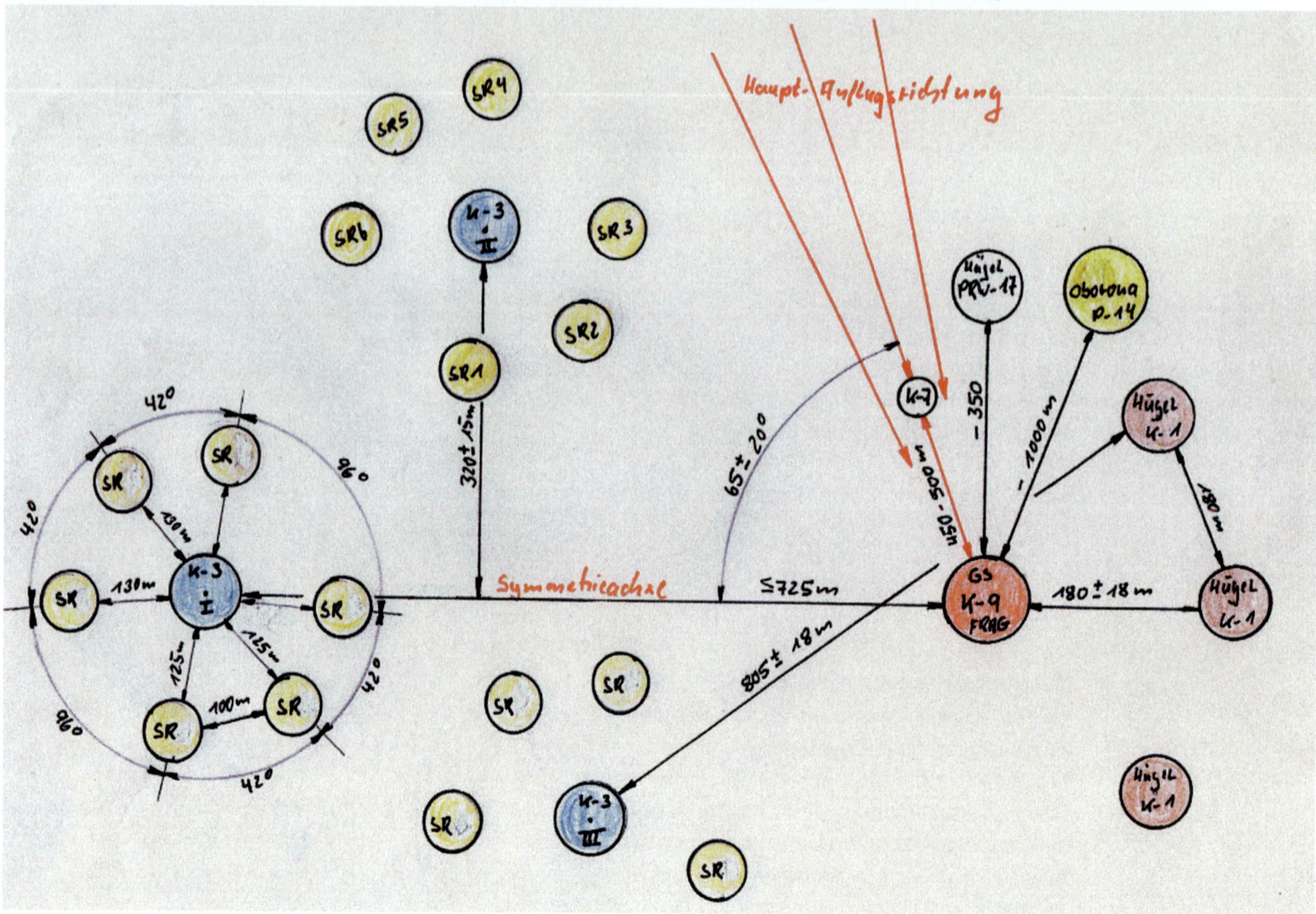

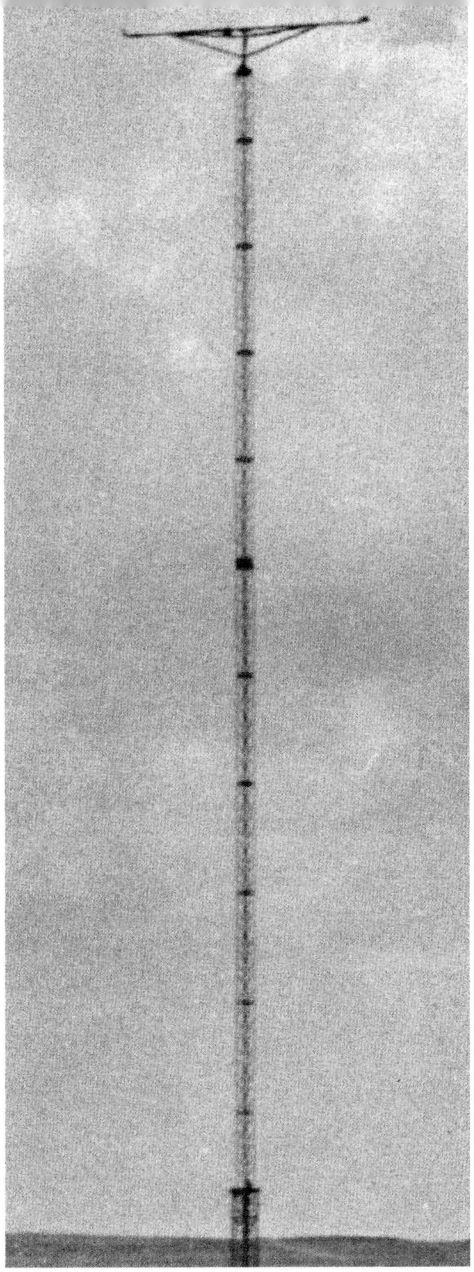

Der Kontroll- und Prüfmast K-7.

Mit einer Kabelverbindung zum Gefechtsstand befindet sich die Funkmessstation P-14 »Oborona« bis 1000 m vom GS entfernt. Bei einer Funkverbindung sind 4 bis 5 km möglich.
Der Abstand zwischen der Start-Leitkabine K-3 in der Startbatterie und der K-9 kann bis 725 m betragen, der zwischen K-3 und Ziel-Aufhellstation K-1 805 ± 20 m.
Der Abstand K-1 zu K-2 ist mit 40 m angegeben.
Der Abstand des zweiten bzw., wenn vorhanden, dritten Kanals zur Symmetrieachse der GO ist mit 350 ± 15 m angegeben und bezieht sich auf den Standort der Kabine K-3 (Mittelpunkt der Startstellung).
Die Startrampen einer Batterie werden immer gegen den Uhrzeigersinn nummeriert und weisen folgende Abstände auf:
Die Rampen I bis IV haben zur K-3 einen Abstand von 125 m, die übrigen beiden 130 m. Der Abstand zwischen den einzelnen Rampen beträgt 100 m.
Zwischen den Rampen I und VI sowie zwischen der III. und IV. Rampe ergibt sich ein Winkel von 96°, zwischen den übrigen Startrampen einer von 42°.
Die Hauptfeuerrichtung der FRAG, bezogen auf die Symmetrieachse, liegt im Sektor von 65 ± 20°.
Der Gefechtsstand wird auf einer Fläche von 20 x 10 m entfaltet (Kabine K-9M und Stromversorgung).
Der Höhenfinder PRW-17 wird auf einem Gefechtshügel von 10 m Höhe und einem Plateau-Durchmesser von 10 m aufgebaut. Der Deckungswinkel beträgt 0°.
Für die effektive Entfaltung der weitreichenden Rundblick-Aufklärungsstation »Oborona-14« (5N 84A) waren die Anforderungen an die Umgebung wesentlich höher. Die Fläche sollte im Radius von 1.000–1.500 m horizontal eben sein, nur geringe Unebenheiten im Umfeld der Station waren zulässig. So durften einzelne Unebenheiten in einem Radius von 100 m um die Station nicht mehr als 1 m in der Höhe messen, in einem Radius von 500 m nicht mehr als 2 m, in einem 1-km-Radius nicht mehr als 3 und in einem Radius von 1500 m nicht mehr als 5 m Höhe. Größere Ansiedlungen, Stahlbetonbauten und Waldmassive mussten mindestens 3 bis 4 km entfernt sein, Überlandleitungen durften sich nicht im Umkreis von 2,5 bis 3 km befinden.
Die Station wurde in der Praxis auf einer erhöhten Position mit Bunkerunterbau aufgestellt.
Alle Angaben beziehen sich auf eine überwiegend freie Aufstellung der Technik im Gelände. In der Bauausführung des Stellungssystems in Prangendorf hatte zum Beispiel die Grundfläche der geschützten Garagen für den Gefechtsstand der FRAG mit der Kabine K-9 und weiterer Technik die Maße von 16,5 x 40,5 m.
Zur Gefechtsordnung der FRAG gehörten außerdem zwei Stellungen zum unmittelbaren Feuerschutz. Beide Stellung sollten im Ernstfall mit je sechs Zwillingsgeschützen ZU-23/2 bestückt werden. Ihre Standorte waren so gewählt, dass sie in der Nähe des Gefechtsstands der FRAG und in der Nähe der Feuerstellungen in tieffliegergefährdeter Anflugsrichtung Ziele bekämpfen konnten. Die Waffe war auch äußerst effektiv in der Bekämpfung von Erdzielen.
Neben der Feuerführung bei Tieffliegerangriffen hatten die Besatzungen der Flak die Aufgabe, den Gefechtsstand über anfliegende Ziele, den Einsatz von Anti-Funkmess-Raketen und Einsatz von Massenvernichtungsmitteln durch den Gegner zu informieren.
Später sollten durch die Zuführung von Einmann-Fla-Raketen des Typs »Strela« die Möglichkeiten der Nahbereichsverteidigung noch einmal erweitert werden.
Die realisierte Gefechtsordnung der ersten Stellung S-200 in Prangendorf zeigt einige Abweichungen, wobei die grundsätzlichen Entfernungen der einzelnen Elemente untereinander, bedingt durch die vorgegebenen Längen der Kabelsätze, immer gleich ist.

2.3. Die wichtigsten Gefechtsparameter des S-200

Idealisierte Darstellung von Funkreichweiten der Systeme S-200 am Standort Prangendorf. Die realen Reichweiten waren von vielen Faktoren abhängig. Dazu gehörten Zielgeschwindigkeiten, Einsatz von Störträgern, Zielhöhe und vieles mehr.

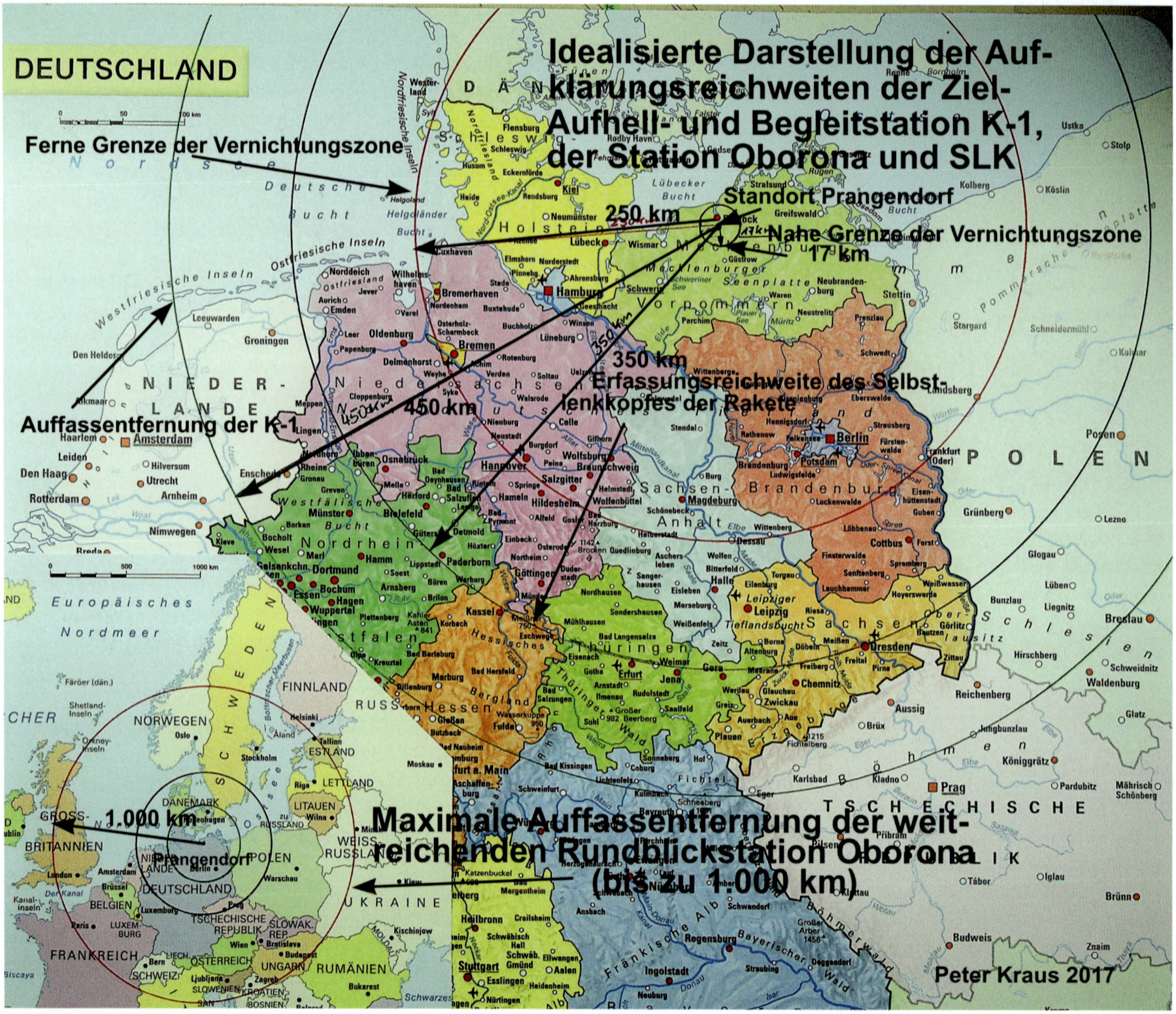

Ferne Grenze der Vernichtungszone:

e_{fern}: 255 km

Nahe Grenze der Vernichtungszone:

e_{nah}: 17 km (Hz = 0 km)

Flughöhe:

H_{max}: 40,8 km

Bei Zielentfernungen größer 38 km konnte die Zielhöhe minimal betragen

H_{min}: 300 m,

Bei Zielentfernungen kleiner 38 km konnte die Zielhöhe minimal betragen:

H_{min}: 1 km

Es konnten Ziele mit folgenden Geschwindigkeiten bekämpft werden:

V_{min}: 100 m/s = 360 km/h

V_{max}: 1.200 m/s = 4.320 km/h

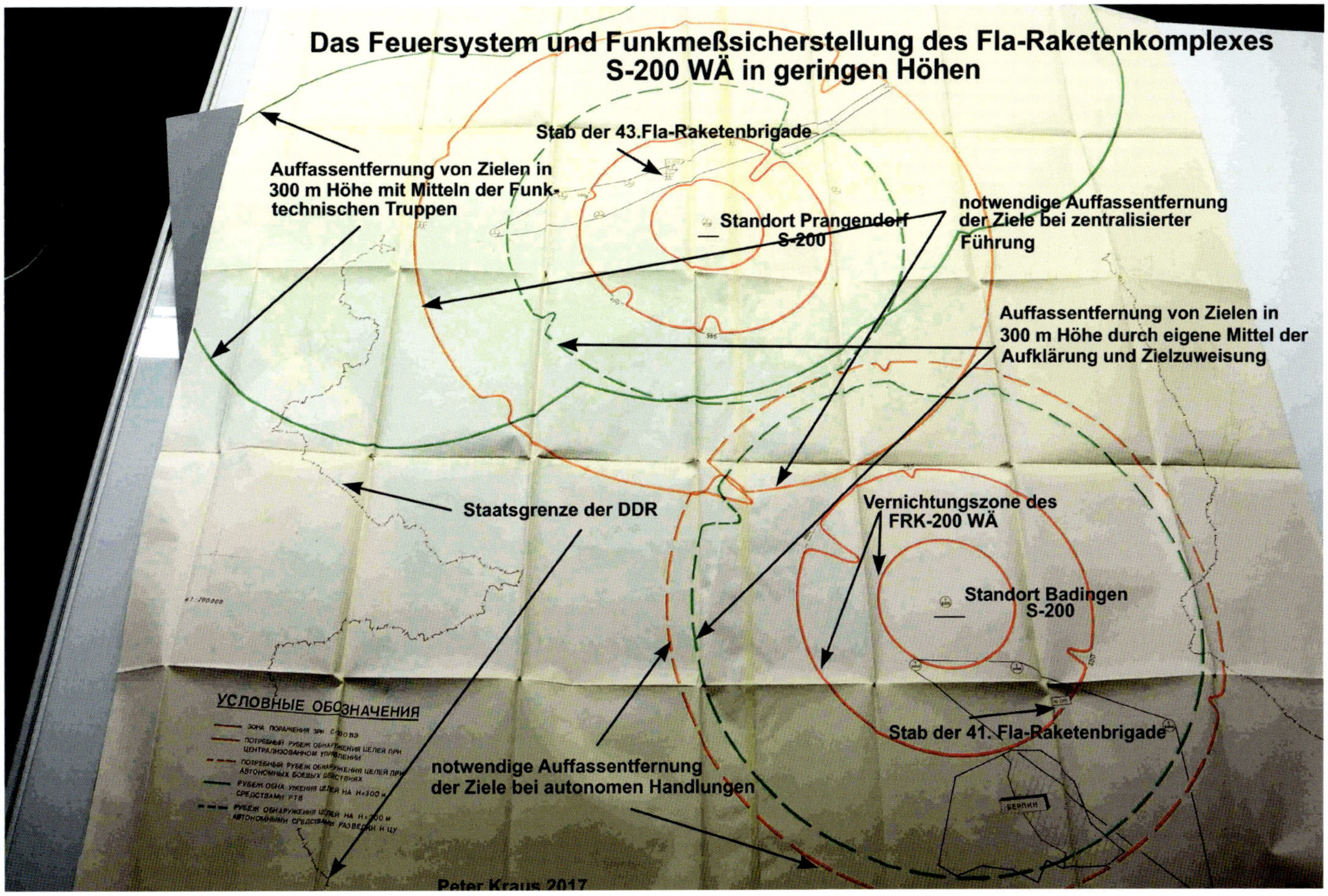

Schematische Darstellung von möglichen Auffass-Entfernungen für Ziele in geringen Höhen, Standorte Prangendorf und Badingen (russische Original-dokumentation).

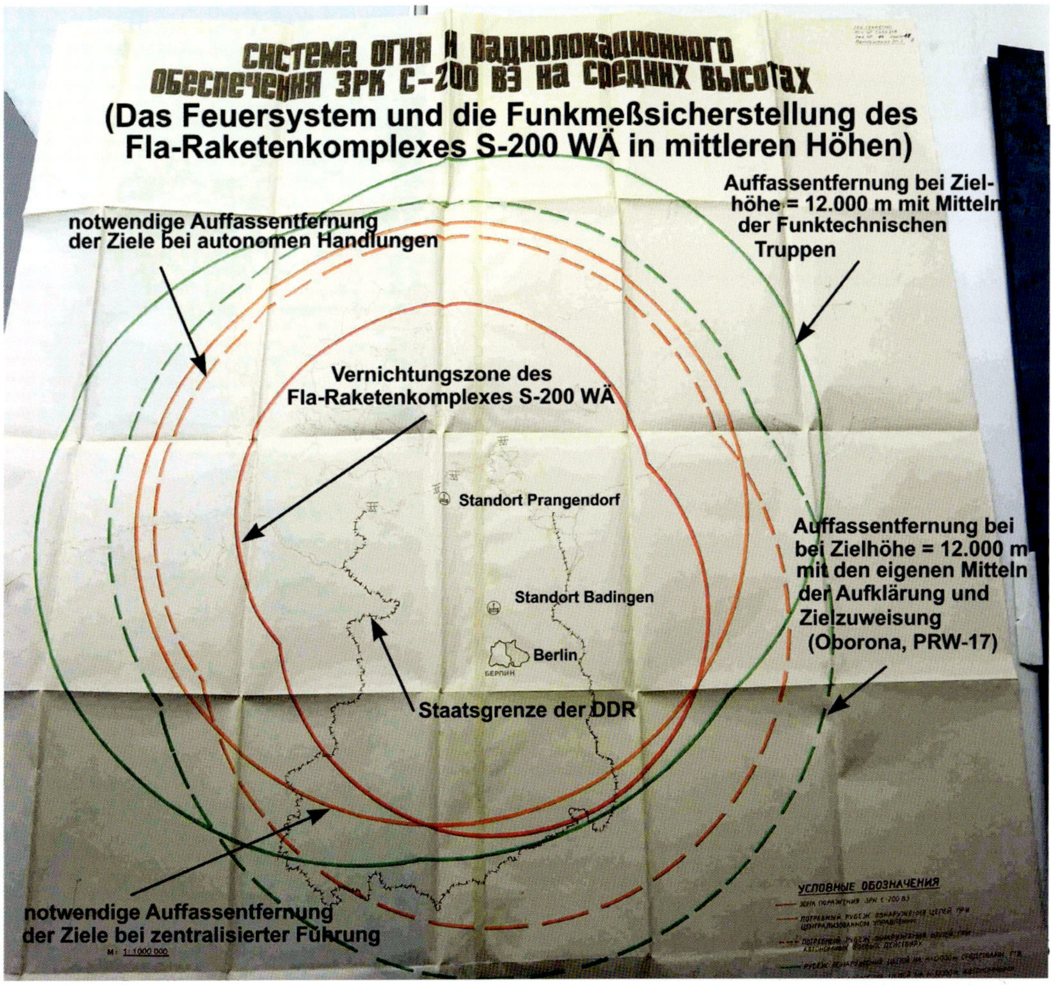

Schematische Darstellung von möglichen Auffass-Entfernungen für Ziele in mittleren Höhen (russische Originaldokumentation).

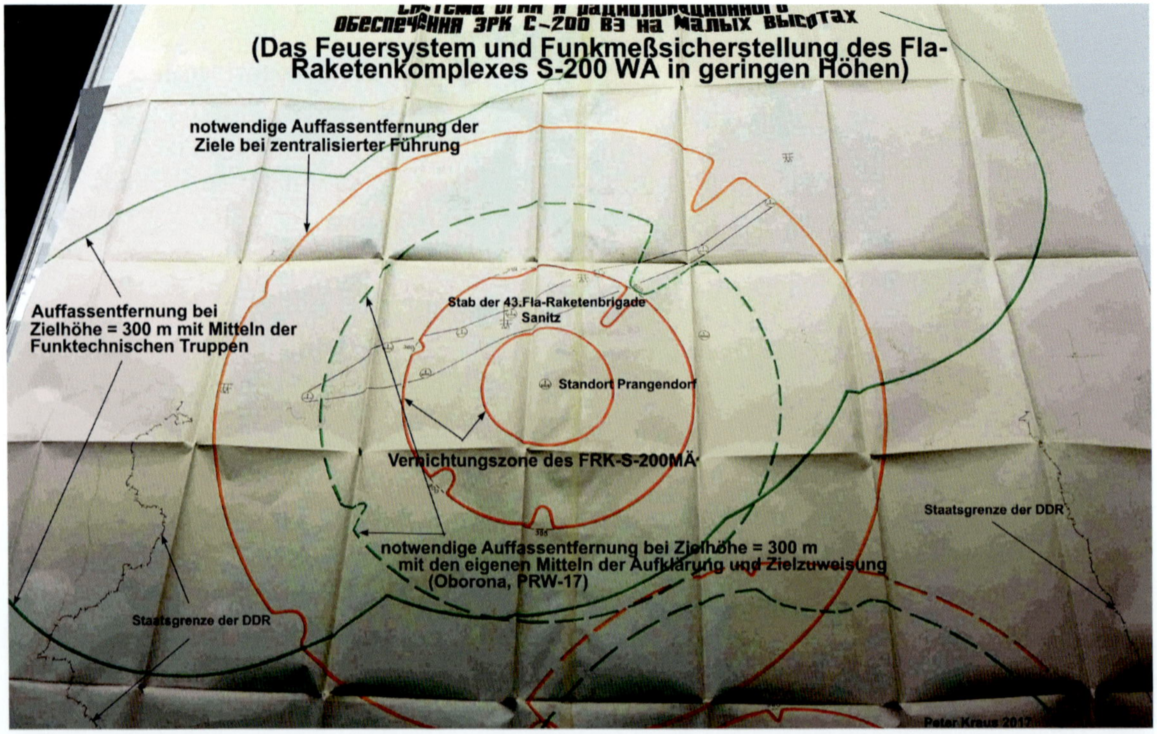

Schematische Darstellung von möglichen Auffass-Entfernungen für Ziele in geringen Höhen, Standort Prangendorf.

Bekämpfbar waren:
Nichtmanövrierende Einzelziele:
- mit einer Geschwindigkeit von 300 bis 1.200 m/s und einem Kurswinkel q ± 80°
- mit einer Geschwindigkeit kleiner gleich 500 m/s und einer Zielhöhe größer 5 km im Kurswinkel q bis 102°
- mit einer Geschwindigkeit kleiner gleich 500 m/s und einer Zielhöhe kleiner 5 km im Kurswinkel q ± 90°

Ziele mit Flug-Manövern
Ziele unter aktiven und passiven Störungen

Zeit für die Überführung von der Marsch- in die Gefechtslage:
- 9 bis 13 Stunden

Zeit für die Überführung von Gefechts- in die Marschlage:
- 18 Stunden

Die Zeiten zur Herstellung der Feuerbereitschaft werden durch die erforderlichen Zeiten für den Übergang aus der Bereitschaftsstufe B2 in die Bereitschaftsstufe B1 charakterisiert.
Der Fla-Raketenkomplex gewährleistet

beim normalen Einschalten mit Aggregaten:
- 7 min

beim normalen Einschalten vom Netz:
- 5 min

bei forcierter Überführung mit Aggregaten:
- 3:50 min

bei forcierter Überführung vom Netz:
- 2:50 min

Zeit der Vorbereitung der Fla-Raketen zum Start:
- 58 s.

Bei dem S-200 wird ein halbaktives Lenkverfahren angewendet.
Von der Ziel-Aufhellstation werden stark gebündelte Richtdiagramme formiert von
- 1,4° (Betriebsart Breiter Strahl) oder
- 0,7° (Betriebsart Schmaler Strahl).

Die Betriebsart ist abhängig von der Zielentfernung und Zielcharakteristika.
Daraus resultieren hohe erforderliche Zeiten für die selbständige Zielsuche. Deshalb erfolgt die Zielzuweisung in der Regel nach den Angaben aus dem automatisierten Führungssystem oder der eigenen Aufklärungs- und Zielzuweisungsmittel (AZM).

Das System S-200 arbeitete stabil in einem Temperaturbereich
- von -40 bis +50 °C und bei einer

Luftfeuchtigkeit
- von bis zu 98 %.

Die Vernichtungswahrscheinlichkeit lag bei 0,66–0,99.

Nachrichtenverbindungen:
Zwischen den Kabinen K-1, K-2, K-3 und K-9 sowie zwischen den Startrampen der K-3 und der Dieselelektrostation gab es Wechselsprechanlagen.
Zusätzlich gab es zwischen der K-9, K-2 und K-3 sowie zwischen den Rampen und der DES eine Telefonverbindung.

Bestand einer FRAG:
- Zwei bis fünf Kanäle, das heißt zwei bis fünf Fla-Raketenabteilungen.

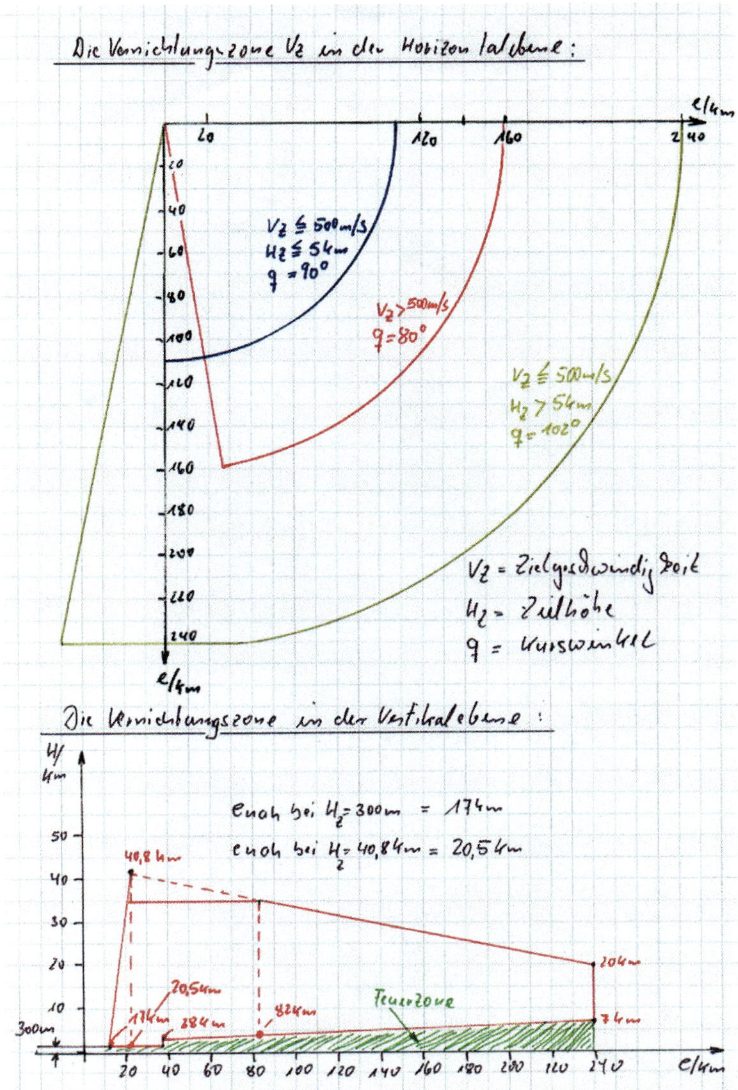

Schematische Darstellung der Vernichtungszone des S-200 in der Horizontal- und Vertikal-Ebene (russ. Originaldokumentation, hier: nachgezeichnete Abbildung aus den Ausbildungsunterlagen).

Die horizontale Entfernung zur fernen Grenze der Vernichtungszone wird zum Beispiel für einen B-52-Bomber im Rechner wie folgt berechnet:

e_{fern} = 225 km - 0,22 V_Z, wenn die Zielgeschwindigkeit 500 m/s oder mehr beträgt.

Ist die Zielgeschwindigkeit kleiner als 500 m/s, wird e_{fern} mit 334,5 km - 0,34 V_Z berechnet.

Die errechneten fernen Grenzen der Vernichtungszonen lagen bei:

V_Z (m/s)	280	300	400	500	600	700	800	900	1200
e_{fern} (km)	240	232	198	165	153	141	129	117	81

»Feuerzone« (FZ) ist ein Begriff, der mit den Modernisierungen von Fla-Raketenkomplexen entstanden ist. Die FZ ist der Teil des Luftraumes, in dem die Lenkung der Rakete auf das Ziel noch möglich ist, wenn auch bei verringerter Vernichtungswahrscheinlichkeit.

Allerdings wird die berechnete Vernichtungszone unter der Bedingung bestimmt, dass das Ziel geradlinig anfliegt. Die grundlegenden Faktoren, die die V_Z bei einer Zielgeschwindigkeit von größer 500 m/s und einem Kurswinkel von 80° begrenzen, sind:

- die zulässigen Fehler bei der Selbstlenkung und
- das Verhältnis von Raketengeschwindigkeit zur Zielgeschwindigkeit und die Fähigkeit des Zielsuchkopfes der Rakete, mit der Antenne das Ziel zu verfolgen.

Eine weitere Zeichnung verdeutlicht die notwendige Auffassentfernung (Entfernung zwischen dem Luftziel und der Ziel-Aufhellstation, in der das Ziel erkannt werden kann) zu Luftzielen, um diese unter gegebenen Bedingungen innerhalb der Vernichtungszone des Fla-Raketenkomplexes S-200 bekämpfen zu können. Das eingefügte Rechenbeispiel soll einem tieferen Verständnis dienen.

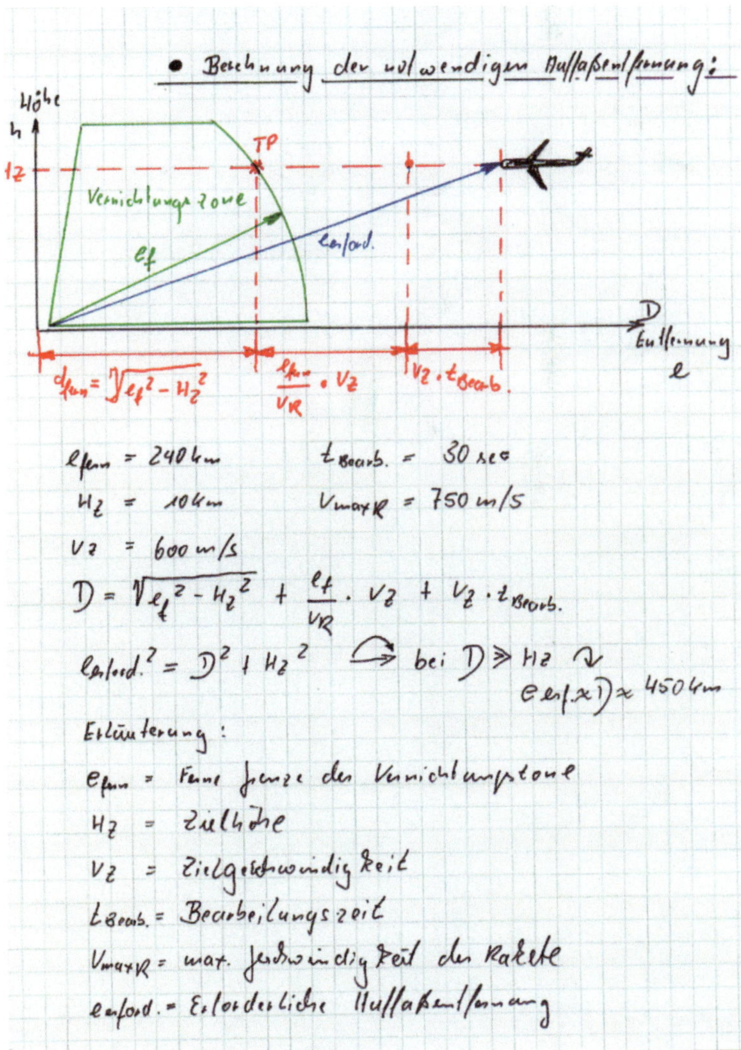

Berechnungsbeispiel für die Zielbekämpfung an der fernen Grenze der Vernichtungszone.

Folgende Erläuterungen mögen dabei helfen, die Darstellung besser zu verstehen: Nehmen wir an, ein Luftziel wird von der weitreichenden Radarstation (»Oborona«) erfasst und die Zieldaten werden an eine Fla-Raketenabteilung weitergeleitet, die für die Bekämpfung vorgesehen ist.
Die Raketen-Leitstation der Fla-Raketenabteilung wird auf das Ziel aufgeschaltet, während das Ziel in der Zwischenzeit mit einer bestimmten Geschwindigkeit eine weitere Strecke zurück gelegt hat.
Damit, wie in dem Beispiel dargestellt, das Ziel an der fernen Grenze der Vernichtungszone (240 km) vernichtet werden kann, muss dieses Ziel unter den vorgegebenen Bedingungen in 450 km von der Raketen-Leitstation K-1 erfasst werden.
Mit einer angenommenen Bearbeitungszeit von 30 s und einer Zielgeschwindigkeit von 600 m/s = 2.160 km/h legte das Ziel in dieser Zeit 18 km zurück.
Ist die Rakete gestartet und ihre angenommene Flugzeit beträgt 215 s bis zur fernen Grenze der Vernichtungszone (240 km), während das Ziel mit einer Geschwindigkeit von 600 m/s in 10 km Höhe weiterfliegt, dann hätte das Ziel bis zum möglichen Treffpunkt, der in unserem Beispiel bei 240 km Entfernung von der Ziel-Aufhell- und -Begleitstation liegen soll, weitere 192 km zurückgelegt.
Natürlich ist diese Darstellung und Berechnung nur als Idealfall zu betrachten. In realen Situationen ist davon auszugehen, dass Luftziele Manöver fliegen und sich demzufolge die Geschwindigkeiten und/oder auch die Flughöhen ändern.

2.4. Der Schießzyklus einer FRA des S-200

Eine der interessantesten und wichtigsten Charakteristiken von Fla-Raketen-Komplexen ist der Schießzyklus T_Z. Er stellt die Möglichkeiten der nachfolgenden Zielbekämpfung dar.
Es sind folgende Faktoren, die die Dauer des Schießzyklus entscheidend mitbestimmen:

- Genauigkeit der Zielzuweisung durch den vorgesetzten Gefechtsstand
- Ausbildungsstand des Personals
- Schießentfernung
- Zieltyp
- Betriebsart der Ziel-Aufhellstation
- Vorhandensein eines »Eigenen« in der Vernichtungszone
- Zahl der in Reihe zur Zielvernichtung vorgesehenen Raketen
- Zahl der in den Startstellungen zum sofortigen Verschuss (auf Rampe) zur Verfügung stehenden Raketen.

Der Schießzyklus setzt sich aus der Vorbereitungszeit T_V und der Zeit des Schießens T_O zusammen:

$$T_Z = T_V + T_O$$

Die Vorbereitungszeit und die Zeit des Schießens setzen sich wiederum aus vielen Faktoren zusammen.
Für die Bekämpfung von Einzelzielen ohne erforderliches Nachladen der Startrampen gilt für die Vorbereitungszeit:

$$T_V = t_{K9} + t_{Ab} + t_{ASK} + t_{eBst} + t_{USV} + t_{Kenn}$$

und für die Zeit des Schießens:

$$T_O = t_{St} + t_{DS} + (n-1)t_i + t_{Rak} + t_{Ein} + t_{Meld}$$

Anhand der nachfolgenden Aufstellung kann man einen Schießzyklus errechnen:

	Bezeichnung der Operation	**mathematische Erwartung M(t)**	**mittlerer quadratischer Fehler Q(t)**
t_{K9}	Bearbeitung der Zielzuweisung in der K-9 ohne Vorberechnung durch Rechner der K-9	2,1	1,1
	mit Vorberechnung	7,7	1,7
t_{Ab}	Abarbeitung der Zielzuweisung durch K-1	11,0	4,3
t_{ASK}	Suchen und Erfassen in allen Koordinaten	19,0	16,5
t_{eBst}	Beseitigung der Nichteindeutigkeit der Entfernungsbestimmung	14,0	7,0
t_{USV}	unmittelbare Startvorbereitung der Rakete	7,7	1,8
t_{Kenn}	Kennungsabfrage	4–5	
t_{Sel}	Selektion des zugewiesenen Zieles bei Gruppenzielen	9,3	5,4
t_{St}	Start der Rakete	2,7	0,7
t_{DS}	Durchlauf Start	2,0	0,16
t_{Ein}	Einschätzung der Schießergebnisses	3–4	–
t_{Mel}	Meldung über Schießergebnisse	8,6	2,1
t_{intv}	Startintervall in Abhängigkeit von Entfernung (errechnet durch Rechner K-9)	4–20	
t_{Nach}	Automatisches Nachladen der Startrampen mit Lademaschine	115	
t_{Rak}	Flugzeit der Rakete	28–215	

Mit diesen Vorgaben ergibt sich zur Bekämpfung eines Einzelzieles, zum Beispiel eines schweren Bombers (B-52), an der fernen Grenze der Vernichtungszone (240 km) bei einem vorgesehenen Verbrauch von zwei Raketen (Kommando: »Reihe 2«), ein Schießzyklus von 5,22 Minuten.
Von folgenden Werten wird bei der Einschätzung ausgegangen:

$$T_O = 2{,}7\text{ sec} + 2{,}0\text{ sec} + 19\text{ sec} + 215\text{ sec} + 3\text{ sec} + 8{,}6\text{ sec} = 250{,}3\text{ sec}$$

$$T_V = 7{,}0\text{ sec} + 11\text{ sec} + 20\text{ sec} + 14\text{ sec} + 7{,}7\text{ sec} + 4\text{ sec} = 63{,}7\text{ sec}$$

$$T_Z = 5{,}23\text{ min}$$

Die Bearbeitungszeit der Zielzuweisung in der K-9 (t_{K9}) wird vom Moment des Eintreffens der Befehle/Information bis zum Drücken des Knopfes »Bearbeitung der Zielzuweisung (ZZ)« durch den Offizier »Zielverteilung« gemessen.
Die Zeit der Abarbeitung der Zielzuweisung (t_{Ab}) hängt unter anderem auch von der Schwenkgeschwindigkeit der Ziel-Aufhellstation K-1 ($t_{Schw\ K\text{-}1}$) ab. Diese Zeit wird vom Moment des Drückens des Knopfes »Bearbeitung ZZ« bis zur Beendigung der Schwenkung der K-1 in den Winkelkoordinaten, Höhen- und Seitenwinkel gemessen. In der obigen Tabelle geht man von 11 sec für eine 90°-Schwenkung aus.
Für das Suchen, Auffassen und Erfassen im Regime »AS« (Automatisch Suchen) der K-1 (t_{ASK}) beginnt die Zeitmessung nach der Bearbeitung der Zielzuweisung durch die Folgesysteme für den Seiten- und Höhenwinkel (beta und epsilon) und der Beseitigung der Zweideutigkeit der Entfernungsbestimmung (e) und endet mit der Ausgabe des Signals »AS ZAS« (Automatisch Suchen der Ziel-Aufhellstation K-1).
Die Vorbereitungszeit der Rakete zum Start (t_{USV}) errechnet sich aus der Zeit der Überführung des Zielsuchkopfes der Rakete in »AS« (Automatisch Suchen), der Zeit für die Bestimmung des Signal-Rausch-Verhältnisses und der Ausgabe des Signales »Bereit zum Start«. Beendet wird diese Zeitberechnung mit Drücken des Startknopfes.
Die Kennungsabfrage wird in der Kabine K-2 abgefragt, nachdem das befohlene Ziel in »AS« genommen wurde, und noch einmal vor dem Start der Rakete (siehe dazu obige Tabelle).
Für die Kennungsabfragezeit (t_{Kenn}) geht man von einem mathematisch ermittelten Wert von 4 bis 5 sec aus.
Unter Startzeit (t_{St}) versteht man den Prozess vom Drücken der Köpfe »Blockierung Start« und »Start« bis zum Zeitpunkt, an dem die Rakete die Startrampe verlässt.
Die Einschätzung des Schießergebnisses wird durch den Kommandeur der FRA nach den Sichtgeräten vorgenommen. Die Zeit t_{Ein} wird von dem Moment der Zerlegung der Rakete (am Ziel) bis zu den Schlussfolgerungen durch den Kommandeur der FRA gemessen.

Vom Moment der Meldung »Ziel vernichtet« bis zum Eintreffen der neuen Zielzuweisung von der K-9 wird die Zeit t_{Mel} berechnet.
Außerdem geht in den Schießzyklus die Flugzeit der Rakete und die Dauer des Schießintervalls t_i ein. t_i wurde im Rechner in Abhängigkeit von der Schießentfernung nach folgender Formel errechnet:

$$t_i = 0{,}0715 \times e_{Treff} + 2{,}57\text{ sec}$$

Daraus ergeben sich für t_i Zeiten von 4 bis 20 sec.
In unserem obigen Beispiel, der Bekämpfung eines Einzelzieles an der fernen Grenze der Vernichtungszone (240 km), ergibt die Berechnung 19,73 Sekunden.
Am Arbeitsplatz des Startoffiziers befindet sich ein Leuchttableau »Zapret puska« (Startverbot). Wenn der Knopf »Start« gedrückt wurde, leuchtete das Tableau auf, und erst wenn dieses erloschen war, konnte die nächste Rakete gestartet werden.
Die Einführung der Größe t_i ergab sich aus der Notwendigkeit, auszuschließen, dass der Funkzünder der zweiten Rakete auf die Splitterwolke der ersten Rakete anspricht. Das würde passieren, wenn die beiden Raketen zu dicht aufeinander auf das gleiche Ziel gestartet würden.
Da das Scharfmachen der Funkzünder für die Gefechtsteile zirka 1 bis 1,5 sec vor dem Treffpunkt erfolgte, mussten die Raketen in einem Abstand von 1500 m fliegen.
Die Flugzeit der Rakete ergab sich aus der Bekämpfungs-Entfernung (Entfernung bis zu dem Punkt, an dem das Ziel getroffen werden soll) des Zieles innerhalb der nahen und der fernen Grenze der Vernichtungszone:

$$t_{Rak}\text{ zur } e_{nah} = 28\text{ sec}$$
$$t_{Rak}\text{ zur } e_{fern} = 215\text{ sec}$$

Für die Überprüfung der Gefechtsbereitschaft eines Fla-Raketenkomplexes geht unter anderem die Bearbeitungszeit in die Bewertung ein. Sie wird vom Einschalten der Leistung (K-1) bis zur Meldung des Startoffiziers » Fla-Rakete Nr. xy bereit zum Start« gemessen.
Nach russischer Bewertung war die Bestnote die Note 5, welche für eine Zeit von bis zu 50 sec vergeben wurde. Bis zu 60 sec ergab die Note 4, bis zu 70 sec die Note 3. Eine schlechtere Bewertung wurde ausgeschlossen.

2.5. Aufgaben, Bestand und Ausrüstung des Gefechtsstands der FRAG

2.5.1. Aufgaben des Gefechtsstands (GS)

Der GS der FRAG ist ein System von Elementen zur Führung der Fla-Raketenabteilungen, zur Funkmesssicherstellung und zur Nachrichtenführung.
Der Gefechtsstand der FRAG wird auf der Symmetrieachse des Komplexes entfaltet. Die Symmetrieachse soll einen Winkel von 65° ± 20° zur Hauptanflugsrichtung bilden.
Zu den wichtigsten Aufgaben gehören:

- Ständige Verbindung mit der FRBr. über das automatisierte Führungssystem VEKTOR-2BE;
- Erfüllung der Aufgabenstellungen vom zentralen GS der Fla-Raketenbrigade;
  (Führung von Gefechtshandlungen bedeutet im Wesentlichen, dass der Kommandeur der Brigade über das automatisierte Führungssystem VEKTOR-2 BE eine Zielzuweisung zur Vernichtung konkreter Luftziele an die FRAG vorgibt.)
- Führung selbständiger Gefechtshandlungen bei Ausfall der Nachrichtenverbindungen zum Gefechtsstand der Brigade;
- Führung der Fla-Raketenabteilungen der FRAG;
- Führung der Mittel zur Aufklärung (AZM, automatisierte Zielzuweisungsmittel).

2.5.2. Struktur der FRAG

Zur FRAG gehörten folgende Kräfte:

- Führungskompanie (Fhrgs.Kp.)
- je ein Nachrichtenzug für die AZM
- zentraler Gefechtsstand
- zwei bis fünf Fla-Raketenabteilungen (FRA)
- eine Technische Abteilung (TA)

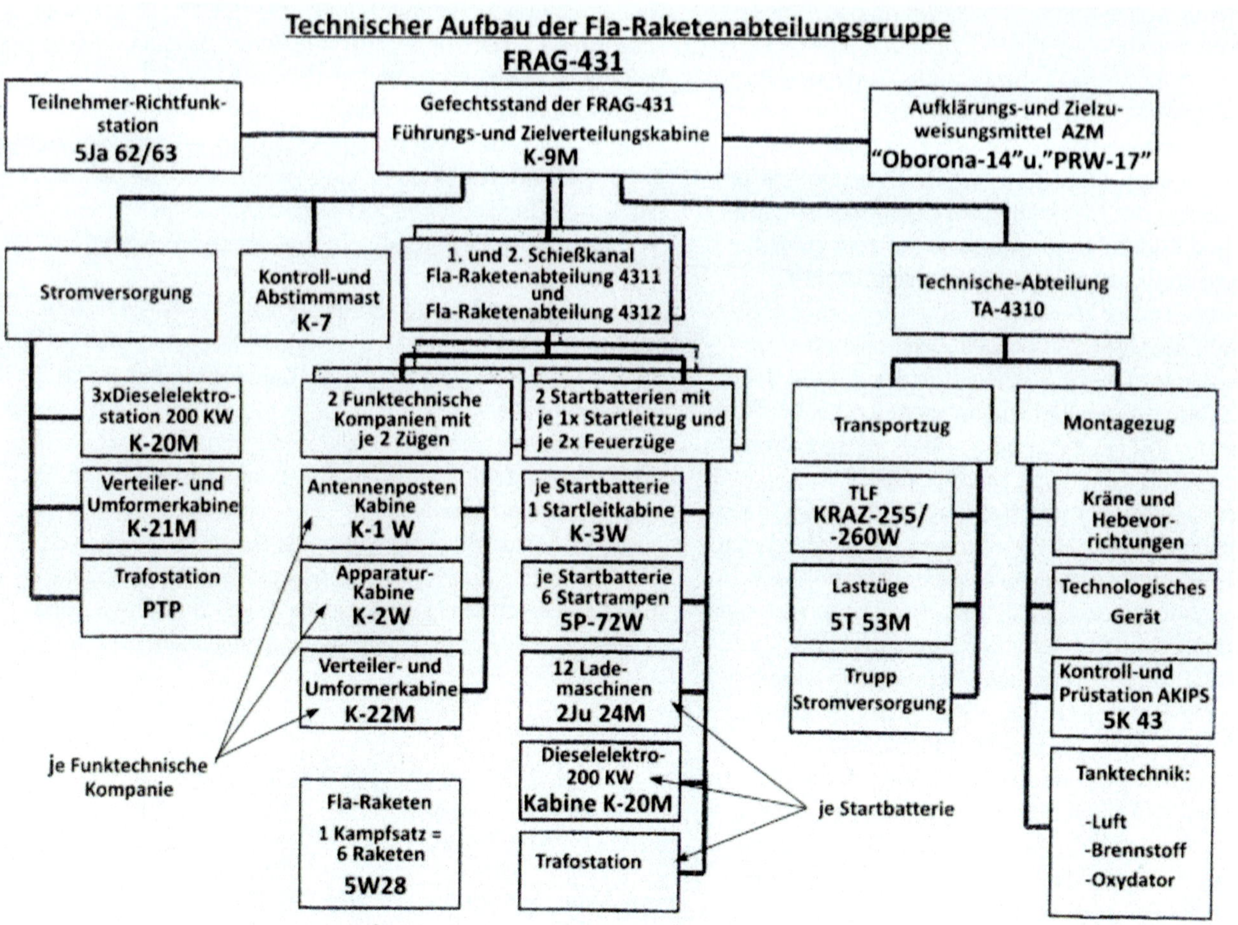

Technischer Aufbau der FRAG 431 in Prangendorf.

2.5.3. Bestand des Gefechtsstands

Der Gefechtsstand (Bunker) der FRAG befindet sich in der Kabine K-9.

Folgende Mittel befanden sich in einer Deckung (geschützte Garagen) mit der K-9:

- Führungspunkt K-9M (Arbeitsplatz des Kommandeurs der FRAG)
- Trafo-Station BT 560 sowie die autonome Energieversorgungsanlage mit der Dieselelektrostation K-20, Aggregat 5E 97
- Umformer- und Verteilerkabine K-21M
- Kabel und Ersatzteilhänger
- Funkmessmittel (FuM)
- Nachrichtenmittel
- Richtfunkstation 5J 262/63
- Mittel des Automatisierten Führungssystems (AFS)

2.6. Das Automatisierte Führungssystem (AFS) »Vektor 2 WÄ« 5N 35Ä

Die Einführung des neuen automatisierten Führungssystems beginnt mit dem Jahr 1979.

Im Bundesarchiv Freiburg ist unter der Signatur DVL 3/53431 Folgendes zu lesen:

Fernschreiben/Funkspruch 365 vom Stellvertreter des Ministers und Chef des Hauptstabes der Nationalen Volksarmee der Deutschen Demokratischen Republik Generalleutnant Streletz an den 1. Stellvertreter des Ministers für Verteidigung der UdSSR und Chef des Generalstabes der Streitkräfte, Genosse Marschall der Sowjetunion Ogarkow, N.W.:

Werter Genosse Marschall der Sowjetunion!

Gestatten Sie mir, dass ich mich mit der folgenden Bitte an Sie wende.

Auf der Grundlage des Vertrages Nr.: 84/02610 vom 23.06.1978, Artikel 1, Punkt 1.e (VVS-Nr.: IV/3088) wurden für die Ausbildung der Spezialisten des AFS »VEKTOR-WÄ« insgesamt drei Lehrgänge an der Hochschule für Ingenieure der Fla-Raketentruppen Minsk beantragt (VVS-Nr.: A 524 186 vom 20.07.1977 und VVS-Nr.: A 384 211, Lfd. Nr. 19 vom 20.12.1977).

Entsprechend Ihrer Antwort auf diese Anträge (Studienplatzbestätigung für das Ausbildungshalbjahr 1978/1979, Punkt 5, VVS-Nr.: 618/1/01/27) sollte der Zeitpunkt der Durchführung der Lehrgänge in Abhängigkeit vom Liefertermin der Technik präzisiert werden.

Die Lieferung der Apparatur des AFS ... wurde in der Ergänzung 0261003-8 zu o. g. Vertrag (VVS-Nr.: IV/6790) für Oktober 1979 vereinbart.

Ich bitte Sie, die Möglichkeit der Durchführung der Lehrgänge noch vor Lieferung des AFS ... prüfen zu lassen, um die Teilnahme der Spezialisten an der Übergabe und Inbetriebnahme zu gewährleisten.

Für Ihre Bemühungen bedanke ich mich im Voraus.

Berlin, den 09.05.1979 Mit sozialistischem Gruß
Streletz
Generalleutnant

Die Kabine K-9, Gefechtsstand der FRAG. Die vielen Kabelanschlüsse unterscheiden die Kabine von fast baugleichen anderen Kabinen des System S-200 (K-2, K-3).

Laut Bundesarchiv Freiburg, Signatur DVL 7/122667, berichtete am 14.10.1983 der Stellvertreter/Stabschef des Brigadekommandeurs der 43. Fla-Raketenbrigade, Oberstleutnant Schmalfuß, unter der VVS-Nr.: C 896 578 an den Stellvertreter und Stabschef des Kommandeurs der 3. LVD folgenden Sachverhalt:

Topgraphische Sicherstellung des AFS Vektor-2WÄ

Im Juli 1983 wurden durch den topographischen Dienst des Ministeriums für Nationale Verteidigung die Hauptstellungen aller am automatisierten Führungssystem gekoppelten Funkmessstationen neu vermessen. Im September 1983 wurden die neuen Koordinaten des Bezugspunktes für das AFS »Vektor-2 WÄ« durch den topographischen Dienst des Ministeriums für Nationale Verteidigung übergeben (VS-Dokument C-677496, 4. Ausfertigung).

Die neu errechneten Koordinaten sind nicht identisch mit den für die Berechnung aller Eingabe-und Einstellwerte für das AFS »Vektor-2 WÄ« verwendeten Koordinaten.

Eine Überprüfung ergab, dass durch die Abweichungen alle Eingabe-Einstellwerte entsprechend dem Dokument GVS-

Nr.:C 627 036 sowohl für das AFS »Vektor-2 WÄ« als auch für das Objekt »PORI« nicht im zulässigen Toleranzbereich liegen.
Zur Gewährleistung der geforderten Genauigkeit der Arbeit des AFS im Gesamtbestand ergeben sich folgende Aufgaben:

1. *Überprüfung der Gültigkeit der Koordinaten der Hauptfunkmessstationen aller am Objekt PORI angeschlossenen Funktechnischen Kompanien.*
2. *Berechnung der Matrizenkonstanten aller am AFS »Vektor-2 WÄ« und Objekt PORI angeschlossenen Fla-Raketenabteilungen und Funktechnischen Kompanien.*
3. *Berechnung der Eingabe-Einstellwerte für die Blöcke TB-40 (Vektor-2 WÄ und PORI), PK (der Kabinen 5F-24) sowie für die Objekte WP.*
4. *Korrektur aller Eingabe-Einstellwerte für die oben genannten Blöcke und Systeme.*
5. *Durchführung eines Abfluges zur Bestimmung der Genauigkeit der Arbeit des Gesamtsystems.*

Für die Durchführung der genannten Aufgaben bitte ich Sie, die erforderlichen Festlegungen anzuweisen.

Dieses Beispiel des Schriftverkehrs zwischen der 43. Fla-Raketen-Brigade und der 3. Luftverteidigungsdivision zeigt, wie schwierig die Abstimmung der verschiedenen Elemente des Automatisierten Führungssystems gewesen war.
Die wenigsten der daran beteiligten Personen wussten zu diesem Zeitpunkt, dass es neben »Wolchow« und »Newa« in der 43. FRBr. bald ein drittes Fla-Raketensystem mit völlig neuen Gefechtsparametern geben würde, das ebenso in dieses AFS »Vektor-2 WÄ« eingebunden werden sollte.

2.6.1. Allgemeine Aufgaben »Vektor-2 WÄ«

Das AFS ist zur automatisierten Sammlung, Bearbeitung und Abgabe von Funkmessinformationen, zur automatisierten Führung der Gefechtshandlungen einer Fla-Raketenbrigade gemischten Bestandes und zum automatisierten Leiten von Abfangjagdflugzeugen auf Luftziele von der mit dem automatisierten Gefechtsstand der Brigade gemeinsam untergebrachten Jägerleitstelle bestimmt.
Das AFS gewährleistet den Empfang, die Bearbeitung und Darstellung der von den angeschlossenen automatisierten Informationsquellen eintreffenden Informationen über 40 Flugkörper (Ziele und eigene Abfangjäger) und die gleichzeitige automatisierte Führung von maximal 14 Fla-Raketenabteilungen S-125 und S-75.
Mit dem AFS können gleichzeitig sechs Abfangjäger oder sechs Gruppen von Jägern der Typen MIG-21 und MIG-23 aller Modifikationen automatisiert an Luftziele herangeleitet werden.

Außerdem ist eine Zusammenarbeit mit Fla-Raketen-Truppenteilen (z. B. Fla-Raketenregiment) möglich, die mit dem automatisierten Führungssystem »ASURK« ausgestattet sind.

2.6.2. Bestand des AFS »Vektor-2 WÄ«

Zum Bestand des AFS gehörten die Mittel des Punktes zur Bearbeitung der Funkmessinformationen (Gefechtsstand des Funktechnischen Bataillons) PORI 5D 91, die Mittel des Automatisierten Gefechtsstands (AGS) der 43. Fla-Raketenbrigade 5K 78, die Mittel der Jägerleitung und die Mittel der Fla-Raketenabteilung bzw. der Fla-Raketenabteilungsgruppe (S-200).
Zu PORI gehörte folgende Ausrüstung: KBU (Führungskabine) P5 D98, KWK P5 Ä64, KS (Nachrichtenkabine) P5 Ä97-A, PRM (Werkstattwagen) P5 D92-P sowie Stromversorgungsanlagen P5 E96 und P E88.
Zum AGS gehörten KBU 5K 73, KWK 5Ä 86, KS 5K 77, ZRS (Zentrale Richtfunkstelle) 5Ja 63, PRM 5D 92 sowie die SVA P5 E96 und P5 E88.
Die Mittel der Jägerleitung bestanden aus den Funkstationen R-824 LPM und R-834 (R-831-M).
Zu den Mitteln der FRAs gehörten KSS (Kopplungs-Nachrichtenkabine) 5F24Ä und die TRS (Teilnehmerrichtfunkstation) JA63 oder 62.

2.6.3. Die Hauptaufgaben der einzelnen Bestandteile von »Vektor-2 WÄ«

PORI
Hier erfolgt automatisch:

- Umrechnung der Koordinaten der Eingangsinformationen auf den Standort PORI und ihre Darstellung;
- Umrechnung der Winkel- und Horizontalkoordinaten, wenn die Information vom Objekt WP kommt;
- Erfassen und Begleiten der Flugkörper (Trassenbildung);
- Berechnung der Flugparameter, Glättung und Extrapolation der Koordinaten der Flugkörper für den Zeitpunkt der Informationsausgabe;
- Identifikation von Flugkörpern, die von mehreren Einheiten gemeldet wurden;
- Berechnung der Koordinaten aktiver Störträger durch Triangulation;
- Ausgabe der bearbeiteten Informationen an den Gefechtsstand der Luftverteidigungsdivision, der Fla-Raketenbrigade und des Funktechnischen Bataillons;
- Ausgabe der Führungskommandos an die Funktechnischen Einheiten;

- Bearbeitung der Ergebnisse der Funktionskontrolle.

Die Arbeit von PORI war automatisiert und nicht automatisiert möglich.

Automatisiert:

- Korrektur der bestimmten Zieltrassen;
- Zuordnung bestimmter Informationen zu bestimmten Zielen;
- Führung der angeschlossenen Funktechnischen Einheiten.

Nicht automatisiert:

- Empfang der Funkmessinformationen aus dem Funknetz und deren Darstellung;
- Empfang der Kommandos vom vorgesetzten Gefechtsstand;
- Empfang und Darstellung der Einsatzbereitschaft der Funkmessmittel.

<u>Automatisierter Gefechtsstand</u>

Hier erfolgt automatisch:

- Empfang, Bearbeitung, Darstellung der Informationen von PORI;
- Empfang, Bearbeitung, Darstellung der Informationen von den FRAs;
- Verteilung der Ziele zwischen den FRAs (mit Möglichkeit der Korrektur);
- Aufgabenstellung an die FRAs zur Zielvernichtung;
- Abgabe der Leitkommandos an Bord der Jäger;
- Kontrolle der technischen Einsatzbereitschaft der Apparatur.

Automatisiert:

- Empfang des Alarmierungssignals von der LVD und Weiterleitung an die FRAs und FuTB;
- Durchführung von Vorberechnungen für die Jägerleitung;
- Abgabe der Führungskommandos an die FRAs und FuTB;
- Heranleiten der Jäger an das Ziel und in die Sperrflugzone, Leiten in der Sperrflugzone und Zurückleiten der Jäger zum Flugplatz.

Nicht automatisiert:

- Empfang der Benachrichtigungen aus dem Funknetz;
- Empfang der Kommandos vom Gefechtsstand der 3. Luftverteidigungsdivision;
- Verteilung der Ziele auf die FRAs bzw. Jagdfliegerkräfte.

<u>Fla-Raketenabteilung</u>

- Empfang der Alarmierungssignale und automatische Rückmeldung;
- Empfang und Darstellung der Feuerleitkommandos und Zielcharakteristiken;
- Empfang rechtwinkliger Koordinaten der Zielzuweisung x, y, z, Vx, Vz und Umwandlung in extrasphärische Kordinaten epsylon, beta und entfernung (e).

2.6.4. Die wichtigsten taktisch-technischen Daten »Vektor-2 WÄ«

Das AFS gewährleistet die Kopplung und den automatischen Informationsaustausch mit

- dem Gefechtsstand der 3. LVD (max. Abstand zwischen PORI und GS der LVD: 250 km);
- 14 FRAs gemischten Bestandes (max. Abstand 150 km);
- 6 Jäger bzw. Jägergruppen, die sich auf verschiedenen Flugplätzen befinden können;
- mit Fla-Raketenregimentern, die mit dem automatisierten Führungssystem ASURK ausgerüstet sind;
- mit einem 2. PORI als Reserve (Abstand automatisierter Gefechtsstand PORI 250 km);
- mit Pori einer benachbarten Gruppierung der Fla-Raketentruppen;
- max. 5 Funktechnischen Kompanien.

Die Übergangszeiten von der Bereitschaftsstufe B2 in B1 bei Stromversorgung aus dem Landesnetz lag normal bei 6 min und beschleunigt bei 1,5 min.

Bei Stromversorgung von der autonomen Stromversorgung lag die Übergangszeit normal bei 8 min und beschleunigt bei 3 min.

Die Aufgaben der Feuer- und Jägerleitung werden bei Nutzung des automatisierten Führungssystems mit folgenden Wahrscheinlichkeiten richtig gelöst:

- optimale Verteilung der Ziele an die FRAs: 0,8 bis 0,9
- Abgabe der Zielzuweisung in Abhängigkeit der Lage der FRA: 0,7 bis 0,9
- Leitung der Abfangjäger: ≥ 0,8
- Effektivität der Feuerleitung ohne Störungen: 0,95
- Effektivität der Feuerleitung mit Störungen: > 0,65

Die Effektivität der Feuerleitung bei der Arbeit mit dem AFS war gegenüber nichtautomatisierten Führungssystemen 1,5 bis 2 mal größer.

Um eine optimale Arbeit mit dem AFS zu gewährleisten, wurden hohe Anorderungen an die Funkmess- und Nachrichtentechnische Sicherstellung gestellt. Die Funkmesssicherstellung lag in der Verantwortung der Funktechnischen Bataillone (FutB). Sie hatte eine genaue und große Tiefe der Aufklärung bei Gewährleistung einer hohen Dichte in allen Höhenbereichen sicherzustellen. Dazu wurden auch sogenannte Funkmessvorposten geschaffen.

Die Nachrichtentechnische Sicherstellung wurde durch systemeigene bzw. zugeteilte Nachrichtenmittel gewährleistet. Sie umfasste die Gewährleistung der Telecodeübertragungen, Fernsprech- und Wechselsprechverbindungen, Dienstfernsprechverbindungen und innere Verbindungen mit einer hohen Standfestigkeit, Manövrierfähigkeit und Fehlersicherheit.

Die Nachrichtentechnische Sicherstellung wurde über Richtfunkstationen organisiert, welche einen Abstand von bis zu 40 km zueinander hatten und als Radial-Ring entfaltet waren.

2.6.5. Gefechtsarbeit mit dem AFS »Vektor-2 WÄ«

Im Bundesarchiv Freiburg sind unter der Signatur DVL 8/119616 unter anderem Befehle des Kommandeurs der 43. Fla-Raketenbrigade, zum damaligen Zeitpunkt Oberstleutnant Gerhard Spakowski, zu finden. In dem Befehl Nr. 05/82 vom 01.02.1982, VVS-Nr.: 627 613, werden Maßnahmen zur Gewährleistung der Gefechtsbereitschaft und des Diensthabenden Systems festgelegt. Punkt 4 »Gefechtsarbeit mit dem AFS ›VEKTOR-2 WÄ‹« ist in den folgenden Abbildungen wiedergegeben:

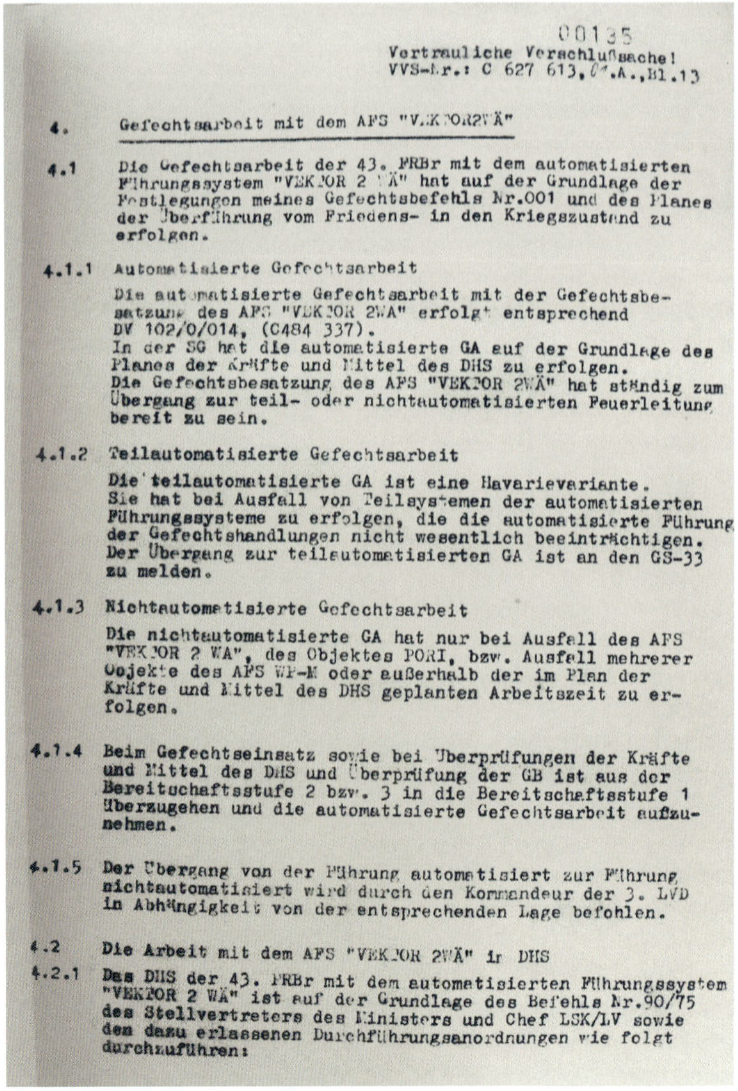

00135

Vertrauliche Verschlußsache!
VVS-Nr.: C 627 613, 01.A., Bl.13

4. Gefechtsarbeit mit dem AFS "VEKTOR 2 WÄ"

4.1 Die Gefechtsarbeit der 43. FRBr mit dem automatisierten Führungssystem "VEKTOR 2 WÄ" hat auf der Grundlage der Festlegungen meines Gefechtsbefehls Nr.001 und des Planes der Überführung vom Friedens- in den Kriegszustand zu erfolgen.

4.1.1 Automatisierte Gefechtsarbeit

Die automatisierte Gefechtsarbeit mit der Gefechtsbesatzung des AFS "VEKTOR 2WA" erfolgt entsprechend DV 102/0/014, (C484 337).
In der SG hat die automatisierte GA auf der Grundlage des Planes der Kräfte und Mittel des DHS zu erfolgen.
Die Gefechtsbesatzung des AFS "VEKTOR 2WÄ" hat ständig zum Übergang zur teil- oder nichtautomatisierten Feuerleitung bereit zu sein.

4.1.2 Teilautomatisierte Gefechtsarbeit

Die teilautomatisierte GA ist eine Havarievariante.
Sie hat bei Ausfall von Teilsystemen der automatisierten Führungssysteme zu erfolgen, die die automatisierte Führung der Gefechtshandlungen nicht wesentlich beeinträchtigen.
Der Übergang zur teilautomatisierten GA ist an den GS-33 zu melden.

4.1.3 Nichtautomatisierte Gefechtsarbeit

Die nichtautomatisierte GA hat nur bei Ausfall des AFS "VEKTOR 2 WA", des Objektes PORI, bzw. Ausfall mehrerer Objekte des AFS WP-M oder außerhalb der im Plan der Kräfte und Mittel des DHS geplanten Arbeitszeit zu erfolgen.

4.1.4 Beim Gefechtseinsatz sowie bei Überprüfungen der Kräfte und Mittel des DHS und Überprüfung der GB ist aus der Bereitschaftsstufe 2 bzw. 3 in die Bereitschaftsstufe 1 überzugehen und die automatisierte Gefechtsarbeit aufzunehmen.

4.1.5 Der Übergang von der Führung automatisiert zur Führung nichtautomatisiert wird durch den Kommandeur der 3. LVD in Abhängigkeit von der entsprechenden Lage befohlen.

4.2 Die Arbeit mit dem AFS "VEKTOR 2WÄ" im DHS

4.2.1 Das DHS der 43. FRBr mit dem automatisierten Führungssystem "VEKTOR 2 WÄ" ist auf der Grundlage des Befehls Nr.90/75 des Stellvertreters des Ministers und Chef LSK/LV sowie den dazu erlassenen Durchführungsanordnungen wie folgt durchzuführen:

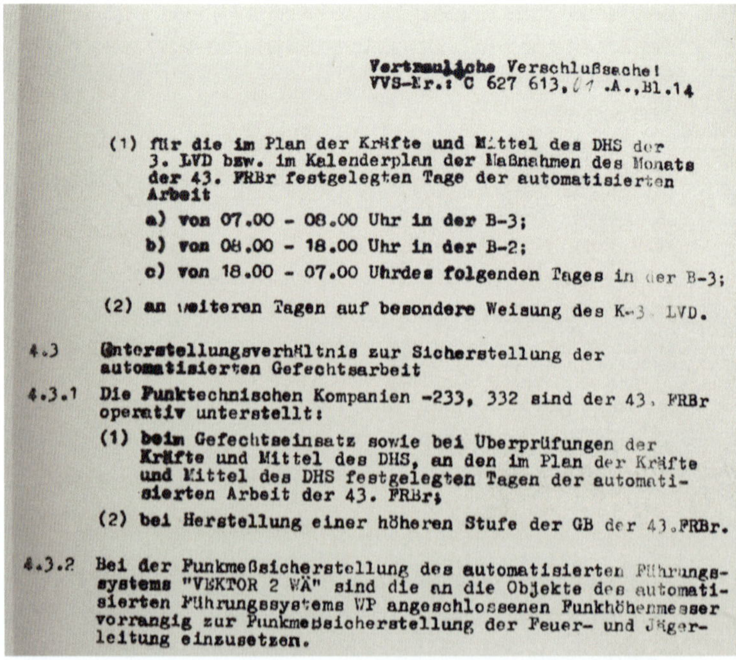

Vertrauliche Verschlußsache!
VVS-Nr.: C 627 613, 01.A., Bl.14

(1) für die im Plan der Kräfte und Mittel des DHS der 3. LVD bzw. im Kalenderplan der Maßnahmen des Monats der 43. FRBr festgelegten Tage der automatisierten Arbeit

a) von 07.00 - 08.00 Uhr in der B-3;

b) von 08.00 - 18.00 Uhr in der B-2;

c) von 18.00 - 07.00 Uhrdes folgenden Tages in der B-3;

(2) an weiteren Tagen auf besondere Weisung des K-3. LVD.

4.3 Unterstellungsverhältnis zur Sicherstellung der automatisierten Gefechtsarbeit

4.3.1 Die Funktechnischen Kompanien -233, 332 sind der 43. FRBr operativ unterstellt:

(1) beim Gefechtseinsatz sowie bei Überprüfungen der Kräfte und Mittel des DHS, an den im Plan der Kräfte und Mittel des DHS festgelegten Tagen der automatisierten Arbeit der 43. FRBr;

(2) bei Herstellung einer höheren Stufe der GB der 43.FRBr.

4.3.2 Bei der Funkmeßsicherstellung des automatisierten Führungssystems "VEKTOR 2 WÄ" sind die an die Objekte des automatisierten Führungssystems WP angeschlossenen Funkhöhenmesser vorrangig zur Funkmeßsicherstellung der Feuer- und Jägerleitung einzusetzen.

Obwohl der Höhenfinder PRW-17 und die Rundblickstation Oborona-14 nicht unmittelbar zur technischen Ausrüstung des Komplexes S-200 gehörten, soll im folgenden Abschnitt auf diese beiden Mittel der erweiterten Luftraumaufklärung eingegangen werden, da sie fester Bestandteil der bereits vorhandenen und noch geplanten S-200-Gefechtsstellungen waren.

2.7. Die Automatisierten Zielzuweisungsmittel (AZM) PRW-17 und Oborona-14

(Die nachfolgend gemachten Angaben sind nicht Bestandteil dem Autor vorliegender Aufzeichnungen aus dem Umschulungslehrgang zum S-200. Sie beruhen hauptsächlich auf dem Kenntnisstand von ehemaligen Offizieren der funktechnischen Kompanien des S-200, einige ergänzende Angaben wurden darüber hinaus dem Buch »Die funktechnischen Truppen der Luftverteidigung der DDR« entnommen.)

Die AZM dienten dem frühzeitigen Auffassen und der Identifizierung von Luftzielen sowie der Bestimmung ihrer Koordinaten und Zielcharakteristik. Dabei war eine ständige Funkmesssicherstellung und Übertragung der Daten an den Gefechtsstand sicherzustellen.

Die AZM hatten den Startmoment von Luft-Boden-Raketen, von Scheinzielen und Anti-Funkmess-Raketen (AFR) des

Gegners zu bestimmen. Eine weitere Aufgabe bestand in der Erfassung von Parametern von Kernwaffenschlägen, im Beobachten der eigenen Fliegerkräfte und in der Beurteilung des Schießens.

2.7.1. Die Rundblickstation Oborona-14

Die weitreichende Aufklärungsstation Oborona-14. Deutlich kann man den Unterschied zur Vorgängervariante Oborona P-14 erkennen. Siehe das kleine Antennengebilde an der Spitze des mittleren Antennenmastes.

Die Rundblick-Funkmessstation (RBS) Oborona-14 (Nato-Code: Tall King C) diente der Ortung von Luftzielen, einschließlich der Kennungsabfrage, mit einer maximalen Auffassentfernung im Freiraum von bis zu 1.200 km, einer Entfernungsauflösung von 1000 m und einer Auffasshöhe von über 35.000 m zur Darstellung der allgemeinen Luftlage bei hoher Störfestigkeit. Auffälliges Merkmal zur Unterscheidung von einer früheren Version ist der kreisförmige Reflektor an der Spitze des Antennenmastes der Oborona.
Von einem Standort in Mitteldeutschland (Thüringen) konnten mit dem 2D-Radar Oborona (russische Nomenklatur: 5N 84A) Flugzeuge über Großbritannien geortet werden. Wie weit die Aufklärungsmöglichkeiten vom Standort bei Rostock reichten, ergibt sich daraus.
Der Luftwaffenstützpunkt der Royal Air Force in Mildenhall im Südosten Englands mit den Koordinaten 52°28' 54" N und 0°28' 51" O hatte eine Beton-Asphalt-Start- und -Landebahn von 2,81 km Länge. Von hier aus startete unter anderem der extrem schnelle strategische Aufklärer SR-71 »Blackbird« zu Aufklärungsflügen gegen die Länder des Warschauer Vertrages.
Bereits ab dem Startmoment, also in über 800 km Entfernung, war die SR-71 von der Oborona-Station am Standort des S-200 in Prangendorf aufgefasst und auf dem gesamten Flug über Norwegen, Schweden und Dänemark, entlang der Grenze Tschechien-Ungarns und dann nach einer großen Wende wieder zurück begleitet worden. Die E-3A ist in allen Flugzonen über Westdeutschland, Belgien, den Niederlanden und Luxemburg sicher auf den Bildschirmen der Oborona zu sehen gewesen.
Die Oborona war eine langwellige Impuls-Funkmessstation im Meterwellen-Bereich (150 bis 170 MHz), die trotzdem mit einer Parabolantenne ausgestattet war und eine Impulsleistung von 800 kW hatte. Die Parabolantenne hatte gigantische Ausmaße von 33 m Breite und 22 m Höhe. Allerdings war das Winkelauflösevermögen begrenzt und lag bei etwa 10°, was aber nicht von Bedeutung war, da die Station auch im Bestand des S-200 als Frühwarngerät für die Ziel-Aufhellstation (K-1) mit geringerer Reichweite, aber mit größerer Genauigkeit und Auflösung, eingesetzt worden ist.
Die Pulswiederholzeit lag bei 6 ms, die Pulswiederholfrequenz bei 180 Hz. Die Antennenumlaufzeit betrug 10 bzw. 20 s.
Die Oborona arbeitete meist – so auch beim S-200 – mit einem Höhenfinder PRW-17 zusammen. Es gab bei der Arbeit mit der Station keine Abstrahlverbotszone, und so wurde permanent Luftaufklärung im Vollkreis betrieben.
Der Station beigestellt war eine Antenne des Kennungsgerätes, System »Kremnij-2«.
Die Raumabtastung konnte in verschiedenen Betriebsarten zur Anpassung an verschiedene Höhenbereiche erfolgen.
Die Luftlage wurde auf einem Tochtersichtgerät der Kabine K-9 und durch einen Planzeichner auf einer Luftlage-Karte im Führungsraum des Gefechtsstands der Fla-Raketen-Abteilungsgruppe dargestellt.
Mit diesen Angaben konnte entweder eine Zielzuweisung an den Schießkanal oder eine Zielzuweisung über den Höhenfinder PRW-17 erfolgen.
Die Oborona verfügte über einen zusammenklappbaren Antennenreflektor und mehrere zusätzliche Antennen. Der Reflektor wurde über dem zum Transport benutzten Sattelauflieger entfaltet.
Zum Bestand der Oborona 14 gehörten sieben Transporteinheiten: drei Sattelauflieger mit Sender-, Empfangs- und Sichtgeräteapparatur, zwei mit Haupt- und Zusatzantennen sowie zwei Stromversorgungsanhänger.
Für die Gefechtsarbeit standen mehrere Betriebsarten für die Formierung des Antennenstrahls, den Schutz vor aktiven und passiven Funkmessstörungen und den Schutz vor Antifunkmessraketen zur Verfügung.

Die Station zeichnete sich durch ihre Robustheit, hohe Zuverlässigkeit und Effektivität im Betrieb aus. Mit einem Personalbestand von bis zu 20 Mann (zwei Offiziere, zwei Unteroffiziere und ca. 16 Soldaten) war die Station sieben Tage in der Woche für die Luftraumaufklärung im Dauereinsatz. Nur bei Wartungs- und Kontrollarbeiten wurde abgeschaltet und die Schwesterstation bei Berlin hinzugezogen.
Allerdings waren an den Aufbauplatz hohe Anforderungen gestellt, um ein möglichst geschlossenes Antennendiagramm zu erhalten. Unter realen Bedingungen gelang dies nur selten.
Die Stellung der Oborona innerhalb der Gefechtsordnung des S-200 in Prangendorf bestand aus einem verbunkerten Komplex mit fünf Garagen. Die Garagen wurden jeweils mit den üblichen hand-hydraulischen und doppelflügeligen Stahltoren druckdicht verschlossen.
In einem Garagenbunker befand sich die Kabine AP2 mit der Sendeanlage. Im parallelen Garagenbunker befand sich die Kabine AP1 mit der Empfangsanlage der Störschutzapparatur, der Kennungsanlage und den Sichtgeräten.
In den drei gegenüberliegenden Garagen befanden sich die Kabinen AP3 mit zwei Tochtersichtgeräten, der Kopplungsapparatur und der Apparatur zur Fernbedienung, die Diesel-Elektrostation 5E 96 und die Umformer- und Verteilerkabine 5E 88. Der hölzerne Hänger der Dieselelektrostation 5E 96 war in zwei Räume unterteilt. In jedem Raum befand sich ein Dieselelektroaggregat mit 100 kW Leistung. Die angeschlossenen Generatoren erzeugten einen Drehstrom von 400 V und 50 Hz. Die für beide Motoren vorgesehene Kraftstoffanlage bestand aus zwei Tanks mit einem Gesamtvolumen von 300 Litern. Mit diesem Vorrat konnten die beiden Dieselmotoren bei Netzausfall bzw. im Gefechtsfall fast neun Stunden lang ununterbrochen die autonome Stromversorgung der gesamten Gefechtsstellung der Oborona-14 sicherstellen.
Betriebsbereit hatte der Hänger eine Masse von 14 Tonnen und war 8,83 m lang, 3,05 m breit und 3,20 m hoch.
Die Umformer- und Verteilerkabine 5E 88 unterteilte sich in den Aggregate- und den Bedienungsraum. Die Kabine wurde von der Dieselelektrostation 5E 96 mit 400 V oder vom Landesnetz mit 380 V Spannung versorgt. Mit ihren zwei Umformern PSTSCH-50 und dem Umformer PSTSCH-15 konnte die Station bis zu sechs Verbraucher mit Dreiphasen-Wechselstrom mit einer Spannung von 400 V und 50 Hz und bis zu fünf Verbraucher mit Dreiphasen-Wechselspannung von 230 V und 400 Hz speisen. Eigens für Kontrollarbeiten befand sich zusätzlich ein kleines Dieselelektroaggregat AD-30 T/400 in der Station.
Die Gesamtmasse der Kabine belief sich auf 11,27 Tonnen, die Ausmaße (L x B x H) waren 8,35 x 2,93 x 3,15 m. Ein seitlicher, geschützter Personaleingang führte über eine Schleuse mit Filterventilationsanlage in das Schutzbauwerk. Auf der linken Seite befand sich als erstes eine Aufenthaltsmöglichkeit für die Gefechtsbesatzung, danach kam man direkt zu den einzelnen Garagen.
Die Antennenanlage A0 auf dem Antennenanhänger AnP1 stand direkt auf dem Bauwerk der fünf geschützten Garagen. Etwas abgesetzt, seitlich neben der Bunkeranlage, wurde die Sende-Empfangskabine für die Freund-Feind-Kennungsapparatur NTZ 2P entfaltet.
Die gesamte Anlage der Funkmessstation Oborona war wie der Fla-Raketenkomplex S-200 selbst zwar verlegbar, aber nicht für den mobilen Einsatz vorgesehen. Mit Auf- und Abbauzeiten von bis zu zwei Tagen machte dies auch keinen Sinn.
Während der Gefechtsarbeit mit der Oborona gab es zunehmend Probleme mit der elektromagnetischen Verträglichkeit, da die verwendeten Frequenzen auch von anderen Funkdiensten, militärisch und zivil, genutzt wurden. Nicht selten kam es im Umfeld der Station zu Störungen im Fernsehempfang. Aber auch auf dem eigenen empfindlichen Empfänger gab es Störungen durch mobile Funkstellen anderer Betreiber. Dies war auch der Grund dafür, dass nach dem Ende der NVA diese Stationen von der Bundeswehr zwar noch übernommen, dann aber umgehend abgeschaltet wurden.
Die Oborona-14 spielte eine wesentliche Rolle bei der Überwachung der Handlungen der NATO-Luftstreitkräfte, besonders der auch für den Fla-Raketen-Komplex S-200 wichtigen Ziele U-2, TR-1 und SR-71 »Blackbird«.

2.7.2. Der Höhenmesser PRW-17

Der Höhenfinder PRW-17. Eine freistehende Antenne konnte man schon aus großen Entfernungen als Höhenfinder ausmachen, da die Antennenanlage typische Nickbewegungen ausführte.

Die beiden Einfahrten zu den geschützten Garagen in dem Hügel unter dem Höhenfinder PRW-17.

Der Höhenmesser PRW-17, auch Höhenfinder genannt, hatte mit der hochgestellten Parabol-Antenne, welche mit Hilfe eines Schwenkmechanismus' eine Nickbewegung ausführte, den Höhenbereich abzutasten. Die Kabine Z01 mit den Antennen war auf einer mobilen Artillerielafette aufgebaut, die um 360 Grad drehbar war.

Die Gesamthöhe der mehr als 17,5 Tonnen schweren Kabine mit aufgebauten Antennen belief sich auf zirka 10 m. Sie maß in der Länge 8,29 m, in der Breite 2,90 m und in der Höhe 3,46 m. In der Kabine waren die Sende- und Empfangsanlage, die Steuerschränke für die Antriebe zur Drehung der Kabine und der Schwenkung der Antenne sowie das Kühlsystem der Apparatur untergebracht.

Das Antennensystem bestand aus der großen, oberen Antenne mit einem Vierfachhornstrahler und der kleineren, unteren Antenne für die Sende- und Empfangsanlage der Kennungsapparatur.

Zur Station PRW-17 gehörten weiter die Kabinen Z02 mit der Sichtgeräte- und Störschutzanlage, die Kabine Z03 mit der Kontroll- und Prüfapparatur sowie die Dieselelektrostation 5E 96, Kabine Z04.

Die Ausmaße der beiden Kabinen Z02 und Z03 waren fast gleich und lagen in der Höhe bei 3,27 m, in der Breite bei 2,90 m und in der Länge bei 9,01 m. Allerdings waren ihren Massen recht unterschiedlich. Die Kabine Z02 brachte 13,5 Tonnen, die Kabine Z03 9,5 Tonnen auf die Waage.

Das mit digitalen Schaltkreisen ausgestattete System konnte in drei Betriebsarten arbeiten. Das waren der Rundsichtbetrieb, der Höhenwinkelbetrieb und der Standbetrieb – ausgerichtet auf einen bestimmten Punkt. Der Magnetronsender war umstimmbar. Zur Unterdrückung von Störungen über die Nebenkeulen dienten zusätzliche Empfangskanäle und Antennen. Sein hohe Sendeleistung erzielte der PRW-17 durch ein Stabilotron vom Typ MIS-2.

Mit dem energetischen Potenzial der im Zentimeterbereich arbeitenden Station war – in Abhängigkeit von der Zielhöhe – eine Beobachtung von Zielen in bis zu 500 km Entfernung möglich. Bei einer Zielhöhe von 100 m betrug die reale Aufklärungsreichweite etwa 42 km. Bei einer Flughöhe von 20.000 m lag diese Reichweite bei maximal 450 km. Allerdings war die Reichweite bei eingeschaltetem Störschutzsystem verringert. Das wichtigste Element zum Störschutz war ein Programmmechanismus, der Frequenzsprünge der Sendefrequenz steuerte.

Die Höhenmesser verfügten über eigene Sichtgeräte und konnten autonom arbeiten oder elektrisch mit der Rundblickleitstation (RBS) bzw. mit Objekten des Automatisierten Führungssystems (AFS) gekoppelt werden.

Dabei konnten die digital verarbeiteten Signaldaten auf dem Sichtgerät des PRW-17 markiert und die Zielkoordinaten in digitaler Form an die Schießkanäle weitergeleitet werden. Dies ermöglichte eine automatisierte Zielzuweisung an die beiden Fla-Raketenabteilungen der FRAG.

Auf dem Gelände der Gefechtsstellung des S-200 war die PRW-17 wie die beiden K-1 auf einem künstlich aufgebauten Hügel unter einer Traglufthalle aufgebaut. In dem darunter befindlichen ebenerdigen Schutzbauwerk (SBW) befanden sich in zwei geschützten Garagen mit druckfesten, hydraulisch verschließbaren Stahltoren die zum Höhenmesser gehörenden Hänger. Aus ihnen heraus war die Steuerung, die Modulation des Senders, die Bearbeitung von Störungen sowie die Bedienung des Sichtgerätes möglich, sofern dieses nicht abgesetzt erfolgte.

Der Kabinenhänger Z04 mit den zwei 100-kW-Dieselelektroaggregaten (siehe auch weiter oben unter Punkt »Oborona-14«) und den zwei Synchrongeneratoren befand sich in der zweiten Garage und diente der autonomen Stromversorgung. Der PRW-17 war damit in seiner Gesamtfunktion völlig autark gegenüber den Stromversorgungsmöglichkeiten der Fla-Raketen-Abteilungsgruppe. Üblicherweise und im Normalbetrieb wurde aber die Stromversorgung über das Landesnetz sichergestellt.

2.8. Aufgaben der Fla-Raketenabteilung (FRA), Stellung 5Sh 51Ä

Als taktische Feuereinheit führte die FRA (Schießkanal) Gefechtshandlungen unter Führung des Gefechtsstands der FRAG oder selbständig durch. Eine Fla-Raketenabteilung entspricht einem Schießkanal der Fla-Raketen-Abteilungsgruppe (FRAG).
Die Funktechnischen Kompanien (FutK) stellten mit Hilfe der Ziel-Aufhellstation K-1 die Zielsuche nach Angaben der Zielzuweisung (ZZW) oder nach Angaben von den Automatisierten Zielzuweisungsmitteln (AZM) sicher. Sie hatten Ziele ständig anzustrahlen und nach den Winkelparametern, der Zielentfernung und Zielgeschwindigkeit zu begleiten, um laufend nach diesen Angaben die Zielkoordinaten für den Funkzünder und den Zielsuchkopf der Rakete sowie für das Triebwerksregime der Marschstufe der Fla-Rakete zu erarbeiten.
Von der jeweiligen FutK aus erfolgte die Kennungsabfrage (Freund-Feind-Kennung), der Start der Rakete und die Kontrolle der Selbstzielsuchlenkung.
In der Startbatterie (SB) erfolgte die Vorbereitung der Raketen zum Start, die Steuerung des Selbstlenkkopfes (GSN) vor dem Start auf das Ziel, die Dateneingabe an die Bordapparatur, die Lagerung der Raketen in verschiedenen Lagerungsarten und das Be- und Entladen der Startrampen mit vollbetankten Fla-Raketen. Daneben fand hier das Training mit Lehrraketen für die Startrampenbedienungen statt. Die Beladung der Startrampen konnte automatisch oder halbautomatisch mit den Lademaschinen bzw. halbautomatisch vom Transportladefahrzeug (TLF) aus erfolgen. Die Entladung zurück auf die Lademaschine bzw. das TLF erfolgte halbautomatisch. Zu jeder Startrampe gehörten zwei Lademaschinen, die über Gleise geführt wurden.
Üblicherweise belud zuerst ein TLF die Startrampe, von da erfolgte dann die Umladung auf Lademaschine. Eine Be- und Entladung der Lademaschine mit Kran war zwar ebenfalls möglich, führte aber zu ungleich längeren Lade-/Entladezeiten.
Auf Kommando aus der K-2 erfolgte dann der Start der Rakete.

2.8.1. Struktur und Mittel im Bestand einer FRA

Die Funktechnische Kompanie (FutK) bestand aus zwei Zügen.
Zum 1. Zug gehörten die Apparaturkabine K-2 und die Verteiler- und Umformerkabine K-22 m, zum 2. Zug der Antennenposten K-1 W (RPZ) 5N 62 W (Ziel-Aufhell- und -Begleitstation).
Die Kabine K-2 W war der Führungspunkt/Arbeitsplatz des Kommandeurs der FRA.
Die Startbatterie (SB) bestand aus dem Startleitzug, dem ersten und zweiten Feuerzug und der Stromversorgungsgruppe mit dem Dieselelektroaggregat 5E 97 zur autonomen Stromversorgung. Zur SB gehörten insgesamt sechs Startrampen und zwölf Lademaschinen.
Zum Startleitzug der Startbatterie gehörten die Startleitkabine K-3W und die Dieselelektrostation K-20 mit dem Aggregat 5E 97.
Ein Feuerzug bestand aus drei Gruppen mit drei Startrampen 5P 72 und sechs Lademaschinen 5Ju 24M.
Zur Startbatterie gehörten weiter ein Kampfsatz von sechs Fla-Raketen 5W 28 (W-880 Ä), zwei Kabelsätze 5E 55A/B und ein Kabelwagen KU-03T sowie eine Trafostation zur Stromversorgung aus dem Landesnetz.
Der Kontroll- und Abstimmmast K-7 (Zielimitator für Funktionskontrollen) wurde von beiden FRAs genutzt.

2.9. Taktisch-technische Daten und Beschreibung des S-200 »WEGA«

2.9.1. Der Gefechtsstand der FRAG mit der Kabine K-9M

(Hierzu liegen dem Autor leider nur zum Teil die oben erwähnten Original-Ausbildungsunterlagen vor. Ergänzende Informationen sind das Ergebnis von Recherchen im Internet.)
Wie an anderer Stelle bereits beschrieben, befand sich die Kabine K-9 zur Reduzierung der Einwirkung von HF-Strahlung auf andere Elemente der GO auf der Symmetrieachse der Gefechtsordnung (GO). Das dazu gehörige Schutzbauwerk war in einem bestimmten Winkel zur angenommenen gegnerischen Hauptanflugsrichtung ausgerichtet und be-

stand aus drei Garagen mit angeschlossenem zweistöckigen Bunkergebäude.
In den Garagen befanden sich der 11 t schwere Kofferauflieger vom Typ 828 g mit der Kabine K-9 (L x B x H: 8.760 x 2.570 x 3.448 mm), der Trafo für die Stromversorgung vom Landesnetz, die Dieselelektrostation 5 E 72 und die Umformer- und Verteilerkabine K-21 M.
Ähnlich wie die Schutzbauwerke in den Startstellungen wurden die drei Garagen jeweils mit zweiflügligen, hydraulisch betätigten Stahltoren verschlossen. Die Hydraulik ließ sich nur mit Handantrieb betätigen. Mit Hilfe von Signaleinrichtungen konnte vom Gefechtsstand aus jederzeit der Verschlusszustand der Garagen-Tore und des Schutzbauwerkes kontrolliert werden.
Zur Ausstattung des Gefechtsstands gehörten weiterhin entsprechende Nachrichtenmittel mit Vermittlungsanlagen, da zum vorgesetzten Gefechtsstand der 43. Fla-Raketenbrigade über Richtfunkstrecken, Draht- und Kurzwellenverbindungen bestanden.
Folgende Arbeitsplätze (AP) befanden sich in der K-9:
Der AP »Funkorter PRW-17« (Höhenfinder) mit dem Sichtgeräteschrank. Der Funkorter konnte den Höhenfinder in allen Funktionen steuern und hatte die Aufgabe, mit Hilfe des Höhenfinders die vom vorgesetzten Gefechtsstand eingehende Zielzuweisung genauer zu erarbeiten. Mit der höheren Auflösung des PRW-17 konnten auch stark manövrierende Ziele oder Ziele mit kleiner Reflektionsfläche erfasst werden. Der »Funkorter PRW« konnte auf Weisung des »Schießenden« in einem vorgegebenen Sektor die Zielsuche nach dem Höhenwinkel selbstständig vornehmen. Hatte er ein Ziel erfasst, wurden die Daten digital an den AP »Funkorter Zielverteilung« weitergegeben, der konnte wiederum die Daten an die beiden Schießkanäle FRA-4311 und 4312 weiterleiten.
Der AP »Schießender« in der K-9 wurde auch als Arbeitsplatz »Großer Schießender« bezeichnet, da es innerhalb der FRAG in den beiden Gefechtsständen der Abteilungen jeweils einen weiteren »Schießenden« gab. Das waren die Arbeitsplätze der Kommandeure der Fla-Raketenabteilungen bzw. ihrer Stellvertreter.
Dem »Großen Schießenden« stand ein abgesetztes Sichtgerät der weitreichenden Rundblickstation »Oborona-14« zur Verfügung. Damit hatte er Übersicht über die allgemeine Luftlage in der möglichen Auffassentfernung der Station »Oborona-14«. Entscheidungsfindungen wurde ihm damit erleichtert. Selbst bei automatisierter Führung durch den Gefechtsstand der 43. Fla-Raketenbrigade konnte er seinen Schießkanälen bei besonders wichtigen Zielen eine selbständige Zielsuche befehlen.
Der AP »Offizier Zielverteilung« war die Schnittstelle zwischen dem Gefechtsstand der FRAG und den Gefechtsständen der FRAs (Schießkanäle). Er hatte alle Befehle des »Großen Schießenden« an die »Schießenden« der Kanäle zu übermitteln und deren Rückmeldungen dem Kommandeur der FRAG weiterzugeben. Der »Offizier Zielverteilung« (in der Regel mit dem Dienstgrad Leutnant bis Hauptmann) hatte alle eingehenden Informationen aus dem automatisierten Führungssystem zu kontrollieren, auf Befehl die Zielverteilung auf die beiden Schießkanäle 4311 und 4312 vorzunehmen und mit Hilfe von zwei Sichtgeräten deren Abarbeitung zu kontrollieren. Mit den Kanälen hatte er die Sprechfunkverbindung aufrecht zu erhalten.
Am AP »Funkorter Zielverteilung« (in der Regel im Unteroffiziers- oder Mannschaftsdienstgrad) wurden, wie oben schon erwähnt, die Zielzuweisungen an die Kanäle ausgegeben oder das Regime »Führender–Geführter« wahrgenommen. Dieses Regime wurde angewendet, wenn z. B. ein Schießkanal Probleme in der Zielauffassung hatte und deshalb der andere Kanal die Zielzuweisung erarbeiten musste. Der »Funkorter Zielverteilung« kontrollierte anhand von Sichtgeräten die richtige Abarbeitung der Zielzuweisung und die minimale Ablage der Kanäle untereinander.
In der Beschreibung der Arbeitsplätze der K-9 der zweiten aufgestellten FRAG in Badingen wird ein weiterer Arbeitsplatz erwähnt. Der AP »Richtungsoffizier« hatte mit Hilfe eines »Neuererprojektes« die Möglichkeit, sich ebenfalls alle Daten der Kanäle anzeigen zu lassen. Mit dem Gefechtsstand der Brigade hatte auch er eine Sprechfunkverbindung. Dem Autor ist nicht bekannt, ob es diesen Arbeitsplatz in der ersten FRAG, der FRAG 431, ebenfalls gegeben hatte.
Zur weiteren technischen Ausrüstung der K-9 gehörten Apparaturen und Schaltschränke für die Kopplung mit dem Automatisierten Führungssystem, der Kopplung mit dem Höhenfinder PRW-17 und der Funkmessstation Oborona P-14. Dazu kamen Empfangs-, Sende-, Umformer-, Dokumentations- und Trainingsapparaturen, der Stromversorgungsschrank sowie eine Wechselsprechanlage, die automatisierte Telefonzentrale, eine Luftlagekarte und diverse Hilfsausrüstungen.
Für Schnellreparaturen unter Gefechtsbedingungen stand ein Reparatursatz zur Verfügung.

2.9.2. Die Ziel-Aufhell- und -Begleitstation (ZAS) 5N 62W mit dem Antennenposten K-1M und der Apparaturkabine K-2W

2.9.2.1. Die Kabine K-1M

Die Arbeit der Ziel-Aufhellstation war auch bei der Einwirkung aktiver und passiver Störungen durch den Gegner möglich.

Das Auflösevermögen der Antennenstation hatte folgende Parameter:

- nach den Winkelkoordinaten ≤ 1,4°
- nach der Entfernung ≤ 100/300 m in Abhängigkeit vom Code des phasenmanipulierten Signals
- nach der Geschwindigkeit ≤ 8 m/s

Die Genauigkeit der Koordinatenbestimmung hatte folgende Werte:

- nach den Winkelkoordinaten ≤ 2' (Minuten)
- nach der Entfernung ≤ 10 m
- nach der Geschwindigkeit ≤ 1 m/s

Die Hauptaufgaben der RPZ waren das Erfassen von vorgegebenen Zielen aus der K-9 sowie die selbständige Zielerfassung. Die K-1 diente der Erzeugung und Abstrahlung eines Dauerstrichsignals hoher Frequenz, damit Luftziele ständig angestrahlt (aufgehellt) und begleitet werden können.
Die K-1 bestand aus folgenden Hauptelementen: Hauptcontainer KA 10, Antennencontainer KA 13, Sendeantenne KA 141, Strahler des Senders KA 142, Empfangsantenne KA 151, Empfangsstrahler KA 152, Wellenleiter des Senders KA 14, Wellenleiter des Empfängers KA 15 (KA 14 und 15 zusammen bildeten den Wellenleitersatz KA 130), Hochfrequenzkabel des Raketen-Antwortsenders KA 16 und Antenne KA 17 des Raketenantwortsenders.
Um eine gegenseitige Beeinflussung von Sende- und Empfangsantenne zu vermeiden, waren beide durch das sogenannte »Messer« elektromagnetisch voneinander getrennt.
In der K-1 erfolgte eine Verstärkung und Vorselektion von Zielsignalen und die Umwandlung in die erste Zwischenfrequenz sowie die Formierung der Richtdiagramme des Summenkanals und der Differenzkanäle. Spezielle Antennen empfingen das Antwortsignal der Rakete.

Eine sehr seltene Aufnahme der Antennenkabine K-1 innerhalb der Tragluftkuppel. Innenaufnahmen unter den Tragluftkuppeln waren aus Geheimhaltungsgründen zu Zeiten der NVA strengstens verboten.

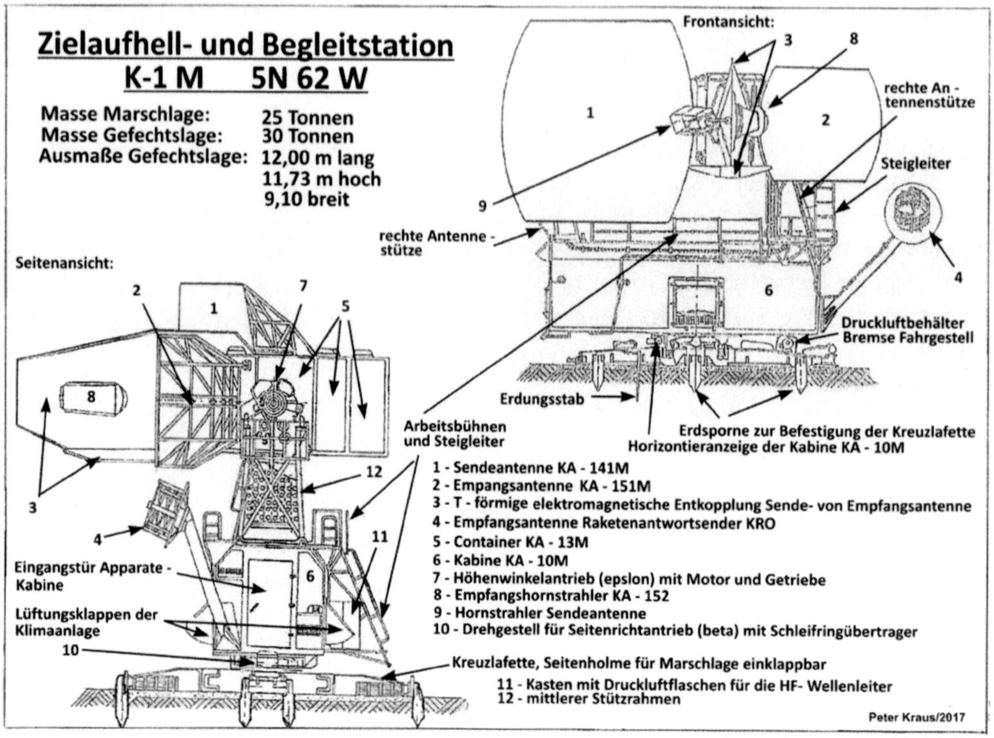

Schematische Front- und Seitenansicht der Antennenkabine K-1.

Zur K-1 gehörte unter anderen auch die Kennungsabfrageantenne, die Kennungsapparatur »Tantal« FN EF 1 und das Einschaltpult KT 1001.
Das empfangene und entschlüsselte Antwortsignal wurde auf einem Sichtgerät des Startoffiziers in der K-2 angezeigt. Die Auffassentfernung bei größeren Zielen wie strategischen Bombern lag bei 450 km, wenn zu den Zielen in über 10.000 Metern eine quasioptische Sicht bestand.
Verringerte sich die effektive Reflexionsfläche der Ziele, so lag die Auffassentfernung bei Jagdbombern bei etwa 300 km, bei Marschflugkörpern bei ca. 170 km.
Die Sendeleistung der Apparatur betrug 3 kW.
Des Weiteren hatte die Station die Aufgabe, sogenannte Sekundärinformationen für den Hauptgefechtsstand und die Angaben für die Startautomatik zu berechnen. Diese Informationen bestimmten die Angaben für die Lenkköpfe der Raketen und legten den Startzeitpunkt und den Start der Raketen fest. Nach dem Drücken der Startknöpfe wurde die befohlene Anzahl von Raketen gestartet und die Lenkung kontrolliert. Im Anschluss erfolgte die Beurteilung der Schießergebnisse.
Die Hauptbetriebsarten der Station waren »Gefechtsarbeit«, »Kontrollarbeit« und »Training«. In der Betriebsart »Gefechtsarbeit« führt die Fla-Raketenabteilung das Gefecht mit dem Luftgegner durch.
Die »Kontrollarbeit« diente der Kontrolle der Einsatzbereitschaft der Aufhellstation anhand der Ergebnisse der Funktionskontrolle und der Überprüfung der wichtigsten elektrischen Parameter sowie zur Durchführung von Kontroll- und Instandsetzungsarbeiten.
In der Betriebsart »Training« wurden die Gefechtsbesatzungen der FRA, einzelne Funkorter bei autonomer Arbeit oder die Arbeit des gesamten Komplexes trainiert. Sie gewährleistet die Schaffung einer der Realität angenäherten Luftlage sowie die Abarbeitung aller Elemente der Gefechtsarbeit von der Suche und dem Auffassen der Ziele bis hin zur Imitation des Raketenstarts und der Beurteilung der Schießergebnisse.
Die Station K-1 bestand in der Marschlage aus fünf Lasten. Vier Lasten wurden auf separaten Hängern transportiert, die fünfte und schwerste Last, die Kabine KA-10 B, wurde mittels spezieller Fahrgestelle aufgeprotzt und dadurch fahrbar gemacht. Das Prozedere dazu glich dem, wie die Startrampen des Wolchow-Systems fahrbereit gemacht wurden.
Für das Entfalten der K-1 aus der Marschlage in die Gefechtslage wurden 12 bis 16 Mann benötigt. Die Windgeschwindigkeit durfte beim Aufbau 10 m/s nicht überschreiten. Auf den Hängern P 1 bis 4, auch Antennenhänger genannt, verteilten sich die Lasten wie folgt: Bedienungskabine und das Mittelteil der Sendeantenne, Einzelteile der Empfangsantenne, unteres und oberes Teil der Sendeantenne, linke und rechte Stütze des Antennensystems, Luftkasten und Treppe, Träger und Reflektor und Wellenleiter, Reduziergetriebe, Antriebsmotor und Kabelführungskasten.
Für die schwerste Last war die schwere Zugmaschine MAß 537/1 vorgesehen. In der Praxis übernahm die Aufgabe ein Tatra 813. Die Hänger P 1 bis 4 wurden von KrAZ-255 W bzw. von Ural-375 D gezogen. Die Transportmittel hatten nur eine untergeordnete Bedeutung, da nach der ersten Entfaltung der Technik des S-200 keine weiteren Verlegemanöver vorgesehen waren, wie sie bei anderen Fla-Raketensystemen regelmäßig stattfanden.

Eine frühe Aufnahme in der Abbauphase in Prangendorf. Das Ringfundament der Traglufthalle ist noch vollständig geschlossen.

Die Kabine KA-10 m musste mittig (mit einer Genauigkeit von ± 0,5 m) auf dem vorher vermessenen Geländepunkt abgesetzt (abgeprotzt) werden. Die Aufstellfläche für die K-1 durfte nicht mehr als 2° geneigt sein und musste bei Montage aller Teile der Station eine Grundfläche von 20 x 10 m aufweisen. Davon wurden für die Kabine 8 x 8 m gebraucht. Mit welcher Präzision dann die Horizontierung der aufgebauten, fast 30 t schweren Kabine erfolgte, soll folgender Auszug aus den Schulungsdokumenten zeigen:

Die gesamte Station durfte in der Drehachse Beta, also dem Seitenwinkel vertikal, keine größere Abweichung aufweisen als ± 2'. Anders gesagt; Diese 30 Tonnen schwere Station durfte sich bei einer Drehung um 360° nicht weiter auf und ab bewegen als den 30sten Teil eines Grades. Ein Grad besteht aus 60 Minuten, eine Minute (') aus 60 Sekunden (").

Die Horizontierung erfolgte in zwei Etappen. Bei der Grobjustierung wurde zuerst mit Hilfe des Hydraulikstempels GP-227 eine Abweichung von ± 0,5° eingestellt. Dann erfolgte die Feinjustierung mit Hilfe eines Libellenquadranten, der auf die Abstellplattform der linken Stütze gestellt wurde.

Die Station wurde nun so gestellt, dass die Längsachse der Kabine genau über zwei Hydraulikstützen stand. Mit Hilfe der Mikrometerschraube wurde die Luftblase des Libellenquadranten in die Mitte gebracht und die Abweichung abgelesen: z. B. 30'. Nun wurde die Kabine um 180° gedreht und abermals gemessen: z. B. minus 60'. Dann berechnete man die Hälfte der Differenz mit Hilfe der Formel:

$$\frac{-60' - (30')}{2} = -45'$$

Das Ergebnis von -45' wurde auf den geringsten Wert der zuvor gemessenen beiden Abweichungen addiert: +30' - 45' = -15'. Diese -15' wurden mit der Mikrometerschraube an dem Libellenquadranten eingestellt, und mit Hilfe der Hydraulikheber wurde die Luftblase wiederum zentriert. Jetzt wurde die Station um 90° gedreht und somit über die beiden anderen Hydraulikheber der Kreuzlafette gedreht.

Das gesamte Prozedere der Messung wurde wiederholt.

In der abschließenden Kontrolle wurden nach jeweils 45° Drehung der Station mit Hilfe des Libellenquadranten die Abweichungen der Luftblase vom Zentrum gemessen. Diese Abweichungen durften 2' nicht überschreiten, da ansonsten die gesamte Justierung zu wiederholen gewesen wäre.

Im Anschluss erfolgte die Kontrolle der Drehachse Epsilon (Höhenwinkel) der Antennenkabine KA-13M. Die Genauigkeit dieser Messung war entscheidend von der Genauigkeit der zuvor gemachten Messungen abhängig.

Ziel der Horizontierung der Kabine war eine Genauigkeit von ±30".

Ähnlich wie bei der beta-Messung wurde dann der Mittelwert der Abweichungen mit Hilfe von Korrekturschrauben an den Lagern des Epsilon-Antriebes korrigiert.

Diese minimalen Abweichungen der beiden Achsen waren notwendig, um die horizontale und senkrechte Ebene nahezu senkrecht aufeinander stehen zu haben. Dies war für eine exakte Winkelbestimmung zu Luftzielen von fundamentaler Bedeutung.

Mit Hilfe des Kontrollturmes erfolgte im Anschluss noch eine Justierung der Empfangsantenne.

Gesamtansicht der Antennenkabine K-1.

Die Antennenkabine K-1 drehte sich im Seitenwinkel »beta« mit einer Geschwindigkeit von 15° pro Sekunde. In 24 Sekunden war eine 360°-Drehung vollzogen. Im Höhenwinkel »epsilon« bewegten sich die Antennen mit 5,5°/sec.

Die Hauptteile der K-1 bestanden aus dem unteren Teil mit der Kabine KA-10M mit dem Seitenrichtantrieb »*beta*« und dem oberen Teil mit dem Container KA-13M mit dem Höhenrichtantrieb »*epsilon*« und den zugehörigen Antennen.

Wie schon erwähnt, belief sich das Gesamtgewicht der K-1 im aufgebauten Zustand auf zirka 30 t. In Marschlage, mit angebrachten Fahrgestellen und ohne Aufbauten, waren es zirka 25 t. Die Gewichte waren wie folgt verteilt: Kabine KA-10M zirka 22 t, Container mit den Antennen zirka 6 t, rechte Antennenstütze 790 kg und linke Antennenstütze 480 kg.

In Gefechtslage hatte die Ziel-Aufhellstation K-1 eine Länge von 12,00 m, eine Breite von 9,10 m und eine Höhe von 11,73 m. In der Marschlage maß die Länge 9,92 m, die Breite 3,23 m und die Höhe 3,94 m.

November 1992: die Außerdienststellung des S-200 in Prangendorf ist in vollem Gange. Das Ringfundament der Traglufthalle wurde geöffnet. An der rechten Seite stehen die Fahrgestelle (Protzen). Mit diesen Protzen wird die Kabine K-1 fahrbereit gemacht.

Hier sind die drei Lüfter der Traglufthallenkonstruktion gut zu erkennen. Sie dienten in den verschiedenen Arbeitsregimen dazu, unter allen Wetterbedingungen den Druck unter der Haube aufrecht zu erhalten.

Die Kabine K-1 ist aufgeprotzt und damit fahrbereit.

Gut zu erkennen sind die eingeklappten Seitenholme der Kreuzlafette unter der Kabine.

Zum Ventilationssystem der K-1 gehörten vier Ansaug-Ventilatoren. Auf jeder Seite der Kabine K-10M befanden sich zwei Stück. Zusätzlich befand sich im oberen Antennencontainer K-13M ein Ansaug-Ventilator. Auf den Dächern der beiden Kabinen war jeweils ein Absaugventilator installiert, der gesondert zugeschaltet werden konnte. Über Luftschächte wurde die angesaugte Luft unter den einzelnen Schränken verteilt und kühlte diese mittels automatischer Schieber entsprechend ihrer Betriebstemperatur. Damit war eine konstante Wärmentwicklung der gesamten elektrotechnischen Ausrüstung der Kabinen gewährleistet. Die erwärmte Luft wurde einfach über die Ablassklappen der Container nach außen gedrückt oder durch Zuschalten der Absaugventilatoren beschleunigt aus der Kabine abgeführt. Dieses Prinzip der Kühlung/Lüftung wurde in allen Kabinen des Komplexes angewandt.
Zum Bestand der Kabine gehörten auch drei tragbare Elektroöfen mit je 1 kW Leistung, die mit einer Spannung von 220 V / 50 HZ betrieben wurden.

2.9.2.2. Die Kabine K-2W

Die Apparatur der Kabine K-2 gehörte zum Bestand der Ziel-Aufhell- und -Begleitstation (ZAS). Sie war der Gefechtsstand der Fla-Raketenabteilung.
In der K-2 wurde die Zielzuweisung vom Gefechtsstand der FRAG (K-9) empfangen und die Gefechtsbereitschaft sowie die Schießergebnisse der FRA gemeldet.
Mit der Apparatur der K-2 erfolgte die Zielsuche, das Auffassen und das Steuern der Folgesysteme auf das Ziel nach den vier Koordinaten Seiten- und Höhenwinkel, Geschwindigkeit und Entfernung. Die umfangreiche Apparatur der Kabine ermöglichte das automatische Begleiten des Zieles nach den vier Koordinaten, die Erarbeitung der Anfangsangaben zum Ausrichten der Rakete auf das Ziel, die Kontrolle des automatischen Begleitens des Selbstlenkkopfes der Rakete und die Kennungsabfrage.

Die Kabine K-2, Gefechtsstand des Kommandeurs der Fla-Raketenabteilung einer FRAG.

Die Apparatur der Kabine K-2.

Innenansicht der Kabine K-2. Gut zu erkennen sind hinten rechts die Schränke mit den Ersatzteil-Zubehörsätzen.

Es würde den Rahmen des Buches sprengen, die Funktionsweise der Hauptelemente der Kabine im Einzelnen zu beschreiben. Deshalb nenne ich an dieser Stelle nur die Hauptelemente, um aufzuzeigen, wie umfassend die Prozesse während der Gefechtsarbeit waren.

Zu den Hauptelementen gehörten:
Die Empfänger der Abtastung, der automatischen Zielbegleitung und des Raketenantwortsenders. Weiter die Apparatur der Zielbegleitung in den vier Koordinaten, das System der Synchronisation und Erarbeitung der Oszillatorstützspannungen, das System der halbautomatischen Führung im Regime der Frequenzmodulation, die Sichtgeräte an den Arbeitsplätzen der Funkorter, des Startoffiziers und des Kommandeurs, die Apparatur zur Durchführung des Starts und der Kontrolle der Selbstlenkung der Rakete, die Einrichtung zum Richten der Antennenkabine K-1 nach Angaben des Weitsichtradars »Oborona 14«, die Digitalumformer und -rechner, die Einschaltsysteme der Heizung und Kühlung sowie eine Trainings- und Kontrollapparatur.
Die Gefechtsbesatzung der Kabine bestand aus den Arbeitsplätzen des »Schießenden« (auch »Kleiner Schießender« genannt), der Funkorter (auch Operatoren genannt) »Erfassen« und »Begleiten« sowie des »Startoffiziers«.

Funkortertraining in der Kabine K-2. Einmal mit Blickrichtung in das Innere der Kabine ... ... und hier mit Blickrichtung zum Ausgang der Kabine.

Die Kabine befand sich zusammen mit der Umformer- und Verteilerkabine K-22M in einem Schutzbauwerk unterhalb des Hügels, auf dem die K-1 stand. Der Abstand zwischen K-1 und K-2 konnte, entsprechend der Kabellänge, maximal 40 m betragen.
Die Stromversorgung von K-2 und K-1 erfolgte über die Dieselelektro-Aggregate, die im Schutzbauwerk der K-9 stationiert waren, bzw. über die beiden Schiffsdiesel der Technischen Abteilung.
Die K-2 hatte ein Gewicht von etwa 25 t. Die Abmessungen waren: Höhe 3.480 mm, Breite 2.570 mm und Länge 8.760 mm.
Für die Gefechtslage der Kabine brauchte nur das Fahrwerk durch Abstützungen entlastet zu werden. Danach wurden die umfangreichen Kabelverbindungen hergestellt.

1990: Kurz vor der Übernahme des Komplexes S-200 in Prangendorf durch die Bundeswehr finden Inspektionen statt.

<u>Zusammenfassung der Angaben zur Aufhell- und Leitstation »RPZ« mit dem Antennenposten K-1W und der Apparaturkabine K-2W</u>
Die Aufhell- und Leitstation gewährleistet das Auffassen sowie die Begleitung und ununterbrochene Anstrahlung des zur Bekämpfung zugewiesenen Zieles im Dauerstrichfunkmessbetrieb mit monochromatischer oder phasen-code-manipulierter Abstrahlung von Signalen mit sehr hoher Frequenzstabilität und großer Leistung.
In der Regel fasst sie ein zugewiesenes Ziel automatisch nach den Angaben der äußeren Zielzuweisung (PRW-17 und Oborona) auf. Das Einrichten der Station von Hand auf ein Ziel ist möglich. Innerhalb der FRAG ist die Aufhellstation in der Lage, sowohl als »Führende« als auch als »Geführte« zu arbeiten.
Zur Gewährleistung unterschiedlicher taktischer Anforderungen zum Auffassen der Ziele können die Betriebsarten »Schmaler Strahl« und »Breiter Strahl« zur Formierung der Sendediagramme eingeschaltet werden.
Bei unzureichender Genauigkeit der Zielzuweisung kann zusätzlich eine Konus- oder Sektorsuche eingeschaltet werden.
Die Bestimmung der Winkelkoordinaten erfolgt nach der Methode des unmittelbaren Amplitudenvergleichs und der Begleitung des Zieles in der signalgleichen Zone. Dazu sind im Empfangsteil ein Summen- und zwei Differenzkanäle vorhanden, die zusätzlich eine hohe Störfestigkeit der Winkelbegleitung gewährleisten. Das Auflösevermögen nach den Winkelkoordinaten liegt in der Größenordnung der Halbwertsbreiten der Richtdiagramme, die Genauigkeit beträgt zirka 2' (zwei Minuten).
Die Bestimmung der Zielgeschwindigkeit erfolgt auf der Basis der Messung der Dopplerfrequenz. Das Auffassen und Begleiten von Zielen ist in einem Geschwindigkeitsbereich von zirka -700 bis +1.800 m/s möglich. Die Abtastung des Raumes nach der Geschwindigkeit erfolgt nach einer kombinierten Methode, die eine ununterbrochene Beobachtung eines Geschwindigkeitsbereiches von 1.000 m/s mit stetig bzw. diskret veränderlichen Grenzen gewährleistet.
Die Begleitung nach der Geschwindigkeit erfolgt mit sehr hoher Genauigkeit (zirka 1 m/s) und gestattet eine ebenso hohe Selektion von zirka ±4 m/s.
Die Begleitung von Zielen mit extrem geringer Radialgeschwindigkeit bis hin zu Festzielen wird durch das Einschalten der Frequenzmodulation des Sendesignals gewährleistet.
Passive Störungen werden über entsprechende Sperrfilter und das angewandte Selektionsprinzip zu nahezu 100 % unwirksam.
Die Entfernungsbestimmung ist nur mit der Modulationsart phasen-code-manipulierte Abstrahlung möglich. Sie erfolgt durch den Vergleich des reflektierten Signals mit einem stetig veränderlichen Begleitcode nach einem Korrelationsverfahren.

Die angewandte Methode gewährleistet eine Selektion nach der Entfernung von 100 bzw. 300 m und eine Genauigkeit der Zielzuweisung nach der Entfernung von ±450 bzw. ±1.300 m.
Die in der Aufhellstation installierten Sichtgeräte gewährleisten die Zielsuche, das Leiten der Aufhellstation auf das ausgewählte Ziel, das Erfassen des Zieles, die Kontrolle der Begleitung, die Bestimmung des Startmomentes, die Kontrolle der Lenkung der Fla-Raketen und die Beurteilung der Schießergebnisse.
Von der Aufhellstation werden ständig die Kommandos und Zielzuweisungsangaben empfangen und dargestellt bzw. verarbeitet sowie Meldungen an die Führungs- und Zielverteilungskabine (K-9) erstattet über die Gefechtsbereitschaft, die Ausgangseinstellungen der Folgesysteme, die Abarbeitung der Zielzuweisung und die durchgeführten Gefechtshandlungen.

2.9.3. Freund oder Feind

2.9.3.1. Die Kennungsapparatur »Tantal« AN EF1

Unter realen Gefechtsbedingungen und im engen Zusammenwirken der Luftstreitkräfte und der Kräfte der Luftverteidigung liegen die Handlungsräume dieser beiden Waffengattung oft nah beieinander. So ist es beispielsweise für die Jagdflugzeuge der Luftstreitkräfte von existenzieller Bedeutung, von den Luftverteidigungskräften eindeutig als »Eigene« identifiziert werden zu können. Kennungsapparaturen sind Bestandteil aller Luftstreit-, Luftverteidigungs- und anderer Streitkräfte der Welt.
Das System »Tantal« besteht aus der Antenne und dem Koaxialsystem, dem Schaltschrank mit dem Antennenumschalter AP 73 (auf dem Schrank), dem Sender G-15 F1, dem Empfänger- und Dechiffrierblock P 15M, dem Imitator I 15 AE und der Spannungsquelle g 15D und dem Pult KT 1001 zur Steuerung.
Die Hauptaufgabe der Kennungsapparatur »Tantal« besteht darin, festzustellen, ob Flugzeuge oder sonstiges Fluggerät dem System » Kremnij-2« zugeordnet und damit als Freund identifiziert werden können.
Das Kennungssystem besteht aus einer autonomen Impulsfunkmessstation mit aktiver Antwort und gehört zur Ausrüstung der Ziel-Aufhell- und -Begleitstation (ZAS). Als aktive Antwort wird ein verschlüsseltes Signal bezeichnet, welches ein Sender automatisch zurücksendet, nachdem der zugehörige Empfänger ein kodiertes Signal empfangen hat und entschlüsseln konnte.
Folgende taktisch-technische Daten hatte die Apparatur:
Die Reichweite im Kennungsbetrieb entsprach der Reichweite der ZAS im Regime »Ortung«. Im Seitenwinkel wie im Höhenwinkel waren die Grenzwinkel den Auffasszonen der ZAS angepasst. Die Halbwertsbreite des Richtdiagrammes betrug 5 bis 7°. Die Abweichung zwischen den Richtdiagrammen der ZAS und der Kennungsapparatur war auf maximal 1° begrenzt.
Mit der Kennungsapparatur konnten auch beliebige Signale von Luftfahrzeugen – einschließlich Notsignale – empfangen werden.
Auch bei nur einmaligem Anstrahlen des Zieles gewährleistete der Empfangs- und Dechiffrierkanal die sofortige Entschlüsselung des Antwortsignales.
Um in der Nähe von möglichen Feindzielen befindliche »Eigene« unterscheiden zu können, durfte das Auflösevermögen nach der Entfernung nicht mehr als 1500 m betragen.
Die Impulsfrequenz Ro war = 327 Hz und die Anlage wurde mit 220 V und 400 Hz gespeist. Die Arbeitsfrequenz wurde mit Wellenmessern auf 668 ±0,6 MHz eingestellt. Die Impulsleistung am Ausgang des Antennenumschalter wurde mit maximal 1 kW angegeben.
Die Amplitude der Impulse, die eine sichere Synchronisation garantierten, lag bei max. 20 V. Die Frequenz des Oszillators (Empfänger) betrug 608 ±0,6 MHz, die mittlere Frequenz der Bandbreite 668 ±3 MHz.
Die Dämpfung des Antennenumschalters lag bei 29 ±3 dB.
Die Apparatur hat ein Gesamtgewicht von 150 kg und arbeitete im Temperaturbereich von minus 40 bis plus 50 °C.

2.9.3.2. Die Struktur der Abfrage- und Antwortsignale

Es gab zwei Arten von Abfragesignalen, das Grund- und das Kontrollsignal. Das Grundsignal besteht aus drei frequenzmodulierten Signalen mit konstanten Intervallen von 4,5 ±0,25 Mikrosekunden. Dies gewährleistet das Antworten des Zieles und die Darstellung des Kennungssignales auf dem Sichtgerät der ZAS.
Das Kontrollsignal dient der Erhöhung der Sicherheit der Abfrage und besteht aus einer Serie von vier Impulsen, wobei die Intervalle zwischen den vier Impulsen eine Kontrollcodekombination darstellen.
Im Falle des richtigen Codes des Antwortempfängers lässt der Empfänger das Kontrollsignal nicht durch und es gibt kein Antwortsignal! Die endgültige Zugehörigkeitsbestimmung des Zieles ist also durch das Nichtvorhandensein des Kontrollsignales möglich.
Der Antwortsender der Flugzeuge erzeugt ebenfalls zwei Arten von Signalen, das allgemeine Antwortsignal und das Notsignal. Das allgemeine Antwortsignal hat die Form eines einzelnen Impulses, der amplitudenmoduliert mit einer der Codefrequenzen ist. Die Kennungsapparatur erarbeitet ein Kennungssignal, dass auf dem Sichtgerät KI 234W in Form eines positiven Signals mit der Dauer von 8 ±2 Mikrosekun-

den sichtbar ist. Dieser Impuls auf dem Sichtgerät fällt mit der Zielmarke zusammen.
Das Notsignal besteht aus zwei FM-Signalen, die mit der Codefrequenz amplitudenmoduliert sind. Auf dem Sichtgerät wird das Notsignal in Form eines positiven Impulses mit 20 ±3 Mikrosekunden Dauer zusammen mit dem Zielzeichen sichtbar.

2.9.3.3. Die Kennungsapparatur »Parol«

Mitte 1989 wurde der S-200 auf die neue Kennungsapparatur »PAROL« umgerüstet. In Vorbereitung dieser Umrüstung fand im März/April 1989 ein zirka achtwöchiger Lehrgang in Minsk (damalige Sowjetunion) statt. An diesem Lehrgang nahmen ausgewählte Offiziere der Funktechnischen Kompanien der FRAG teil.
Eigens für den Austausch der Antennensysteme und Schaltschränke kamen sowjetische Werksvertreter in die Stellung und erledigten diese Arbeiten.
Da dieses neue System der Kennungsabfrage als sensible Militärtechnik eingestuft worden war, musste noch vor Übernahme des S-200 durch die Bundeswehr nach Auflösung der NVA die Schlüsselapparatur ausgebaut und einer sowjetischen Militärvertretung übergeben werden.

Die Kennungsabfrage von Zielen, die begleitet werden oder sich im Strahl der Ziel-Aufhellstation befinden, kann von Hand oder automatisch erfolgen.
Die Kennungsapparatur kann automatisch den Start der Rakete blockieren, bis das Antwortsignal ausgewertet ist. Die Apparatur legt die zeitliche Begrenzung der Abfragezeit fest.
Die Arbeitsregime sind in die zwei Bereiche III. und VII. aufgeteilt. Im III. Bereich erfolgt die Kennungsabfrage im 1. Regime, der nichtchiffrierten allgemeinen Kennung und die Kontrollkennung. Im VII. Bereich erfolgt die Kennungsabfrage im 1. und im 2. Regime, der imitierfesten/garantierten Kennungsabfrage.
Die Abfrage im 1. Regime und die Kontrollkennung erfolgen von Hand durch Drücken des Knopfes »sapros«, bzw. »sapros k« am Schrank KI 234. Die von Hand durchgeführte Abfrage wird automatisch auf vier Sekunden festgelegt.
Im zweiten Regime erfolgt die Abfrage automatisch bzw. per Hand. Die Abfragezeit für »automatisch« beträgt drei Sekunden. Das Umschalten von automatisch auf Hand erfolgt mit einem Schalter, ebenfalls am Schrank KI 234.
Wenn die Abfrage einen »Eigenen« ergeben hat bzw. sich ein »Eigener« im Strahl der Ziel-Aufhellstation in einem Abstand von 7,5 km zu einem begleiteten Ziel befindet, werden die Startkreise zur Rakete blockiert. Diese Blockierung kann auf Befehl des Kommandeurs der Fla-Raketen-Abteilungs-

Gruppenfoto der Teilnehmer am Umschulungslehrgang »Parol«. Oberste Reihe, zweiter von links: Hauptmann a. D. Joachim Kraekel.

gruppe und des Kommandeurs der Fla-Raketenabteilung aufgehoben werden.
Die Anzeige der Signale erfolgte auf dem Sichtgerät in den Maßstäben 10, 80 und 500 km. Der Maßstab 10 km wird für die automatische Abfrage genutzt und schaltet sich dafür autonom ein. Die Handabfrage erfolgt in allen drei Maßstäben.
Bei automatischer Abfrage der Kennung ist es nicht möglich, festzustellen, ob ein Eigener begleitet wird oder sich im 7,5-km-Bereich befindet. Da es diesen Mangel bei Handabfrage nicht gab, erfolgte nach Feststellung »Eigener« in der automatischen Abfrage eine Handabfrage im 10- oder 80-km-Maßstab im 1. Regime, III. Bereich, um festzustellen, ob der Eigene sich in der 7,5-km-Zone befindet.
Unter Berücksichtigung der Sicherheit für den »Eigenen« kann der Start auf ein begleitetes Ziel unter folgenden Voraussetzungen erfolgen:

1. Die Entfernung zum Treffpunkt ist größer als 100 km und der Abstand zwischen Ziel und Eigener beträgt mindestens 35 km.
2. Die Entfernung zum Treffpunkt liegt zwischen 100 und 200 km und der Abstand zwischen Eigener und Ziel beträgt mindestens 50 km.
3. Die Entfernung zum Treffpunkt ist größer als 200 km und der Abstand zwischen Ziel und Eigener ist größer als 55 km.

Alle drei Bedingungen setzen voraus, dass Gegner und Ziel auf gleichem Kurs fliegen.
Wenn die Entfernungsangabe zum Ziel fehlt, erfolgt die Kennungsabfrage im 2. Regime, Bereich VII, im Maßstab 500 km.
Während des Fluges der Rakete zum Ziel erfolgt eine periodische Abfrage der Kennung im 1. Regime, III. Bereich.
Eine automatische Abfrage im 2. Regime, Bereich VII, erfolgt beim Drücken »Automatisch suchen RPZ« und beim Drücken »Blockierung Start« und ist unabhängig von der eingeschalteten Betriebsart der Kennungsapparatur.
Wenn ein Ziel ohne Kennung bleibt, wird zusätzlich zur automatischen Abfrage noch eine Handabfrage durchgeführt. Hat das Ziel dann Kennung, erfolgt »sapros k« im Maßstab 80 km, 1. Regime, III. Bereich. Wenn es weiterhin keine Kennung hat, erfolgt normale Zielbekämpfung.
Wenn ein Eigener begleitet wird, erfolgt sofort Meldung in den K-9-Gefechtsstand der FRAG.
Beim Start der Rakete erfolgt eine automatische Abfrage (2. Regime, VII. Bereich).
Unmittelbar vor dem Start der Rakete erfolgt im Maßstab 80 km, 1. Regime, III. Bereich, per Hand ebenfalls eine Kennungsabfrage.
Fehlt das Kennungssignal, geht der Start durch. Wird das Signal »swoi« (Eigener) angezeigt, werden sofort die Startkreise blockiert. Diese Blockierung konnte mit dem Schalter »Ausschalten Blockierung« auf gesonderten Befehl aufgehoben werden.
Mit dem neuen System war es dem Luftgegner durch eine spezielle Verschlüsselung der Signale nicht mehr möglich, die Kennung zu imitieren. Damit lag das Erkennen von Luftgegnern bei einer Wahrscheinlichkeit von 99 %. Das Nichterkennen von Eigenen lag bei 0,05 %.
Es war ein gleichzeitige Abfrage von 110 Zielen möglich.
Durch Verkleinerung der Nebenkeulen des Antennenrichtdiagrammes konnte der Störschutz erhöht werden.
Die Verschlüsselungsapparatur wurde mit »Parol I« bezeichnet. An Bord der Flugzeuge befand sich die Apparatur »Parol II«, an Bord von Schiffen »Parol III«, und die landgestützte Kennungsabfrage, wie sie im S-200 eingebaut wurde, nannte sich »Parol IV«.
»Parol« arbeitete in den Regimen:

1. Allgemeine Abfrage N 1
2. Geschützte Abfrage N 2
3. Individuelle Abfrage N 3 für die Aufklärung- Zielzuweisungsmittel, PRW-14 und P-14 »Oborona« und Jägerleitstellen
4. Individuelle Abfrage N 4 / N 5, ebenfalls für die Jägerleitstellen
5. Notsignal für N 1 und N 2
6. Alarmregime, wird auf einen Tableau dargestellt, wenn sich ein Eigener in der Vernichtungszone in Not befand
7. Regime zur Abfrage von Schiffen

2.9.3.4. Sicherheitsbestimmungen in Umgang mit der Schlüsselapparatur »SAO-P«

Der Umgang mit der Schlüsselapparatur unterlag strengen Sicherheitsbestimmungen. Nachfolgend ein Auszug aus diesen Bestimmungen:
Mittels eines speziellen Zulassungsbefehles wurde nur ein ausgesuchter Personalbestand im Umgang mit dieser Apparatur zugelassen.
Personen, die ohne Zulassungsprotokoll Zugang hatten, waren der Kommandeur und Stabschef der FRA, der Stellvertreter FRID (Fla-Raketen-Ingenieurdienst) und der Stabschef der FRAG.
Weiter galten folgende Bestimmungen:

- Die Kennung und die Schlüsselapparatur durften nur getrennt transportiert werden.
- Die Verschlüsselungsapparatur musste in der VS-Stelle (Verschlusssachen-Stelle) eingelagert werden.
- Sowjetische Vertreter, die mit der Kennungsapparatur zu tun hatten, durften keinen Zugang zur Schlüsselapparatur haben.
- Dem zugelassenen Personal war es verboten, Schlüssel

über offene Kanäle mitzuteilen bzw. offene Aufzeichnungen darüber zu führen.
- Es war verboten, die Schlüssel länger zu nutzen als befohlen.
- Es war verboten, Schlüssel in defekte Chiffrier-/Dechiffrierapparaturen einzuladen.
- Verboten waren auch Abstrahlungen im 2. Regime mit gültigen Schlüsseln zu Kontroll- und Wartungsarbeiten.
- Bei Einspeisung des Schlüssels durfte sich nur zugelassenes Personal in der Nähe befinden.
- Verboten war die Vernichtung von Schlüsselkarten vor Ablauf ihrer Gültigkeit.
- Verboten war das Einlegen des Schlüssels bei einem Abstand zu Telefonanlagen von unter 50 m.
- Der Sender durfte beim Prozess der Schlüsseleingabe nicht arbeiten.
- Vor Beginn der Kontroll- und Wartungsarbeiten musste der eingegebene Schlüssel gelöscht sein.
- Wenn der Schlüssel über 500 m transportiert werden musste, war dieser Transport bewaffnet als VS-Transport auszuführen.
- Das Schlüsseljournal war ein Jahr lang in der VS-Stelle zu lagern.
- Nach Eingabe eines neuen Schlüssels waren die alten Schlüsselstreifen innerhalb von drei Tagen zu vernichten. Die Eingabe hatte bis spätestens 23:30 MOZ zu erfolgen.
- Unter folgenden Bedingungen war der Schlüssel umgehend zu löschen:
  - Gefahr der Eroberung durch den Gegner.
  - Bei Naturkatastrophen.
  - Wenn die Sicherheit nicht mehr gewährleistet ist.
  - Vor Kontroll- und Wartungsarbeiten.
  - Bei Defekten.
  - Bei Ausfall der Kennung, wenn diese Ausfallzeit über die Gültigkeitsdauer des Schlüssels ging.
  - Bei Übergabe der Technik an andere Truppenteile und Einheiten und bei Abgabe der Kennungsapparatur zu Instandsetzungszwecken.

Verstöße gegen die Bestimmungen im Umgang mit dem Schlüssel waren als besondere Vorkommnisse melde- und untersuchungspflichtig.

2.9.4. Die Startleitkabine K-3W

Von der Startleitkabine aus wurden alle Prozesse und Abläufe in der Startbatterie gesteuert. Dazu gehörten:
- Das automatische Einschalten des Beladens der Startrampe.
- Einschalten der Rakete in »Vorbereitung« und Kontrolle der Starvorbereitung.
- Automatisches Richten des Suchkopfes (GSN) der Rakete nach den Parametern Entfernung (*e*), Geschwindigkeit (v), Seitenwinkel (*beta*) und Höhenwinkel (*epsilon*).
- Automatische Frequenznachstimmung des ersten Generators des GSN entsprechend der Frequenz der Ziel-Aufhellstation sowie diverser anderer Stellgrößen.

Die Kabine K-3.

Von der K-3 wurde das Richten des GSN auf das Ziel und in »AS« (automatische Suche) sowie das Signal-Rausch-Verhältnis am Eingang des GSN kontrolliert. Auch der Bordrechner der Rakete und die Parameter des GSN wurden von hier aus kontrolliert.

Die K-3 gab das Signal »Starterlaubnis« für die einwandfrei vorbereiteten Raketen zum Start an den Gefechtsstand der FRA in der Kabine K-2. Eine Rakete konnte nur in »Vorbereitung« geschaltet werden, wenn die K-3 eingeschaltet war, das Regime »Gatownost 2« geschaltet war und damit 27 Volt zum Anlassen des Motor-Generators an der Rakete anlagen und die Speisespannung von 380 Volt die Startrampe versorgte.

Auf Kommando des Kommandeurs der FRA gab der Operator des Startleitsystems Raketen in Vorbereitung. Folgende Operationen wurden in Folge durchgeführt:

Automatische Überprüfung der Pyrotechnik und des Sicherungs- und Ausführungsmechanismus PIM des Funkzünders. Die Bordapparatur wurde durch die Bodenspannung über der Startrampe gespeist. Durch das Zuschalten von 90 V / 1000 Hz wurden die Kreisel der Rakete angelassen. Die Bordapparatur wurde über die Steckverbindung OSCH 1 von der Rampe mit Kühlluft versorgt. An den Zielsuchkopf (GSN) wurden die Zieldaten Entfernung, Seitenwinkel und Geschwindigkeit eingegeben und die Frequenz wurde festgelegt. Der Anfangsschub des Marschtriebwerkes wurde berechnet und das Arbeitsregime in Abhängigkeit von der errechneten Zeit bis zum Treffpunkt eingestellt.

Blick ins Innere der Start-Leitkabine K-3. Am hinteren Ende sind die Schubkästen mit den Ersatzteil- und Zubehörsätzen untergebracht.

Die Vorbereitungszeit einer Rakete bis zum möglichen Start betrug 58 sec. Sie konnte sich dann 15 min in Vorbereitung befinden. Erfolgte kein Start, mussten 13 min Pause folgen. Danach konnte die Rakete wieder 15 min in Vorbereitung bleiben. Nach dreimaliger Wiederholung folgte eine Pause von 1 Stunde. War das Signal » Erlaubnis Start« ausgegeben, konnte der Startoffizier die Vorbereitungszeit durch Blockierung der Startkreise um 3 min verlängern.
Die verschiedenen Schaltschränken der Kabine hatten folgende Aufgaben und Funktionen:

- Umformung von Digitalinformationen,
- Verteilerapparatur,
- Schrank der Schubregulatoren,
- Apparatur zum Richten der Zielsuchköpfe,
- Kontroll- und Anzeigeapparaturen,
- Apparatur zum Training der Operatoren,
- Verteilerschrank für Speisespannungen,
- Schrank zur Imitation der K-1,
- Pult zur Ausgabe der Signale »Startbereitschaft.«

2.9.4.1. Das Startleitsystem »SUS«

Das Startleitsystem SUS diente zur Fernsteuerung der Startvorbereitung und des Startes der Fla-Rakete. Die Apparatur des Startleitsystems befand sich in der Startleitkabine K-3W und an den Startrampen.
In der K-3 befand sich das Startstellungspult PSP-200-IM. Es diente zur Steuerung der Vorbereitung der Fla-Raketen und der Lademaschinen. Es bestand aus dreikanaligen Vorbereitungsblöcken BUP-200M, dem Block der Vorbereitungsfelder BPP-200M und den Stromversorgungsblöcken.
An jeder Startrampe befanden sich:

- der Hilfsgleichrichter WW-200 zur Umformung des Dreiphasenwechselstroms 380 V / 50 Hz in eine Gleichspannung von +27 V zur Speisung der Hilfstromkreise des Startleitsystems und des elektrischen Folgerichtantriebes der Startrampe,
- der Motorgenerator MGA 1 mit dem Regulierungsblock BR-1U als Stromquelle zur Umformung des Dreiphasenwechselstromes 380 V / 50 Hz in ebensolchen von 90 V (36 V) / 1000 Hz und des Einphasen-Wechselstromes 115 V / 400 Hz in den ebensolchen von 115 V / 1000 Hz, die zur Speisung der Bordapparaturen der Fla-Rakete während der Startvorbereitung benötigt wurden,
- der Motorgenerator MGA 2 mit dem Regulierungsblock BR-2U und dem Gleichrichterblock W1-200M als Gleichstromquelle zur Umformung des Dreiphasen-Wechselstromes 380 V / 50 Hz in die Gleichspannung von +28 V, die zur Speisung der Startautomatik und der Bordapparaturen der Fla-Rakete benötigt wird,
- der Automatenblock BA-200 zur automatischen Formierung der Kommandos und Signale, die die Startvorbereitung der Fla-Rakete gewährleisten,
- der Sicherungsblock BPP-200M zur Kontrolle der Einsatzbereitschaft der Stromkreise der bodenständigen Stromquellen sowie ihrer Verbindungen und Schaltungen nach den Kommandos des Automatenblockes,
- der Kontrollblock BPF-200M zur Imitation der wichtigsten Bordstromkreise der Fla-Rakete und zur Überprüfung der

Stromkreise des Startleitsystems, der bei der Überprüfung der Funktionskontrolle des Startleitsystems genutzt wurde. Mittels Übergangsverbindungen konnte der Kontrollblock angeschlossen werden an

- die Stecker OSCH 1 und OSCH 2 (Startrampe-Rakete).

Die prinzipielle Wirkungsweise des Startleitsystems

Das Startleitsystem arbeitete in folgenden Betriebsarten:

- Einschalten der Stromversorgung,
- automatisches Beladen der Startrampen,
- Kontrolle der Stromkreise der Pyrotechnik und der Sicherheitskreise des Sicherungs- und Ausführungsmechanismus,
- Bereitschaft Nr. 2,
- Start

Das Einschalten der Stromversorgung erfolgte auf das Signal »Alarm« aus der Kabine K-20. Die Speisespannungen gelangten zur Kabine K-3W und zu den Startrampen. Für das Startleitsystem wurde die Stromversorgung am Feuerstellungspult eingeschaltet. Wurde an der Startrampe der Sicherungsblockierungsschalter eingeschaltet, gelangte Spannung an den Automatenblock und an die Folgerichtantriebe. An den Vorbereitungsblöcken des Startleitsystems wurde die Bereitschaft der Startrampen angezeigt. Wurden beide Lademaschinen in die Ausgangslage überführt, wurde das am Block der Vorbereitungsfelder angezeigt.
Zum automatischen Beladen der Startrampe musste am Vorbereitungsblock der Kippschalter »Beladen Startrampe« eingeschaltet werden. Dieses Kommando gelangte über das Steuerpult zur Lademaschine; diese belud die Startrampe und fuhr in die Ausgangslage zurück. Beim Beladen wurde der Stecker »OSCH 2« verbunden. Sobald die Lademaschine den Schwenkbereich der Startrampe verlassen hatte, versteckerte sich auch der Mechanismus des »OSCH 1«.
Die Kontrolle der Pyrotechnik erfolgte nach jedem Beladen durch Drücken des Schalters »Kontrolle PP« am betreffenden Vorbereitungsblock. War diese einsatzbereit, leuchtete die Lampe »PP Einsatzbereit / Nicht Einsatzbereit« auf und brannte ununterbrochen, waren die kontrollierten Kreise nicht in Ordnung, wurde nach 5 Sekunden das Signal » Absage« gegeben und die genannte Lampe flackerte.
Zum Einschalten der »Bereitschaft 2« war es erforderlich, für jede Startrampe den Kippschalter »27 Volt« an der Frontplatte des jeweiligen Vorbereitungsblockes einzuschalten. Dabei wurden die Motorengeneratoren angelassen. 7 bis 10 s nach dem Anlaufen der Motorengeneratoren erlosch die Kontrolllampe »Nicht einschalten« und das Signal über das Einschalten der Motorengeneratoren gelangte zur Kontrolllampe »Bereitschaft 2«. Gleichzeitig erfolgte die Arretierung des Lenkkopfes der Rakete. War dieser arretiert, gelangte das Signal »Lenkkopf arretiert« zu der gleichnamigen Lampe des Vorbereitungsblockes.
Die Überführung des Startleitsystems in die Bereitschaft Nr. 1 erfolgte durch Drücken des Schalters »Vorbereitung« am Block der Vorbereitungsfelder (BPP-200M) auf das Kommando aus der K-2W oder K-9M.
Über den Ruhekontakt des Schalters »Aufhebung« und über den 15-Minuten-Kontakt des Zeitrelais wurde die Vorbereitung aufrechterhalten. Das Kommando »Vorbereitung » wurde an die Folgerichtantriebe der Startrampe weitergegeben, die Antriebe wurden eingeschaltet und die Startrampe stellte sich auf den Ladewinkel.
Nach Kontrolle der Ausgangslage der Relais der Fla-Rakete und des Sicherungs- und Ausführungsmechanismus wurde die Ventilationsanlage der Startrampe eingeschaltet und die Bordapparatur der Fla-Rakete durch die Bodenstromquellen gespeist. Die Kreisel wurden durch die Anlassspannung beschleunigt und die Bordapparatur durch die Ventilationsanlage gekühlt. Nach 9 s schaltete der Programmmechanismus die Anodenspannung ein. Nach 17 s gelangte das Kommando zum Entarretieren des Lenkkopfes an Bord der Fla-Rakete.
Die Startrampe nahm den Höhenwinkel (Startwinkel) 48° ein, das Signal »Synchronisation« wurde ausgegeben. Nach 58 s wurden die Nominalspannungen zu den Kreiselmotoren geschaltet. Am Startstellungspult leuchtete die Lampe »Bereitschaft« auf.
Während der Startvorbereitung flackerte die Lampe » Startrampe/Vorbereitung«.
Nach 14 min Bereitschaftszeit wurde das Signal »Rekurs« ausgegeben, nach 15 min wurde die Fla-Rakete automatisch aus der Vorbereitung genommen. Wurde in dieser Zeit von der Apparatur zur Steuerung des Lenkkopfes das Kommando »Starterlaubnis« ausgegeben, war das Ausschalten der »Bereitschaft 1« ausgeschlossen.
Der Start der Fla-Rakete erfolgte auf das Kommando »Start«, das aus der Kabine K-2W gegeben wurde. Dieses Kommando wurde über den Verbotszonengeber zum Startrelais »RS-450« gegeben. Über das Startrelais gelangten die einmaligen Kommandos und das Kommando zum Entarretieren des Autopiloten an Bord der Fla-Rakete und zum Folgerichtantrieb. Der Startrampe wurde das Kommando zum Entsteckern des »OSCH 1« gegeben. Nach dem Trennen dieses Abreißsteckers gelangte das Kommando zum Anlassen der Bordstromquellen in die Fla-Rakete, und nach deren Anlassen wurden über das Signal »Übergang zur Bordspeisung« die Bodenstromquellen abgeschaltet. Nach diesem Übergang erfolgte das Zünden der Pyropatronen der Starttriebwerke und die Fla-Rakete startete.
Nach dem Start ging die Startrampe auf den Ladewinkel zurück.
Bei der Arbeit des Startleitsystems wurden die wichtigsten Signale an den Pulten des Mechanikers »AUGN« der Kabine K-3W und des Startoffiziers der Kabine K-2W doubliert.

2.9.5. Die Startrampe 5P 72

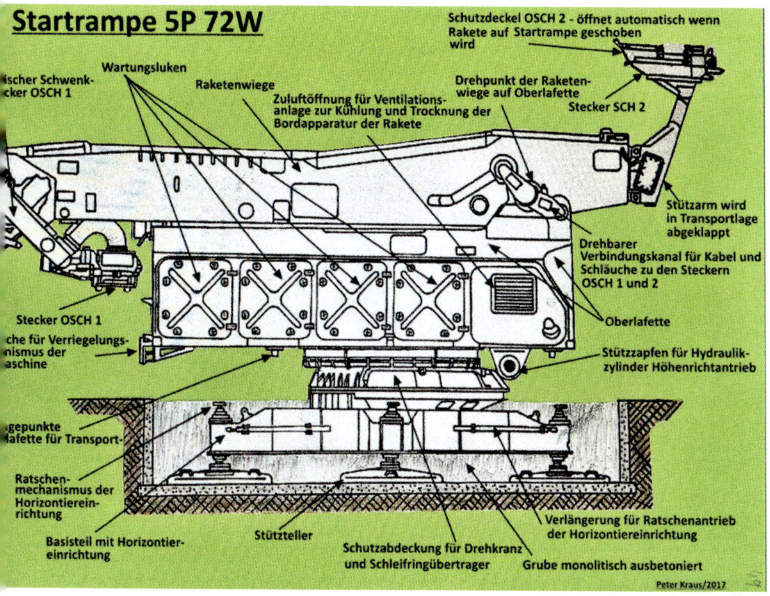

Schematische Darstellung der Startrampe 5P 72W.

Die Startrampe setzt sich aus folgenden Baugruppen zusammen: Raketenwiege, Oberlafette, Höhenrichtmechanismus mit Hydrauliksystem, Seitenrichtmechanismus mit Elementen des Folgesystems, Ventilationsanlage, Teilen des Startleitsystems, Apparatur zur Steuerung des Lenkkopfes, Oberlafettenauflage, Unterlafette mit Horizontiereinrichtung und Elemente der Nachrichtenverbindung.

Die Startrampe steht auf Ladewinkel zwei und die Lademaschine ist bereits auf dem Weg. Rechts im Bild der Betonsockel auf der Fahrbahn. Diese sogenannte Zwangsspur erleichterte die Anfahrt des TLF zur Startrampe.

Die Raketenwiege dient der Aufnahme und zum Lagern der Fla-Rakete auf der Startrampe, zum Richten der Fla-Rakete in den Startwinkel und zur Richtung ihres Abganges beim Start.

Oberlafette und Raketenwiege mit Fla-Rakete. An der rechten Seite ist die Abdeckung für die Messfläche des Winkelmessquadranten zu sehen. Der Winkelmessquadrant diente zur Überprüfung der Einrichtung der Startrampe in der horizontalen Lage.

Mit ihr wurde die Rakete hydraulisch auf den Startwinkel von 48° ±1'30" gebracht.
Der Ladewinkel war mit 2° und 10 Minuten festgelegt, wobei der Schwenkbereich im Ladewinkel 7.959 mm betrug.
Hauptteil der Raketenwiege war der Holm. Auf ihm befanden sich die vorderen Führungsschienen für die Stützzapfen und die hinteren Führungsschienen für die Rollen der Rakete.
Durch die hydraulische Sperre wurde die Raketenwiege auf dem Ladewinkel gehalten.

Der OSCH 2 ist abgeklappt. Über einen Seilzug mit Kurbel wurde die Marschlage der hinteren Steckverbindung zur Rakete hergestellt.

Im hinteren Teil des Holmes befand sich der Mechanismus des Steckers »OSCH 2« (in Marschlage abklappbar), im vorderen Teil der Versteckerungsmechanismus des Steckers »OSCH 1«, über den von der Ventilationsanlage Luft zur Kühlung des Lenkkopfes an Bord der Fla-Rakete gelangt.

Die Oberlafette diente zur Befestigung der Raketenwiege sowie zur Unterbringung der Mechanismen und der Elektroausrüstung der Startrampe. Im vorderen Teil der Oberlafette befand sich die Verriegelungseinrichtung zum Ankoppeln der Lademaschine an die Startrampe beim Beladen.

Detailaufnahme der vorderen Steckverbindung Startrampe-Rakete. Der Bügel, der durch die rote Stellschraube in der hinteren Lage arretiert ist, diente in der vorderen Lage zur Begrenzung des Abstandes zwischen Transport-Ladefahrzeug (TLF) und Startrampe.

Gesamtansicht der Startrampe von schräg vorn.

Weitere Detailaufnahme des vorderen Bereiches der Oberlafette. Gut zu sehen ist die Schutzabdeckung des Schwenkarmes für den OSCH 1. Sie sollte eine Beschädigung durch den Gasstrahl des unteren Starttriebwerkes im Startmoment verhindern.

Die Oberlafette nahm sämtliche elektrischen und hydraulischen Antriebssysteme der Startrampe auf. In ihr befanden sich die Ausrüstung zur Belüftung der Rakete und der elektrische Seiten-Folgerichtantrieb ESP-99 A mit Gebern, E-Motor und Getriebe. Er gewährleistete die Verbindung zwischen dem feststehenden und dem beweglichen Teil der Startrampe. Von der Oberlafette aus erfolgte die örtliche Stromversorgung der Fla-Rakete. Zur elektrischen Ausrüstung gehörte weiterhin die Apparatur der Startautomatik »ASA« und der Steuerung des Selbstlenkkopfes der Rakete. Zur Übertragung sämtlicher Signal- und Antriebsspannungen befand sich im Zentrum der Oberlafette der Schleifringübertrager.
Die Oberlafettenauflage trug die Oberlafette. Sie war mittels Ringlager auf der Unterlafette aufgesetzt. Am Ringlager war das Unterteil des Kugellagers mit dem Zahnkranz des Seitenwinkelrichtmechanismus verbunden. Das Oberteil des Kugellagers war fest mit der Oberlafette verbunden.

In der Bildmitte ist der Übertragungskanal für die Luft zum Trocknen der Apparatur der Rakete zu sehen. Darüber ein Ruder der Fla-Rakete mit der Antischwinglast. Darunter die abgedeckte Messfläche für den Winkelmessquadranten. Am rechten Bildrand sieht man den abgeklappten OSCH 2, die hintere Steckverbindung Rakete–Startrampe.

Die Unterlafette mit der Horizontiereinrichtung war die Auflage der Startrampe in der Gefechtslage. Sie bestand aus einer Kreuzlafette mit vier Spindeln zur Horizontierung der Startrampe.

Die Unterlafette sorgte für die Aufnahme und Verteilung der Lasten der beladenen wie der leeren Startrampe sowie der Lastmomente beim Start der Rakete. Die Horizontiereinrichtung garantierte die genaue horizontale Lage der gesamten Startrampe über einen Drehwinkel von 360°. Die Justierung dieser horizontalen Lage erfolgte nach dem gleichen Prinzip wie oben beschrieben bei der K-1.
Der Seitenwinkelrichtmechanismus diente zum Drehen der Oberlafette nach dem Seitenwinkel. Er verfügte über einen elektrischen und einen Handantrieb. Die Drehung wurde gleichzeitig an das Steuerpult und an das Beladekontrollgerät übertragen.
Der Höhenwinkelrichtmechanismus diente zum Anheben der Raketenwiege auf den Startwinkel bzw. zum Absenken auf den Ladewinkel. Es handelte sich um einen hydraulischen Mechanismus mit Schubwirkung. Zur Verhinderung einer selbständigen Bewegung war der Höhenrichtmechanismus mit einem Sperrventil ausgerüstet.
Das hydraulische System diente zur Förderung der Betriebsflüssigkeit in die Hydraulikzylinder des Höhenrichtmechanismus, des Verriegelungsmechanismus des Steckers »OSCH 1« und zu den Hydrauliksperren.
Die Ventilationsanlage gewährleistete die Zufuhr von Außenluft zur Kühlung der Bordapparatur in der »Bereitschaft Nr. 1« sowie für eine dreiminütige Zufuhr von getrockneter Luft beim Abschalten der Vorbereitung der Fla-Rakete zum Start.

Die Unterlafette der Startrampe mit den Horizontiereinrichtungen und den Erdspornen. Die Erdsporne dienten der Fixierung der Startrampe im freien Gelände. Gut zu erkennen ist die Prellfläche rechts oben. An ihr arretiert sich die Lademaschine, um die Gegenkräfte beim Heraufschieben der über sieben Tonnen schweren Rakete von der Lademaschine auf die Startrampe auszugleichen.

Die beiden großen Hydraulikzylinder im hinteren Teil der Oberlafette hoben die Raketenwiege auf den Startwinkel von 42°.

Der elektrische Folgerichtantrieb »ÄSP-99A« diente zum Richten der Startrampe, zur automatischen Begleitung des Zieles nach dem Seitenwinkel und zur Steuerung des hydraulischen Systems der Startrampe. Er war nach dem Prinzip eines Folgerichtantriebes aufgebaut. Dazu gehörten die Elemente des Seitenwinkelantriebes, die Steuerungselemente des hydraulischen Systems sowie Steuerungs-, Sicherungs-, Schalt- und Verteilerelemente für beide Systeme.
Der Folgerichtantrieb konnte in den Betriebsarten Gefechtsarbeit »BR«, Beladen »Pß« und Kontrollarbeiten » PP« arbeiten.

Zur Gefechtsarbeit

Bei Gefechtsarbeit und Anliegen des Kommandos »Vorbereitung« aus der Start-Leit-Kabine K-3W wurde der Antriebsmotor des Folgesystems angelassen, die Drehmeldeempfänger der Startrampe blieben jedoch noch mit den Ortsgebern verbunden. 20 Sekunden nach dem Kommando »Vorbereitung« wurde vom Startleitsystem das Kommando »Synchronisation« gegeben, dadurch erfolgte die Verbindung der Drehmeldeempfänger mit den entsprechenden Drehmeldegebern in der K-3W.

Die Startrampe dürfte auf diesem Foto in der Verbotszone stehen. Unter Gefechtsbedingungen wäre ein Start in diese Richtung unmöglich gewesen.

Das Kommando »Start« gelangte zuerst zum Verbotszonengeber. Befand sich die Startrampe in der Verbotszone, bewirkte das Startkommando das Herausdrehen der Startrampe aus der Verbotszone und die Abgabe des Signals »Außerhalb der Verbotszone« an die K-3W. Lag dieses Signal am Startleitsystem an, wurden die Pyropatronen der Starttriebwerke gezündet.
Nach dem Start der Fla-Rakete wurde die »Synchronisation« abgeschaltet, die Drehmeldeempfänger der Startrampe wurden wieder zu den Ortsgebern geschaltet und die Startrampe ging in die Ladestellung I oder II in Abhängigkeit davon, welche Lademaschine beladen war. Befanden sich Fla-Raketen auf beiden Lademaschinen, richtete sich die Startrampe stets auf die erste Lademaschine (in Laderichtung rechts der beiden Raketenbunker).
Hatte die Startrampe den Ladewinkel eingenommen, gab das Beladekontrollgerät an die Steuerstation der Lademaschine das Signal »Beladen-I« bzw. » Beladen-II« (Pß-I, Pß-II).
Das Gewicht der Rampe ohne Basisteil betrug 11,5 t. Das Basisteil mit Horizontiereinrichtung wog 1,8 t.
Für jede Startrampe musste über entsprechende Geber die sogenannte »Verbotszone« eingestellt werden. Die Verbotszone entsprach dem Sektor um die Rampen, in dem der Abschuss von Fla-Raketen verboten war. Es handelte sich dabei um die Richtung zur funktechnischen Stellung (Antennenkabine K-1).
Wenn von der Kabine K-3 Raketen in »Vorbereitung« gegeben wurden, wurde der Antriebsmotor der jeweiligen Rampe angelassen. Das Kommando »Start« gelangte zuerst auf den Verbotszonengeber. Wenn die Rampe in dem eingestellten Verbotssektor stand, bewirkte das »Startkommando« automatisch ein Herausdrehen aus dem Sektor, und an die K-3 wurde »außerhalb Verbotszone« signalisiert. Erst danach zündeten die Pyropatronen der Startriebwerke und die Fla-Rakete verließ die Startrampe.
Die maximale Leistungsaufnahme beim Anlassen der Generatoren MGA I und MGA II betrug 210 kW.
Die Startrampe konnte automatisch über die Lademaschinen mit einem Transport-Ladefahrzeug 5T 82 MIÄ oder mit dem KrAZ-Kran K-162 und der Hebevorrichtung 4051 A beladen werden. Das Transport-Ladefahrzeug mit Fla-Rakete in Marschlage brachte 28.270 kg auf die Waage.
Zum Transport der Startrampen standen in der TA Lastzüge 5T 53 MIÄ bereit. Die Beladung erfolgte ebenfalls mit dem KrAZ-Kran K-162.

Die Startrampe in Marschlage. Anders als bei den bisherigen Systemen der Luftverteidigung der DDR war die Startrampe nicht fahrfähig zu machen und musste, in zwei Teile zerlegt, mit einem Kran auf ein spezielles Transportfahrzeug gehoben werden. Nach dem Absenken des Steckers OSCH 2 und der Trennung der Verbindungen von Ober- zu Unterlafette erfolgte die Umladung der Oberlafette mit der Raketenwiege auf den Transporter. Danach wurde die Unterlafette auf den vorderen Teil des Aufliegers des Spezialtransporters aufgesetzt.

2.9.6. Die Lademaschine 5JU 24ME

Die Lademaschine nähert sich der Startrampe und hat ihre Anfahrgeschwindigkeit bereits verringert. Im nächsten Moment wird sie sich mit der Startrampe arretieren und der Ladevorgang kann beginnen.

Je zwei Lademaschinen (LM) gehörten zu einer Startrampe. Die 4,5 t schweren Gestelle waren in einem Schutzbauwerk mit schweren hydraulische Stahltoren in getrennten Räumen untergebracht. Sie bewegten sich auf Schienen mit einer Spurweite von 1540 mm. Dabei betrug die zurückgelegte Strecke zwischen Schutzbauwerk und Rampe 25,95 bzw. 34,5 m (Endlage im Bunker). In zirka zwei Minuten war der automatische Ladevorgang abgeschlossen.

Folgende Teile gehörten zum Aufbau: Rahmen, Schlitten, Träger und Bügelauflage, Schutzdeckel für den Stecker OSCH 1, Nockenmechanismus K 9 / K 10 mit Antrieb, Arretierungsmechanismus für die feste Verriegelung der Lademaschine mit der Startrampe während der Be- und Entladung, Antriebe für den Schlitten und die Lademaschine, eine Kabeltrommel, Enteisungsvorrichtung, Stabilisierungsstützen mit Führungsschiene und das Steuerpult der LM.

Die Fla-Rakete befindet sich auf der Startrampe.

Wenn beide Lademaschinen mit Raketen beladen waren, ging die Startrampe beim automatischen Ladevorgang immer zuerst auf den Lade-Seitenwinkel der ersten Lademaschine. Wurde das Kommando »Automatisches Beladen« (nur auf ausdrücklichen Befehl) ausgegeben, öffneten sich die Stahltore automatisch. Gleichzeitig signalisierten Signalhupen diesen Vorgang. In der Endlage der Tore setzte sich die jeweilige Lademaschine in Bewegung. Über den Nockenmechanismus wurde der zurückgelegte Weg gemessen, und an einem bestimmten Punkt vor der Startrampe wurde die Geschwindigkeit der Lademaschine stark reduziert. Nachfolgend näherte sich die LM langsamer der Startrampe, bis der Stößel des Verrieglungsmechanismus über eine Feder an der Prellfläche der Startrampe zurückgedrückt wurde und den Festhaltebolzen nach unten einrasten ließ. Die Lademaschine war jetzt mit der Startrampe fest verbunden.
Nur einen kurzen Moment später wurde der Schlitten mit dem Träger und der Bügelauflage in Bewegung gesetzt und die Rakete auf die Startrampe geschoben. Dabei wurde zuvor die Bügelauflage angehoben und die Schutzabdeckung des OSCH 1 klappte zur Seite weg. Kurz vor Endlage auf der Raketenwiege öffnete sich über ein Gestänge der Verschluss des Steckers OSCH 2 an der Rakete und die Kopplung mit der Rakete erfolgte.
Mit dem Absenken der Bügelauflage setzte die Rakete mit den Stützen am unteren Feststoffbooster auf der Rampe auf und war frei von der Lademaschine. Wenn die Bügelauflage den unteren Anschlag erreichte, entriegelte der Festhaltemechanismus mit der Startrampe und die Lademaschine setzte sich wieder in Richtung Schutzbauwerk in Bewegung.

Der rot gekennzeichnete Mechanismus zeigt die Vorrichtung zum Kuppeln der Lademaschine mit der Startrampe. Zuerst wird der untere rote Stößel bei der Annäherung der Lademaschine durch den Prellbock der Startrampe eingedrückt. Danach rastet der obere Hebel nach unten, hinter dem Prellbock, und hält so die Lademaschine an der Startrampe fest.

Die Lademaschine 2 verlässt den Bunker.

Kurz vor Erreichen der Endlage im Bunker gab der Nockenmechanismus wiederum Signal, die Lademaschine verringerte das Tempo und die Tore schlossen sich automatisch. Der automatische Ladevorgang war abgeschlossen. Je nach Gefechtslage erfolgte, wenn die Lademaschine den Schwenkbereich der Startrampe verlassen hatte, eine sofortige automatische Versteckerung des OSCH 1 über den Schwenkarm der Rampe mit der Rakete, und die Startrampe schwenkte in den Seitenwinkel zum Ziel. Dabei hob sich gleichzeitig die Raketenwiege auf den Startwinkel von 48°. Der Transport der in Marschlage 4.2655 kg wiegenden Lademaschine erfolgte mit dem Lastzug 5T 53 MIÄ. Für das Aufsetzen auf und das Herunternehmen von den Gleisen wurde der Kran K-162 benötigt.

2.9.7. Die Fla-Rakete 5W 28Ä

Beeindruckende Ansicht einer freistehenden Startrampe mit Rakete. Eine derartige Aufstellung der Startrampe in Gefechtsstellungen ist nicht bekannt. Die automatische Beladung mit einer Lademaschine wäre so auch nicht möglich gewesen.

Die gleiche freistehende Startrampe mit Rakete in einer Museumsansicht, bei der sich der hintere Stecker OSCH 2 in Marschlage befindet. Wenn Startrampen mit Fla-Raketen beladen wurden, befand sich die hintere Steckverbindung immer in der Gefechtslage (oben).

Bei der Fla-Rakete des Komplexes S-200 handelt es sich um einen Flugkörper mit beachtlichen Ausmaßen. Die komplett montierte und betankte, startbereite Rakete brachte 7,018 t auf die Waage. Davon verteilten sich 3,1 t auf die vier Startbeschleuniger und 3,918 t auf die zweite Stufe. Die Gesamtlänge mit Starttriebwerken betrug 10,764 m. Die zweite Stufe war 10,452 m lang und maß im Durchmesser 752 mm. Der Flugkörper hatte eine Spannweite (weiteste Entfernung zwischen zwei sich gegenüberliegenden Außenseiten der Flügel) von 2,52 m.

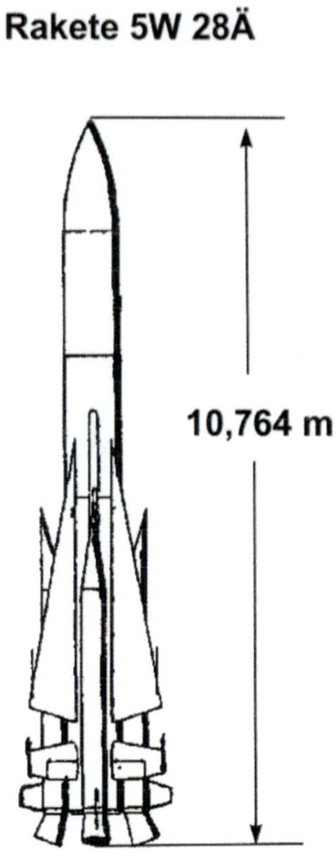

Die beachtliche Länge der Fla-Raketen von 10,76 m übertraf die Höhe eines eingeschossigen Einfamilienhauses von der Bodenplatte bis zur Dachspitze.

Start einer Fla-Rakete des Systems S-200. Die Rakete hat sich in dieser Momentaufnahme gerade von der Startrampe gelöst. Der abgeklappte Stecker OSCH 1 ist noch zu erkennen – er wird in Bruchteilen von Sekunden im Abgasstrahl der Starttriebwerke der Sicht entzogen sein.

Eine Rakete kostete rund eine Million Rubel. Das entsprach beim damaligen Wechselkurs von Rubel zu DDR-Mark 4.670.000,- Mark der DDR!

Zum Vergleich: In der Akte DVL 3-53463 des Militärarchivs Freiburg kann man lesen, dass eine modernisierte »Wochow«-Rakete 20 D, eine Fla-Rakete mittlerer Reichweite des Komplexes S-75, 329.167,- DDR-Mark kostete. Im Zeitraum von 1979 bis 1980 waren für die Anschaffung von 144 Stück 20-D-Raketen 47.400.000,- DDR Mark im Budget für Militärausgaben veranschlagt worden. Für diese Summe hätten gerade mal zehn Raketen 5W 28 des S-200 gekauft werden können.

Für die Beschaffung einer Zweikanal-Variante S-200, wie sie in die Bewaffnung der NVA eingegliedert wurden, sollen 101.000.000,- DDR Mark benötigt worden sein. Und darin waren weder Raketen noch der Ausbau einer zugehörigen Gefechtsstellung mit Schutzbauwerken, Wegesystem und Sicherungsanlagen enthalten.

Nun aber zurück zur Fla-Rakete 5W 28. Die zweistufige Rakete ist nach normalem aerodynamischen Schema aufgebaut. Die zweite Stufe hat eine zylindrische Form. Ruder und Flügel sind X-förmig am Raketenkörper angebracht, wobei sich die Ruder hinter den Flügeln befinden und somit hinter dem Raketenschwerpunkt Lenkwirkungen auf den Flugkörper ausüben können.

Die Flügel waren in stark gepfeilter Dreiecksform, die Ruder in Trapezform ausgebildet. Am Flügel 1 befand sich die Antenne KRO des Raketenantwortsenders. Die vier Ruder hatten jeweils ein fest mit der Rudermaschine verbundenes Vorderteil und das über eine Federwelle bewegliche Schwanzteil. Um Schwingungen der Ruder während des Fluges zu vermeiden, waren an den Außenseiten »Antischwingungslasten« (pfeilförmige Gebilde) angebracht.

Die Spitze, eine sogenannte ballistische Haube, war als aerodynamische, funkwellendurchlässige Stirnfläche ausgebildet. Bereits kleinste Kratzer an dieser Haube waren als besondere Vorkommnisse meldepflichtig, da diese Beschädigungen die exakte Arbeit des dahinter liegenden Zielsuchkopfes der Rakete beeinträchtigen konnten.

Aus folgenden Elementen setzte sich die Rakete zusammen:

Außenhaut

des Raketenkörpers mit den vier Flügeln und Staudruckgebern und den vier Rudern.

Triebwerksanlage

der ersten Stufe, bestehend aus vier Feststoffboostern 5S 25 und der zweiten Stufe mit dem Flüssigkeits-Raketentriebwerk SCH 5D 67.

Ausrüstung

mit dem Gefechtsteil 5B 14W, dem Sicherungs- und Ausführungsmechanismus (PIM) 5B 73A« und dem Funkzünder 5E 50.

In dieser Nahaufnahme der Fla-Rakete auf Startrampe sind die dynamischen Staudruckgeber an den Flügeln und die Bügelauflage am unteren Starttriebwerk gut zu erkennen.

Bordapparatur

zur Steuerung des Fluges und Signalisation der Selbstlenkung über den KRO. Zu ihr gehörten der GSN-Selbstlenkopf 5G 24E, der Bordrechner 5E 23A, der Autopilot 5A 43, der Raketenantwortsender KRO 5U 14E und der Nockenprogrammmechanismus PMK-60 D2.

Bordspeisung und Umformung

mit der Bordstromquelle BIP 5I 47, dem Umformer 5P 53M und dem stationären Umformer 5I 23.

Hydrauliksystem

mit dem Hydraulikaggregat, einem Akku und diverser Hydraulikausrüstung.

Elektroausrüstung

verband mit Kabeln, Verbindern und anderen elektrischen Teilen die einzelnen Baugruppen an Bord der Rakete.

Die Rakete bestand aus sieben Zellenabschnitten. Die einzelnen Zellenabschnitte (ZA) beinhalteten folgende Ausrüstung;

ZA 1

Unter der funkdurchlässigen Haube (glasfaserverstärkte Plastikverkleidung) war die kreiselstabilisierte Plattform für den Selbstlenkkopf (GSN) mit Antenne für den Funkzünder untergebracht.

ZA 2

Empfangsblock für den GSN und die HF-Köpfe des GSN, Bordrechner, Steuerblock des Autopiloten, Kontroll-Antwortsender, Funkzünder, zwei Nockenprogrammmechanismen für die Arbeit des Marschtriebwerkes (2. Stufe), stationärer Umformer, Elemente der Bordschaltapparatur, Schlauch

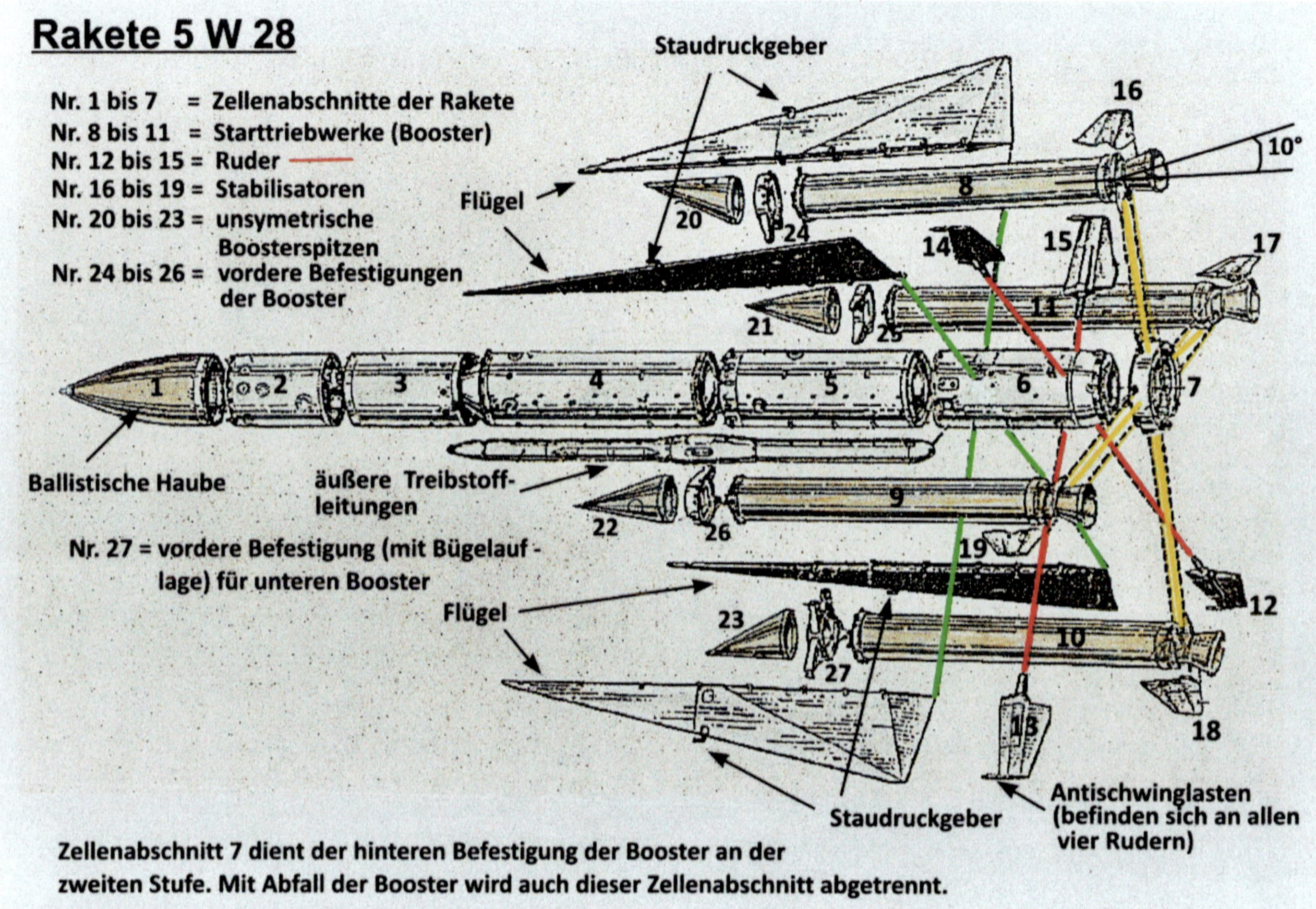

Explosivdarstellung der Fla-Rakete 5W 28. Die Rakete bestand aus sieben Zellen. Die siebte Zelle trennte sich mit dem Ausbrand der Feststoffbooster mit diesen von der Marschstufe (zweite Stufe) der Fla-Rakete.

für die Luftkühlung der Rakete. In diesem Zellenabschnitt befand sich die Bordsteckverbindung OSCH 1.

ZA 3
Gefechtsteil mit PIM (Sicherungs- und Ausführungsmechanismus), Block zur Korrektur der Parameter des Autopiloten, statische Druckgeber und zwei Drucksignalisatoren. In diesen Zellenabschnitt hinein reichte ein Teil des Brennstofftanks der Rakete.

ZA 4
Hinterer Teil des Brennstofftanks und vorderer Teil des Tanks für Oxydator (sind miteinander verbunden), in der Mitte befand sich der Druckluftbehälter (ca. 400 atü). Im ZA 4 befand sich auch der Brennstofftank der Bordstromquelle. Unter der Zellenverkleidung befand sich der Betankungsblock mit dem Manometer und der Block der Dämpfungskreisel. An dem Zellenabschnitt befand sich Befestigungsbänder für die vorderen Halterungen der Startbeschleuniger. Am Zellenkörper waren die Flügel befestigt. An den Flügeln befanden sich die Empfänger des Gesamtdruckes und am linken oberen Flügel die Sendeantenne des Kontrollantwortsenders.

ZA 5
Bordstromquelle BIP und der Oxydator-Tank der Bordstromquelle, Hydrauliksystem. In diesem Zellenabschnitt befand sich das Turbopumpenaggregat zur Förderung der Antriebskomponenten »O« und »B« für das Marschtriebwerk und der Sicherheitsstecker sowie Drucksignalisatoren.

ZA 6
Flüssigkeitstriebwerk, vier Rudermaschinen KP-4M, Elektromechanisches Umformer-Aggregat 5M 53M, an der Stirnseite der Zelle Steckverbindung zum Stecker OSCH 2 sowie das Manometer des hydraulischen Systems. Im mittleren Teil war die Schubdüse des Marschtriebwerks eingebaut.

ZA 7
Ein ringförmiger Abschnitt, an dem die hinteren Befestigungen für die vier Starttriebwerke angebracht waren. Dieser Zellenabschnitt trennte sich mit dem Ende der Arbeit der Booster von der zweiten Stufe ab. An der Seitenfläche befanden sich die Buchsen für die Übertragungsstecker, die die Pyropatronen der Startbeschleuniger mit der Bordstromquelle der Fla-Rakete verbanden.

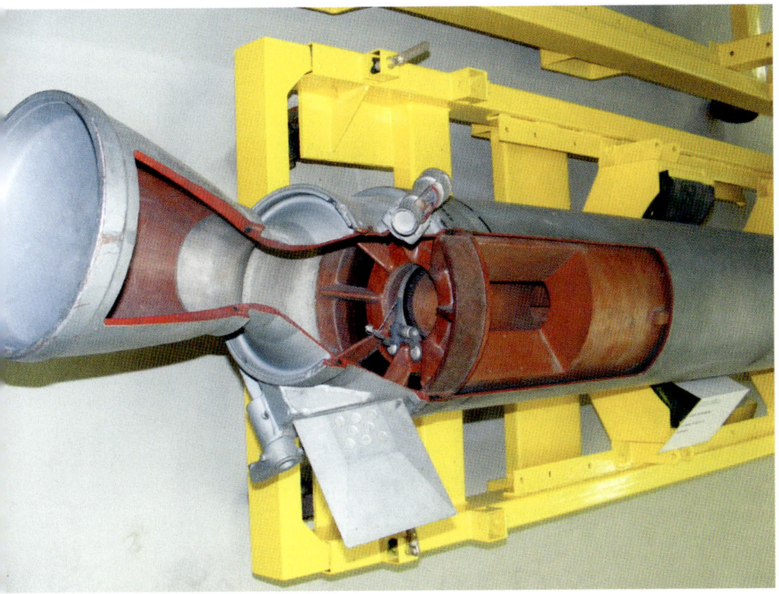

Schnittmodell eines Feststofftriebwerkes der Fla-Rakete 5W 28. Gut zu erkennen ist die um 10° nach außen geneigte Schubdüse. Sie sollte bei den vier Starttriebwerken den unterschiedlichen Abbrand der Treibladung ausgleichen. Dieser hätte sonst ungewollte Kursänderungen der Fla-Rakete zur Folge haben können.

Die erste Stufe der Rakete bildeten vier Feststofftriebwerke 5S 25, auch »Booster« genannt.
Jeder einzelne Startbeschleuniger erzeugte 40 Tonnen Schub. Mit rund 160 Tonnen Gesamt-Startschub übertraf diese Kraft das 22-fache des Gewichtes der Rakete.
Die Booster hatten die Aufgabe, mit ihrer Schubkraft die über sieben Tonnen schwere Rakete sicher von der Startrampe zu lösen. Bereits unmittelbar nach Verlassen der Startrampe hatte die Rakete Überschallgeschwindigkeit. Die Brenndauer der Booster lag zwischen 3 und 5,1 Sekunden. Auch wenn die vier Booster technologisch genau dieselben Abmessungen und Füllungen mit Festbrennstoff hatten – es war nicht genau berechenbar, wie der in Stangen gepresste Brennstoff letztlich in den einzelnen Boostern abbrennen würde. Aus diesem Umstand heraus ergab sich eine Schubtoleranz der einzelnen Triebwerke von maximal 8 %. Dies hätte, da die Triebwerke außerhalb der Längsachse der Rakete angeordnet waren, zu unbeabsichtigten Lenkbewegungen/Kursänderungen der Rakete geführt. Aus diesem Grund waren die Austrittsdüsen der Booster nicht parallel zur Längsachse der Rakete angebaut, sondern in einem Winkel von 10° nach außen. Die Verlängerungen der Mittelachsen dieser Düsen gingen exakt in den Masseschwerpunkt der Rakete, und so konnte der unterschiedliche Abbrand der Feststoffbooster keine Lenkkräfte auf den Flugkörper ausüben.
Die ungewöhnliche Gestaltung der unsymmetrischen Spitzen der Booster, ebenfalls nach außen abgewinkelt, war ebenfalls deren Funktion geschuldet. Nach dem Ausbrennen der Booster wurden diese paarweise abgeworfen. In dem Moment, da die vorderen Haltebänder der Booster zur Befestigung an der zweiten Stufe gelöste wurden, mussten sich die Booster in Bruchteilen von Sekunden paarweise von der zweiten Stufe trennen. Der Luftstrom an den Spitzen ermöglichte dies und riss die Booster bei gleichzeitiger Trennung der hinteren Befestigung regelrecht von der zweiten Stufe ab.

Ein Starttriebwerk als Schnittmodell von vorn. Am Kopf erkennt man die beiden Pyropatronen (rote Kappe). Sie zündeten über die Zündladung (grau) die Pulverstangen (Treibladung) der Booster.

Am hinteren Ende der Feststofftriebwerke befanden sich kleine Flügel, sogenannte Stabilisatoren.
Die zweite Stufe wurde durch das Marschtriebwerk 5D 67 angetrieben.
Das Flüssigkeitstriebwerk verfügte über zwei Programme mit konstantem Schub (100 kN und 32 kN) und zwei Programme mit veränderlichem Schub: Drosselung mit konstanter Geschwindigkeit (0,97 kN/s) und schnelle Schubdrosselung (von 100 auf 32 kN). Die unterschiedliche Kombination der Programme mit konstantem und veränderlichem Schub ermöglichte während des Fluges zwei Hauptprogramme (I, II), zwei Serien von Zwischenprogrammen (I–II, II–III) und ein Programm mit Schubdrosselung. Die relativ große Anzahl von Programmen ergab sich aus dem Bestreben, den Flug der Rakete zu jedem Punkt in der Vernichtungszone auf energetisch günstigen Flugbahnen zu gewährleisten.
Bei der Vernichtung von Zielen in großen Höhen und Entfernungen ist es günstiger, zu Beginn mit hohem Treibstoffverbrauch zu arbeiten, da in diesem Fall die Fla-Rakete

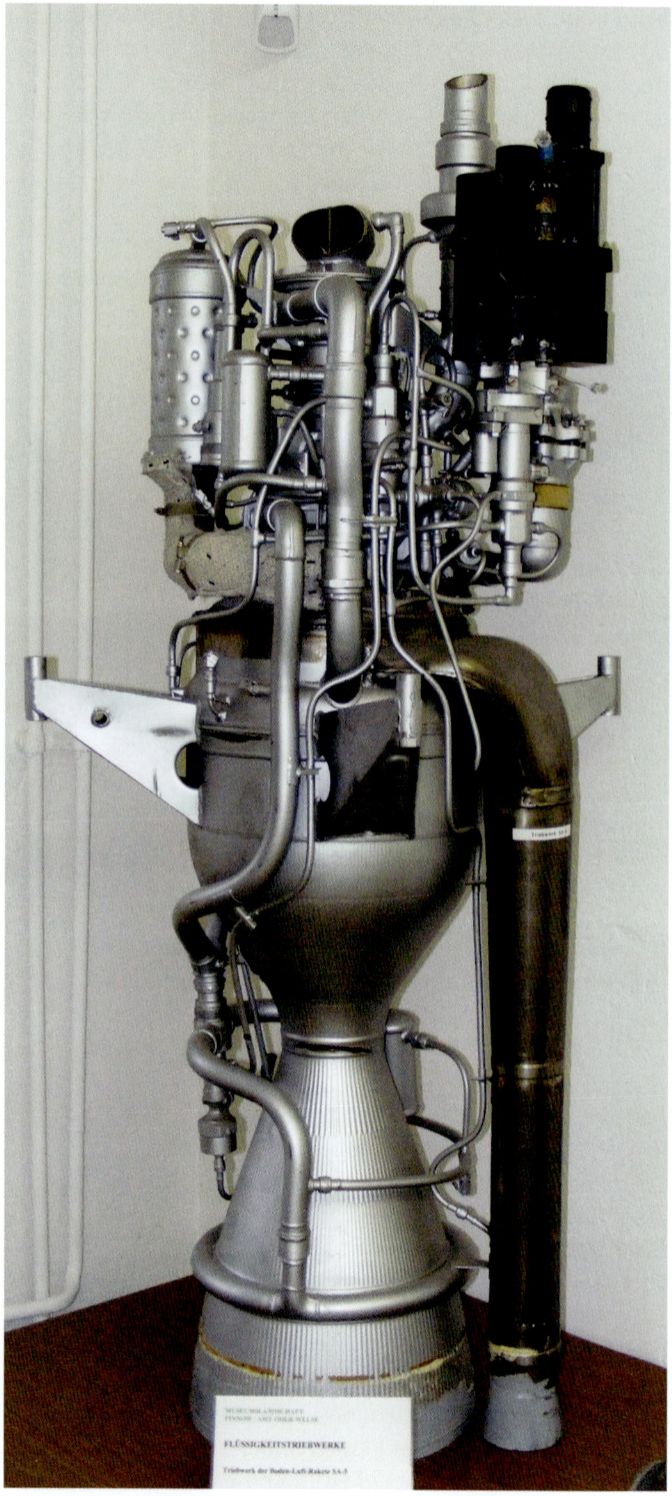

Das Marschtriebwerk der Fla-Rakete 5W 28. Rechts oben (schwarz) ist die Apparatur der Schubkraftregulierung zu erkennen. Das Rohr neben der Schubdüse ist das Abgasrohr des Turbopumpenaggregats. Dieses Aggregat wurde mit den gleichen Komponenten wie das Marschtriebwerk betrieben und diente der Hochdruckförderung von Oxydator und Brennstoff zum Marschtriebwerk.

über eine längere Zeit in Räumen mit geringer Luftdichte fliegt und die Geschwindigkeitsverluste während des Fluges gering sind. Bei der Bekämpfung von Zielen in den dichten Schichten der Atmosphäre ist es dagegen günstiger, auf dem aktiven Flugabschnitt bis zum Treffpunkt zu fliegen, da selbst ein kurzer passiver Flugabschnitt zu bedeutenden Geschwindigkeitsverlusten führt.

Der Schubkraftregler »IMRT« des Marschtriebwerkes arbeitete mit Hilfe einer Programmscheibe nach einem vor dem Start festgelegten Programm. Um die maximal errechnete Entfernung für die Vernichtung von Luftzielen zu erreichen, wird die optimale Betriebsart des Triebwerkes ausgesucht. In Zielhöhen von 30 km sind die Luftschichten bis zu 70-mal dünner als über Boden. Bei Zielhöhen bis 20 km wird das erste Programm des Marschtriebwerkes verwendet. In den ersten 45 s leistet das Marschtriebwerk den Maximalschub von 10 t, der sich dann in den nächsten 10 s verringert. Bei Zielhöhen über 20 km wird der Schub innerhalb von 70 s von 10 auf 3,5 t verringert. Die Flugzeit der Rakete bis zur nahen Grenze der Vernichtungszone betrug zirka 28 s, bis zur fernen Grenze 215 s.

Die Triebwerksanlage der Rakete arbeitete wie folgt:

Bei der Startvorbereitung der Fla-Rakete gelangte aus der Kabine K-3 W vom Schubregulierungsblock BRT-100B eine der Arbeitszeit des Flüssigkeitstriebwerks proportionale Spannung zum Stellmotor des Ausführungsmechanismus des Schubkraftreglers IMRT. Damit wurde das Arbeitsprogramm des Flüssigkeitstriebwerkes eingestellt.

Auf das Kommando »Start« sprachen die Pyropatronen der Anlasskammer der Bordstromquelle und die Pyroanlassventile des Luftarmaturenblockes WAB an. Von den Gasen der Anlasskammer wurde die Turbine der Bordstromquelle in Betrieb gesetzt, während die Luft aus dem Kugelbehälter über das Druckminderventil mit einem Druck von 5 MPa auf die Flüssigkeit in den O- und B-Behältern der Bordstromquelle drückte und die Verschlusskappen der Luftdruckempfänger PWD ausstieß. Nach dem Anlassen wurde die Turbine von den Gasen des Gasgenerators getrieben.

Die Bordstromquelle war auf Basis eines Gasgenerators aufgebaut, in dem die vorhandenen Treibstoffkomponenten O und B genutzt wurden. Zum Generator gelangte der Treibstoff über die Pyrosperrventile und den Druckregler der Treibstoffkomponenten. Nach dem Anlaufen der Bordenergiequelle und dem Übergang auf die Bordspeisung erfolgt das Anlassen der Starttriebwerke.

Durch die Gase des oberen Starttriebwerkes wurden die Membranen der Behälter O und B durchstoßen und die Luft drückte auf den Flüssigkeitsspiegel. Diese Gase öffneten auch das Sicherheitsventil der Anlasskammer des Flüssigkeitstriebwerkes. Im Moment des Startes schaltete die elektromagnetische Kupplung ZMM des Schubreglers den Stellmotor ab.

Erreichte die Rakete einen Geschwindigkeit, die einem Staudruck von 65 kPa entspricht, sprach der Drucksignalisator SDU4A-0,65 an und die Anlasskammer des Flüssigkeitstriebwerkes begann zu arbeiten. Ihre Gase ließen die Turbine des Turbopumpenaggregates TNA an und durchstießen die Membranen der Anlassventile O und B. Das Turbopumpenaggregat förderte den Treibstoff aus den Behältern in die Brennkammer des Flüssigkeitsraketentriebwerkes sowie über den Schubregler und den Stabilisator in den Gasgenerator des Flüssigkeitstriebwerkes. In der Brennkammer entzündeten sich die Komponenten und das Triebwerk lief an. Die Gase des Gasgenerators trieben die Turbine des Turbopumpenaggregates an. Erreichte der Druck in der B-Leitung 1,5 MPa, sprach der Drucksignalisator 2S-15A an und der Ausführungsmotor ID des Schubreglers wurde angelassen. Er arbeitete das vorgesehene Programm ab und gewährleistete die erforderliche Schubregulierung.

Wurde vor dem Raketenstart das Kommando »Schubdrosselung« gegeben, gab der Programmmechanismus in der 45. Sekunde +27 V auf das Pyroventil, woraufhin dieses den Drosselschieber am Schubregler schloss und so die schnelle Schubdrosselung bewirkte. Die schnelle Drosselung des Schubs in Treffpunktnähe verringerte das Längslastvielfache und erhöhte die Genauigkeit der Lenkung der Fla-Rakete.

Das Ende der Arbeit des Marschtriebwerkes war erreicht, wenn der Druck auf die Pumpen des Turbopumpenaggregates unter 5 MPa fiel. Es erfolgte die Unterbrechung der Luftzufuhr zu den O- und B-Behältern. Die im Kugelbehälter verbliebene Luft gewährleistete die Treibstoffförderung zum Gasgenerator der Bordstromquelle auf dem passiven Flugabschnitt.

Der Maximalschub lag bei 10 Tonnen. Der Raketenmotor verbrannte einen hypergolen Zweikomponententreibstoff, bestehend aus den Komponenten Oxydator und Brennstoff. Beide Stoffe waren hochenergetisch und hoch toxisch. Der verwendete Brennstoff war eiweißzersetzend und drang bei Hautkontakt sofort in den menschlichen Körper ein . Die Komponente Oxydator war als hochkonzentrierte Salpetersäure nicht minder gefährlich. Bei Zusammenführung der beiden Stoffe führte das sofort zu einer explosionsartigen Entzündung (hypergole Eigenschaft). Der Umgang mit diesen Komponenten fand denn auch unter strengsten Sicherheitsbestimmung und immer unter Vollschutzkleidung des Betankungspersonals statt.

An Bord der Rakete befanden sich 1085 Liter Oxydator »O« (Deckname *Melange*) der Spezifikation AK 27P. Die Melange als Treibstoffkomponente für das Triebwerk der Rakete 5W 28 bestand mindestens aus 69,5 % reiner Salpetersäure und 24–28 % Stickoxiden und war somit optimal an diesen Raketenmotor angepasst. Die 1085 Liter Oxydator entsprachen einem Gewicht von etwa 1.680 kg.

Als zweite Treibstoffkomponente waren 720 Liter Brennstoff »B« (Deckname *Samin*) mit der Spezifikation TG-02 an Bord. Bei nur etwa halber Dichte gegenüber der Melange entsprach dies etwa einem Gewicht von 586 kg. Samin für die Rakete 5W 28 bestand zu gleichen Teilen aus Triethylamin und Xylidin.

An den Flügeln befanden sich zusätzlich die Staudruckgeber, auch dynamische Druckgeber genannt. An diesen Druckgebern lag der Luftdruck an, der sich entsprechend der Fluggeschwindigkeit der Rakete aufbaute (dynamisch). Zusammen mit den statischen Druckgebern (sie maßen den umgebenden Luftdruck um den Flugkörper und befanden sich im Zellenabschnitt 3) konnte die Rakete ihre eigene Fluggeschwindigkeit errechnen.

Das Gefechtsteil 5BI 4SCH, auch Gefechtskopf genannt, war ein Gefechtsteil mit Splitter-Sprengwirkung und wurde durch einen halbaktiven funkelektronischen Annäherungszünder 5E 50 zur Explosion gebracht. Es hatte ein Gewicht von 217 kg. Der Stahlmantel enthielt 16.000 Kugeln zu je 2 Gramm und 21.000 Kugeln zu je 3,5 Gramm. Im Innern befanden sich 90 kg hochbrisanter Sprengstoff, mit dem es möglich war, Ziele in bis zu 200 m Entfernung zu vernichten. Bei der Detonation des Gefechtsteiles wurde ein Splitterkonus von 120° ausgebildet, in dem die Sprengkraft Richtung Ziel gebündelt wurde. Die Stahlkugeln wurden auf eine Anfangsgeschwindigkeit von 1.700 bzw. 1.100 m/s beschleunigt.

Das Gefechtsteil wurde durch einen Zündimpuls vom PIM, dem Sicherungs- und Ausführungsmechanismus 5B 73EA, gezündet. Dieser PIM verhinderte ein versehentliches Zünden des Gefechtsteiles am Boden bzw. auf dem Flug zum Ziel. Die Gefechtsausrüstung der Rakete hatte fünf Sicherheitsstufen.

Folgende Sicherheitsstufen mussten erfüllt sein, um das Gefechtsteil zünden zu können:

1. Die lineare Beschleunigung des Flugkörpers musste 11 bis 27 *g* betragen (die Rakete hatte durch die enorme Kraft der vier Feststoff-Booster bereits unmittelbar nach dem Abheben von der Startrampe eine Beschleunigung von fast 20 *g*).
2. Das Kommando »Start Marschtriebwerk« musste erfolgt sein.
3. Der dynamische Luftdruck an den Staudruckgebern musste 2,2 bis 5,9 kp/cm^2 erreicht haben.
4. Das +27-V-Kommando »Ferneinschalten des Funkzünders« musste ausgegeben sein. Das erfolgte in der 20. Sekunde bei einer Flugzeit der Rakete kleiner 70 Sekunden (Schießen an der nahen Grenze der Vernichtungszone) oder in der 45. Sekunde bei einer Flugzeit größer 70 Sekunden (Schießen an der fernen Grenze der Vernichtungszone).
5. Das Naheinschalten des Funkzünders bei Abreißen der

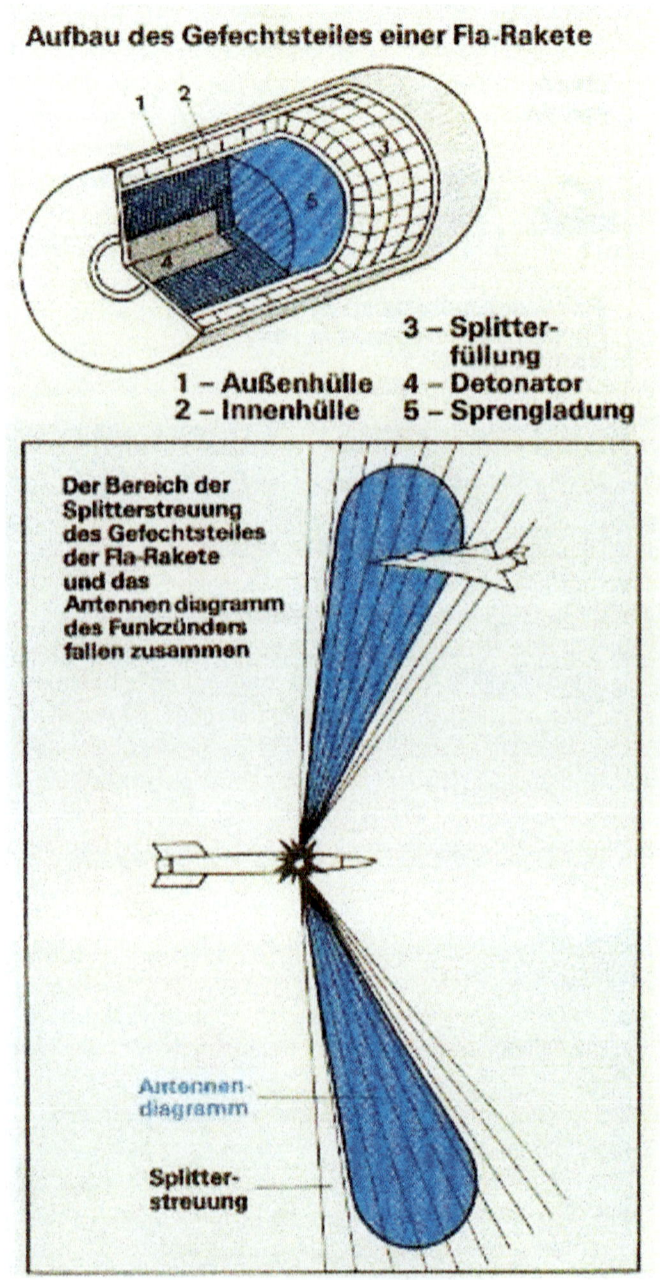

Allgemeine Darstellung zur Wirkungsweise eines Gefechtsteiles von Fla-Raketen. Bei der Fla-Rakete des S-200 entsprachen die wirksamen »Splitter« Kugeln, die in zwei Größen in den Geschossmantel des Gefechtsteiles verpresst waren.

Schnittmodell der ballistischen Verkleidung der Raketenspitze. Darunter befand sich der Selbstlenkkopf. Kleinste Beschädigungen an der Haube hatten zur Folge, dass die Rakete bis zu einer Reparatur nicht einsatzbereit war.

automatischen Suche »AS« nach den Winkelkoordinaten in Abhängigkeit von der Winkelgeschwindigkeit der Drehung der Visierlinie musste erfolgt sein.

Um zu verhindern, dass der Funkzünder einer zweiten gestarteten Rakete auf die Splitterwolke der vorherigen reagierte, war in den Schießintervallen ein Abstand von 1500 m zwischen beiden Raketen erforderlich.

Wurde das Ziel nicht getroffen, zerlegte sich die Rakete selbst. Das erfolgte nach dem Verbrauch der Treibstoffs des Marschtriebwerks, wenn die Bordapparatur die Arbeit eingestellt hatte oder die Bordspannung von +27 V fehlte.

Zur Bordlenkapparatur gehörten folgende Elemente:

1. Der Lenkkopf 5G 24E, bestehend aus drei Hauptblöcken, und zwar je einem Block mit

Der Selbstlenkkopf 5G 24E. Der Antennenspiegel ist kardanisch an der Steuerplattform montiert (Bildmitte). Die links und rechts unter dem Spiegel zu sehenden zylindrischen Gebilde (schwarz) sind Kreisel zur Stabilisierung der Antenne.

- der kreiselstabilisierten Antenne Block »KN 1« mit dem Antennensystem Block »KNA 1« und dem Kreiselstabilisator Block »KSN 1M-2«
- Empfangsumformerblock »KN 2W« mit dem Empfängerblock »KNSCH 2W«, dem Begleitblock nach den Winkelkoordinaten »KNU 2W«, dem Begleitblock nach der Entfernung »KND 2« und dem Begleitblock nach der Geschwindigkeit und zur Leitung nach der Frequenz »KNS 2W«
- auswechselbaren HF-Kopf Block »KN 3«

2. Der Bordrechner »5 E23A«
3. Der Autopilot »5 A43«
4. Der Kontrollantwortsender (KRO) »5 U14«

Nahaufnahme des Selbstlenkkopfes. Gut zu erkennen sind die drei Kreisel unter dem Antennenspiegel, die kardanische Aufhängung und ein Signalgeber links neben der kardanischen Aufhängung. Signalgeber wandelten Winkelabweichungen der kreiselstabilisierten Antennenplattform zu den Achsen der Fla-Rakete in eine vergleichbare Steuerspannung um. Diese Steuerspannungen wurden dann im Bordrechner in Kommandos für Ruderausschläge umgeformt.

Mit dem Lenkkopf als Element des Regelkreises der Rakete wurden die Winkelkoordinaten des Zieles (β_Z und ε_Z) sowie die Winkelgeschwindigkeit der Drehung der Visierlinie Fla-Rakete–Ziel (ω_1 und ω_2) gemessen und in den Bordrechner eingegeben. Im Bordrechner wurden in Abhängigkeit der Leitmethode die Lenkkommandos (λ_1 und λ_2) formiert, die zum Autopiloten zur Steuerung der Ruder gelangten. Der Ruderausschlag bewirkte eine solche Änderung der Raketenflugbahn, dass sich die Lenkfehler verringerten.

Zur Stabilisierung der Rakete auf der Flugbahn wurde die Rückkopplung über den Raketenkörper nach den Winkelgeschwindigkeiten und den linearen Querbeschleunigungen genutzt. Die Kontrolle des Prozesses der Zielsuchlenkung der Fla-Rakete erfolgte mittels Kontrollantwortsender.

Wie schon an anderer Stelle beschrieben, wurde der Zielsuchkopf vor dem Start der Rakete mit Zieldaten gespeist und konnte somit das Ziel erfassen. Das Richten des Suchkopfes erfolgte in zwei Etappen.

1. Etappe: Vorbereiten des Richtens des Zielsuchkopfes auf das Ziel. Die Zielkoordinaten wurden in der Kabine K-3 unter Berücksichtigung der Parallaxe erarbeitet und an die Rakete weitergeleitet. Dabei wurde von einer fiktiven Entfernung des Zieles von 100 km ausgegangen und dieser Wert ebenfalls in die Rakete eingegeben.

Gesamtansicht der Raketenspitze.

2. Etappe: Endgültiges Führen des Suchkopfes auf das Ziel. Die 2. Etappe wurde bei der Begleitung des Zieles in Automatischer Suche »AS« eingeleitet. Der Seitenwinkel »*beta*« zum Ziel wurde durch das Drehen der Startrampe, der Höhenwinkel »*epsilon*« durch Veränderung des Antennenspiegel des Suchkopfes eingestellt.
Die Entfernung *e* wurde durch Umstimmen von Oszillatoren eingestellt.
In der K-3 wurde das Richten durch drei vertikale Streifen auf einem Sichtgerät angezeigt. War ein bestimmtes Signal-Rausch-Verhältnis erreicht, wurde das Signal »Startbereitschaft« ausgegeben. Der Startoffizier in der K-2 konnte ebenfalls das Richten der Suchköpfe aller Raketen überprüfen. Solange der Suchkopf das Ziel begleitete (AS), antwortete der Raketen-Antwortsender nicht. Sobald das Ziel verloren ging, also der Suchkopf das Ziel nicht mehr begleitete, sah der Startoffizier auf seinem Sichtgerät ein Signal des Antwortsenders. War die automatische Begleitung für länger als drei Sekunden unterbrochen, fing das Signal an zu flackern.
Der Empfang der Signale vom Raketen-Antwortsender erfolgte über die Antenne KA-17M der Antennenkabine K-1. Wurde das Ziel vom Suchkopf nicht aufgefasst, fand das Regime »Auffassen im Flug« Anwendung. Dazu musste das Ziel von der Antenne der K-1 angestrahlt und in »AS« (automatische Suche) begleitet werden.
Der Bordrechner 5E 23A diente zur Formierung der Lenkkommandos und zur Erarbeitung der einmaligen Kommandos »Beginn der Lenkung« für den Autopiloten und »Ferneinschalten« für den Funkzünder. Die Lenkung der Fla-Rakete auf das Ziel erfolgte in Abhängigkeit von den Schießbedingungen entweder nach der Leitmethode der proportionalen Annäherung oder nach der kombinierten Leitmethode.
Die Lenkkommandos mussten ständig aktualisiert und an die Flugbedingungen angepasst werden, um den Masseverlust der Rakete (Verbrauch der Treibstoffe), den ständigen Einfluss der aerodynamischen Verkleidung der Rakete und die sich verändernden Längsbeschleunigungen zu kompensieren.
Bei der kombinierten Leitmethode erfolgte die Lenkung der Fla-Rakete auf dem Anfangsabschnitt der Flugbahn (bis zur 30. Sekunde) nach der Methode mit konstantem Vorhalt und im Weiteren nach der Methode der proportionalen Annäherung.
Sie wurde beim Schießen auf Ziele in Entfernungen über 70 km angewendet. Die Leitmethode mit konstanten Vorhalt war dabei eine Hilfsmethode, welche das schnelle Durchfliegen der dichten Schichten der Atmosphäre bis in Höhen von zirka 12 bis 15 km gewährleistete. Das ermöglichte eine Erhöhung der mittleren Fluggeschwindigkeit der Fla-Rakete und damit eine bedeutende Vergrößerung der Reichweite.
Bei Flugzeiten der Rakete kleiner 70 sec und Zielhöhe größer

20 km bzw. bei Zielhöhen kleiner gleich 20 km und Flugzeit der Rakete kleiner 60 sec wurde bis zu einer Flugzeit der Rakete von 30 sec mit der Leitmethode »Konstanter Vorhalt« gearbeitet, danach mit der »Proportionalen Annäherung«.
Beim Schießen mit konstantem Vorhalt betrug der Winkel zwischen der Längsachse der Rakete und der Visierlinie konstant 35°. Die Einführung eines konstanten Vorhaltwinkels in der Senkrechten gewährleistete eine größere Krümmung der Flugbahn der Rakete auf dem ersten Flugabschnitt, was zum schnellen Ausflug der Rakete aus dichten Luftschichten führt. Im Seitenwinkel sind beim S-200 drei Vorhaltwinkel für bestimmte Flugparameter der Luftziele vorgesehen, die Vorhaltewinkel +15°, 0° und -15°.
Bei der Lenkung der Fla-Rakete nach der Leitmethode der proportionalen Annäherung war die Winkelgeschwindigkeit der Drehung des Geschwindigkeitsvektors der Fla-Rakete proportional der Winkelgeschwindigkeit der Drehung der Linie Fla-Rakete–Ziel.
Die Methode der proportionalen Annäherung war nicht die ökonomischste Methode, da die Energieressourcen der Rakete nicht optimal genutzt werden konnten. Diese Methode ermöglichte aber eine höhere Genauigkeit in der Endphase der Lenkung der Rakete auf das Ziel.
Das einmalige Kommando »Ferneinschalten« wurde auf das Kommando »EEWM« in Abhängigkeit von der Entfernung bis zum Treffpunkt in der 20. oder in der 45. Sekunde erarbeitet und gelangte zum Funkzünder.
Der Autopilot 5A 43 der Rakete hatte die Aufgabe, den Flug nach Lenkkommandos vom Bordrechner zu stabilisieren, die Ruder von der 0. bis zur 6. Sekunde des Fluges elektrisch zu stabilisieren und die Querbeschleunigung der Rakete zu begrenzen. Der Autopilot formierte Signale aus den errechneten Kompensationswerten vom Bordrechner und gab diese an die Rudermaschinen weiter. Funktionell bildeten die Elemente des Autopiloten drei unabhängige Lenk- und Stabilisierungskanäle, das System zur Korrektur der Parameter nach dem Staudruck und das System zur Kompensation des Raketengewichts.
Infolge der aerodynamischen Symmetrie der Fla-Rakete waren alle drei Kanäle identisch. Die Stabilisierung der Rakete erfolgte nach der Winkelgeschwindigkeit und -beschleunigung, ihre Lenkung im I. und II. Kanal nach den Lenkkommandos der Bordrechners. Im III. Kanal wurde die Rakete nach den Signalen α_G gelenkt, die der Querneigung der Fla-Rakete in Bezug auf die Antenne des Lenkkopfes proportional waren.
Der Dämpfungskreisel gewährleistete die Dämpfung der Drehbewegung der Fla-Rakete um das Massezentrum. Um eine Signalverzögerung im Ruderkanal auszuschließen, wurde im Stromkreis des Dämpfungskreisels ein Differenzierglied aufgenommen. Der Geber der linearen Beschleunigung gewährleistete die Proportionalität der Querbeschleunigung der Fla-Rakete zu den Lenkkommandos, wodurch die Lenkbarkeit der Fla-Rakete verbessert wurde.
Die Wirkungsweise des Autopiloten lässt sich wie folgt beschreiben:
Mit der Vorbereitung der Fla-Rakete wurden die Kreisel angelassen und die Ruder elektrisch arretiert. Mit dem Start wurde der freie Kreisel des Systems zur Kompensation des Raketengewichtes entarretiert, zu den Rudermaschinen gelangte Druckluft. 0,6 Sekunden nach dem Start wurde die Stabilisierung der Fla-Rakete in den drei Stabilisierungskanälen und ihre Lenkung nach der Querneigung eingeschaltet, dabei wurde die vertikale Symmetrieebene der Fla-Rakete ständig mit der Vertikalebene des Lenkkopfes in Übereinstimmung gebracht.
Die Stabilisierung der Raketenbewegung im I. und II. Kanal erfolgte analog. Die Lenkung der Fla-Rakete in diesen beiden Kanälen begann mit dem Kommando »Beginn der Lenkung« vom Bordrechner. Im Verstärker des Autopiloten erfolgte eine Verstärkung und eine Koordinatenumformung der Lenkkommandos.
In den Gebern der linearen Beschleunigung wurden zu den Lenkkommandos die den Querbeschleunigungen der Fla-Rakete proportionalen Spannungen addiert. Die Signale gelangten über den Summierungs- und Umformblock in die entsprechenden Ruderkanäle und bewirkten den Ruderausschlag.
Der Kontrollantwortsender 5UI 4
Zur Kontrolle der Lenkung der Fla-Rakete war eine Funkverbindung zwischen dem Kontrollantwortsender an Bord der Rakete (KRO) sowie der Empfangsapparatur KRO und dem Sichtgerät der Ziel-Aufhellstation (K-1) vorgesehen.
Die Kontrolle der Lenkung der Fla-Rakete auf das Ziel erfolgte anhand der automatischen Begleitung des Zieles durch den Lenkkopf. Bei normaler Arbeit sendete der Kontrollantwortsender nicht. Beim Abreißen der »AS« (automatischen Suche) gelangte von der Signalisationsschaltung das Kommando »$U_P \geq n \times U_S$« zum Kontrollantwortsender. Dieses Kommando charakterisierte das Verhältnis der Spannungen in den Differenzkanälen (UP) und im Summenkanal (US).
Auf dieses Kommando hin wurde der KRO angelassen. Er arbeitete im Impulsbetrieb. Die für den jeweiligen Schießkanal festgelegte Impulsfolgefrequenz wurde durch das Einsetzen eines entsprechenden Codesteckers vorgegeben. Dieser hatte die gleiche Frequenzzahl wie der Lenkkopf und die Ziel-Aufhellstation (K-1).
Das Signal des Kontrollantwortsenders war in den ersten 4 sec ununterbrochen, danach erfolgte eine Amplitudenmodulation der Impulse, die ein Blinken der Antwortsignale auf dem Sichtgerät zur Folge hatte.
Die Energieversorgungsanlage der Fla-Rakete versorgte die Bordapparatur mit elektrischer und hydraulischer Energie. Zu ihr gehörten:

- Das hydraulische System
  Das hydraulische System diente zur Versorgung der Rudermaschinen und des Autopiloten mit unter hohem Druck stehender Betriebsflüssigkeit. Die Betankung der Fla-Rakete mit Flüssigkeit und Stickstoff erfolgte im Herstellerbetrieb (14 Liter).
  Das hydraulische System begann mit dem Start zu arbeiten. Es gewährleistete einen konstanten Druck am Eingang der Rudermaschinen und war zu diesem Zweck mit hydraulischen Hoch- und Niederdruckakkumulatoren sowie einem Überdruckventil ausgerüstet. Der Stickstoffbehälter gewährleistete die Kompensation der temperaturbedingten Veränderungen des Flüssigkeitsvolumens.
- Die Stromquellen
  Zu den Stromquellen gehörten die Bordstromquellen 5I 43 (BIP), der Stromumformer 5P 53 und der statische Stromumformer 5I 23. Die Bordstromquelle diente zur Erzeugung von Elektroenergie und zur Speisung der Bordapparatur. Sie bestand aus Gasturbine und zwei Elektrogeneratoren. Die Gasturbine trieb außerdem die Pumpe des Hydrauliksystems an.
  Die Elektrogeneratoren erzeugten folgende Spannungen: 115 V / 1000 Hz, 3 x 36/90 V / 1000 Hz, 115 V / 400 Hz und 3 x 28 V / 800 Hz, die zu +27 V gleichgerichtet wurden. Der Stromumformer diente zur Umformung der Spannung +27 V in 115 V / 1000 Hz für die Speisung des Lenkkopfes, des Bordrechners und des Kontrollantwortsenders. Das war erforderlich für die ununterbrochene Energieversorgung dieser Apparaturen beim Übergang von Boden- zur Bordspeisung.
  Der statische Stromumformer war speziell für die Speisung des HF-Kopfes des Zielsuchkopfes bestimmt. Das war erforderlich, um ein regelmäßiges Auftreten von Rauschspitzen der Empfangsapparatur des Lenkkopfes im Bereich der Dopplerfrequenz auszuschließen. Er formte +27 V in 115 V / 60 Hz um.
  Die Stromumformer wurden während der Startvorbereitung vom Boden gespeist. Mit dem Start erfolgte die Umschaltung auf die Bordstromquelle.
- Die Kommutationsapparatur
  Sie diente zur Übertragung der Elektroenergie und zu ihrer Verteilung zwischen den Blöcken der Bordapparatur, zum Anlassen einzelner Systeme und zur Kontrolle von Kenngrößen der Bordapparatur.

Elemente der Bordapparatur waren:

- Der Programmmechanismus PMK-60D. Er diente zur Zeitmessung ab dem Raketenstart und zur Ausgabe von Zeitkommandos in der Form von +27 V in der 20., 30. und 45. Sekunde des Fluges.
- Die Drucksignalisatoren SDU 4A-O,65 dienten zum Anlassen des Flüssigkeitstriebwerkes in Abhängigkeit vom Staudruck.

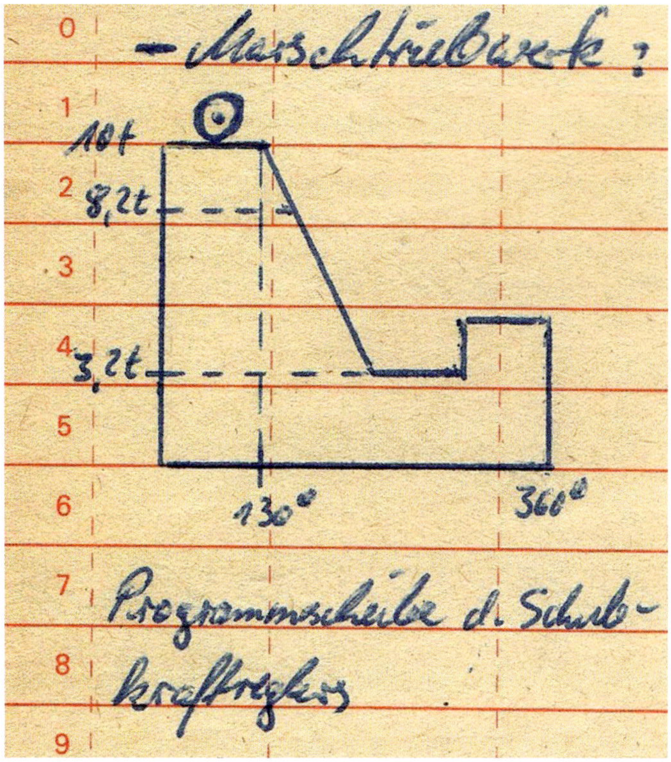

Prinzipdarstellung der Programmscheibe des Schubkraftreglers des Marschtriebwerkes der Fla-Rakete.

- Die Drucksignalisatoren 2S-15A waren zum Einschalten der Stellmotoren des Flüssigkeitstriebwerkes und zum Abnehmen der Sicherheitsstufe des »PIM« (Sicherungs- und Ausführungsmechanismus) bei einem vorgegebenen Druck in der Brennstoffleitung des Flüssigkeitstriebwerkes bestimmt.
- Der Drucksignalisator 2SG-1,1 schloss die Pyroventile »O« und »B« zur Stromquelle und öffnete das Pyroanlassventil Luft, wenn sich der hydraulische Druck der Betriebsflüssigkeit im hydraulischen System bis zu dem minimalen Ansprechwert verringert hatte.
- Die Stecker OSCH 1 und OSCH 2 verbanden die Bordapparatur der Rakete mit dem Startleitsystem beim Start bzw. bei Kontrollarbeiten.
- Der Kontrollstecker KR-6 diente zur Kontrolle der Fla-Rakete mit Hilfe der automatischen Kontroll- und Prüfstation (AKIPS).

In der Startbatterie gab es folgende Aufbewahrungsarten der Fla-Raketen:

- Transportlage
  Die Rakete war verschussfertig auf dem Transport-Ladefahrzeug gelagert. Im verschussfertigen Zustand war die Rakete maximal fünf Jahre lagerfähig. Sie wurde danach zum Training der Gefechtsbesatzungen im scharfen Schuss auf dem sowjetischen Schießplatz in Aschuluk verbraucht.

- Ausgangslage
  Die Rakete befand sich auf der Lademaschine im Schutzbauwerk.
- Diensthabende Lage
  Die Rakete lag auf der Startrampe und war vollständig versteckert, der Hauptschalter der Startrampe war ausgeschaltet und das Tarndach befand sich über der Startrampe.
- Gefechtslage
  Der Hauptschalter der Startrampe war eingeschaltet, das Tarndach war zurückgeschwenkt.
- Bereitschaft zum Start
  Die Rakete hatte den Vorbereitungszyklus durchlaufen und der Zielsuchkopf hatte das Ziel erfasst.

2.9.8. Der Scheinsignalsender

Der Vollständigkeit halber sei an dieser Stelle noch eine Station beschrieben, die nicht zum Bestand der Technik des Komplexes S-200 gehörte, aber durch ihr Vorhandensein unter einer der fünf Traglufthallen das Erscheinungsbild der gesamten Gefechtsstellung mit prägte.
Es war eine Station, über deren Aufgabe das Personal am Standort Prangendorf nichts wusste, und selbst die Wenigen (ein bis zwei Offiziere), die diese Station ein- bzw. ausschalteten, hatten keine Kenntnisse von den technischen Details der Apparatur.
Die Station bestand aus einer abgespeckten und modifizierten Version eines alten Höhenfinders PRW-9 und sandte ein Dauerstrichsignal aus.
Die Kabine befand sich auf der typischen Artillerielafette solcher Stationen, um die Drehung im Seitenwinkel um 360° zu ermöglichen. Der Antrieb für die für Höhenfinder typische Nickbewegungen der sichelförmigen Antenne war abgebaut worden.
In die Kabine wurde durch Mitarbeiter der »Abteilung des Funkelektronischen Kampfes« im Kommando der NVA in Straußberg eine Apparatur installiert, die eine unbekannte Abstrahlfrequenz formierte und über die Antenne in westliche Richtung abstrahlte. Mit ihr sollte die Arbeit der Ziel-Aufhellstation K-1 imitiert werden.
Die Anlage wurde zu ganz bestimmten Zeiten und auf gesonderten Befehl durch einen Offizier der Funktechnischen Kompanie in Betrieb gesetzt. Die Abstrahlung erfolgte ein bis zwei Mal pro Woche, überwiegend in den Abend- bzw. Nachtstunden. Sie dauerte meist nicht länger als eine Stunde.
Der Hügel, auf dem die Station stand, hatte nicht den üblichen Unterbau mit geschützten Garagen, wie dies bei den Ziel-Aufhellstationen K-1 oder dem Höhenmesser PRW-17 üblich war. Die Stromversorgung erfolgte über einen 400-Hz-Umformer, der die Landes-Netzeinspeisung ermöglichte. Eine Ersatzstromversorgung bei Netzausfall war nicht vorgesehen, da wahrscheinlich nicht beabsichtigt wurde, die Anlage in einer militärischen Auseinandersetzung weiter zu betreiben.
Interessant bleibt festzustellen, dass nach dem Ende der DDR bei der Übernahme der Gefechtstechnik des S-200 am

Die »abgespeckte« Version eines ehemaligen Höhenfinders PRW-9. Mit entsprechenden Apparaturen ausgestattet, diente diese Station innerhalb der Gefechtsordnung des S-200 Prangendorf als Scheinsignalsender und damit zur Täuschung eines potenziellen Gegners.

Standort Prangendorf durch die Bundeswehr Offiziere des »Funkelektronischen Kampfes« (FEK) der Bundeswehr sich umgehend bei Offizieren der ehemaligen Funktechnischen Kompanie nach den Arbeitsfrequenzen der funkelektronischen Anlagen des Waffensystems erkundigten. Die Auskünfte darüber stimmten sie dann mit ihren Aufklärungsergebnissen aus der Zeit des Kalten Krieges ab. Im Anschluss daran fragten diese Spezialisten nach einer Frequenz, mit der sie bis zum Ende der DDR nichts anfangen konnten und zu der auch keine Auskunft gegeben werden konnte.
Es war die Abstrahlfrequenz dieses Scheinsenders.

2.9.9. Die Stromversorgung (SVA) des Komplexes S-200

Die Stromversorgungsanlagen 5E 72WE hatten die Aufgabe, alle Elemente des FRK in allen Betriebsarten sowie während technischer Wartungen, Kontroll- und Reparaturarbeiten zu speisen.
Bis in Höhen von 1.000 m über NN arbeiteten die Anlagen optimal. Über 1.000 m fiel die Leistung geringfügig ab, während der Dieselverbrauch anstieg.
Die SVA arbeiteten bei einer Außenlufttemperatur von -50 bis +50 °C zuverlässig. Bei Temperaturen von über 50 bis +55 °C war eine Arbeitszeit von vier Stunden möglich. Nach dieser Zeit mussten die Anlagen abgeschaltet werden. Die Luftfeuchtigkeit konnte bis 98 % bei +25 °C Außentemperatur betragen. Die Luftfilteranlagen ermöglichten eine störungsfreie Funktion bei Luftverunreinigungen von bis zu 0,5 g/m^3. Die zulässige Windgeschwindigkeit wurde in der Dokumentation mit bis zu 25 m/s angegeben.
Die Anlagen waren auf Hängern aufgebaut und konnten von allen gängigen Zugmitteln bewegt werden.
Im Bestand der FRAG gab es 5 Elektro-Stationen 5E 97, eine Umformer- und Verteiler-Kabine K-21M, zwei Umformer- und Verteiler-Kabinen K-22M (die Anzahl war abhängig von der Anzahl der FRAs in der FRAG), einen Kabelsatz 5E 55WE und den Kabelverlegewagen KU-03T.
Zur Stromversorgung der FRAG aus dem Landesnetz gehörten neben dem Drehstrom-Öltransformator des Gefechtsstands der Technischen Abteilung noch drei Trocken-Transformatorstationen mit je 630 kVA, die innerhalb der Stellung der K-9 und der beiden K-3-Stellungen aufgestellt waren. Ein vierter Trockentransformator mit 400 kVA befand sich in der Stellung der »Oborona«.
Die Diesel-Elektrostationen waren mit elektrotechnischen Synchronisier-Schaltungen ausgestattet. Damit war es während des laufenden Betriebes möglich, die Frequenz der Generatoren der Dieselelektrostationen mit der Frequenz der Einspeisespannung aus dem Landesnetz zu synchronisieren. Die Frequenz wurde über die Drehzahl der Dieselmotoren handgeregelt und die Übereinstimmung mittels Lampe oder Zeigermessgerät angezeigt. Ging die Lampe aus bzw. zeigte das Messgerät »Null« an, war die Synchronisation hergestellt und es musste schlagartig ein Hebelumschalter umgelegt werden. Die Umschaltung von Landesnetz auf autonome Stromversorgung bzw. umgekehrt war damit vollzogen.
Die SVA unterteilte sich in die SVA der Funktechnischen Kompanie mit zwei Aggregaten 5E 97 (ein Aggregat war Reserve) und der SVA der Startbatterie. Ein weiteres Dieselelektroaggregat befand sich in der Technischen Abteilung in Reserve.
Jede Startbatterie hatte ihre eigene SVA, Aggregat 5E 97. Diese Anlagen waren zusammen mit der Kabine K-3 hintereinander in einem Schutzbauwerk aufgestellt.
Die Startbatterien hatten keine Umformer- und Verteilerkabine. Diese Aufgabe übernahm hier die Dieselelektrostation selbst.
Die Umformer-/Verteilerkabine K-21M stand in einem benachbarten Garagen-Bunker der Station K-9 (Gefechtsstand der FRAG), je eine Umformer-/Verteilerkabine K-22M befand sich in der Nähe der Apparaturkabinen K-2, den Gefechtsständen der Kommandeure der FRAs.
Voll aufgetankt wog die Elektrostation 5E 97 fünfzehn Tonnen. Die Station bestand aus dem Hauptaggregat AD-200 (200 kW), dem Hilfsaggregat AD-30 (30 kW), einem Umformer 30 kW und Verteilereinrichtungen. Das Aggregat AD-30 wurde hauptsächlich für Kontroll- und Wartungsarbeiten genutzt. Außerdem speiste es die Ventilatoren zum Konstanthalten der Temperatur in der Bunkeranlage und der Kabine K-3.
Der Generator GSF-200 vom Hauptaggregat AD-200 wurde von einem 300 PS starken Zwölfzylinder-Dieselmotor, Typ 1D 12-W-300, angetrieben. Der Generator mit 200 kW Leistung lieferte einen Nominalstrom von beachtlichen 361 Ampere bei einer Spannung von 400 Volt.
Der kleinere Generator DGF-8G des Aggregates AD-30 wurde von einem Dieselmotor des Typs JAß M-204G angetrieben und lieferte 30 kW Leistung bei einem Nominalstrom von 54,5 A und 400 V Spannung.
Der Umformer PSU-30 mit einem Wirkungsgrad von 80 % lieferte eine Ausgangsspannung von 230 V und 400 Hz an die Verbraucher. Der Nominalstrom lag bei 89 A.
Die Dieselmotoren waren mit Vorwärmanlagen P SCH D-600 ausgestattet, die per Hand oder automatisch gesteuert werden konnten. Sie hatten die Aufgabe, die Diesel- und Öltemperatur bei unterschiedlichsten klimatischen Bedingungen auf 37–45° Temperatur zu halten. In der Kabine gab es zusätzlich elektrische Heizöfen.
Nur in Ausnahmefällen durften die Diesel bei unter 20° Öltemperatur gestartet werden.
Da die Dieselmotoren mit ihren Generatoren nicht über längere Zeit mit Unterlast arbeiten konnten, gab es eigens dafür

Belastungswiderstände, die zum Bestand der Technischen Abteilung gehörten und im Bedarfsfall zugeschaltet wurden. Mit dem Diesel des Aggregates AD-200 konnte 9,5 Stunden ununterbrochen gearbeitet werden. Mit dem kleineren Diesel des Aggregates AD-30 waren bis zu 36 Stunden ununterbrochene Arbeit möglich.
Zusätzlich zu den mobilen Aggregaten waren in dem Schutzbauwerk des Gefechtsstands der Technischen Abteilung zwei Sechszylinder-Schiffsdiesel mit je einem Generator installiert. Sie dienten der Stromversorgung der gesamten Infrastruktur der Gefechtsstellung bei Landes-Netzausfall (Beleuchtung, elektrische Tore etc.) sowie dem Technologischen Ablauf in der TA. Man hätte mit diesen beiden Dieseln auch die im DHS stehende Gefechtstechnik bei Netzausfall versorgen können, was aber, aus welchen Gründen auch immer, nicht vorgesehen war.
Die beiden Diesel vom Typ 6 VD 18/15 AL 1 SRW mit in Reihe angeordneten Zylindern mit Aufladung und Ladeluftkühlung leisteten bei 1500 U/min 348 kW (472 PS). Jede Maschine brachte 2.350 kg auf die Waage.
Die erforderliche Stromerzeugung übernahmen die angehängten Generatoren vom Typ SRED 458-4a. Die Dreiphasen-Drehstromgeneratoren erzeugten bei der Nenndrehzahl der Diesel von 1500 Umdrehungen 400 V / 578 A mit einer 50-Hertz-Frequenz. Die Generatoren benötigten eine Erregung U/I von 68 Volt und 48 Ampere. Ein Generator wog 1.725 kg.

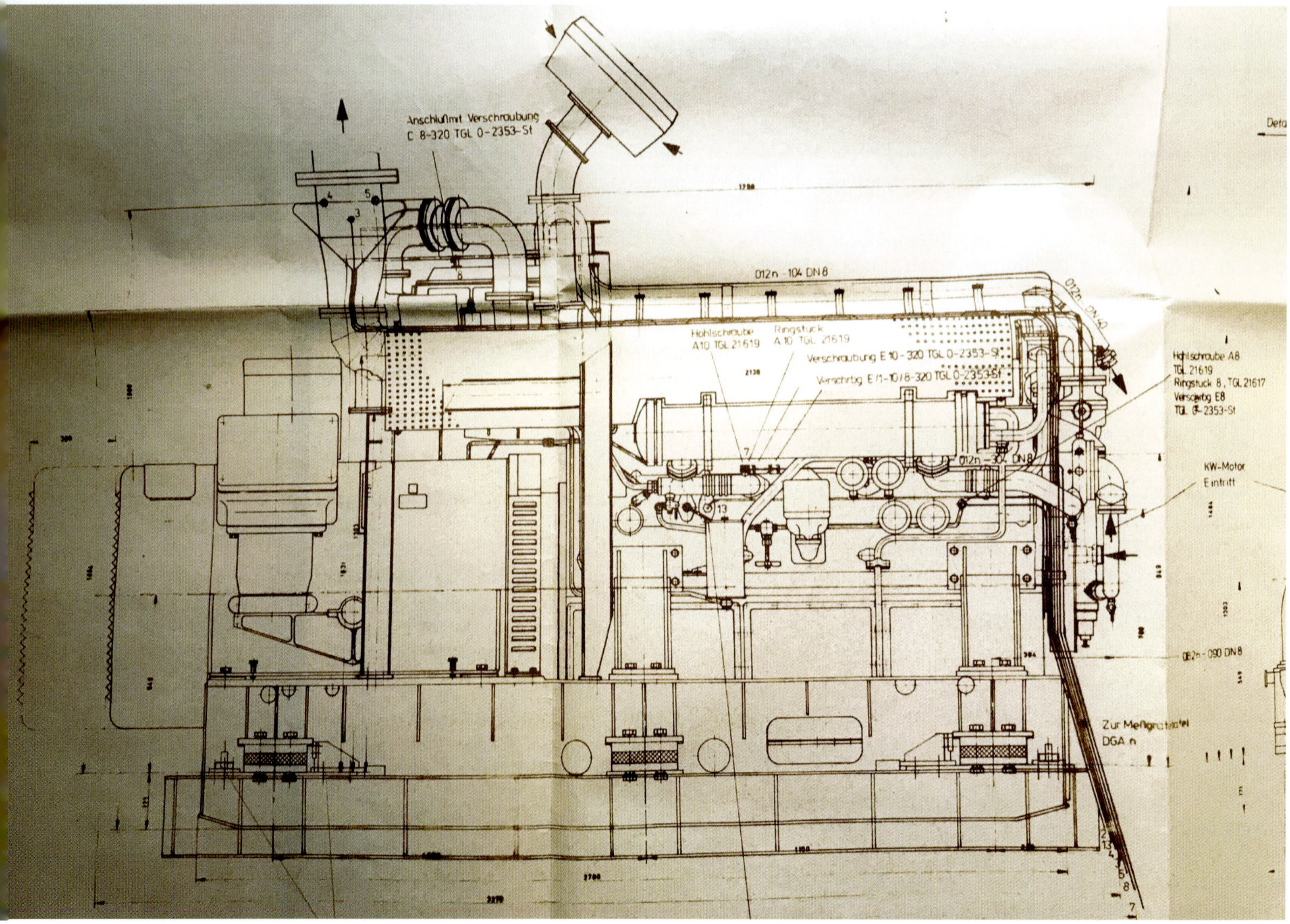

Zeichnerische Darstellungen eines Dieselmotors mit angehängtem Generator. Zwei dieser Sechszylinder-Maschinen waren im Gefechtsstand der Technischen Abteilung eingebaut worden. Es waren typische Vertreter von Antriebsmotoren für Netzersatzanlagen, wie sie in unzähligen Schutzbauwerken der Nationalen Volksarmee und der Staatsführung der DDR eingebaut waren. Baugleiche Motoren fanden auch in kleinen Schiffen Verwendung. Sie galten als robust und zuverlässig.

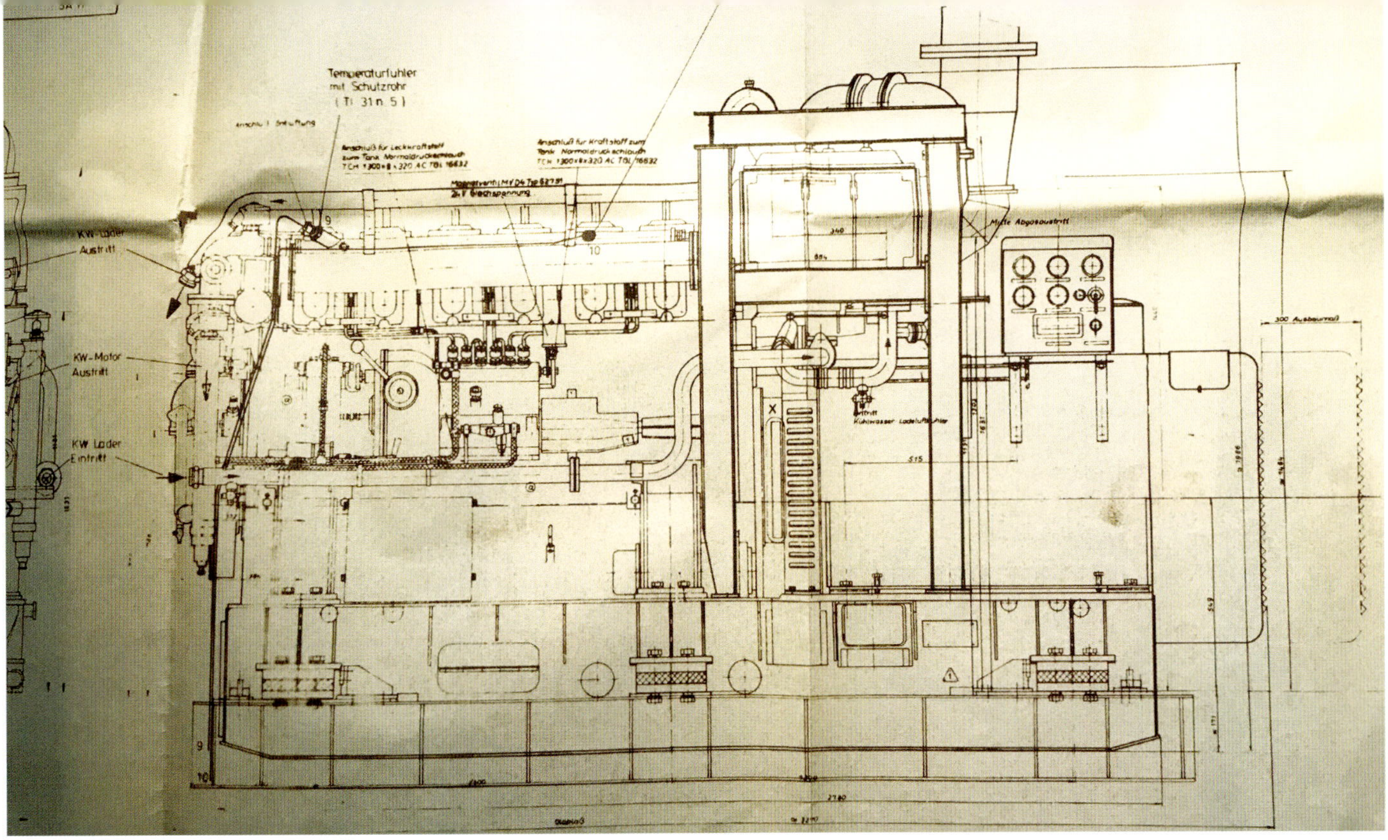

Temperaturfühler
mit Schutzrohr
(TI 31n 5)
KW-Lader
Austritt
KW-Motor
Austritt
KW Lader
Eintritt

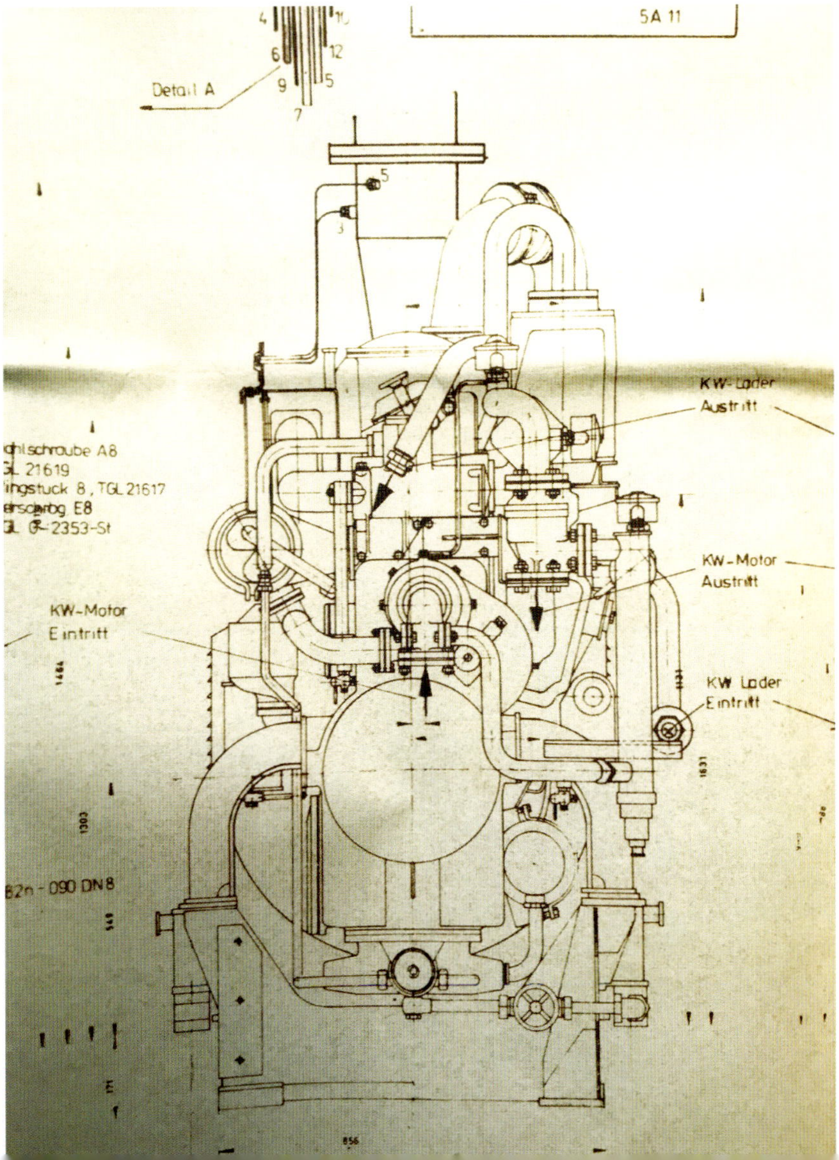

5A 11
Detail A
KW-Lader
Austritt
KW-Motor
Austritt
KW-Motor
Eintritt
KW Lader
Eintritt
082n - 090 DN 8

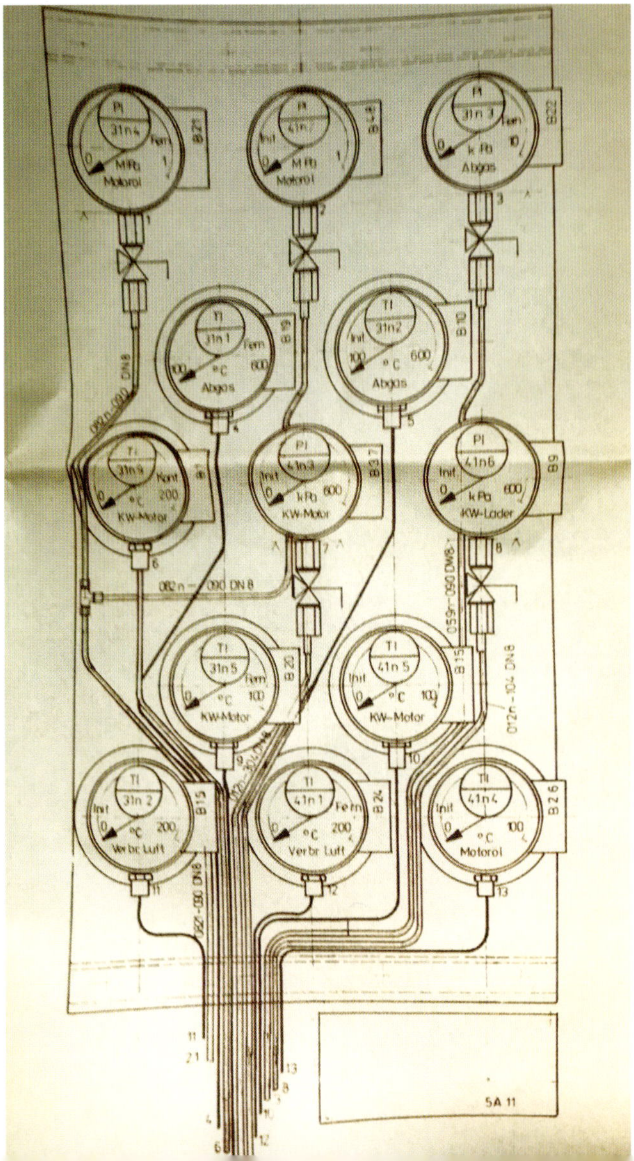

PI
31n 4
MPa
Motoröl
PI
41n 2
MPa
Motoröl
PI
31n 3
kPa
Abgas
TI
31n 1
°C
Abgas
TI
31n 2
°C
Abgas
TI
31n 6
°C
KW-Motor
PI
41n 3
kPa
KW-Motor
PI
41n 6
kPa
KW-Lader
TI
31n 5
°C
KW-Motor
TI
41n 5
°C
KW-Motor
TI
31n 2
°C
Verbr. Luft
TI
41n 1
°C
Verbr. Luft
TI
41n 4
°C
Motoröl
5A 11

Der Dieselmotorenraum im Bunker der Technischen Abteilung (2017). Die schwer zu beschaffenden Zylinderköpfe sind von beiden Motoren abmontiert worden und haben vielleicht ein Weiterverwendung auf einem der vielen Fischkutter, wie sie heute noch in Betrieb sind, gefunden.

Rechts im Bild die beiden Generatoren der Netzersatzanlage. Sie waren direkt mit den Dieselmotoren verbunden. Rechts oben ist ein Teil eines Abgasrohres der linken Maschine zu sehen. Das geriffelte schwarze Zwischenstück war ein Vibrationsdämpfer. Er sollte die Schwingungen des Dieselmotors abfangen, damit sie nicht nach außen übertragen wurden.

Blick auf die Ventilatoren im Dieselmotorenraum. Sie sorgten für eine ausreichende Verbrennungsluft im Raum der Netzersatzanlage.

Nahaufnahme der Abgasrohre der Dieselmotoren-Netzersatzanlage. Rechts im Bild ist ein großes Rohr für die Frischluftzufuhr in den Dieselmotorenraum zu sehen.

Detailaufnahme eines Abgasrohres mit Schwingungsdämpfung.

Beide Auspuffanlagen auf dem Bunker der TA. Dazwischen im Hintergrund einer der verkleideten Ansaugschächte für die Dieselmotoren.

So sah die Auspuffanlage außerhalb des Bunkers aus. Die Konstruktion verhinderte eine übermäßige Geräusch- und Wärmeentwicklung. Die Öffnungen führten die Abgase nach unten, unmittelbar über den Boden weg, und machten sie so fast unsichtbar.

Mit einem Gesamtgewicht von 4.075 kg waren die Anlagen schwer zu bewegen, sie wurden deshalb bereits vor dem Verschluss des Bunkers in das Bauwerk eingesetzt und installiert.
Zu größeren Instandsetzungsarbeiten hätte man die Motoren mit Ketten an in der Decke befindlichen schweren Tragösen in Richtung der dafür vorgesehenen Montageluke des Schutzbauwerkes transportieren müssen, indem die Motoren von Öse zu Öse umgehängt worden wären. Über diese Montageluke war es auch möglich, den beweglichen Öltransformator des Gefechtsstands der TA in bzw. aus dem Schutzbauwerk zu heben bzw. zu senken.

Die Abdeckung des Wartungsschachtes des Bunkers der TA von unten.

Abdeckung des Wartungsschachtes von oben. Die Abdeckung bestand aus einer dreifach verschachtelten Haube, die aufgeschoben werden konnte. Im Hintergrund die Auspuffanlage der Dieselmotoren, rechts eine weitere Luftansaughaube.

Detailaufnahme der Schiebedachkonstruktion über dem Wartungsschacht des Bunkers der TA.

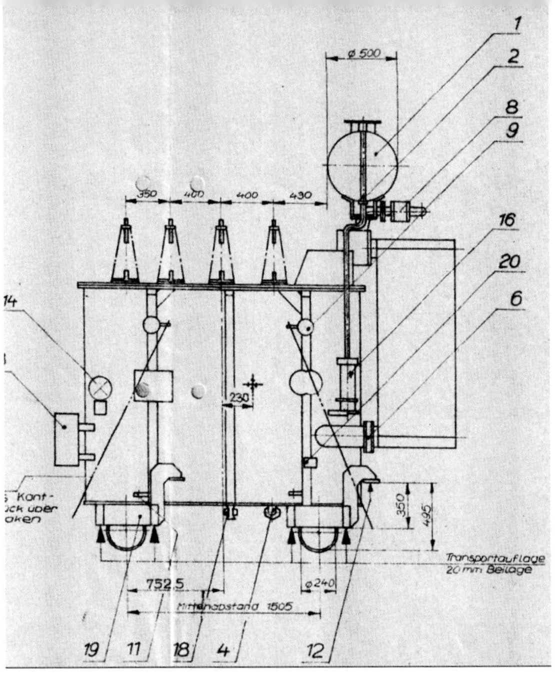

Pos.	Benennung
20	Zusatzgerät zur Gasentnahme
19	Rollenkasten
18	Erdungsstelle
17	Umsteller
16	Luftentfeuchter (Füllung 2,8 kg Silicagel)
15	Thermometertasche
14	Feder-Fernthermometer
13	Klemmenkasten
12	Anhebestelle
11	Zugöse
10	Tragöse (nur zum Anheben des aktiven Teils)
9	Traghaken (für gesamten Transformator)
8	Buchholz-Relais
7	Öleinfüllflansch
6	Drosselklappe
5	Ölablaß zur Ölprobeentnahme
4	Ölablaß (US-Seite, unten) zum Ölablassen und zum Anschluß einer Ölaufbereitungsa
3	Keilschieber
2	Ölstandanzeiger
1	Ölausdehnungsgefäß

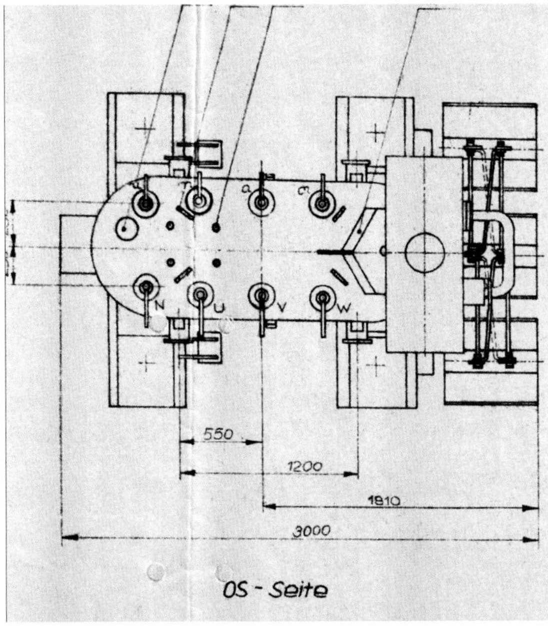

Fahrrollen sind bei gleichem Mittenabstand für Längs- und Querfahrt umsteckbar.
Der Transport des Transformators erfolgt mit Normalwagen, Ladeprofil der Deutschen Reichsbahn.
Während des Versands sind die unteren Drosselklappen NW 125 zu schließen.
Die Rollenkästen sind auszubauen.
Schwerpunktangabe (±50 mm) gilt für den Versandzustand.

Versandabmessungen ca.:
Breite 3000, Tiefe 1950, Höhe 3200

Massen in t ca.:

Aktiver Teil	4,4	Öl	1,7
Gesamt	8,2	Transport	7,9

Nettomasse

1 Breitradiator ohne Öl	250 kg
1 Rollenkasten	70 kg
Ölausdehnungsgefäß ohne Öl	100 kg

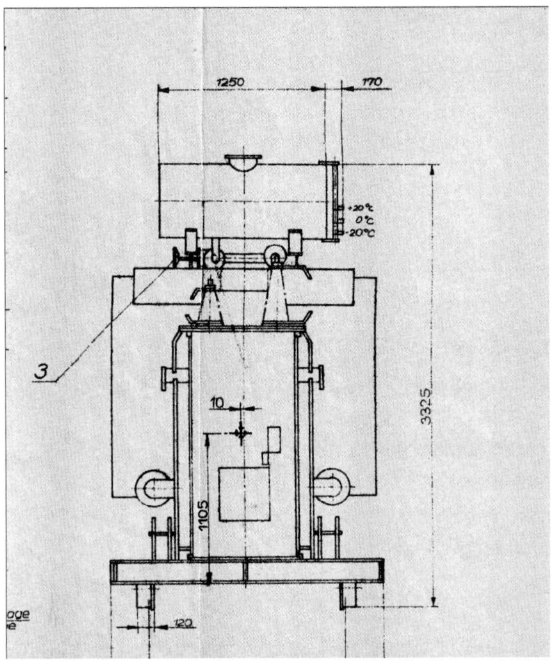

Gehört zu:

Paßmaße | Abmaße | Änderungs-Ausgabe | Änderung | Tag | Name

Rohteil, Werkstoff:

Material-Nr.

Oberfläche:

Maßstab 1 : 20 — Maße in mm

1983 | Gezeichnet | Geprüft | Gesehen | Norm gepr.

Tag | 14.1. | 19.1.

Name | Richter

Freimaßtoleranz:

VEB Transformatoren- und Röntgenwerk „Hermann Matern" Abt. TTKM

TuR DRESDEN

Drehstrom-Öl-Transformator
TD 2500-10-30

122.200 Ez bis 122.211 Ez

Ers. f. | Ers. d.

13 | 14 | 15 | 16

Technische Dokumentation des einzigen Öltransformators der gesamten Gefechtsstellung. Der Transformator befand sich in einem Seitenraum gleich neben dem Wartungsschacht des Gefechtsstands der TA.

Die sogenannte Übergabestation für die Einspeisung aus dem Landesnetz in die Gefechtsstellung befand sich in einem Trafohäuschen am Wachgebäude. In diesem Gebäude war zur Stromversorgung der Unterkunfts- und Baustellenbereiche anfänglich ein Trafo installiert. Nach der Fertigstellung der Stellung und dem Rückbau der Wohn- und Versorgungsbereiche des Ingenieur-Bauregiments wurde der Trafo abgebaut, es verblieben nur noch die Kupplungen der Landes-Netzkabel zu den Kabeln des zentralen Drehstrom-Öltransformators der TA. Von hier aus wurden dann in Folge über Isopontverteiler die Trockentrafos der beiden K-3, der K-9 und der Station Oborona versorgt. Der Isopontverteiler ist ein Hochspannungsverteiler für 6 kV Nennspannung und Nennstrom 400 A, der sich durch besonders kleine Abmessungen auszeichnet. Darum eignete sich der Verteiler vor allem für Kompaktstationen in Ortsnetzen und in Verteileranlagen der Industrie und beim Militär. Er erlaubte einen Einschaltstrom von 36.000 Ampere und einen Ausschaltstrom von 400 Ampere. Die Typenbezeichnung lautete: LHTCIG 12/400, System ISOPONT. Das Gerät hatte ein Gewicht von 70 kg und maß 1,7 x 2,0 x 1,5 m. Die Schaltanlagen waren so aufgebaut, dass bei Ausfall (Zerstörung) einer Station diese überbrückt werden konnte und somit die nachfolgenden Stationen weiter versorgt werden konnten.

2.9.9.1. Die Umformer- und Verteilerkabine K-21M

Die Umfomer-/Verteilerkabine K-21M war die zentrale Verteilerkabine der FutK und versorgte alle Verbraucher mit den notwendigen Spannungen, die entweder aus dem Landesnetz oder von den DES eingespeist wurden. Neben dem Umformer PCU-15, vier Verteilerschränken mit Kontroll- und Schaltapparaturen und der Hilfsausrüstung befand sich in der vier Tonnen schweren Kabine die oben erwähnte Synchronisiereinrichtung. Der Umformer hatte 15 kW Leistung, lieferte 230 Volt und 44,5 Ampere bei 400 Hz. Mit Hilfe von Fernsteuerpulten (aus dem Bestand der DES) konnten von der K-21 aus die Dieselelektroaggregate ferngesteuert werden.

2.9.9.2. Die Umformer- und Verteilerkabine K-22M

Die Umformer-/Verteilerkabine K-22M wurde von der K-21 mit 400 V und 50 Hz gespeist und verteilte diese Spannung an die Verbraucher. Ein Teil der Eingangsspannung wurde mit Hilfe des Umformers PSU-15 und einer Stabilisatorschaltung ST-30 (Leistung: 30 kW, 230 V, 50 Hz und 88,5 A, Wirkungsgrad 75 %) in 230 V, 400 Hz und 230 V, 50 Hz umgewandelt. Die 3,8 Tonnen schwere Kabine war aus der Kabine K-2 fernsteuerbar.

2.9.9.3. Der Kabelverlegewagen KU-03T

Der Kabelverlegewagen KU-03T war mit der Handwinde UAZ-452 ausgestattet und ermöglichte das Verlegen und Aufnehmen der bis zu 390 kg schweren Kabelsätze. Die maximale Belastung der Handwinde lag bei 420 kg. Mit dem 2,2 Tonnen schweren Wagen war ein Auslegen der Kabel bei einer Geschwindigkeit von 3–5 km/h möglich.

2.9.9.4. Der Kabelsatz 5E 55WE

Zum Kabelsatz 5E 55WE der FRAG gehörten Kabel mit einem Gewicht von 5,5 bis 390 kg. Für den Transport des Kabelsatzes waren Lkw vom Typ KrAZ 55E vorgesehen. Es war strengstens verboten, Kabel zu verbinden oder zu trennen, die unter Spannung standen. Ebenso war es verboten, beim Trennen der Verbindungen an den Kabeln statt an den Steckern zu ziehen.

2.10. Die Technische Abteilung (TA) der FRAG (2Sh 61Ä)

Zu den Hauptaufgaben der TA gehörte die Sicherstellung

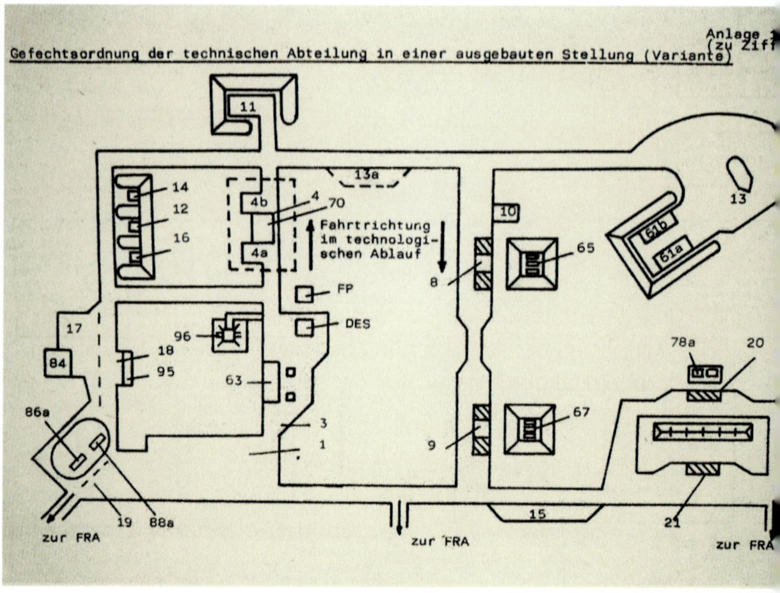

Variante Gefechtsordnung der TA in einer ausgebauten Stellung entsprechend Dienstvorschrift DV 112/2/021. Die Nummerierungen kennzeichnen die Arbeitsplätze. Nummer 17 und 19 zeigen Stellplätze für die Transport- und Spezialfahrzeuge und technologische Ausrüstung.

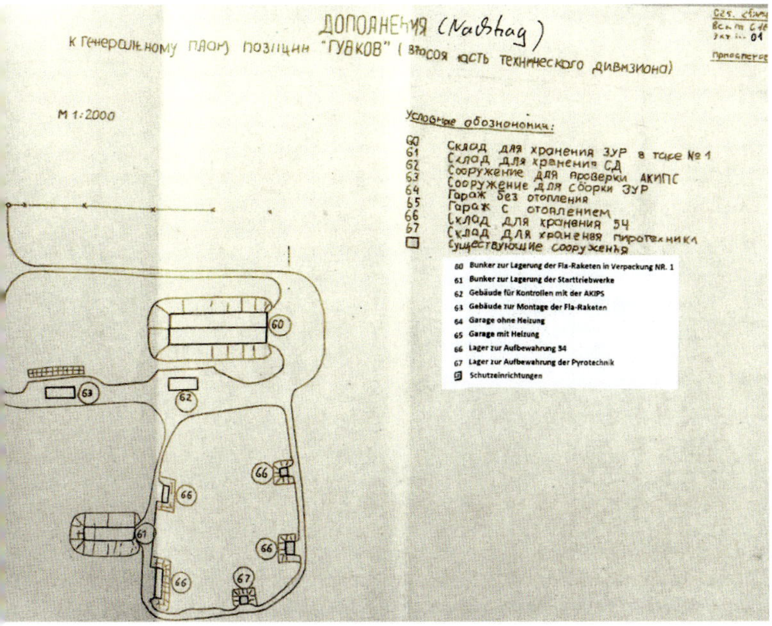

Nachtrag zur russischen Originaldokumentation zum Aufbau der Technischen Abteilung am Standort Prangendorf (Gubkow).

von montierten und betankten Fla-Raketen und deren Zuführung zu den Startbatterien unter allen Gefechtsbedingungen. In der TA wurden neue FAR und das Zubehör übernommen und eingelagert. Es wurden nach Bedarf Raketen von der »Langfristigen Einlagerung« in verschiedene Zwischenbereitschaften bis hin zur »Vollen Bereitschaft« überführt. Auf Befehl des Kommandeurs der FRAG waren Bergungstrupps in der TA zusammengestellt worden, die bei eventuellen Fehlstarts und sonstigen Havarien für die Beseitigung schadhafter Raketen zu sorgen hatten. Im gewissen Umfang führte man in der TA Instandsetzungsarbeiten an Raketen und Zubehör durch. Alle Wartungsarbeiten und periodischen Kontrollen an den FAR und der technischen Ausrüstung wurden in der TA durchgeführt. Die TA hatte den Transport von Fla-Raketen zu und von den Startstellungen der FRAs zu organisieren und durchzuführen. Durch die TA waren Autodrehkräne und Lastzüge für Be- und Entladearbeiten, den Transport der Ziel-Aufhell- und Leitstation (K-1) und der Startausrüstung, das Entfalten der Startrampen, den Auf- und Abbau der Antennenanlagen sowie die Bergung ausgefallener Raketentechnik aus den Stellungen der TA und FRA bereitzustellen.

2.10.1. Struktur und Bestand der TA

Der Führungspunkt der TA bestand aus einem Schutzbauwerk/Bunker mit dem Arbeitsplatz des Kommandeurs der TA, getrennten Umkleideräumen mit separaten Eingängen für das Betankungspersonal Oxydator und Brennstoff, Aufenthalts-, Wasch- und WC-Räumen, Küchen- und Versorgungseinrichtungen, einer Filter-Ventilationsanlage und einer Netzersatzanlage, bestehend aus zwei Sechszylinder-Schiffsdieselmotoren sowie Nachrichtenmittel. Zum Bestand der TA gehörten die 1. Kompanie mit dem 1. Zug der AKIPS 5K 43 (autom. Kontroll- und Prüfstation) und dem 2. Zug/Transportzug, die 2. Kompanie mit dem 1. Zug (Betankungszug für die Komponenten Luft, Oxydator und Brennstoff), dem 2. Zug (Montagezug) und der Stromversorgungsgruppe. Der Montagezug besetzte die Arbeitsplätze 1, 3, 4 und 13, der Betankungszug die Plätze 10, 8, und 9. Neben den speziellen Werkzeugen waren unter anderem folgende Mittel auf den einzelnen Arbeitsplätzen vorhanden:
Am AP 1 waren das Schienen, verschiedene Anschlagmittel/Traversen, der Flügelwagen 5JU 26, Seile und Hebezeuge.
Am AP 3 befanden sich technologische Gestelle und Wagen.
Am AP 4 weiteres technologisches Gerät und ein spezieller Wagen zur Lagerung der Gefechtsköpfe vor dem Einbau in die Rakete. Am Arbeitsplatz befanden sich unter anderem Stellagen. Auf einer Stellage konnten drei Raketen gelagert werden.
Am AP 10 befanden sich zwei mobile Kompressorstationen vom Typ UKS-400W-131 (400 atü) und zwei Lufttankhänger 5L 94.
Am AP 8, auch als Lager 65 bezeichnet, befanden sich drei verbunkerte Tanks RGS 25 mit 25.000 Liter Vorrat an Brennstoff (Samin) und 2 Be- und Enttankungsfahrzeuge 5L 22 auf dem Basisfahrzeug GAZ 66. Am Oxydator- Betankungsplatz, auch als Lager 67/2A bezeichnet, befanden sich ebenfalls drei verbunkerte Tanks RA 33 mit zusammen 33.000 Liter Oxydator (Melange) und zwei Betankungsanlagen 5L 62 auf Basisfahrzeug GAZ 66.
Am AP 9 befand sich ein Wasch- und Neutralisationsfahrzeug 8T 311. Für die Neutralisation der Komponente Brennstoff wurde Waschbenzin-, für die Neutralisation der Komponente Oxydator wurde Wasser verwendet. Weitere Mittel, die der TA zur Verfügung standen, waren:
Die Transport-Ladefahrzeuge (TLF) KrAZ-255-260W mit dem Sattelauflieger 5T 82 M13M, Krane ADK 125/3, KS 45-61 und entsprechende Anschlagmittel/Traversen, technologisches Gerät, eine Kontroll- und Prüfstation AKIPS 5K 43 und das Raketenlager mit vormontierten Fla-Raketen. Für alle Montage-, Kontroll- und Reparaturarbeiten standen der TA Ersatzteil-Werkzeug-Zubehör-Sätze (EWZ-Satz) 1:12, das entspricht zwei Sätzen 1:6, mit insgesamt 64 Kisten zur Verfügung. Ein EWZ-Satz 1:12 war für 12, ein Satz 1:6 für 6 Raketen vorgesehen. Für alle anfallenden Kontroll- und Wartungsarbeiten in der FutK und Startbatterie einer FRA stand jeweils ein EWZ-Satz 1:6 zur Verfügung. Diese EWZ-Sätze wurden von der TA an die FRA übergeben. Die acht Kisten beinhalteten in vier Kisten Werkzeuge und in vier Kisten Zubehör und Verbrauchsstoffe. Neu zugeführte Raketen wurden in Verpackungen oder in Einzeltransporten satzweise der TA zugeführt.

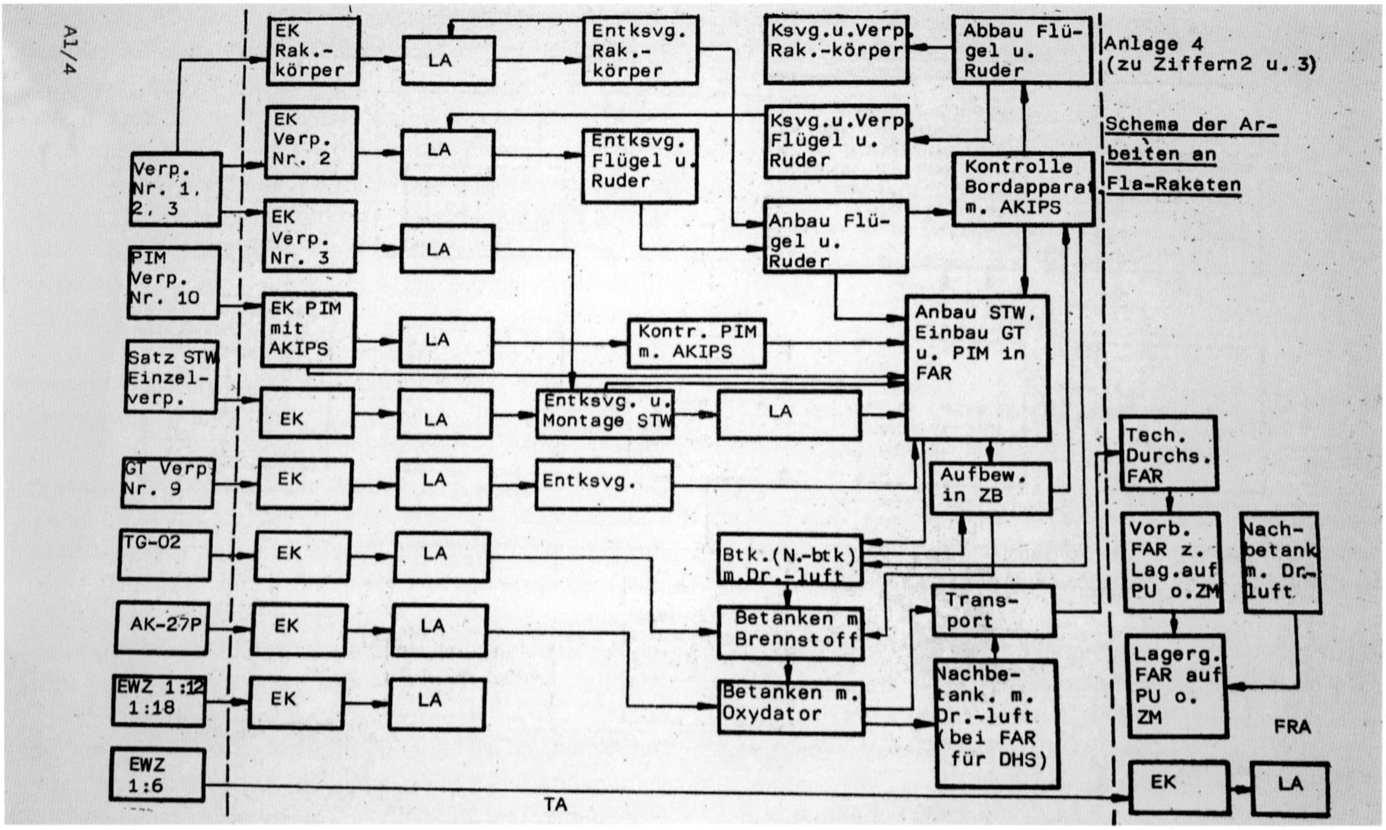

Schematische Darstellung der Arbeiten an Fla-Raketen.

Die Verpackungen enthielten folgende Teile der FAR:
Verpackung Nr. 1:
Raketenkörper (zweite Stufe der FAR, ohne Flügel und Ruder) mit Zellenabschnitt Nr. 7
Verpackung Nr. 2:
vier Flügel und vier Ruder (ein Satz)
Verpackung Nr. 3:
Satz der aerodynamischen Verkleidungen, Übergangsstücke, Stabilisatoren, hintere Verbindungsteile der Starttriebwerke (STW), Elektrokabel und Pyropatronen
Verpackung Nr. 4:
Frequenzgebundene aerodynamische Verkleidung (Zelle Nr. 1), ein Satz Starttriebwerke (4 Stück) mit Gefechtsdeckeln in Einzelverpackung
Verpackung Nr. 8:
HF-Kopf KN-3Ä des Zielsuchlenkkopfes (GSN)
Verpackung Nr. 9:
Gefechtsteil
Verpackung Nr. 10:
Sicherungs- und Ausführungsmechanismus (PIM)
Nach Eintreffen in der TA waren diverse Eingangskontrollen in einem bestimmten Zeitraum durchzuführen. Neben der Kontrolle der mitgelieferten Dokumentationen und Packzettel durch den Zugführer wurde eine äußere Durchsicht der Verpackungen und Behälter vorgenommen. Es folgte eine

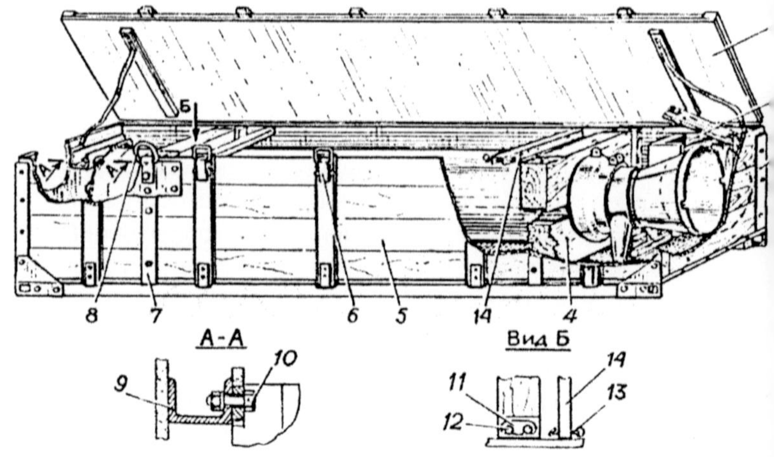

Рис. 82 Одиночная укупорка СД

1 - крышка; 2 - гнездо; 3 - уголок, 4 - ложемент; 5 - ящик; 6 - за
7 - пояс; 8 - кольцо; 9 - швеллер; 10 - болт; 11 - накладка; 12 - винт;
13 - стопорный палец 14 - планка

Die Zeichnung zeigt die Original-Holzverpackung eines Starttriebwerkes. So wurden die einzelnen Booster aus der Sowjetunion angeliefert und nach der Eingangskontrolle in der TA entweder in die langfristige Lagerung überführt oder an den Fla-Raketen für die Zwischenbereitschaft angebaut.

Kontrolle der Vollzähligkeit des Inhaltes aller Verpackungen und Behälter und des Vorhandenseins der Verplombung. Danach wurde die Bordapparatur mit der Kontroll- und Prüfstation (AKIPS) überprüft.

Um die Montagezeiten der Rakete bei einer späteren Auslagerung aus der »Langfristigen Lagerung« und Überführung in die »Zwischenbereitschaft« zu verkürzen, wurden vor der erneuten Konservierung folgende Arbeiten durchgeführt:

a) Abschrauben der Befestigungsmuttern des Gefechtsteils von den Bolzen und Verpacken der Muttern in einem Beutel, der im Zelleninneren zu befestigen war.
b) Verpacken der Muttern und Scheiben zum Befestigen der Flügel in einem Beutel, der an den Bolzen am Raketenkörper zu befestigen war.
c) Öffnen der Füll- und Entleerungsstutzen der Oxydator- und Brennstoffbehälter, Abnehmen der Verschlüsse der Entlüftungshähne der Oxydator- und Brennstoffbehälter, der Bordstromquelle (BIP) und der Oxydatorleitung sowie des Betankungsstutzens des Druckluftarmaturenblockes (WAB) und Fetten der Gewindeverbindungen. Verschließen und Verplomben aller Stutzen und Hähne.
d) Montage der Starttriebwerke und Organisation der Einlagerung der montierten STW (nur bei vorhandener Lagerkapazität).

Mit der Konservierung bei nachfolgender »Langfristiger Lagerung« in den Verpackungen, der Führung der Dokumentationen und Meldung der Übernahme war die Eingangskontrolle abgeschlossen. Für die Raketen waren in der TA folgende Lagerungsarten vorgesehen:

Die Hauptlagerungsart war die Lagerung in der »Zwischenbereitschaft« im Schutzbauwerk 61, dem Raketenlager. Hier wurden die montierten und bestückten Raketen auf Lagergestellen eingelagert. Täglich wurde die Dichtheit des Hydraulik-, Stickstoff-, und Druckluftsystems geprüft. Zu den Kontrollen gehörte das Prüfen, ob die Schutzkappen der Druckgeber noch vorhanden waren. Anfänglich wurden die Raketen in dieser Lagerungsart noch mit der Komponente Druckluft mit 400 atü (ca. 393 bar) betankt. Um den entsprechenden Druckluftbehälter der Rakete in der Lagerung nicht unnötig zu belasten, wurde später darauf verzichtet.

Das Schutzbauwerk hatte auf jeder Seite drei mit Handpumpe zu bedienende zweiflüglige Stahltore (STD). Hinter jedem Tor befanden sich auf Betonsockeln aufmontierte zweigleisige Stahlschienen, auf denen die eingelagerten Raketen verschoben werden konnten. Diese Schienen waren durchgängig montiert und führten somit genau zur gegenüberliegenden Tor-Seite des Schutzbauwerkes. Auf jedem Schienenpaar befanden sich sechs Raketen. Jeweils drei waren mit ihrer Spitze auf die gegenüberliegenden Tore ausgerichtet, da die Einlagerung in das Schutzbauwerk von beiden Seiten gleichermaßen erfolgte und die Rakete immer rückwärts eingeschoben wurde. In der Lagerung stand die Rakete im hinteren Teil auf der eigenen Bügelauflage, mit der sie auch auf der Startrampe auflag. Im vorderen Bereich wurde sie von einem sogenannten Wagen getragen, der kurz nach der Kopplung des TLFs mit der Rakete durch die Gefechtsbesatzung per Hand entfernt werden musste.

Theoretisch wäre mit dieser Anordnung eine gleichzeitige Auslagerung von sechs der insgesamt 18 eingelagerten Raketen möglich gewesen. Dies war allerdings, zumindest unter Friedensbedingungen, wegen des Fehlens der dazu notwendigen Anzahl von Gefechtsbesatzungen nicht durchführbar.

Vor den Toren waren Zwangsleiteinrichtungen aus Beton auf die Fahrbahn gegossen worden. Mit ihnen konnten die Kraftfahrer der Transport-Ladefahrzeuge (TLF) bei geöffneten Toren problemlos die exakte Flucht zwischen Fahrzeugachse und Längsachse der eingelagerten Rakete herstellen. Dies war Voraussetzung dafür, dass die Rakete vom Lagergestell des Schutzbauwerkes durch die Transportmechanik des TLF übernommen und aufs TLF gezogen werden konnte.

Zwei weitere, baugleiche Bunker gab es in der »Stellung Wendfeld«. Wendfeld ist ein kleines Örtchen nahe des Dienststelle der 43. Fla-Raketenbrigade am Rande der amtsfreien Gemeinde Sanitz. Die militärischen Einrichtungen in Wendfeld, überwiegend Bunker zur Lagerung von Fla-Raketentechnik, unterstanden direkt der 43. Fla-Raketenbrigade. Zu dem abgeschirmten, von Wald umgebenen militärischen Gelände bei Wendfeld führte ein extra dafür vom Bahnhof Sanitz abgeleitetes Gleis, an dessen Ende sich eine Kopf- und Seitenrampe befand. Sämtliche Schienentransporte der Dienststelle der 43. Fla-Raketenbrigade wurden hierüber abgewickelt, so auch ein Teil der Technik- und Nachschubtransporte für den S-200.

Die Nutzungsarten der Fla-Raketen

»Langfristige Aufbewahrung«

Die Rakete war in ihre Einzelteile zerlegt, konserviert und wie oben beschrieben vorbereitet für die spätere Montage, konserviert in den Verpackungen untergebracht und an den entsprechenden Lagerorten (in der Regel im Freien) deponiert. Am Standort der Fla-Raketenabteilungsgruppe in Prangendorf wurden keine Raketen in dieser Lagerungsart aufbewahrt. Dies erfolgte am Standort in Wendfeld.

»Zwischenbereitschaft«

Vorrangige Nutzungsart der FAR, da sie die kürzeste Zeit für die Bevorratung der Fla-Raketenabteilungen mit Fla-Raketen ermöglichte. Die Rakete war vollständig bestückt und mit Druckluft (später wurde die Betankung mit Druckluft erst vor der Überführung der Rakete in die Transportlage durchgeführt), jedoch nicht mit den Raketentreibstoffen betankt. Die Steckverbinder TR21 bis TR24 der Pyrotechnik der STW, die Steckverbinder Sch1 und Sch2 des PIM und der Sicherheitssteckverbinder Pos. 80 waren verbunden. Die Füll-, Entleerungs-, Entlüftungs- und Betankungsstutzen des

Treibstoff- und Druckluftsystems der FAR mussten gesichert und verplombt (versiegelt) sein. An den Röhren für den Gesamtdruck (PPD) und den Öffnungen für den statischen Druck (PSD) mussten die Verschlusskappen angebracht und die technologischen Bolzen von der Zelle 7 entfernt sein. Raketen in der Zwischenbereitschaft konnten auf dem mechanisierten Gestell 5JU 84A im verbunkerten Raketenlager oder auf dem Transport-Ladefahrzeug gelagert werden.
Bei der Lagerung auf 5Ju 84A war der Elektro-Luftsteckverbinder (Pos. 2) dicht mit dem Verschlussdeckel verschlossen, die Schnellverschlüsse waren gesichert und verplombt. Die Lagerung erfolgte in einem Gebäude. Bei der Lagerung auf TLF war der Verschlussdeckel vom Elektro-Luftsteckverbinder entfernt und mit dem Deckel der Schutzvorrichtung des TLF verschlossen.

Innenansicht des Raketenlagers. Das Raketenlager bestand aus drei baugleichen Räumen. Jeder Raum war mit zwei Bahnen Stahlschienen auf Betonsockeln ausgestattet. Auf diesen Schienen konnten in jeweils drei beweglichen Lagergestellen drei Fla-Raketen gelagert werden. Voll ausgestattet waren das 18 Fla-Raketen in der »Zwischenbereitschaft«, die in diesem Bauwerk gelagert wurden.

Eine Seite des Raketenbunkers der Technischen Abteilung. Auf der gegenüberliegenden Seite waren die Tore versetzt eingebaut worden. Das ermöglichte die gleichzeitige Entnahme von zwei Raketen aus einem der drei klimatisierten Bunkerräume. Links kann man noch den Rest eines Betonsockels auf der Fahrbahn sehen. Diese Sockel waren vor allen Toren in die Fahrbahn eingegossen worden und dienten als Zwangsspuren für die Transport-Ladefahrzeuge.

Eingelagerte Fla-Raketen im Lagerbunker der TA. Man kann die Art und Weise der Lagerung gut erkennen. Drei Fla-Raketen wurden auf dem linken Schienenpaar mit der Raketenspitze nach vorn, drei mit der Raketenspitze nach hinten auf dem rechten Schienenpaar eingelagert. Dies ermöglichte die gleichzeitige Auslagerung von jeweils zwei Raketen aus einem der drei Räume des Schutzbauwerkes.

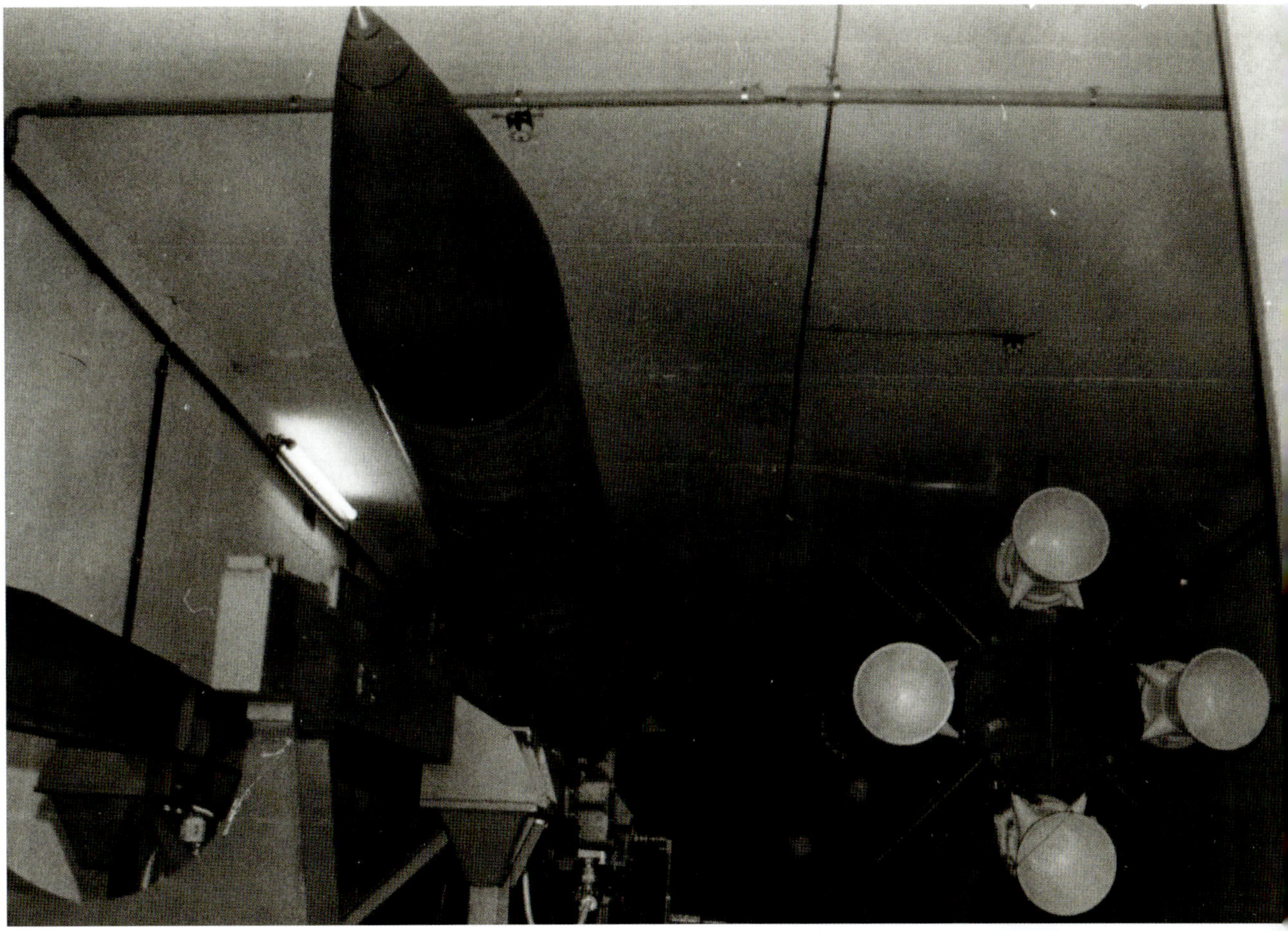

Auf diesem Bild ist die versetzte Lage der gegenüberliegenden Tore am Raketenlager der TA gut zu erkennen.

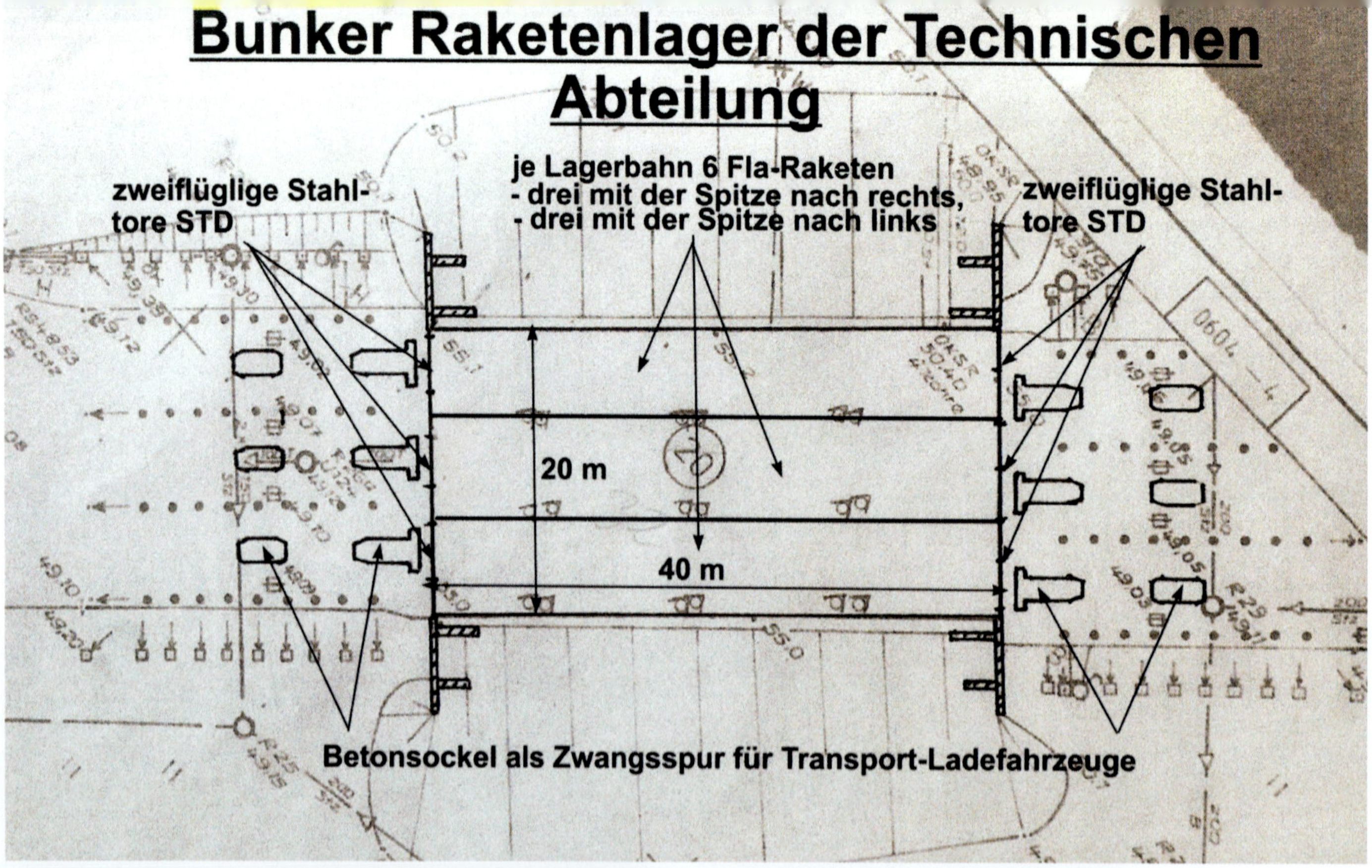

Technische Zeichnung des Raketenlagers in der Technischen Abteilung.

Eine Fla-Rakete wurde vom Lagerbunker der TA auf ein Transport-Ladefahrzeug umgeladen. Die Bedienmannschaft der TA begibt sich nach vorn, um das Spriegelgestell mit Plane über die Fla-Rakete zu schieben.

»Transportlage«
Die Rakete war auf TLF vollständig montiert und bestückt, mit Brennstoff, Oxydator und Druckluft betankt und bereit zum Abtransport in die FAR zum Gefechtseinsatz. Die Steckverbinder TR21 bis TR24 der Pyrotechnik der STW, die Steckverbinder Sch1 und Sch2 des PIM und der Sicherheitssteckverbinder Pos. 80 waren angeschlossen. Der Druck im Behälter des Druckluftarmaturenblockes und in der Hydraulik- Stickstoffanlage befand sich in Abhängigkeit von der Umgebungstemperatur im zulässigen Toleranzbereich. Die Füll-, Entleerungs-, Entlüftungs- und Betankungsstutzen des Treibstoff- und Druckluftsystems der FAR mussten gesichert, verplombt und mit PVC-Folie verklebt sein. Die Luken und Nutzungszugänge mussten verschlossen und versiegelt sein. Auf den PPD und PSD waren die Verschlusskappen angebracht. Die Abdeckhauben waren entfernt, wenn die FAR mit einer Plane abgedeckt war. Die Steckverbinder Pos. 2 und Pos. 3 der FAR mussten fest mit Deckeln verschlossen sein (auf dem TLF war der Steckverbinder Pos. 2 mit dem Deckel der Schutzvorrichtung des TLF verschlossen). Der technologische Deckel an der Stirnseite der Zelle Nr. 7 war zu entfernen. Die Rakete war auf dem Sattelauflieger in Marschlage verzurrt. Der Sattelauflieger war mit der Zugmaschine gekoppelt. Die Bremsschläuche und die elektrischen Steckverbinder zwischen Auflieger und Zugmaschine waren verbunden. Das TLF stand im Freien oder unter einem Hallendach und war in der Regel mit einer Plane abgedeckt.
Da sich die »Lebensdauer« der Raketen in dieser Lagerungsart stark verringerte, wurde nur die zur DHS-Bereitschaft

befohlene Mindestanzahl von Raketen in den Startbatterien der beiden Fla-Raketenabteilungen der FRAG gelagert.
Die Lagerfristen der FAR mit dem Zubehör waren von den jeweiligen Lagerungsarten abhängig. Befand sich die FAR in den Verpackungen und wurde im Freien gelagert (»Langfristige Lagerung«), betrug die Lagerfrist 7,5 Jahre. In der »Zwischenbereitschaft« (Lagerung im klimatisierten Bunker) betrug die Lagerungsfrist 10 Jahre. Vollständig betankt auf Transport-Ladefahrzeug, Startrampe oder Lademaschine liegend (»Transportlage«) war die Lagerungsfrist auf 5 Jahre beschränkt.
Insgesamt gehörten zum Bestand der FRAG 72 Raketen. Davon befanden sich jeweils 18 in der »Zwischenbereitschaft« in den geschützten Raketenlagern (ein Raketenlager war in der Gefechtsstellung in Prangendorf, zwei Raketenlager waren am Standort in Wendfeld). Jeweils zwei Raketen in »Transportlage« befanden sich in der Startbatterie in den beiden Fla-Abteilungen und dienten der Erfüllung der Aufgaben im Diensthabenden System. Die verbleibenden 14 Raketen befanden sich in ihren Verpackungen in »Langfristiger Lagerung« am Standort Wendfeld. Zu diesem Bestand an verschießbaren Fla-Raketen gab es noch eine entsprechende Anzahl von Imitationen, die dem Training der einzelnen Gefechtsbesatzungen dienten. Jede Startbatterie hatte eine Lehrrakete (vom Personal auch »Betonrakete« benannt), mit der das Training der Startrampenbedienungen zum Be- und Entladen von Startrampe, Lademaschine und Transport-Ladefahrzeug geübt werden konnte. Diese Rakete unterschied sich äußerlich kaum von dem Original und hatte keine Ausrüstungen an Bord. Sie war lediglich mit einem Füllstoff (vermutlich Beton) versehen, um die Massenverteilung der Original-Rakete zu imitieren. Eine Imitation der Rakete stand der Gefechtsbesatzung der Kontroll- und Prüfstation (KIPS) zur Verfügung. Sie hatte für die Signaldurchläufe die einer scharfen Rakete entsprechende elektrotechnische Ausrüstung an Bord. Zwei weitere Lehrraketen waren für das Training des Betankungspersonals entsprechend ausgerüstet und in der TA gelagert worden.

2.10.2. Die Gefechtsordnung der Technischen Abteilung (TA)

Wie oben schon erwähnt, ist die Gefechtsordnung der TA auf dem Gesamt-Gelände der FRAG entfaltet, darüber hinaus jedoch auch noch zusätzlich in sich abgeschirmt und nach innen zum übrigen Gelände der Gefechtsordnung durch einen weiteren Maschendrahtzaun mit Übersteigschutz gesichert.
Zur GO der TA gehörten der Führungspunkt und folgende Arbeitsplätze:

AP 1:
Aufbewahrung der FAR in Verpackung Nr. 1, der Flügel und Ruder in Verpackung Nr. 2 und des ersten Zellenabschnitts der Rakete in Verpackung Nr. 4, zum Ver- und Entladen der Verpackungen, zum Auspacken des Raketenkörpers und der Komplettierungsteile der FAR und deren Umladen auf die Transportmittel (Raketenkörper auf PTM, Flügel und Ruder auf den Wagen 5Ju 26, Zelle Nr. 1 auf den Wagen 5JU 27) bestimmt. (Das Lagern der Zelle Nr. 1 in Verpackung Nr. 4 im Gebäude Nr. 63 war zulässig)
AP 3:
Mit Gebäude Nr. 63: Durchführung der Entkonservierung/Konservierung, Anbau der Flügel und Ruder und Kontrolle mit der autom. Kontroll- und Prüfstation (AKIPS). Das Gebäude Nr. 63 verfügte über einen Durchfahrtsweg, auf dem der Montagewagen PTM mit der FAR für die Entkonservierung, Montage und Durchführung der Kontrollen abgestellt wurde. Im Gebäude befand sich ein Raum für die Aufbewahrung der HF-Köpfe, die Apparatekabine der AKIPS und das Gestell 5Ja 29AÄ. Die Kfz mit der Hilfsausrüstung und Energieversorgungsanlage sowie der Lufttankhänger waren außerhalb des Gebäudes aufgestellt. Die Reserve-AKIPS konnte in einer Garage oder neben dem Gebäude Nr. 63 unter einem Schleppdach abgestellt werden.
AP 4:
Mit Gebäude Nr. 70: Montage der Startbeschleuniger und Einbau des Gefechtsteils. Das Gebäude verfügte über einen Durchfahrtsweg, auf dem der Montagewagen PTM mit der FAR abgestellt war. In dem beheizten und belüfteten, mit einer Brandschutzanlage ausgestatten Gebäude befand sich ein elektrischer Hallenkran (Tragfähigkeit 2 Mp). In einem gesonderten Raum wurden die Kontrollen der Pyropatronen und Elektrokabel der STW durchgeführt.
AP 13a:
Hier erfolgte die Umladung der vollständig montierten und bestückten FAR vom Montagewagen PTM auf TLF oder die Gestelle 5Ju 84A und umgekehrt. Auf dem Arbeitsplatz erfolgte die Lagerung der FAR in der Zwischenbereitschaft.
AP 13:
Mit Gebäude Nr. 61 (Raketenlager): Aufbewahrung der Raketen in der Zwischenbereitschaft auf speziellen mechanisierten Lagergestellen (Raketenlager). Umladung der FAR von mechanisierten Lagergestellen auf Transport-Ladefahrzeuge (TLF) und umgekehrt. Das Gebäude war ein erdüberschüttetes Schutzbauwerk mit Heiz-, Belüftungs-, Beleuchtungs- und Blitzschutzanlagen sowie Brandschutzgeräten.
AP 10:
Druckluft-Betankungs-/Enttankungsplatz. Auf dem Arbeitsplatz befanden sich zwei Lufttankhänger, eine Verdichteranlage und eine Arbeitsbühne.
AP 8:
Mit Lager 65: Betankungs- und Enttankungsplatz für Brenn-

stoff »B«. Im erdüberschütteten Schutzbauwerk Lager 65 befinden sich vier ortsfest installierte Behälter mit je 25 m³ Brennstoff. Ein Behälter ist als Havariebehälter leer. Auf dem Platz befinden sich zwei Auftankanlagen 5L 22AÄ und zwei Transportanlagen ACG-5-375. Die Betankung der FAR erfolgte unter einem Schleppdach mit zwei Arbeitsbühnen.

Blick auf den Bunker für Oxydator in Prangendorf 2017.

AP 9:
Mit Lager 67: Betankungs-/Enttankungsplatz für Oxydator »O«. Der Platz war baugleich mit dem AP 8. Hier befanden sich zwei Auftankanlagen 5L 62AÄ und zwei Transportanlagen AKC-4-255B. Zusätzlich befand sich am Betankungsplatz für Oxydator eine Neutralisationsanlage. Im erdüberschütteten Schutzbauwerk des Lagers 67 waren ebenfalls vier ortsfeste Behälter installiert. Diese je 32 m³ fassenden Tanks waren wegen der chemischen Aggressivität des Oxydators aus Aluminium gefertigt. Auch hier war ein Tank als Havarietank leer.

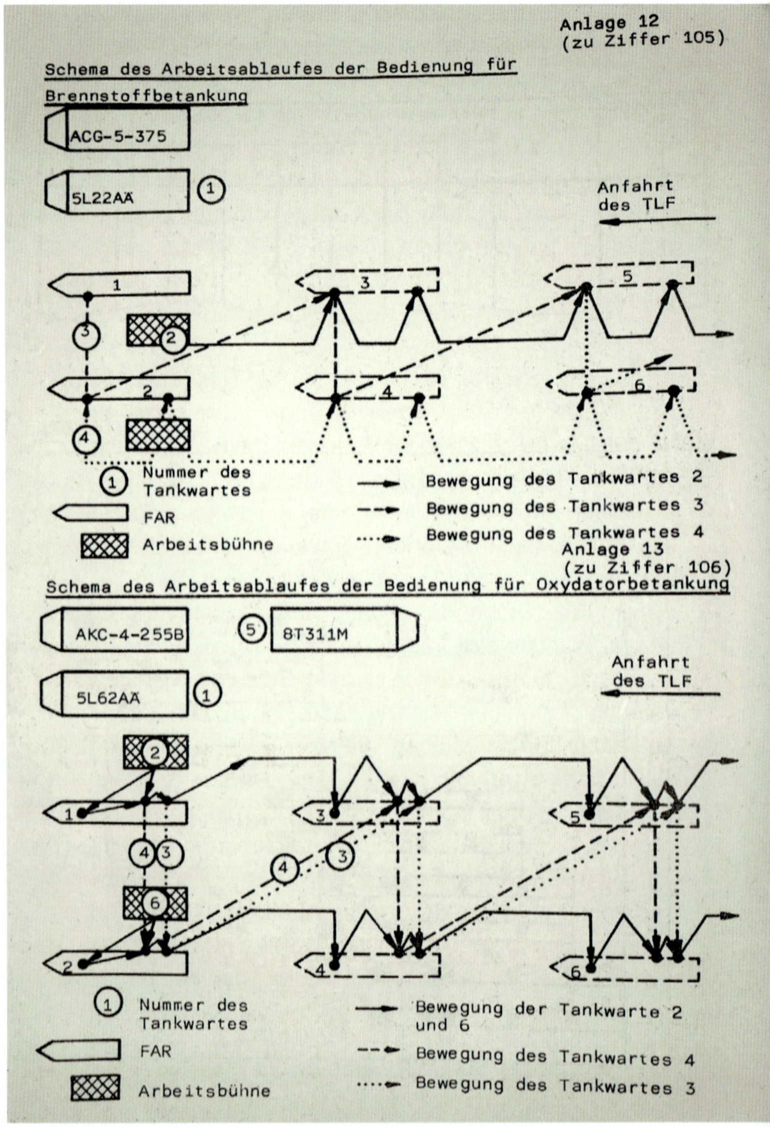

Schematische Darstellung der Arbeitsabläufe der Bedienungen für Brennstoff- und Oxydatorbetankung der Fla-Rakete.

Blick von der Ringstraße der TA auf den Bunker für Brennstoff in Prangendorf 2017.

AP 12:
Platz der Aufbewahrung und der Verladung der Gefechtsteile in Verpackung Nr. 9. Dieser Arbeitsplatz lag aus Sicherheitsgründen außerhalb des technologischen Hauptablaufes und war von den anderen Arbeitsplätzen durch einen Erdwall abgegrenzt. Die Verladungen wurden mit dem Lkw mit Ladehilfe und der Traverse 5F 58 durchgeführt. Zwei Verpackungen Nr. 9 mit den Gefechtsteilen konnten auf einem Lkw transportiert werden.
AP 14:
Platz der Aufbewahrung des Sicherungs- und Ausführungsmechanismus PIM in der Verpackung Nr. 10. Bei Gefechtsarbeit war die Verpackung Nr. 10 auf den Wagen 5Sh 22 zum Arbeitsplatz Nr. 3 (Gebäude 63) für die Kontrolle mit der AKIPS zu transportieren.
AP 16:
Platz der Aufbewahrung der bestückten, jedoch nicht vollständig montierten Starttriebwerke STW in der Einzelverpackung. Dieser Arbeitsplatz befand sich neben den Arbeitsplätzen Nr. 12 und Nr. 14. Bei der Lagerung war darauf zu achten, dass der vordere Teil der STW in Richtung unbebautes Gelände zeigte.
AP 11:
Platz der zeitweiligen Aufbewahrung defekter Gefechtsteile, PIM und Pyropatronen. Der Platz lag nicht im technologischen Ablauf und war durch einen Erdwall von anderen Arbeitsplätzen getrennt.
AP 15:
Aufbewahrungsort von Lehrraketen auf Lagergestellen 5Ju 84A.
AP 17:
Abstellplatz für Transportmittel und technische Ausrüstung. Auf dem Platz befand sich das Gebäude Nr. 84, eine Garage. Hier wurden die Auftankanlagen 5L 22AÄ und 5L 62AÄ und die Neutralisationsanlage 8T 311M sowie eine erforderliche Anzahl von Sattelzugmaschinen für die Raketentransportmittel abgestellt, die bei Auslösung höherer Stufen der Gefechtsbereitschaft als erstes eingesetzt wurden.
AP 18:
Mit Gebäude 95: Schutzbauwerk mit Heizungs- Belüftungs- und Stromversorgungsanlagen zur Aufbewahrung von EWZ-Sätzen für die FAR und Ausrüstung der TA. Hier befand sich auch der Trockenschrank 2548 S.
AP 19:
Tankstelle der TA mit Lager für Diesel- und Vergaserkraftstoff (Lager 88a) sowie Schmierstoffe (Lager 68a).
AP 20:
Der Arbeitsplatz war für Arbeiten an beschädigten Raketen zum vollständigen Ablassen der Brennstoffreste und Auswaschen der Brennstoffbehälter und -leitungen auf dem Neutralisationsgestell 5S 64 bestimmt. Der Arbeitsplatz lag nicht im technologischen Ablauf und war auf der Seite, die dem Weg zu den Stellungen der FRA zugewandt war , mit einem Erdwall umgeben. Auf dem Arbeitsplatz befanden sich Fässer mit Siedegrenzbenzin oder Petroleum und Ölbindemittel, Behälter zum sortenreinen Sammeln der Brennstoffreste und der Brennstoffreste, die mit Siedegrenzbenzin oder Petroleum verunreinigt waren, sowie andere Behältnisse, Auffangwannen und NRS-Mittel.

Schematische Darstellung der Arbeiten an beschädigten Fla-Raketen.

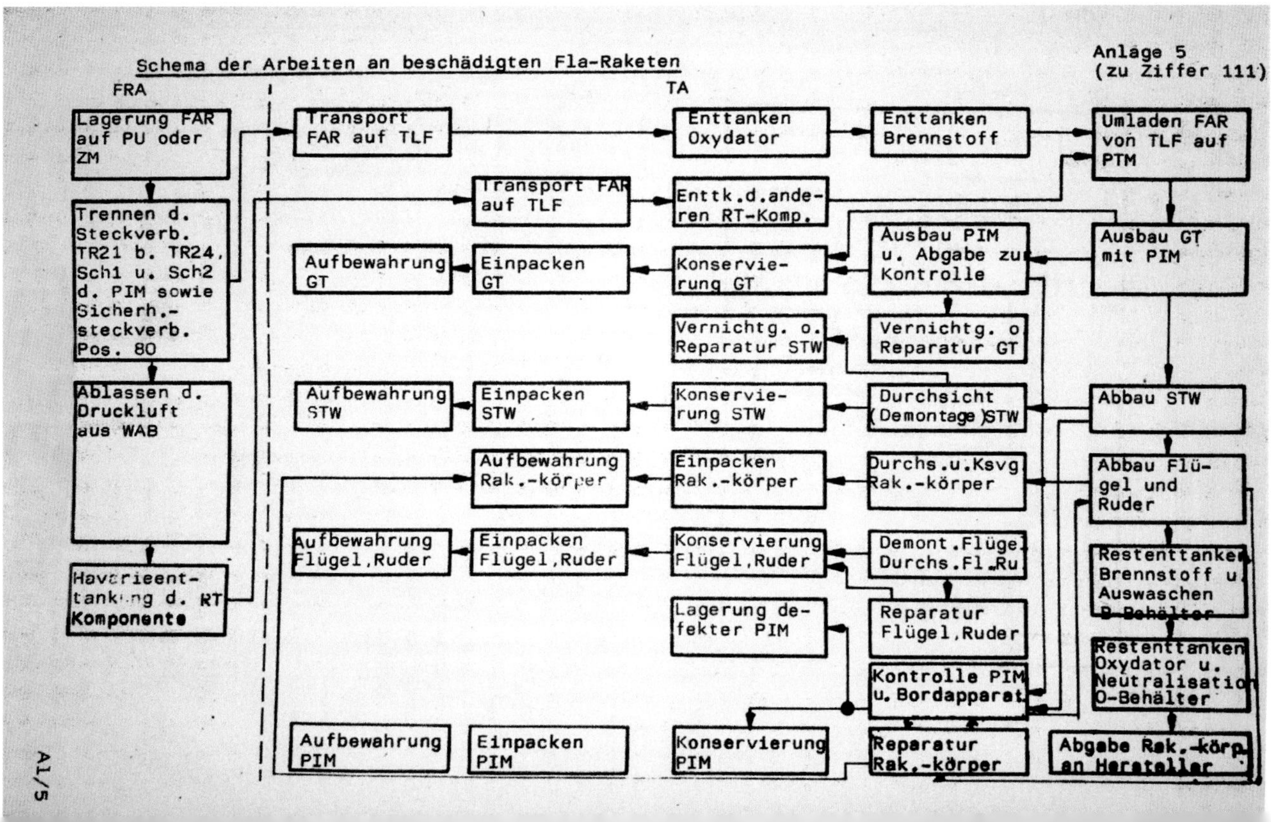

AP 21:
Wie AP Nr. 20, nur für die Restentleerung der Rakete von Oxydator. Dies erfolgte ebenfalls auf einem Neutralisationsgestell 5S 64.
Waren die Arbeitsplätze Nr. 20 und 21 nicht vorhanden, erfolgten die Arbeiten auf den AP Nr. 8 und 9.
Zur Gefechtsordnung der TA gehörten weiterhin die Stellung der Mittel für den Feuerschutz mit dem Posten für die visuelle und KCB-Beobachtung und Anlagen der Bodenverteidigung.
Der sogenannte »technologische Ablauf« in der Technischen Abteilung, gemeint ist die Reihenfolge vom Auspacken der Einzelteile der FAR über die Montage und Betankung bis hin zur Überführung der verschussbereiten Rakete zur Startbatterie, war wie folg festgelegt: AP 1 → AP 3 → AP 4 → AP 13 (Umladung der Rakete auf Gestell 5Ju 84A oder auf TLF) →AP 10 → AP 8 → AP 9 → Abfahrt zur befohlenen Startstellung einer FRA.
Auf dem Portal »www.s200.de/komplex-s200« im Internet kann man lesen:
Nach NVA-Vorschrift war bei Alarmierung binnen der ersten Stunde eine Rakete, danach alle 30 Minuten den FRAs zur Verfügung zu stellen. Da in der Praxis die Arbeitsplätze in Form eines zweigleisigen Fließbandes aufgebaut waren, schafften trainierte Bedienungen alle 20 min zwei verschussbereite Fla-Raketen den Schießkanälen zur Verfügung zu stellen.

2.10.3. Bestimmung und Ausrüstung der TA

Der TA stand für die Erfüllung der unterschiedlichsten Aufgaben eine umfangreiche Ausrüstung zur Verfügung. Die folgende Übersicht zeigt die wichtigsten Elemente.
<u>Transport- und Ladefahrzeug (TLF) 5T 28M1Ä:</u>
Diente dem Transport und der Lagerung vollständig bestückter, betankter und nichtbetankter Fla-Raketen, Be- und Entladen der Startrampe und mechanisierten Lagergestelle, Be- und Enttanken der Fla-Raketen mit Raketentreibstoffen und Kontrollen der Bordapparatur mit der AKIPS auf TLF.

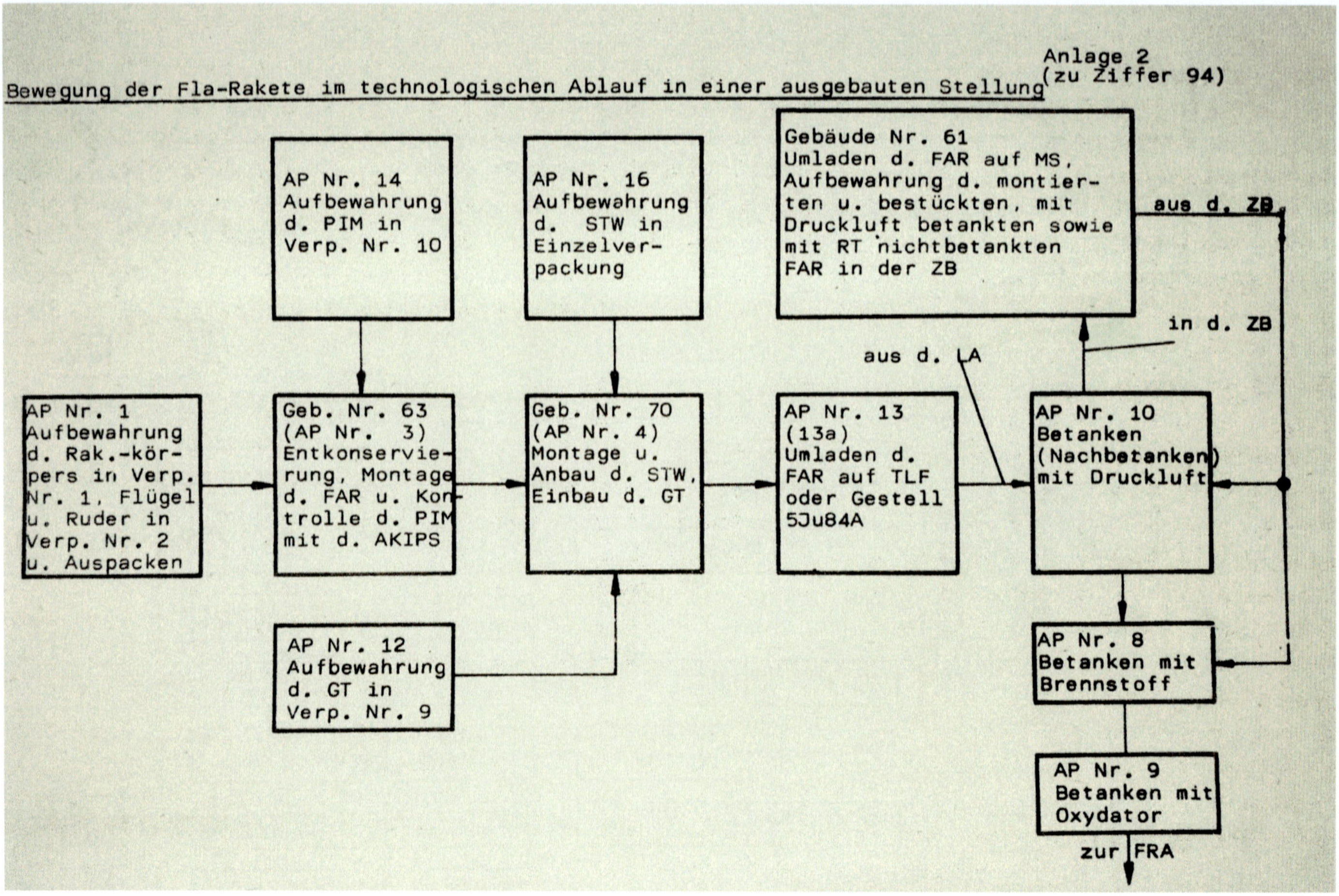

Schema des Technologischen Ablaufes bei der Komplettierung der Rakete. Hier sind die Montageschritte von der Überführung der Fla-Rakete aus der »Langfristigen Lagerung« bis zur Verschussbereitschaft und Überführung in die Startbatterien der Fla-Raketenabteilungen dargestellt.

Transport-Ladefahrzeug (TLF) 5T 82M1Ä mit Rakete 5W 28Ä, Zugmaschine Kraz-260

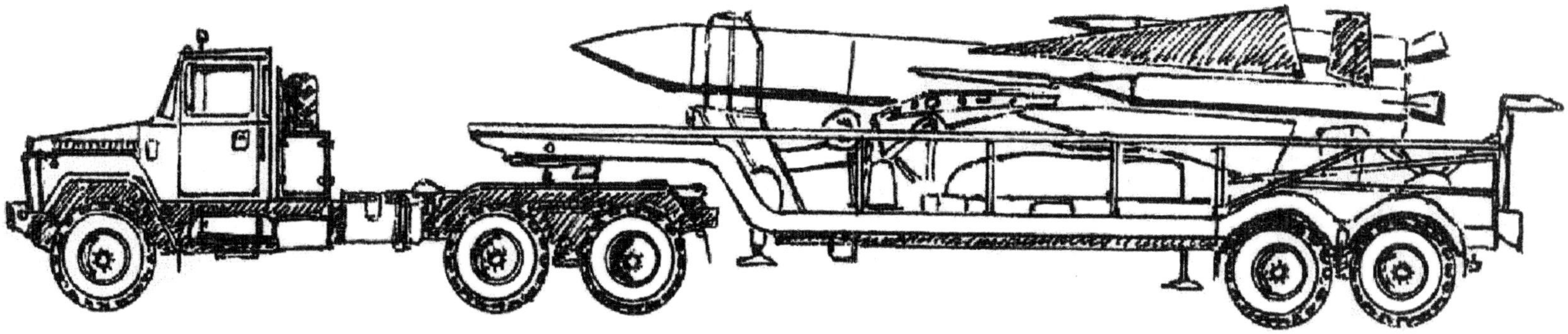

Zeichnung eines TLF mit Fla-Rakete. Die Spezialauflieger waren grundsätzlich mit einem Spriegelgestell und Plane ausgestattet. Diese Gestelle waren über Schienen beweglich und schützten die Fla-Rakete vor Witterungseinflüssen. Hier ist das Zugmittel bereits als KrAZ-260, wie sie in der zweiten FRAG 411 in Badingen zum Einsatz kamen, dargestellt. Die Erstausstattung der FRAG 431 in Prangendorf erfolgte noch mit dem KrAZ-255.

Lastzug 5T 53Ä:
Diente dem Transport und der Lagerung eines oder zweier Einzelblöcke der vollständig montierten, bestückten und betankten FAR, Transport der Lademaschinen, der Startrampe und der Unterlafette mit Horizontiereinrichtung der Startrampe, der Transportvorrichtung 5Ch 29 sowie des Transport- und Montagewagens 5F 94.

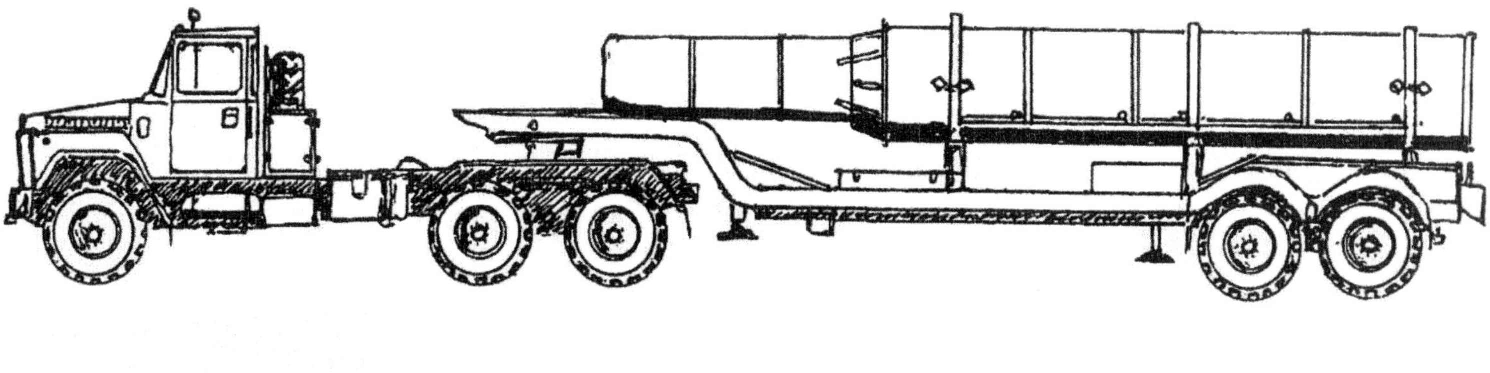

Lastzug 5T 53MÄ mit Spezialauflieger zum Transport von zwei Containern mit der 2.Stufe der Rakete 5W 28Ä Zugmaschine Kraz-260

Zeichnung eines Zugmittels mit Spezialauflieger zum Transport von zwei Containern mit der zweiten Stufe der Fla-Rakete ohne Flügel, Ruder und Starttriebwerke.

Das gleiche Zugmittel auf einem Foto.

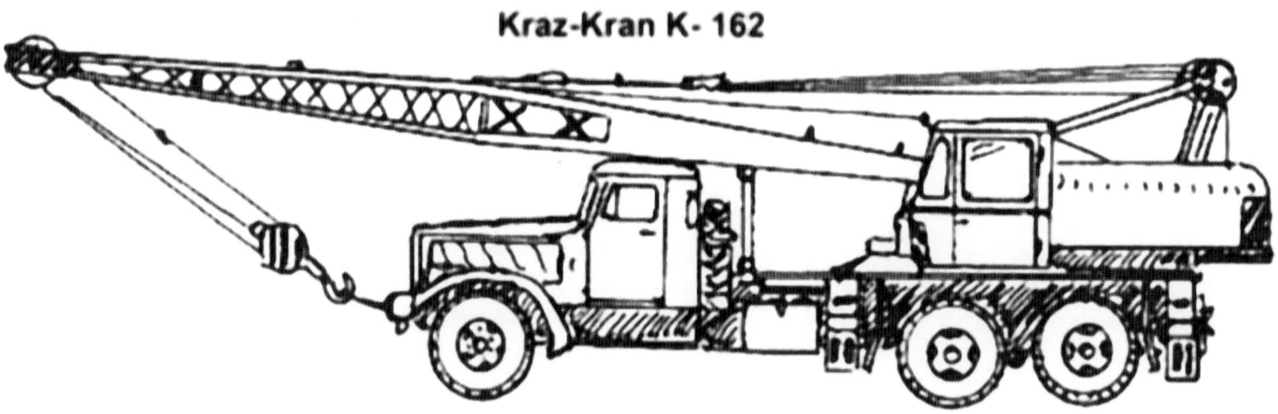

Zeichnung Autodrehkran K-162 auf Basisfahrzeug KrAZ-255. Dieser Kran gehörte zur Standartausrüstung der Fla-Raketentruppen und war auch bei S-200 im Bestand der Technischen Abteilung zu finden.

Sattelzugmaschine ZIL 131W:
Zum Schleppen des Montagewagens PTM 5F 94.01
Lkw KrAZ 255 B1:
Zum Transport der Starttriebwerke in der Verpackung bei Auffüllung des Kampfsatzes durch die TA und Transport der technologischen Ausrüstung.
Hubstapler 4051 M:
Diente zum Umladen der vollständig montierten, bestückten und nicht mit Raketentreibstoffen betankten FAR, des Raketenkörpers, der Verpackungen NR. 1, 2, 3 und von Einzelblöcken.
Autodrehkrane (ADK) AD-28, ADK-128 und KS-4561 AM:
Dienten zum Umladen vollständig montierter, bestückter, betankter und unbetankter FAR und verschiedener Verpackungen, Ver- und Entladen der Ausrüstung der Funktechnischen Kompanie, der Startbatterie und der TA, außerdem eingesetzt bei deren Abbau und Entfaltung.
Lkw KrAZ 255 mit Ladehilfe 5912 (5JU 90A):
Diente dem Umladen und dem Transport von vier montierten und nichtmontierten STW oder zwei Gefechtsteilen in der Verpackung auf Spezialhalterungen.
Transport- und Montagewagen (PTS) 5F 94:
Eingesetzt bei der Entkonservierung und Konservierung des Raketenkörpers, dem Anbau der Flügel, Ruder und Start-

triebwerke am Raketenkörper und der Kontrolle der Bordapparatur mit der AKIPS. Zum PTS gehörten weitere Teile wie Umlader, verschiedene Vorrichtungen, Traversen, Ständer, Ketten und Seile, die speziell zur Ausführung bestimmter Arbeiten vorgesehen waren. Einige Teile seien hier genannt:

- Montagewagen 5F 94.01, Umlader 5F 94.07, die Vorrichtungen 5F 94.05, 5F 94.02 und 5F 94.03, Werkbank 3032 F sowie der Ständer 5F 94.08.
- Arbeitsbühne 5F 94.04: Erleichterte die Arbeiten an der FAR, die auf dem PTM, dem Gestell 5Ju 84A oder auf dem Neutralisationsgestell 5S 64 lagerte.
- Prüfstand 5JA 91: War für die regelmäßigen Belastungskontrollen der Lastaufnahmemittel erforderlich.

Verdichteranlage UKS-400W-131:
Erzeugte die Druckluft zur Betankung des Lufttankhängers und anderer Druckgefäße.

Lufttankhänger 5L 94:
Speicherte die Druckluft zur Betankung der Rakete mit Druckluft und zur Füllung anderer Druckgefäße mit unterschiedliche Drücken.

Auftankanlage 5L 22AÄ:
Wurde zum Be- und Enttanken der Brennstoffbehälter der Rakete verwendet.

Auftankanlage 5L 62AÄ:
Wurde zum Be- und Enttanken der Oxydatorbehälter der Rakete verwendet.

Wasch- und Neutralisationsfahrzeug 8T 311M:
Ermöglichte das Durchspülen der Behälter und Rohrleitungen der FAR nach dem vollständigen Ablassen der Oxydatorreste. Das Fahrzeug wurde für alle Waschvorgänge bei der Arbeit mit Oxydator und anderen aggressiven Flüssigkeiten sowie zum Löschen von Bränden eingesetzt.

Lufterhitzer 8G 27K:
Diente zur Sicherstellung von Entkonservierungsarbeiten an der FAR und zum Trocknen der Treibstoffbehälter und der Treibstoffleitung nach dem Spülen und Auswaschen.

Kontroll- und Prüfkomplex (AKIPS) 5K 43Ä:
Die umfangreichen Apparaturen des Komplexes befanden sich auf drei Lkw. Der Komplex war für die Kontrolle der Bordapparatur der FAR und der Blöcke aus dem EWZ-Satz bestimmt. Die AKIPS bestand aus folgenden Systemen:

- Apparatekabine AM-43 mit Sattelzugmaschine ZIL-131W
- Energieversorgungsanlage ÄM-43 auf KFZ URAL-375
- Hilfsausrüstung WM-43W auf KFZ URAL-375
- Luftkühler WO-317M

Stromversorgungsanlage (SVA) 5E 62ÄS (5E 62ÄP):
Zur Stromversorgungsanlage der Stellung der TA 5Sh 61A gehörten folgende Elemente:

- Dieselelektrostation (DES) 5E 96 2 x 200 kW, Hautstromquelle der SVA des technologischen Ablaufes.
- DES 5E 97 mit 200 kW Leistung zur Versorgung der Verbraucher im technologischen Ablauf mit Elektroenergie (zugleich Reserve-DES für die Stellung der FRA).
- Dieselelektroaggregat (DEA) ÄSD-30-WS/400M2 zur Stromversorgung von Verbrauchern mit geringer Leistung.
- Kabelverlegeanlage und Kabelsatz 5E 79MÄ (5E 79MP) zur Verteilung der Elektroenergie an die Verbraucher über die Verteileranlage und deren ortsveränderlichen Verteilereinrichtungen.
- Kabelverlegewagen KU-03T für das Ver- und Entladen von Kabel und Gerät beim Entfalten und Abbau der Verteileranlage.
- Drehstrom-Öltransformator mit Buchholzschutz (auch Bucholz-Relais genannt), Typ 2500-10-30 (5E 74M) zur Transformierung der Mittelspannung 6 bzw. 10 kV des stationären Energieversorgungsnetzes (Landesnetz) auf 400 V zur Stromversorgung der Verbraucher.
  Buchholzschutz ist eine elektrische Schutzeinrichtung, die in flüssigkeitsisolierten Leistungstransformatoren und in Drosselspulen mit Ausdehnungsgefäß Verwendung findet. Die 1921 von dem Ingenieur Buchholz entwickelte Einrichtung signalisiert kleinere Fehler (sogenannte »Buchholzwarnung«). Größere, stromstarke Fehler wie zum Beispiel Kurzschlüsse führen durch die »Buchholzauslösung« zum automatischen Abschalten des Trafos / der Drossel, um deren Zerstörung zu verhindern.
  Der Transformator war auf einem Rollenkasten aufgebaut und konnte, indem die Rollen umgesteckt wurden, längs bzw. quer bewegt werden. Er hatte bei einer Höhe von 3,20 m, einer Breite von 3,00 m und einer Tiefe von 1,95 m ein beachtliches Gesamtgewicht von 8,2 t.
- Belastungswiderstände 1860 mit 45 kW zur Sicherstellung der Nennbelastung der DES 5E 96 und 5E 97.

Nachrichtengeräte:
Zu den Nachrichtengeräten gehörten eine Fern- und Wechselsprechanlage, eine Funkstation R-109M und Leistungsverstärker UM-2 und UM-3. Die Geräte stellten die Verbindungen zwischen dem Führungspunkt der TA und den Arbeitsplätzen (Gebäuden) und dem Gefechtsstand der FRAG sicher.

Personalbestand:
Entsprechend der Dienstvorschrift DV 112/0/021 war je nach Aufgabenstellung folgender Personalbestand notwendig:

- Bei gleichzeitiger Vorbereitung von FAR aus der Zwischenbereitschaft und der langfristigen Aufbewahrung:
  9 Offiziere, 5 Fähnriche und 78 Unteroffiziere und Soldaten
- Bei Vorbereitung der FAR aus der Zwischenbereitschaft:
  7 Offiziere, 3 Fähnriche und 45 Unteroffiziere und Soldaten
- Bei Vorbereitung der FAR aus der langfristigen Aufbewahrung:
  9 Offiziere, 5 Fähnriche und 58 Unteroffiziere und Soldaten.

3. Die Gefechtsarbeit des Fla-Raketenkomplexes S-200

Inzwischen gibt es eine recht umfangreiche Literatur zu den Fla-Raketen-Truppen der NVA. In diesen Büchern findet man umfassende Erklärungen zum Diensthabenden System sowie zu den Bereitschaftsstufen B1, B2 und B3.
Deshalb soll in diesem Buch nur das Wesentliche der Gefechtsarbeit mit dem S-200 dargestellt werden.

3.1. Vorläufige Vorbereitung des Schießens der FRAG

Unter Vorbereitung des Schießen versteht man die Gesamtheit von Maßnahmen, die auf dem Gefechtsstand der Fla-Raketenabteilungsgruppe durchgeführt wurden, um die Erfüllung der Gefechtsaufgabe mit hoher Effektivität, Ökonomie und in kürzester Zeit zu gewährleisten.
Während der Führung der Gefechtshandlungen war es möglich, dass die Verbindung zum Gefechtsstand der Brigade abbrach. Deshalb musste der Kommandeur der FRAG die Luftlage ständig selbst beurteilen und die möglichen Arten der Gegenwirkung des Gegners berücksichtigen. Dem Kommandeur standen dafür Daten des Höhenmessers PRW-17, der weitreichenden Rundblick-Aufklärungsstation P-14 und der Ziel-Aufhellstation auf Sichtgeräten zur Verfügung. Im Gefechtsstand wurde die aktuelle Luftlage zusätzlich auf einer Luftlage-Karte dargestellt.
Ziel der Einschätzung der Luftlage durch den Kommandeur war das Bestimmen von:

- Anzahl der Ziele,
- Anflugzeit,
- Zeitintervalle zwischen den einzelnen Zielen,
- Charakter der Ziele und deren Wichtigkeit (Prioritäten),
- Gegenwirkungen durch den Gegner,
- Anwesenheit eigener Flugzeuge im Luftraum,
- Möglichkeiten des Fla-Raketenkomplexes zur aufeinanderfolgenden Zielbekämpfung und
- erforderliche Anzahl von Fla-Raketen.

Die vorläufige Vorbereitung begann mit der Bereitschaftsstufe B1 und endete entweder mit dem Empfang der Zielzuweisung in der K-9 oder mit der Entschlussfassung des Kommandeurs der FRAG zur Bekämpfung bei selbstständigen Gefechtshandlungen.
In der Fla-Raketenabteilung endete die vorläufige Vorbereitung mit der Meldung des Kdr. der FRA über die Überführung der FRA in B1 oder die »Bereitschaftsstufe B_{start}«.
Der Befehl zum Übergang in die Bereitschaftsstufe B1 oder B_{start} wurde auf Signal (Sirene) vom Gefechtsstand der 43. Fla-Raketen-Brigade gegeben. Das Signal wurde vom Offizier »Zielverteilung« über Wechselsprechanlage doubliert.
Es wurden zwei Regime zum Einschalten des Fla-Raketenkomplexes unterschieden, das »Normale Regime« und das »Beschleunigte Einschalten«. Während beim normalen Regime Funktionskontrollen im vollen Umfang durchgeführt und die Dieselelektrostationen nach Vorschrift hochgefahren wurden, erfolgte dies beim beschleunigten Einschalten nicht. Damit verkürzte sich die Einnahmezeit in die Stufen B1 und B_{start} erheblich. Für die Dieselmotoren der Stromaggregate bedeutete dieses forcierte Einschalten allerdings eine enorme Verschleißbelastung. Das beschleunigte Einschalten wurde deshalb auch nur im äußersten Fall angewendet.
Während des Einschaltens des Fla-Raketenkomplexes im normalen Regime wurde von der Startleitkabine K-3 das Kommando zum Beladen der Startrampe ausgegeben. Die Stromversorgung wurde auch hier vom Netz auf Dieselelektrostation umgeschaltet. Die Überführung in B1 dauerte 5 min mit Netzversorgung und 7 min mit eigener Stromversorgung (DES).
Beim Umschalten auf Diesel-E-Station erfolgte die Zuschaltung der einzelnen Apparaturen nacheinander. Im Abstand von 5–6 sec erfolgte die Zuschaltung der Technik der einzelnen Abteilungen.

Das beschleunigte Einschalten setzte voraus, dass sich bereits Raketen auf Startrampen befanden. Nach ca. 20 sec arbeitete die Spannungsstabilisierung der Kabine K-22 und signalisierte ihre Arbeitsbereitschaft. Die Mittel der Startbatterie wurden zugeschaltet. Auch hier wurden nur ausgewählte Funktionskontrollen durchgeführt.
Bei B_{start} wurde sofort die Speisung zu den Startrampen zugeschaltet und die Raketen gingen in »Vorbereitung«.
Für das Warmlaufen der Systeme wurden 150 sec benötigt. Bei Netzversorgung konnte nach 170 sec, bei DES-Versorgung nach 230 sec von B1 auf B_{start} gegangen werden.
Wenn von der Bereitschaftsstufe B2 gleich auf B_{start} übergegangen werden sollte, so brauchte man für das Einschalten des FRK 3,14 min bei Netz- und 4,14 min bei Stromversorgung von DES, wenn sich die Raketen noch auf den Lademaschinen befanden. Waren die Raketen bereits auf der Startrampe, verkürzte sich die Einschaltzeit mit Netzversorgung auf 2,5 min und mit DES auf 3,5 min.
Die »Vorläufige Vorbereitung« der Raketen umfasste folgende Arbeiten:

- Wegschwenken der Tarndächer und deren Verzurrung in der Ausgangslage,
- äußere Durchsicht der FAR auf Schrammen (besonders an der Haube für den Zielsuchkopf) und auf Austritt von Gasen aus den Treibstoffbehältern, Beladung der Startrampe mit Lademaschine oder Transportladefahrzeug und
- Kontrolle der Pyrotechnik. Die Kontrolle der Pyrokreise umfasste die elektrische Kontrolle der Startkreise, die vom »Startkommando« durchlaufen wurden und im Gefechtsfall zum Zünden der Starttriebwerke führten.

Um einen Eindruck von der komplexen Gefechtsarbeit der Funktechnischen Kompanie einer FRA zu erhalten, sollen nun dazu einige Ausführungen folgen.
Zu einer Gefechtsbesatzung gehörten der Leiter der Gefechtsbesatzung, in der Regel der Kommandeur der FRA, der »Startoffizier« (Stellv. für Leitung), der Funkorter »Leiten«, der Funkorter »Erfassen«, ein Mechaniker für die Stromversorgungsanlage und ein Mechaniker der Antennenkabine K-1.
Der Leiter der Gefechtsbesatzung

- leitete die Gefechtsarbeit und empfing die Kommandos aus der K-9,
- stellte die Aufgabe für die objektive Kontrolle,
- stellte dem »Startoffizier« bei Erhalt des Kommandos die Aufgabe zur »Vorbereitung der Raketen« aus der K-9,
- kontrollierte die Richtigkeit der Ausführung der Kommandos,
- setzte die Anordnungen des Frequenzschutzes durch,
- präzisierte Charakter, Typ und Anzahl der Luftangriffsmittel und die Betriebsart der Zielaufhellstation K-1,
- stellte die Aufgabe zur periodischen Kennungsabfrage und zur Vernichtung des Luftzieles in Übereinstimmung mit den Kommandos aus der K-9,
- forderte die Auffüllung mit Fla-Raketen an,
- kontrollierte das Journal der Informationen und Meldungen und
- war verantwortlich für die Organisation der Arbeit der Gefechtsbesatzung unter Einwirkung von Massenvernichtungsmitteln.

Der »Startoffizier« leitete die Funktionskontrolle und meldete Einsatzbereitschaft der Apparatur, kontrollierte den Zustand der Startapparatur über die anliegenden Signale aus der Kabine K-3, schätzte die Lage der Vernichtungszone zum Zielsignal ein und bestimmte die Bereitschaft der Raketen zum Start (der Selbstlenkkopf der Rakete war im Modus »Automatisch Suchen«), er war für die Kennungsabfrage und den Start verantwortlich, bestimmte den Treffpunkt zum Ziel und zeichnete verantwortlich für die objektiven Kontrollen.
Der Funkorter »Leiten« nahm an der Funktionskontrolle teil und führte das Suchen und Auffassen von Zielen durch (konische- oder Sektorsuche), er leitete die Ziel-Aufhellstation nach den Winkeln der Zielkoordinaten mit solcher Genauigkeit, dass das Auffassen des Ziels auf den Sichtgeräten »Entfernung« und »Geschwindigkeit« realisiert werden konnte, er begleitete das Ziel mit entsprechenden Markierungen auf den Sichtgeräten und führte auf Kommando des Kommandeurs den Zielwechsel durch. Darüber hinaus hatte der FO »Leiten« ständig den Zustand seiner Apparatur anhand von Messgeräten und Signallampen zu kontrollieren. Unregelmäßigkeiten wurden sofort gemeldet.
Der Funkorter »Erfassen« nahm an der Funktionskontrolle teil, war für das Auffassen des Luftangriffsmittels bei genauer Zielzuweisung verantwortlich, führte die Folgesysteme auf das Ziel und übernahm die automatische Suche 3, 4. Er bestimmte die genaue Entfernung (Nonius), kontrollierte die automatische Suche (AS) und führte sofort bei Abriss AS (automatische Suche) ein erneutes Auffassen durch. Außerdem nahm er entsprechende Schaltungen vor, wenn die Ziele manövrierten bzw. Störungen empfangen wurden. Nach Ende der Gefechtsarbeit stellte er die Ausgangslage her.
Der Mechaniker der Stromversorgungsanlage nahm an den Funktionskontrollen teil, kontrollierte die Primärspannungen und stellte diese ein. Er führte das Buch der Weisungen und Meldungen.
Der Mechaniker der K-1 nahm an den Funktionskontrollen teil, kontrollierte die Einsatzbereitschaft der Antennenkabine K-1 und stimmte bei Notwendigkeit die Kennungsapparatur »Tantal« ab.

3.2. Die Überführung der Gefechtsstandbesatzung der FutK in die Bereitschaftsstufe B1

Bei der Auslösung von »B1« besetzte die Gefechtsstandbesatzung ihre Arbeitsplätze, die Apparaturen wurden zum Einschalten vorbereitet und die Ausgangslage der Schalterstellungen kontrolliert.
Auf Befehl des Leiters der Gefechtsstandbesatzung wurde die Funktionskontrolle (FK) durchgeführt. Nach erfolgreichem Abschluss wurde die FK von den einzelnen Arbeitsplätzen abgemeldet.
Wie die Gefechtsarbeit in rascher Folge unter der Bedingung einer genauen Zielzuweisung auf ein Einzelziel ablaufen konnte, soll der nachfolgende Text in gestraffter Darstellung verdeutlichen.
Vom Kommandeur der FRAG kommt aus der K-9 der Befehl:
»Fla-Raketenabteilung ... Ziel auffassen!«
Der Kommandeur der betreffenden FRA quittiert den Befehl:
»Abteilung bereit zum Gefecht! Ziel auffassen!«
Liegt die entsprechende Signalisation über Entfernung, Höhe, Seitenwinkel und Geschwindigkeit an, meldet der Startoffizier:
»Zielzuweisung abgearbeitet!«
Sofort befiehlt der Kommandeur:
»Volle Leistung!«
Der FO »Leiten« schaltet volle Leistung.
Wenn der Funkorter »Erfassen« das Ziel nicht erfassen kann, meldet er:
»Ziel nicht erfasst!«
Sofort folgt der Befehl vom Kdr.:
»Konisches Suchen!« (nach 7–10 Sekunden wird automatisch auf Sektorsuche umgeschaltet)
Gleichzeitig meldet der Startoffizier, der die Kennungsabfrage durchgeführt hat:
»Ziel mit (bzw. ohne) Kennung«
Sieht der FO »Leiten« ein kreisrundes Zielzeichen, meldet er:
»Ziel aufgefasst!«
Sofort wird die Sektorsuche ausgeschaltet, und wenn nötig werden die Handräder auf das Zielzeichen nach dem Höhen- und Seitenwinkel leicht nachgedreht.
Es folgt unmittelbar vom FO »Erfassen« die Meldung:
»Einzelziel!«
Jetzt meldet der Kdr. Fla-Raketenabteilung an den Kdr. der FRAG zur K-9:
»FRA ... Ziel aufgefasst! Einzelziel«
An die eigene Gefechtsstandbesatzung ergeht der Befehl:
»Zieltyp bestimmen!«
Der FO »Leiten« meldet:
»Spektrum ...!«
Der FO »Erfassen« meldet:
»Entfernung ...!«
Mit Hilfe einer Tabelle bestimmt der Startoffizier nach der Entfernung und dem Signal-Rausch-Verhältnis den Zieltyp. Er meldet (z. B.):
»Typ des Zieles Schwerer Bomber!«
Das meldet der Kdr. der FRA an den Kdr. FRAG in die K-9 weiter:
»Zieltyp Einzelziel, Schwerer Bomber!«
Der Kdr. der FRAG befiehlt der ausgewählten FRA:
»Fla-Raketenabteilung ... vorbereiten 2!«
Der Kdr. FRA befiehlt der Gefechtsbesatzung der Kabine K-3:
»Vorbereiten 2!«
Inzwischen meldet der FO »Leiten«:
»Zielteilung!«
Es folgt unmittelbar vom Kdr. der Besatzung:
»Zielwechsel durchführen! Schnellfliegendes Ziel begleiten!«
Der FO »Leiten« quittiert diesen Befehl:
»Zielwechsel durchgeführt, begleite schnellfliegendes Ziel!«
Der Startoffizier kontrolliert mit Hilfe von Sichtgeräten, ob die Zielsuchköpfe der vorbereiteten Raketen das Ziel begleiten, und meldet, wenn nicht:
»Fla-Rakete sieht Ziel nicht!«
Der Kdr FRA meldet an den GS der K-9:
»Zielnummer ... Zielteilung! Begleite schnellfliegendes Ziel!«
»Verdecktes Ziel!«
Es folgt der Feuerbefehl aus der K-9:
»Verdecktes Ziel bekämpfen! Ziel vernichten 2 Reihe!«
Das wird vom Kdr. der FRA im Gefechtsstand der K-2 sofort bestätigt:
»Verdecktes Ziel bekämpfen!«
An die K-3 geht der Befehl:
»Starterlaubnis!«
Vom Startoffizier kommt die Meldung:
»2. und 3. bereit! Ziel in der Vernichtungszone!«
Gleichzeitig meldet der FO »Erfassen«:
»Geschwindigkeit ...!«
Der Startoffizier kontrolliert die Vernichtungszone, das Zielzeichen und den Treffpunkt und meldet:
»Fla-Raketen bereit!«
Er kontrolliert die Ausgabe Starterlaubnis und führt erneut die Kennungsabfrage durch. Befindet sich das Ziel innerhalb der Vernichtungs- oder Feuerzone, meldet er:
»Ziel innerhalb der Vernichtungszone (oder Feuerzone)!«
Nun folgt der Feuerbefehl des Kdr. der FRA an seine Gefechtsbesatzung:
»2 Reihe Start!«

Der Startoffizier drückt die Blockierungsknöpfe und die Startknöpfe und meldet:
» 1. Start ... 2. Start!«
An den Kdr. der FRAG meldet er:
»FRA ... Start erfolgt!«
Es folgt das Kommando des Startoffiziers:
»Achtung Treffpunkt!«
Vom FO »Erfassen« kommt die Meldung:
»1. und 2. zerlegt! Ziel vernichtet!«
Diese Meldung wird vom Kdr. der FRA an die K-9 weitergegeben:
»FRA ... Ziel vernichtet! Verbrauch 2!«
Es folgt die Beendigung der Gefechtsarbeit mit dem Befehl:
»Leistung abschalten!«
Der FO »Leiten« schaltet die Leistung ab, der FO »Erfassen« schaltet die automatische Suche der Zielaufhellstation aus. Der Startoffizier stellt die Ausgangslage her.
An den einzelnen Arbeitsplätzen werden alle Schalter in Ausgangslage gestellt.

Das TLF ist mit der Startrampe verbunden. Die Fla-Rakete ist vorn bereits angehoben und die Rollenauflage am hinteren Teil der Rakete sitzt auf der Gleitbahn der Raketenwiege auf. Der Schlitten auf dem TLF schiebt die Rakete auf die Raketenwiege der Startrampe. Danach wird sich die Spindelauflage des Schlittens des TLF wieder absenken und die Rakete setzt sich auf der Bügelauflage am unteren Starttriebwerk auf der Raketenwiege ab.

3.3. Die Gefechtsarbeit in der Startbatterie

Das Transport-Ladefahrzeug wird zur Beladung der Startrampe vorbereitet. Das Spriegelgestell ist bereits zurückgefahren worden. Die Transportzurrung auf der Rakete muss noch entfernt werden. Zur Vorbereitung des TLF gehörte auch das Ausklappen des Anschlages in der Mitte des Aufliegers. Er begrenzte die Entfernung zwischen Startrampe und TLF.

Nach Beladung der Startrampe mit TLF erfolgt die Umladung auf Lademaschine. Hier im Bild die Lademaschine 2. Eine direkte Beladung der Lademaschine und der Startrampe war auch mit dem Kran K-162 möglich.

Die Lademaschine hat die Rakete übernommen und fährt zurück in den Bunker. Im Bild rechts ist das nach hinten weggeschwenkte Tarndach zu sehen. Die beachtliche Konstruktion diente der Erschwerung der Aufklärung aus der Luft, ob eine Startrampe mit einer Fla-Rakete beladen ist oder nicht.

Die Raketenwiege befindet sich im Startwinkel von 48°. Das mit Tarnnetzen überspannte Tarndach ist über den Erdwall geschwenkt worden. Die anwesende Startrampenbedienung deutet darauf hin, dass es sich hier um Kontroll- und Wartungsarbeiten an der Startrampe handelt und die Fla-Rakete keine »scharfe« Rakete ist.

Der Hauptteil der Gefechtsarbeit der Startbatterie spielte sich im engen Zusammenwirken mit der FutK in der Startleitkabine K-3 ab. Für die Startrampenbedienungen selbst hatte sich die Gefechtsarbeit durch den im Vergleich zu den vorherigen Fla-Raketen-Komplexen hohen Automatisierungsgrad der Ladetechniken wesentlich vereinfacht.
Die körperliche Schwerstarbeit, wie sie vom Startrampenführer mit seinen drei Kanonieren zu leisten war, um die 2,395 Tonnen schwere Rakete des Systems »Wolchow« von dem Transport-Ladefahrzeug auf die Startrampe umzuladen, war mit der Gefechtsarbeit der Startbatterie des S-200 nicht mehr vergleichbar, wäre aber so auch nicht mehr machbar gewesen.
Im vorangegangenen Kapitel »Das Waffensystem« sind die Möglichkeiten zur Umladung der Rakete für die verschiedenen Gefechtslagen nachzulesen. Die dreifach schwerere Rakete des S-200 wurde während der Gefechtsarbeit über elektromechanische Antriebe hauptsächlich halbautomatisch oder vollautomatisch in die jeweiligen Lagen gebracht.
Eine Be- und Entladung der Startrampe, der TLFs und Lademaschinen mit einer Rakete konnte auch mit dem Kran erfolgen.
Da selbst ein Training für Verlegungen von Elementen der Startbatterie nicht vorgesehen war, beschränkte sich das Entfalten der Startrampen und Lademaschinen von Marschlage in Gefechtslage auf eine einmalige Tätigkeit und war von der körperlichen Belastung der Startrampenbedienungen her ebenso wenig mit den entsprechenden Tätigkeiten beim System »Wolchow« vergleichbar, wie bei den zuvor beschriebenen Umladungen von Raketen.
Die Startrampen des S-200 waren selbst nicht fahrbar und wurden per Kran auf einem Transportfahrzeug in zwei Teile zerlegt transportiert.
Bei »Wolchow« wurden die Rampen in Marschlage versetzt, indem die Startrampenbedienungen tonnenschwere Protzen (vorderes und hinteres Fahrgestell) aus Bereitstellungräumen an die Startrampen heranrollen mussten. Danach erfolgte per enormer Muskelkraft und Kurbelantrieb die Aufnahme der in Marschlage 14,2 Tonnen schweren Startrampe.
Diese Tätigkeiten, die bei »Wolchow« und anderen Fla-Raketensystemen bei Verlegeübungen immer wieder trainiert wurden, gab es in der Startbatterie des System S-200 schlichtweg nicht mehr. Trotzdem war das Herstellen der Marsch- und Gefechtslage der Elemente der Startbatterie Bestandteil der theoretischen Ausbildung der Startrampenbedienungen des S-200. Im Alarmierungsfall, also bei Herstellung einer entsprechenden Stufe der Gefechtsbereitschaft, hatten sie das Tarndach über den Rampen wegzuschwenken und zu verzurren, eine Sichtkontrolle der Startstellung durchzuführen sowie den Hauptschalter der Rampe einzuschalten. Waren die Raketen von den Lademaschinen verbraucht worden, erfolgte per Transport-Ladefahrzeug das Nachladen der Startrampe. Wenn es die Gefechtslage zuließ, wurde dann die Rakete weiter auf die Lademaschine umgeladen und in die Schutzbauwerke gefahren. Die Bedienungen begaben sich anschließend in das Schutzbauwerk der Kabine K-3 bzw. in den hermetisch abriegelbaren FB-3-Mannschaftsbunker außerhalb der Startrampenstellung.

In dieser Bildfolge aus Badingen sind die gleichen Abläufe wie zuvor beschrieben zu sehen. Anders als auf den vorangegangenen vier Bildern aus Prangendorf, wo die Zugmaschine des TLF noch der KrAZ-255 ist, ist hier die Zugmaschine des TLF bereits ein KrAZ-260. Die breite weiße Linie auf der Fahrbahn diente dem Kraftfahrer des TLF zur leichteren Orientierung bei der Rückwärtsfahrt zur Startrampe.

4. Die Organisation des Diensthabenden Systems (DHS)

Wie in allen anderen Fla-Raketenabteilungen der Luftverteidigung erfolgte die Vergatterung der Gefechtsbesatzung für das Diensthabende System auch beim S-200 durch den Schießenden nach einem festgelegten Ritual. Der in der Feuerstellung angetretenen Gefechtsbesatzung wurde mit dem Vergatterungsspruch, dem Aufziehen der Dienstflagge und dem Abspielen der Nationalhymne zu Beginn der DHS-Periode ihre besondere Verantwortung während ihres Einsatzes im DHS verdeutlicht.

Hier ein Auszug aus den Ausbildungsunterlagen (Archiv des Verfassers, GVS-Nr.: C/835022, 3. Ausfertigung = 96 Blatt):

In Abhängigkeit von der Lage werden folgende Bereitschaftsstufen für den Gefechtsstand der FRAG (K-9) festgelegt:

B1 = Bereitschaftsstufe Nummer 1

- *Die verringerte oder volle Gefechtsbesatzung befindet sich an den Arbeitsplätzen.*
- *Die Funktionskontrollen in der K-9 wurden durchgeführt.*
- *Die automatisierten Zielzuweisungsmittel (AZM) Höhenfinder PRW-17 und Oborona-14 sind eingeschaltet und führen Zielsuche durch.*
- *Die Stromversorgung erfolgt über die Diesel-Elektrostationen.*

B2 = Bereitschaftsstufe Nummer 2

- *Die verringerte Gefechtsbesatzung ist an den Arbeitsplätzen.*
- *Die Apparaturen sind ausgeschaltet und zum sofortigen Einschalten vorbereitet.*
- *Die AZM können eingeschaltet sein und Zielsuche durchführen.*
- *Die Stromversorgung erfolgt vom Landes-Netz.*

B3 Bereitschaftsstufe Nummer 3

- *Die diensthabende Schicht oder die diensthabende Gefechtsbesatzung (durch den Diensthabenden Gefechtsstand befehligt) befindet sich an den Arbeitsplätzen.*
- *Die AZM ist in Bereitschaft zum Einschalten. Diese Mittel dürfen die Einschaltzeit des Fla-Raketenkomplexes nicht überschreiten.*

Folgende Bereitschaftsstufen für die Diensthabende Besatzung der FRA sind festgelegt:

Bereitschaft zum Start von Fla-Raketen

- *Die verringerte Gefechtsbesatzung befindet sich an den Arbeitsplätzen und wird durch den diensthabenden Offizier befehligt.*
- *Die ZAS führt die Zielsuche und -auffassung durch.*
- *Die befohlene Anzahl von Fla-Raketen befindet sich auf den Startrampen und hat die Vorbereitung durchlaufen.*
- *Die Stromversorgung erfolgt über die autonomen Anlagen (DES).*

B1

- *Die verringerte Gefechtsbesatzung befindet sich in der Feuerstellung.*

- *Der diensthabende Offizier oder der Kommandeur führen den Personalbestand.*
- *Der Fla-Raketenkomplex ist eingeschaltet und die Funktionskontrollen wurden durchgeführt.*
- *Die Antennen der ZAS sind in die Ziel-Anflugrichtung ausgerichtet. Es erfolgt keine Abstrahlung.*
- *Die Raketen befinden sich in Gefechtslage (auf Startrampe).*
- *Die Stromversorgung ist von Landesnetzversorgung auf die autonomen Dieselelektrostationen umgeschaltet.*

B2

- *In der Feuerstellung befindet sich die verringerte Gefechtsbesatzung oder die diensthabende Schicht an den Arbeitsplätzen und wird vom diensthabenden Offizier befehligt.*
- *Der Fla-Raketenkomplex ist zum Einschalten vorbereitet.*
- *Die Fla-Raketen befinden sich in Ausgangslage (auf den Lademaschinen).*
- *Die Stromversorgung erfolgt durch das Landesnetz, die Diesel-Elektrostationen mit ihren Hilfsaggregaten und den Hauptdieselmotoren sind zum Einschalten vorbereitet.*

B3

- *Die diensthabende Besatzung ist eingeteilt und befindet sich in ihren Einheiten.*
- *Technik, Raketen und Stromversorgung wie B 2.*
- *Es konnten Monats-Kontrollen bzw. Gefechtsarbeiten durchgeführt werden.*
- *Ein beschleunigter Übergang direkt zur Bereitschaftsstufe »Bstart« ist möglich.*
  Bei Anflugzeiten unter 6 min erfolgt der beschleunigte Übergang zur »Bereitschaftsstufe Start« und die ZAS führt eine verkürzte Funktionskontrolle durch.
  Bei Anflugzeiten über 6 min erfolgt das Einschalten der Systeme im Normalregime.

Der Text zur Vergatterung lautete:
»Zur Durchführung des Diensthabenden System, in der Zeit vom ... bis ..., verpflichte ich Sie, getreu dem geleisteten Fahneneid, im festen Klassen- und Waffenbündnis mit der Sowjetarmee und den Bruderarmeen alle gestellten Gefechtsaufgaben zum Schutze des Luftraumes der Deutschen Demokratischen Republik und der sozialistischen Staatengemeinschaft mit hoher Disziplin und Initiative zu erfüllen!«

Weitere allgemeine Informationen zum Thema »Die Gefechtsbereitschaft und das Diensthabende System« der Fla-Raketentruppen der NVA können unter www.lv-wv.de nachgelesen werden.

S 200 Wega im Pinter Muvek Military Museum in Ungarn. (© Public domain)

5. Vorrangige Ziele des Fla-Raketensystems S-200 »WEGA«

In Kapitel 2 »Das Waffensystem« wurden die Gefechtsmöglichkeiten des weitreichenden Fla-Raketensystems S-200 ausführlich beschrieben. Nicht allein die hohen Kosten für die Anschaffung der Raketen des Komplexes S-200 waren Grund genug dafür, diese gegen ebenso »wertvolle« Ziele des Gegners einzusetzen.

Mit der Möglichkeit, Luftziele in großer Entfernung aufzuklären und zu vernichten, bevor deren wirksamer Waffeneinsatz möglich war bzw. bevor diese ihre Aufklärungs- und Führungsmöglichkeiten voll entfalten konnten, waren mögliche Ziele bereits klar definiert. Was die Luftverteidigungen der Länder des Warschauer Vertrages bei einer möglichen militärischen Auseinandersetzung mit ihrem Gegner zu erwarten gehabt hätten, soll mit den nachfolgenden Ausführungen verdeutlicht werden.

In der Zeit vom 26.02. bis 13.03. 1985 führten die NATO und ihre Mitgliedsstaaten zum achten Mal seit 1971 ihre alle zwei Jahre stattfindende Kommandostabsübung durch. An dieser Winterübung mit strategischem Charakter waren neben militärischen auch zivile Stäbe beteiligt.

In den Unterlagen »Operative und taktische Weiterbildung« 1/86 des Kommandos der Luftstreitkräfte/Luftverteidigung der NVA mit der Geheimen-Verschlusssache-Nr. (GVS-NR.): C 556361, zu finden im Bundesarchiv Freiburg, Signatur DVW 2-Druck/1544, kann man unter anderem Folgendes zu dieser NATO-Stabsübung lesen:

Überführung der NATO-Staaten und ihrer Streitkräfte vom Friedens- in den Kriegszustand

Erstmalig wurde bei der Überführung der NATO-Staaten und ihrer Streitkräfte in den Kriegszustand ein relativ langer Zeitraum von 76 Tagen angenommen (bisher 34). Diese Periode entsprach damit der Zeitdauer der »Herbstübungsserie 84« (72 Tage). Daraus kann geschlussfolgert werden, dass die NATO im Laufe einer Herbstübungsserie ausreichend Zeit hat, unter dem Vorwand von Übungen gedeckt, starke Streitkräftegruppierungen für eine Aggression auf dem westlichen Kriegsschauplatz zu schaffen (...)

Die Kriegsführung war geprägt durch die Anwendung neuer operativ-strategischer Einsatzgrundsätze und den Ersteinsatz von Kernwaffen seitens der NATO.

Die Nato führte die aktive strategische Verteidigung zur Schwächung der Gruppierung der Vereinten Streitkräfte des Warschauer Vertrages von Anfang an mit tiefen Schlägen auf die gesamte Tiefe des operativ-strategischen Aufbaus, besonders durch die Luftstreitkräfte, durch (...)

Die taktischen Fliegerkräfte, unterstützt durch 60 strategische **Bombenflugzeuge B-52**, *konzentrierten dabei anfänglich ihre Schläge gegen die Fliegerkräfte des Warschauer Vertrages auf zirka 40 wichtige Einsatzflugplätze sowie auf die unmittelbare Luftunterstützung der Landstreitkräfte. Sie weiteten frühzeitig ihre tiefen Schläge bis auf 500 km Entfernung aus.*

Dabei waren Führungsstellen, Raketenstellungen, Flugzeuge auf ihren Basen und zweite Staffeln vorrangige Ziele dieser Schläge (...)

Nach Ansicht der NATO war die gedeckte Entfaltung der Streitkräfte des Warschauer Vertrages durch die enge Verbindung der Luftraumaufklärung durch AWACS-Flugzeuge mit der kosmischen Aufklärung erschwert (...)

Schlussfolgerungen

(...)

- *Insgesamt kann geschlussfolgert werden, dass sich die NATO mit der Durchführung von Übungen solchen Ausmaßes Voraussetzungen schafft, ohne operative Pause zur Aggression überzugehen.*

In diesem Auszug aus der Aufklärungsinformation werden bereits zwei strategisch wichtige Einsatzmittel der NATO für eine geplante Kriegsführung gegen die Länder des Warschauer Vertrages benannt, auf die ich später noch näher eingehen werde.

Unter Punkt 8 » Die Entwicklung der NATO-Luftaufklärung« der o. g. Aufklärungsunterlage wird der ständig steigende Stellenwert der Luftaufklärung im Denken und Handeln der führenden NATO-Militärs der damaligen Zeit hervorgehoben.

(...) Die Realisierung ihres »Air–Land-Battle«-Konzeptes (Luft-Land-Krieg) verlangt neben der Entwicklung und Einführung neuartiger und der Modernisierung bereits vorhandener

Waffensysteme vor allem die Bereitstellung, Bearbeitung, Speicherung und Übertragung umfangreicher zuverlässiger und aktueller Aufklärungsangaben und Zieldaten.
Neben allen anderen Arten der Aufklärung sieht die oberste Führung der NATO-Streitkräfte gerade in der Luftaufklärung ein geeignetes Mittel, sich die erforderlichen Angaben und Informationen über ihren potenziellen Gegner schon in Friedenszeiten zu beschaffen.
Dabei sind Angaben über das Führungssystem der Streitkräfte, über Flugplatzbelegungen, über das Luftverteidigungssystem und das Arbeitsregime im Diensthabenden System von besonderem Interesse (...)
Neben Veränderungen im Kampfbestand der Aufklärungsfliegerkräfte ist die derzeitige Entwicklung der NATO-Luftaufklärung besonders durch eine Erhöhung ihrer Effektivität und Wirksamkeit gekennzeichnet.

An strategischen Aufklärungsfliegerkräften waren stationiert:

14., 95. FG / 7. FD / SAC	12	TR-1	Alconbury (GB)
306. SAG / 7. FD /SAC	1–2	SR-71	Mildenhall (GB)
306. SAG / SAC	3–4	RC-135	Mildenhall (GB)
Nato-AWACS-Geschwader	18	E-3A	Geilenkirchen (BRD)
552. AWACS-Division	3–5	E-3C	Ramstein (BRD) / Mildenhall (GB)

Betrug die Anzahl der festgestellten Aufklärungsflüge entlang der Staatsgrenze zur DDR und im Ostseeraum in den Jahren 1978 bis 1982 noch jährlich 1.100 bis 1.300, so waren es 1983 bereits 1.778, 1984 schon 2.081 und wuchs bis November 1985 auf 2.741 (...)

Man beachte den sprunghaften Anstieg in der Aufklärungstätigkeit ab dem Jahr 1982. Die Arbeiten an den neuen Stellungen der S-200-Komplexe im Norden der DDR und bei Berlin waren bereits im vollen Gange. Zwei Jahre später begann die Entfaltung des ersten Komplexes S-200 in der Nähe von Rostock und dessen Inbetriebnahme, verbunden mit Funktionskontrollen und anschließender Gefechtsarbeit zum Training der Gefechtsbesatzungen. Die Aufklärungstätigkeiten der NATO sollten unterdessen noch weiter steil ansteigen.

In den Monaten Januar/Februar und Mai bis Juli erhöhten die NATO-Luftstreitkräfte ihre Anstrengungen zur funkelektronischen und Luftaufklärung (Einsatz TR-1, E-3A, OV-1 »Mowhawk« und RF-4C). Dabei war die funkelektronische Aufklärung die bevorzugte Methode der Luftaufklärung.
Für Aufklärungseinsätze entlang der Staatsgrenze zur DDR und im Ostseeraum kommen strategische Aufklärungsflugzeuge der Typen SR-71, TR-1 und RC-135 sowie Frühwarn-, Ortungs- und Leitflugzeuge E-3A zum Einsatz.
Im April 1985 wurde mit der erfolgten Zuführung des 18. Flugzeuges vom Typ E-3A die Ausrüstung der Fliegenden Komponente des E-3A-AWACS-Geschwaders planmäßig abgeschlossen.

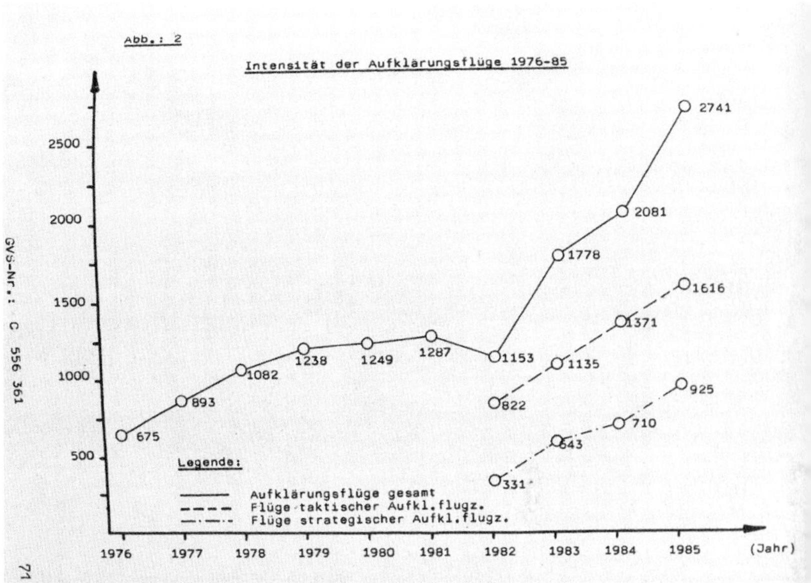

Von den 925 Aufklärungsflügen 1985 durch strategische Aufklärungsfliegerkräfte, das sind 34 % aller Aufklärungsflüge überhaupt, entfielen 14 % (127) auf Flüge mit der SR-71, 25 % (229) auf Flüge mit der U-2/TR-1, 15 % (140) auf Flüge mit der RC-135 und 46 % (429) auf Flüge mit der E-3A.

Insgesamt zeichnet sich eine deutliche Erhöhung der Aufklärungsflüge nachts (2:00–06:00), vorrangig bei Flügen mit dem Aufklärungsflugzeug RC-135, ab.

Innerhalb eines Jahres stieg die Anzahl der Nachteinsätze von 27 auf über 70 im Ausbildungsjahr 1984/1985.

Im Rahmen der Flottenübung »Baltic Operations '85« sind Frühwarn-, Ortungs- und Leitflugzeuge E-3A erstmals bis in Räume der mittleren Ostsee vorgedrungen.
Damit wurden die Auffassreichweiten von Luftzielen bis auf die Linie RIGA–WARSCHAU–PRAG bedeutend erweitert (...)
Für 1986 ist die weitere Erhöhung des Bestandes an strategischen Aufklärungsflugzeugen TR-1 auf 12 Flugzeuge vorgesehen. Die Vorbereitung und der Aufbau eines Aufklärungs-Schlagkomplexes PLSS ist zu erwarten.
Wie wichtig eine hochwirksame Luftverteidigung der Nationalen Volksarmee für die DDR selbst und nicht zuletzt für die Länder des Warschauer Vertrages war, ist folgendem Dokument zu entnehmen (Auszug aus: Geheime Verschlusssache (GVS) Nr.: C 555602, Operative und taktische Weiterbildung 01/85, Teil II, Bundesarchiv Freiburg, Signatur DVW

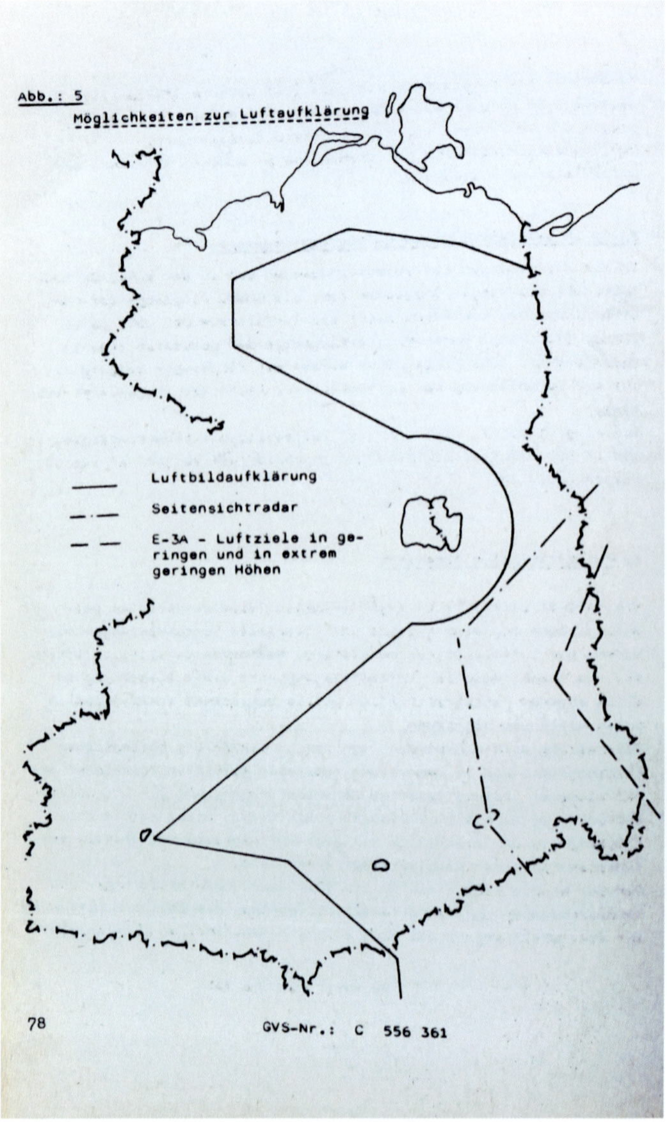

Schematische Darstellung der Aufklärungstiefen über dem Territorium der DDR mit den verschiedenen Aufklärungsmitteln des damaligen Gegners.

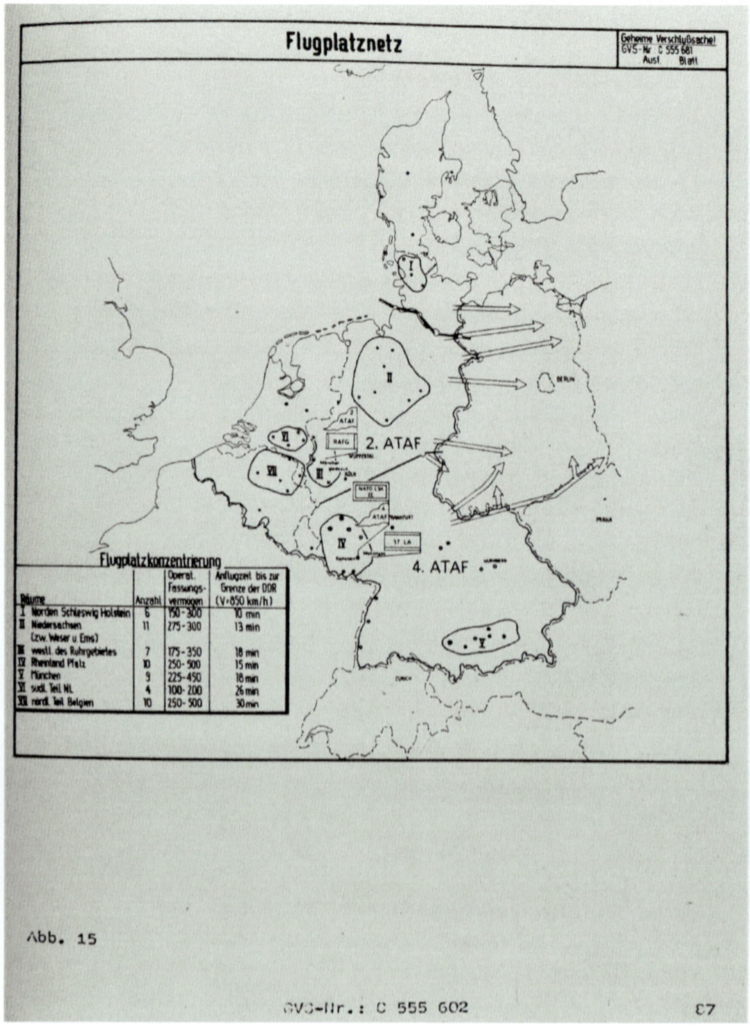

Flugplatzkonzentrierung

Räume	Anzahl	Operat. Fassungs-vermögen	Anflugzeit bis zur Grenze der DDR (V=850 km/h)
I Norden Schleswig Holstein	6	150-300	10 min
II Niedersachsen (zw. Weser u. Ems)	11	275-300	13 min
III westl. des Ruhrgebietes	7	175-350	18 min
IV Rheinland Pfalz	10	250-500	15 min
V München	9	225-450	18 min
VI südl. Teil NL	4	100-200	26 min
VII nördl. Teil Belgien	10	250-500	30 min

Das Flugplatznetz der NATO.

2-Druck/1542):

Der überwiegende Teil der Einsatzflugplätze der Nato liegt 150 km bis 300 km von der Staatsgrenze der DDR entfernt mit Konzentrierungsräumen:
in Niedersachsen (zwischen Weser und Ems)
westlich des Ruhrgebietes
im südlichen Teil der Niederlande
im nördlichen Teil Belgiens
in Rheinland-Pfalz und im Raum München
Taktische Fliegerkräfte können in 10 bis 15 Minuten, bordgestützte in ca. 30 Minuten und strategische Fliegerkräfte von Stützpunkten Großbritanniens in 50 bis 60 Minuten das Territorium der DDR erreichen (...)

5.1. Die primären Ziele des S-200 »Wega«

Die nachfolgenden taktisch-technischen Angaben und Beschreibungen sind dem Archiv des Autors entnommen und Inhalt des Auskunftsmaterials, Stand 1980, mit dem Titel »Die wichtigsten Flugkörper kapitalistischer Staaten«. Das Auskunftsmaterial wurde regelmäßig durch den Chef Aufklärung des Kommandos der Luftstreitkräfte und Luftverteidigung der Nationalen Volksarmee aktualisiert und als Ausbildungsmittel an die Truppe ausgegeben.
Weitere Quellen sind das bereits oben benannte Auskunftsmaterial zur operativen und taktischen Weiterbildung mit folgenden weiteren Signaturen des Bundesarchives Freiburg: DVW 2 Druck/1541, DVW 2 Druck/1539, DVW 2-Druck/1538,

DVW 2-Druck/1537 und Ergänzungen durch aktuelle Veröffentlichungen.
Die Inhalte aus den Materialien des Bundesarchives entsprechen dem Wissenstand der Militäraufklärung der DDR bis 1985, also der Zeit, in der der erste Fla-Raketenkomplex großer Reichweite S-200 der DDR-Luftverteidigung unmittelbar Bestandteil des Diensthabenden Systems des Warschauer Vertrages geworden war.
Da es bereits umfangreiche Informationen zu den Kampf- und Aufklärungsflugzeugen der 80er-Jahre gibt, sollen hier nur die primären Luftziele des Fla-Raketenkomplexes S-200 genannt werden, die erstens als strategische Trägermittel von Flügelraketen und anderer Waffensysteme außerhalb der Vernichtungszonen bisheriger Luftverteidigungssysteme im Einsatz gewesen waren bzw. zweitens als wichtiger Bestandteil in Systemen von Aufklärungs-, Ortungs-, Frühwarn-, Feuerleit- und Schlagkomplexen eine besondere Rolle spielten.

5.1.1. Boeing E-3A/C »Sentry« System AWACS

(Sentry = Wachposten)

Das Frühwarn-, Ortungs- und Leitflugzeug E-3-A »Sentry«. (Foto: Archangel12, © CC BY 2.0)

Typ: E-3A „Sentry" **Hersteller:** USA

Fa: Boeing **im Einsatz seit:** 1977

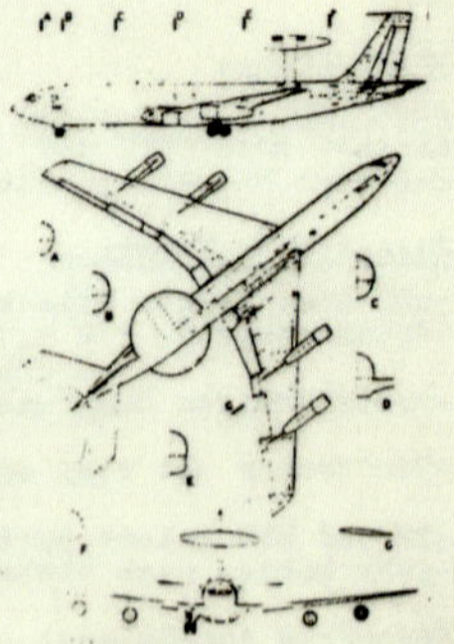

Allgemein	Versionen	A			
	Verwendung	Radar und Frühwarnflugz. für AWACS			
	Besatzung	18 (5/13)			
Daten	Leermasse	87ooo kg	Nutzmasse	24ooo	KS max.:68946 kg
	normale Startmasse	126ooo kg	maximale Startmasse	15oooo kg	
	Länge	46,61 m	Spannweite	44,42 m	
	Höhe	12,93 m	TF - Fläche	283,4o m²	
Leistungen	V max	1ooo km/h	V max geringe Höhe	-- km/h	
	V marsch	7oo - 965 km/h	Vv max	2o,3 m/s	
	H - praktisch GH	133oo m	Steigzeit auf 10 000 m	s	
	AR - geringe Höhe	22oo km	- große Höhe	5ooo km	
	RW - geringe Höhe	55oo km	- große Höhe	12ooo km	
	Startstrecke	18oo m	Landestrecke	85o m	
TW	Anzahl und Typ	4 x ZTL Pratt & Whitney TF33-PW-1oo/1ooA,(TF-34),(CFM-56: 98 kN)			
	Startleistung pro TW	93,4 kN	- mit NB	-- kN	
Bewaffnung	Kanone	-unbewaffnet-			
	L - L Raketen				
	L - B Raketen				
	Bomben				
	Außenstationen		Störgeräte	ja, sehr umfangreich	
	effektive Reflektionsfläche	11-2o m²	maximale Flächenbelastung	445 kg/m²	
	minimaler Kurvenradius	m	KW Anzahl, Kaliber	Kt/TNT	
	mögliches Lastvielfaches	4 g	Schubbelastung	373,6 kg/kN	
	besondere Kennzeichen	tellerförmiger Antennenaufbau, fensterlos			
	Einsatzländer	USA, NATO-Staaten ZE			
Ergänzungen					

49

<u>Entwicklung:</u>

Ausgangsmuster ist die Boeing 7o7-32oB, Erstflug: o9.o2.1972
Einsatz seit 1977 und für ZE ab 1982
E-3A ist Hauptbestandteil des AWACS (Airborne Warning and Control System

<u>Wesentliche Merkmale:</u>

-auf zwei langen Stielen ruhender tellerförmiger, diskusähnlicher (Rodom) Antennenkörper : Ø 9,14m, Stärke 1,8om, Strebe 3,35m hoch, 6 U/min,...(o,25 U/min) hydraulisch
-kreisförmiger Rumpfquerschnitt, hochgezogenes Heck stark verjüngt, fehlende Kabinenfenster
-Tiefdecker mit vier an kurzen Stielen hängenden TW (nach vorn überstehend)
-TF und HLW leicht positive V-Stellung, gepfeilt
-sehr hohes, nach hinten überhängendes SLW

<u>Besondere Ausrüstung:</u>

9 Radarkonsolen, Aufklärungsspeicher für alle Informationen, Relaisaufgaben, max.Flugdauer 11 Stunden (mit Luftbetankung 22 Std.), FuM-Geräte und FuM-Stationen arbeiten in verschiedenen Frequenzbereichen (Impulsdoppler-Suchradar), über 7o verschiedene Antennen
Reichweiten: grß.H: bis 9oo km
mittl.H - 7oo km – Höhenbereich: 5o - 3oooo m
ger.H: bis 4oo km – Bem.: ger.H ohne Höhenangabe
Maximal können bis zu 6oo Luftziele gleichzeitig geortet, dargestellt und bearbeitet werden, dazu 1o - 15 Leitprozesse.

<u>Einsatz:</u>

fliegendes Frühwarn-, Ortungs,- und Leitsystem,
in Friedenszeiten vorwiegend als weiträumiges Aufklärungsflugzeug und fliegender Gefechtsstand
im Kriegsfall als Feuerleitstelle für Raketenwaffen, Leitung von Luftüberfällen und zur Führung des funkelektronischen Krieges.
Einsatzhöhe: 9ooo-1oooo m, V: 6oo-7oo km/h
Einsatzzentrale für ZE soll Geilenkirchen werden.
für ZE sollen 18 E-3A beschafft werden (ev. auch für Frankreich 2 E-3A)

Datenblätter der E3-A – Auskunftsmaterial des Kommandos der Luftstreitkräfte und Luftverteidigung / Chef Aufklärung.

Einsatzaufgaben:

- *fliegender Gefechtsstand*
- *Aufklärung von Luft-und Überwasserzielen*
- *Frühwarnung vor tieffliegenden Zielen*
- *Führung und Leitung taktischer Fliegerkräfte*
- *Gewährleistung des Zusammenwirkens der taktischen Fliegerkräfte und der Luftverteidigung*

Gefechtseigenschaften:

- *Zusammenarbeit mit dem automatisierten Führungssystem der Luftverteidigung »NADGE«*
- *praktische Gipfelhöhe 8.000 m, Fluggeschwindigkeit = 600 bis 800 km/h*
- *Reichweite der Funkmessanlage bei Flughöhe 8.000 m: gegen tieffliegende Ziele: 320 bis 400 km gegen Ziele in mittleren und großen Höhen: bis 600 km*
- *500 Luftziele werden gleichzeitig identifiziert und dargestellt, bis 300 automatisch nach Flughöhe, Geschwindigkeit und extrapoliertem Kurs begleitet*
- *30 Leitprozesse können gleichzeitig geführt werden*
- *es sind zwei Fliegercrews für den längeren Aufenthalt im Luftraum an Bord und 13 Mann Operatoren*
- *die Flugzeuge sind luftbetankungsfähig*
- *erforderliche Länge der Start- und Landebahn: 1.950 m*

E-3A beim Start. (Foto: Björn Strey, © CC BY-SA 2.0)

Die Stationierungsorte der Maschinen in Zentraleuropa sind Geilenkirchen als Hauptbasierungsort und Ramstein.
Die Flugzonen haben eine Länge von 200 bis 300 km und eine Breite von 100 km.
Die derzeit bekannten Flugzonen sind:
Zone I: Nordholz, Stade, Gütersloh
Zone II: Düsseldorf, Hamm, Wiesbaden, Bitburg
Zone III: Koblenz, Marburg, Nürnberg, Schwäbisch-Hall

Aus taktischer Sicht werden die Flugzeuge E-3A wie folgt charakterisiert:

- *große Reflexionsfläche und charakteristische elektromagnetische Kontraste*
- *große Flugdauer möglich*
- *gedeckte Basierung und gedeckte Annäherung an die Einsatzräume*
- *schnelle und weiträumige Manöver zur Schwerpunktbildung auf dem Kriegsschauplatz und zwischen ihnen*
- *kurzfristige Konzentration von Flugzeugen in die Richtung der Hauptanstrengungen*
- *große Anforderungen an stabile Basierungsräume (Start, Landung, Wiederholungsstartvorbereitung)*
- *moderne elektronische Bordausrüstung zur Aufklärung und Navigation, Datenverarbeitung und -darstellung, Nachrichtensicherstellung*

Zum Schutz der fliegenden Einheiten des AWACS- Systems stehen unterschiedliche Möglichkeiten und Maßnahmen zur Verfügung:

- *Eigendeckung:*
  Köder, aktive Störungen gegen Funkmessvisier und Zielsuchkopf, passive Störungen
- *Fremddeckung:*
  Deckungsgruppen von Jagdflugzeugen (z. B. F-16)
  Kräfte des Funkelektronischen Kampfes zur Niederhaltung gegnerischer Aufklärungsmittel.
- *Maßnahmen der Tarnung und Täuschung:*
  gleichzeitiger Einsatz von Scheinflugzeugen und Flugzeugen als »heißer« Reserve

Aus der Taktik des Einsatzes von Flugzeugen des Systems AWACS, wie der E-3A, sind folgende Schlussfolgerungen zu den Vernichtungsmöglichkeiten der E-3A zu ziehen:
Bei der E-3A handelt es sich um ein Luftziel mit operativ-strategischer Bedeutung.

Sie handeln wahrscheinlich paarweise oder zu dritt (Schein- und Reserveflugzeuge). Sie bilden eine Einheit von zwei oder mehreren Zielen, die gleichzeitig niederzuhalten bzw. zu vernichten sind.
Zur Bekämpfung ist ein enges Zusammenwirken zwischen den Systemen der Funkmessaufklärung (Funktechnische Truppen) und Funk- und funktechnischen Aufklärung zur eindeutigen Identifizierung notwendig.

Möglichkeiten zur Vernichtung der E-3A:
- *Einsatz von Fla-Raketenkomplexen großer Reichweite*
- *Vernichtung der Flugzeuge auf ihren Basierungsplätzen*
- *Einsatz von Flugzeugen mit weitreichenden Raketensystemen*
- *Handlung von Jagdfliegerkräften vor den Feuerzonen der gegnerischen Fla-Raketentruppen nach erfolgreicher Niederhaltung der Luftverteidigung des Gegners.*

Es bleibt festzustellen, dass die E-3A bei ihren Zonenflügen in der damaligen Zeit immer einen respektablen Abstand zu den Fla-Raketenkomplexen S-200 der DDR-Luftverteidigung hielten. Es konnte nicht ein einziges Mal ein Einflug in die potenzielle Vernichtungszone dieses Waffensystems festgestellt werden.

5.1.2. AWACS

(AWACS = Airborn Warning and Control System, Frühwarn-, Ortungs- und Leitsystem)
(Bundesarchiv Freiburg, Signatur DVW 2-Druck/1544)

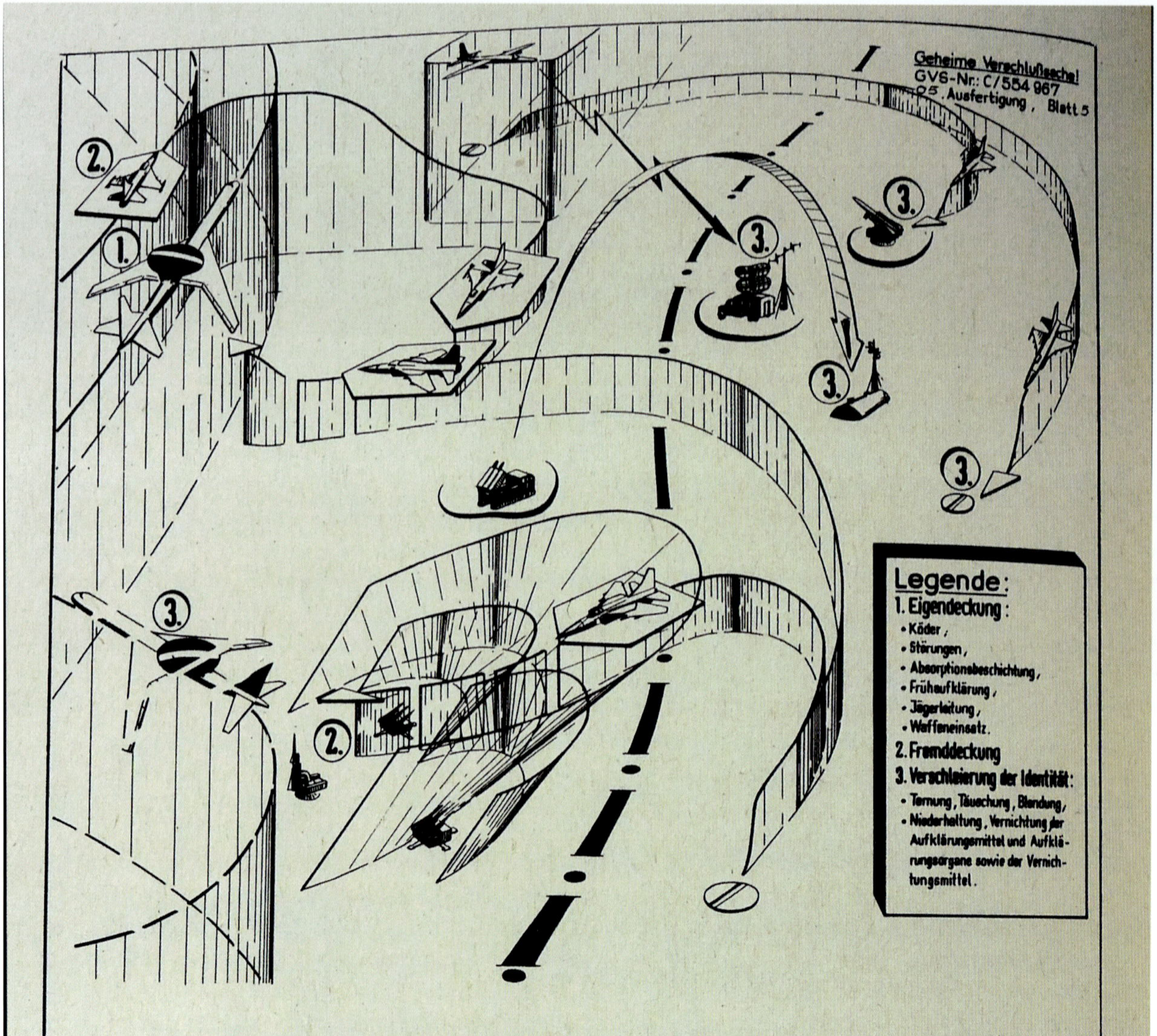

Abb.: 5 Taktische Möglichkeiten und Maßnahmen des Gegners zur Deckung der fliegenden Einheit des AWACS-Systems

Schematische Darstellung der Taktischen Möglichkeiten des Gegners zur Deckung der fliegenden Einheit (E3-A) des »AWACS«.

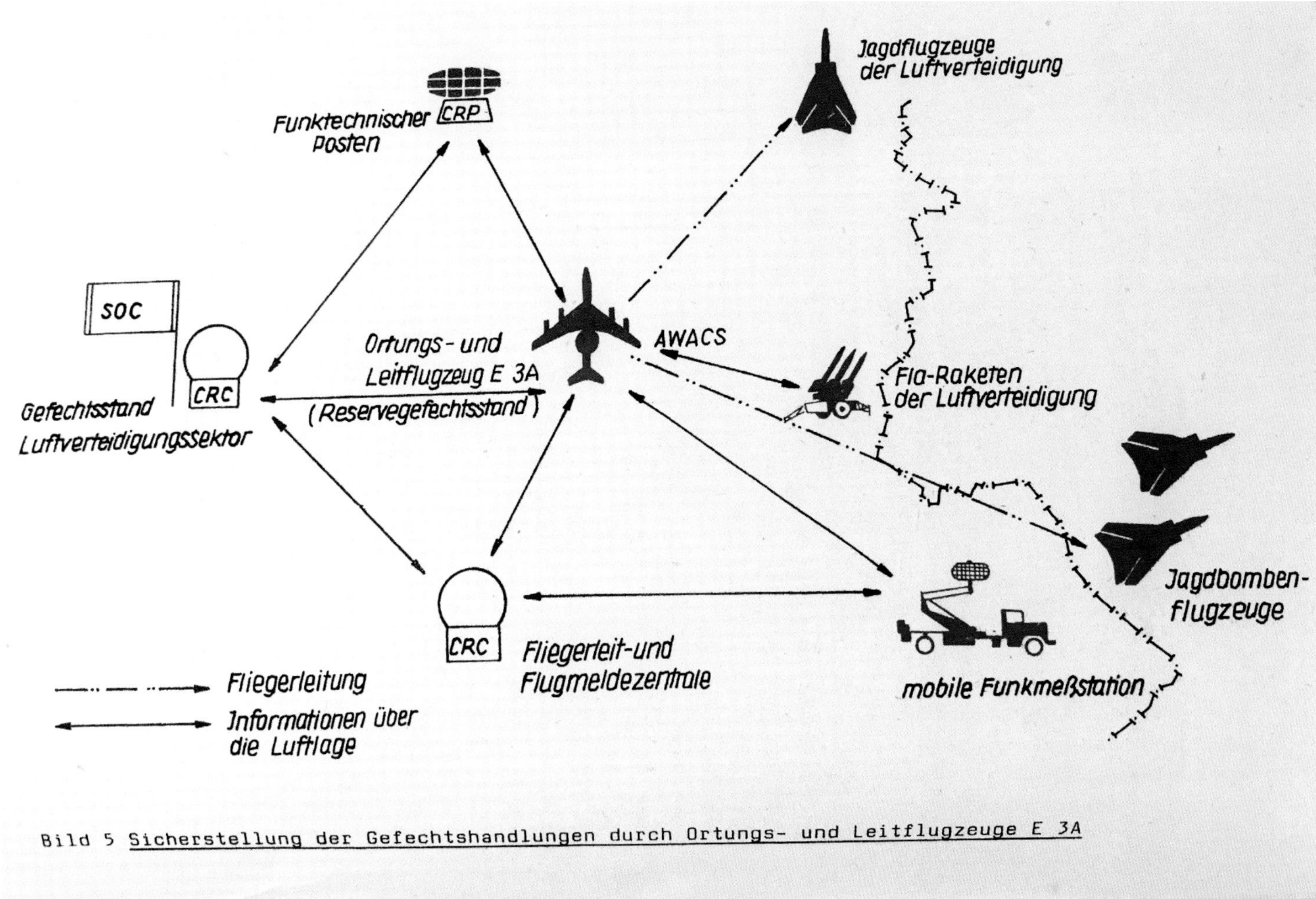

Schematische Darstellung des Zusammenwirkens der Elemente des Systems »AWACS«.

Mit dem Geschwader und den zu seiner vollen Ausnutzung notwendigen technischen Einrichtungen in bodengestützten Führungsstellen, deren Einbau in die 4. ATAF im wesentlichen abgeschlossen und in der 2. ATAF begonnen wurde, steht der Nato ein luftgestütztes Ortungs- und Leitsystem zur Verfügung, mit dem auf dem europäischen Kriegsschauplatz, besonders aber in Zentraleuropa und im Raum Ostseeausgänge:

- *die ununterbrochene, zuverlässige Überwachung des Luftraumes der DDR, CSSR und der VR Polen bis 300 km Tiefe möglich ist;*
- *tieffliegende Luftziele bis 400 km und Luftziele in mittleren Höhen bis 650 km geortet werden können;*
- *Schiffsbewegungen auf See sich in einem Radius bis 400 km (215 sm) überwachen lassen (in der Ostsee bis zur Linie RIGA–HELSINKI).*

Die Kräfte und Mittel des Ortungs- und Leitsystems sind im Nato-AWACS-Kommando (NATO Airborn Early warning Force Command – NAEWFC) zusammengefasst.

Zu diesem Kommando gehören:

- *der Stab in MAISIERE bei MONS, Belgien (ca. 80 Mann),*
- *das Nato-AWACS-Geschwader (Flugplatz Geilenkirchen, BRD) mit 18 Flugzeugen E-3A und 36 Besatzungen (ca. 2.400 Mann),*
- *das geplante AWACS-Geschwader Großbritanniens (Flugplatz WADDINGTON, 20 km südlich Lincoln, GB) mit 11 Flugzeugen »Nimrod AEM MK 3« (der Aufbau soll bis 1985 abgeschlossen werden. Mit der Indienststellung der Flugzeuge ist wegen Entwicklungsschwierigkeiten bei der Elektronik nicht vor 1987 zu rechnen),*
- *je ein vorgeschobener Einsatzflugplatz (insgesamt 4) in Italien (TRAPANI), Griechenland (PREVEZA), Norwegen (Orlando) und in der Türkei (KONYA) – (die zeitweilige Belegung dieser Flugplätze mit 1-3 Flugzeugen E-3A soll ab Ende 1985 beginnen),*
- *automatisierte Datenübertragungsstellen in 45 Führungsstellen des NATO-Luftverteidigungssystems mit der Auswertezentrale GEILENKIRCHEN*

(...)

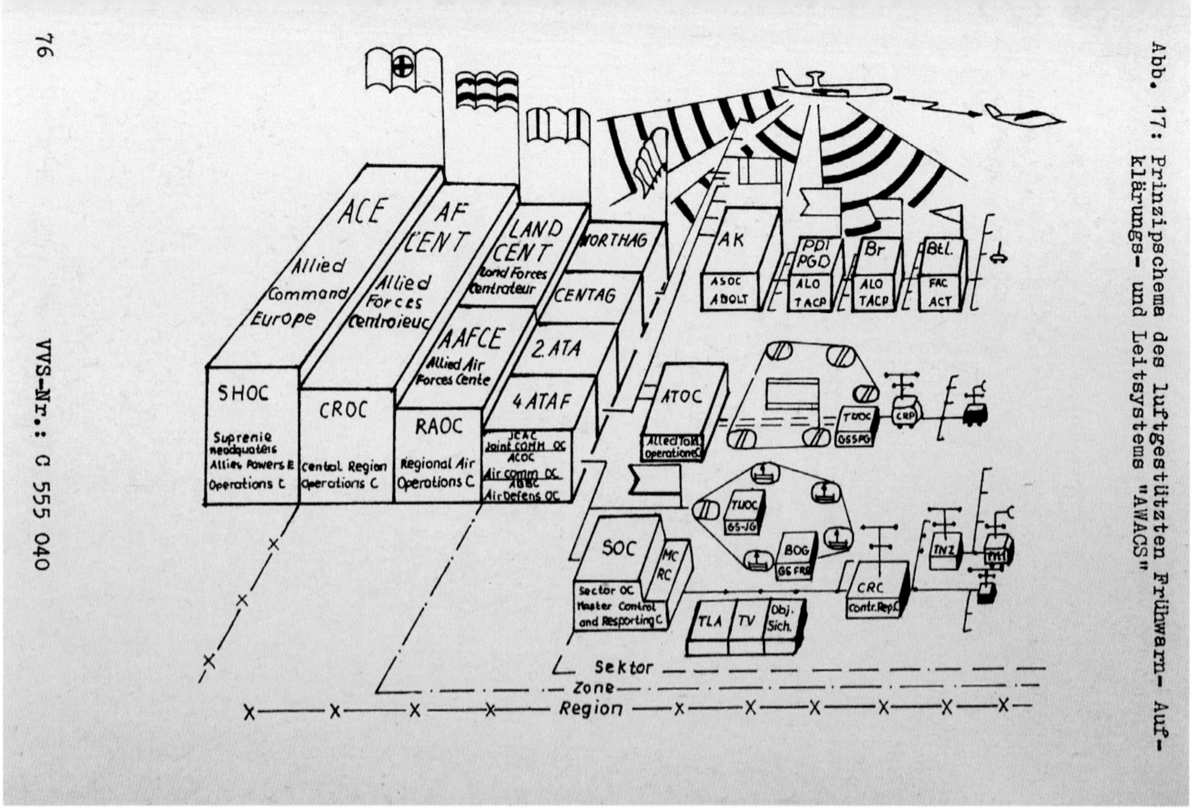

Prinzipschema des luftgestützten Frühwarn-Aufklärungs- und Leitsystems »AWACS«.

Die Hauptaufgabe des AWACS-Systems im Frieden ist die Überwachung des Luftraumes durch Ortung von Luftzielen. Einsätze von Fliegerleitungen werden in Übungen zum periodischen Training der Flugzeugbesatzungen und Bodenorganisationen durchgeführt. In Spanungsperioden bzw. in Krisensituationen werden sich die Flugrouten und -höhen nicht oder nur wenig verändern. Dagegen wird die Anspannung der Einsätze erhöht.

Jedes Flugzeug kann pro Tag ein- bis zweimal eingesetzt werden und 7 bis 11 Stunden in der Luft bleiben. Bei einmaliger Luftbetankung kann die Flugdauer auf 17 bis 20 Stunden verlängert werden, sodass bei ständigem Einsatz von 7 bis 9 Flugzeugen eine ununterbrochene Überwachung des Luftraumes auf den europäischen Kriegsschauplätzen gewährleistet werden kann.

Mit Beginn der Kampfhandlungen werden die Flugrouten bis zu 180 km hinter die Staatsgrenze zurückgenommen. Die Anzahl der ständig im Einsatz befindlichen Flugzeuge kann bei maximaler Anspannung auf 12 erhöht werden.

Die Deckung der im Einsatz befindlichen Kräfte erfolgt durch die Fla-Raketenkräfte. Bei Breschen im Fla-Raketengürtel des NATO-Luftverteidigungssystems sowie bei Flügen über See übernehmen Jagdfliegerkräfte die Deckung.

Im Zustand ständiger Gefechtsbereitschaft hat das AWACS-Geschwader ununterbrochen eine technische Einsatzbereitschaft (KTE) von 0,88 (16 einsatzbereite Flugzeuge) zu halten.

Zwei Flugzeuge sind entweder im Einsatz oder stehen mit vier Besatzungen (je Besatzung 17 Mann in multinationaler Zusammensetzung: 4 Mann fliegendes Personal, 13 Operateure) auf dem Flugplatz GEILENKIRCHEN in der Bereitschaft von 45 bis 30 Minuten. Weitere sieben Flugzeuge mit Besatzungen werden wahrscheinlich in einer 6-Stunden-Bereitschaft gehalten. Bei Einnahme der vollen Gefechtsbereitschaft wird sich der Anteil der im Einsatz und ständig in der höchsten Einsatzbereitschaft befindlichen Flugzeuge auf 12 und nach 1987 auf 18 erhöhen.

Das NATO-AWACS-Geschwader verlegt auf Entschluss des Oberbefehlshabers des NATO-Kommandos Europa von Geilenkirchen (BRD) auf den Flugplatz Waddington (GB).

Die Einsatzplanung erfolgt durch den Stab des Nato-AWACS-Kommandos in MONS (Belgien) entsprechend der konkreten Lage. Im Frieden erfolgt die Planung für jeweils ein Quartal. Pro Flugzeug werden pro Monat 65 Flugstunden geplant.

(...)

Mit dem Aufbau des Ortungs-Leitsystems AWACS ergeben sich für die Nato-Luftstreitkräfte qualitativ neue Möglichkeiten zur Ortung und Fliegerleitung.

Die Ortungsmöglichkeiten der Flugzeuge E-3A gewährleisten die Zielerfassung von Flugzeugen, Hubschraubern und unbemannten Luftkampfmitteln, deren Kurs-, Höhen- und Geschwindigkeitsbestimmung sowie deren Identifizierung in allen Höhenbereichen, insbesondere aber von Luftzielen in geringen und extrem geringen Höhen. Abhängig von der Art und Größe des Luftzieles (effektive Reflektionsfläche) können geortet werden:

- *Flugzeuge (1 m^2 Reflexionsfläche) in extrem geringen Höhen mit einer Geschwindigkeit bis 150 km/h bis zum Funkmesshorizont (400 km)*
- *Flügelraketen und Hubschrauber bis 240 km,*
- *Jagdbombenflugzeuge in mittleren und großen Höhen bis maximal 650 km.*

Insgesamt ist durch ein Ortungs-Leitflugzeug E-3A die Ortung und Begleitung bis zu 400 Luftzielen in allen Höhenbereichen möglich.
Die an Bord der Flugzuge E-3A befindliche Datenverarbeitungsanlage errechnet ununterbrochen:

- Zielkurse, Geschwindigkeiten, Standortkoordinaten, Flugbahnen und Höhen aufgeklärter Ziele;
- Charakteristika aktiver und passiver Funkmessstörngen.

Die ermittelten Werte werden nahezu zeitverzugslos an die Bodenstellen übertragen. Nach vollständiger Ausrüstung der 80 Bodenstellen mit automatischen, weitestgehend stör- und schlüsselsicheren Datenübertragungsanlagen JTIDS (Joint Tactical Information Distribution System – einheitliches taktisches Informationsverteilungssystem) erhalten 45 Führungs- und Leitorgane des Nato-Luftverteidigungssystems Europa (NADGE) und die angeschlossenen Luftverteidigungssysteme Großbritanniens (UKADGE) und Frankreichs (STRIDA 2) Echtzeitluftlagedaten bis in eine Tiefe von 600 km.
Die Möglichkeiten zur Jägerleitung sind von der Bordausrüstung der Jagdflugzeuge mit automatisierten Jägerleitsystemen abhängig. Von den Nato-Luftstreitkräften Europa verfügen gegenwärtig nur die Jagdflugzeuge F-15 C (USA), »Tornado« F MK2 (GB) sowie die Flugzeuge Mirage 2000C über diese Leitsysteme.
Mit einer E-3A können 30 Jägerleitungen automatisiert und 15 herkömmlich durchgeführt und somit gleichzeitig 45 Flugzeuggruppen bzw. Einzelflugzeuge an Luftziele herangeführt werden. Die Leitung der Flugzeuge erfolgt durch je

Einsatz des »AWACS« an der Grenze zwischen der Länder des Warschauer Vertrages und der NATO.

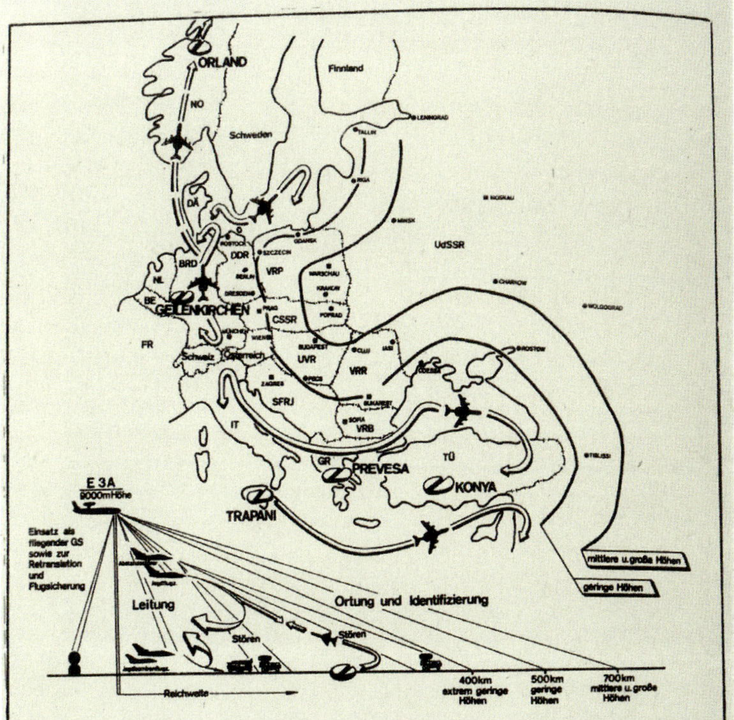

ABB.: 3 EINSATZ DES AWACS-SYSTEMS

drei an Bord befindliche Jägerleitoffiziere (Operateure) auf eine Entfernung bis 600 km. Funkkontakt kann bis 670 km gehalten werden.
Möglichkeiten zur Ortung von Seezielen bestehen für Überwasserziele mit einer Funkmessreflexionsfläche von

- 50 m² (Raketenschnellboote) bis Seegang Stärke 3;
- 250 m² (Zerstörer und Kreuzer) bis Seegang Stärke 5 im Bereich von 110 bis 400 km (60 bis 215 Seemeilen).

Darüber hinaus kann die E-3A eingesetzt werden als

- Leitflugzeug für Luftangriffskräfte im Umfang von 15 Flugzeuggruppen (herkömmliche Leitung) bis in eine Tiefe von 400 km;
- fliegender Reservegefechtsstand oder Flugsicherungskontrollstelle bei Ausfall entsprechender bodenständiger Einrichtungen des Nato-Luftverteidigungssystems;
- Leitflugzeug im Such- und Rettungsdienst;
- fliegende Relaisstelle im Flugfunkverkehr.

Zusammengefasst lässt sich Folgendes feststellen:
Mit dem System AWACS wird es der Nato bereits in Friedenszeiten möglich sein, den Luftraum der Staaten des Warschauer Vertrages bis in eine Tiefe von 300 km und die in Europa angrenzenden Seegebiete lückenlos zu überwachen.
Der Einsatz von AWACS-Flugzeugen zur Fliegerleitung wird zu Veränderungen in den Methoden der Gefechtshandlungen der taktischen Fliegerkräfte führen.
Das Verfahren der großräumigen Jagdfliegerdeckung, geleitetes Abfangen bis in eine Tiefe von 400 km über dem Territorium der Staaten des Warschauer Vertrages, kurzfristige Manöver mit Änderungen der Gefechtsordnung sowie Gefechtshandlungen aus Bereitschaftszonen in der Luft werden an Bedeutung zunehmen.
Das AWACS-System vergrößert die Möglichkeiten der Führung und des Zusammenwirkens der Nato-Luftstreitkräfte mit den Land- und Seestreitkräften. Neue Möglichkeiten werden zur Deckung von Objekten aus der Luft und zur sofortigen Warnung und Alarmierung der eigenen (Nato-)Streitkräfte und des zivilen Bereiches vor bevorstehenden Luftangriffen geschaffen.
Es ist allerdings offensichtlich, dass die Flugzeuge E-3A der verwundbarste Teil des Ortungs- und Leitsystems AWACS sind, und deshalb erfolgt ihr Einsatz im Krieg im Schutz der Fla-Raketengürtel von »Hawk« und »Patriot«/»Nike Hercules«.
Vor allem bei Durchbrüchen/Vernichtung von Nato-Luftverteidigungsstellungen wird der Begleitschutz der E-3A relativ stark sein und etwa 6 bis 12 Jagdflugzeuge umfassen.
Das AWACS-System verfügt über einen relativ hohen Störschutz durch besonders störungsunempfindliche Nachrichtenverbindungen und durch den Schutz vor dem IMP (Elektromagnetischer Impuls, wie er bei Kernwaffenschlägen auftritt), der nur bei Einsatz neuer Mittel und Methoden zu überwinden ist.

5.1.3. Der Strategische Aufklärer SR-71 »Blackbird«

(SR = Strategic Reconnaissance, Strategische Aufklärung)

Die »Blackbird« (deutsch: Amsel) war als sehr hoch und extrem schnell fliegender strategischer Aufklärer entwickelt und gebaut worden. Die zweistrahlige Mach-3-Maschine war unbewaffnet und gilt bis heute als das schnellste Flugzeug der Welt. Sie hält immer noch den absoluten Geschwindigkeitsrekord ohne Nutzlast und den mit einer Tonne Nutzlast sowie den Höhenrekord im Horizontalflug.

Zum Eigenschutz war die SR-71 mit umfangreichen elektronischen Systemen ausgestattet, die mit einer Sendeleistung von bis zu 10 kW falsche Signale an die Leiteinrichtungen der S-75 und mit bis zu 1 kW Sendeleistung an S-125-Raketen ausstrahlten und somit die Radarverfolgung erheblich erschwerten.

SR-71 »Blackbird«. (Foto: U.S. Air Force)

SR-71 B: Die Blackbird in der Trainingsvariante. Die hintere, zweite Kabine war aufgesetzt und bot Platz für den Ausbilder. (Foto: U.S. Air Force)

SR-71 »Blackbird« bei der Betankung aus der Luft. Das Tankflugzeug ist eine Boeing KC-135Q. (Foto: U.S. Air Force)

Die Maschine hatte für ihre eigentliche Aufgabe neben optischen Kameras und Infrarotkameras auch ein hochauflösendes Radar an Bord. Die Kameras konnten, Stand 1967, im optischen Bereich als beste Auflösung 30 cm erzielen, das Radar erzielte eine Bodenauflösung von 10 bis 20 m.
Die im optischen Bereich fotografierte Fläche betrug während des Fluges 15 km mal 3.400 km. Das Radar konnte eine Areal von 30 km mal 6.400 km aufzeichnen.
Die SR-71 war von 1966 bis 1998 im Einsatz und absolvierte ihren letzten Flug am 9. Oktober 1999.

Auszug aus dem Informationsblatt der Gemeinschaft der 13er e. V., »*Der Kanonier*«:

Im Jahre 1966 stellten die US-amerikanischen Luftstreitkräfte ein strategisches Aufklärungsflugzeug in Dienst, welches die Bezeichnung SR-71 trug. Die SR-71 operierte in den nächsten Jahren vorwiegend von Okinawa aus und übernahm die strategische Aufklärung an den Ostküsten der damaligen Sowjetunion, Chinas, Koreas und Vietnams. Gelegentlich weilten Maschinen dieses Typs auf dem RAF-Fliegerhorst in Mildenhall (Großbritannien). Bis man sich 1982 dazu entschloss, hier ständig zwei SR-71 einzusetzen. Sie gehörten zur 9. Strategic Reconaissance Wing, Det 4, der USAF und hatten die Aufgabe, Aufklärung entlang der Westgrenzen der Staaten des Warschauer Vertrages zu fliegen.
(...)
Eben zu dieser Zeit fand ein neues Alarmierungssignal Eingang in die Luftverteidigung der DDR, das Signal »Jastreb« (Habicht). Es bedeutete für die im Diensthabenden System befindlichen Fla-Raketen-Abteilungen die Einnahme der Bereitschaftsstufe 1 ohne die Herstellung der Startbereitschaft der Fla-Raketen. Das Signal kündigte den Anflug der SR-71 an.
(...)
Etwa in einer Stunde flogen sie ihre Aufklärungsstrecken ab. Der Anflug erfolgte über die Nordsee und Dänemark bis etwa in den Raum über Kiel, wo sich die Route teilte, entweder auf die Aufklärungsstrecke 2 (Ostseeküste bis Leningrad [heute Sankt Petersburg]) bzw. Aufklärungsstrecke 5 (Westgrenze der DDR, Schleife bei München).
Der Abflug geschah auf gleicher Strecke.
Die Fla-Raketenabteilungen wurden in der Regel so alarmiert, dass sie rechtzeitig die Bereitschaftsstufe B-1 einnehmen konnten. Im Normalfall flog die SR-71 dann trotz ihrer hohen Marschgeschwindigkeit von etwa 2.500 km/h noch in einer Entfernung, die ihre Verfolgung auf den Sichtgeräten der Raketenleitstationen noch nicht ermöglichte (diese Entfernung lag bei max. 150 km).

(Hier geht es um Raketenleitstationen des Fla-Raketensystems S-75 »Wolchow«. Der S-200 hatte mit 450 km eine wesentlich größere Auffass-Reichweite).

Das führte bei den Bedienmannschaften immer wieder zu Spekulationen, mit welchen Mitteln es wohl gelang, die SR-71 so zeitig zu orten (...)
Es waren die Funkmessstationen des Typs P-14 (...)

(Die P-14 ist eine Meterwellenstation und der Vorgänger der »Oborona-14«, wie sie auch zum Bestand der Gefechtsstellung des S-200 gehörte.)
Weiter ist zu lesen:
Die Reflexionsfläche der SR-71 war zumindest so groß, dass sie schon in Entfernungen zwischen 100 und 150 km von der Raketenleitstation begleitet werden konnte. Ein Unsichtbarkeitseffekt (STEALTH-Effekt) bei der SR-71 wurde zumindest beim Einsatz der Fla-Raketenkomplexe S-75 »Wolchow« nicht festgestellt.
(...)
Im Jahre 1989 stellte die USAF aus Kostengründen die Flüge der SR-71 ein.
Die Aufklärungsergebnisse erbrachten Satelliten inzwischen mindestens ebenso gut.

Was selbst nur wenige Insider wissen dürften, ist der Umstand, dass in den USA für die SR-71 ein spezieller Flugturbinenkraftstoff hergestellt wurde, der auch nur bei diesem Flugzeugtyp Verwendung fand: Die 1960 eingeführte, schwer entzündbare Spezialsorte JP-7 (engl.: Jet Propellant 7 = Düsenkraftstoff 7) war speziell für Flugzeuge, die mit hohen Überschallgeschwindigkeiten fliegen und sich dabei durch die Luftreibung stark erhitzen, entwickelt worden.
JP-7 hatte einen Gefrierpunkt von maximal -43 °C und einen Flammpunkt von minimal 60 °C.
Als strategischer Aufklärer der USA kam die SR-71 weltweit zum Einsatz, und dies erforderte eine globale Bereitstellung des Sondertreibstoffs JP-7. Dazu kam noch eine äußerst aufwendige Luftbetankungslogistik, und das für nur einen einzelnen Flugzeugtyp.
Es dürfte auf der Hand liegen, dass diese Faktoren die Betriebskosten extrem ansteigen ließen und somit dazu beitrugen, die SR-71 auch aus Kostengründen auszumustern.

Die taktisch-technischen Daten der SR-71 »Blackbird«.

Entwicklung: Erstflug: 22.12.1964 (A-11:26.o3.62),
YF-12A: Abfängerversion (1965),Entwicklung wurde eingestellt,
SR-71: strat. Aufklärungsversion, Produktionsumfang: 21 Stk.,
einige V-und H Weltrekorde
Wesentliche Merkmale: -unverkennbare eigenartige Konfiguration
-langer, flacher Rumpf,-TW in TF-Mitte angeordnet mit großem Kegel,
-Kabine mit Tandemsitzanordnung und flachem Rumpfübergang (separate
Rettungskapseln),-TF deltaförmig, Mitteldecker, Vorderkantenpfeilung
6o° mit spitzem Rumpfsteiß,-SLW auf hinteren Teil der TW-Gondel angebracht
mit 15° Innenneigung, Ruderausschlag synchron oder asynchron möglich
Höhenruder an der TF-Hinterkante zwischen Rumpf und TW-Gondel

Besondere Ausrüstung:grauschwarzer Sichtschutzanstrich, Luftbetankungs-
möglichkeit, weitreichendes Navigationssystem, Zentralspeicher für alle
Aufklärungsinformationen, Trainerversionen B und C mit überhöhter 2.Kabine
Aufklärungsmittel:-Kameras (schräg,senkrecht,Panorama)
-Funkempfänger und Funkpeiler
-FuM-Aufklärung (SFR) sowie IR-Radar
Einsatz: strategisches Aufklärungsflugzeug für große Höhen (über 14ooom)
Einsatz in ZE vorwiegend von Basierungen in GB,(auch gegen DRV eingesetzt)
Überführung USA - Europa in 2 Stunden möglich (Luftbetankung), alle
SR-71 unterstehen dem SAC

Typ: **SR-71 „Blackbird"** Hersteller: USA
Fa: Lockheed im Einsatz seit: 1966

Allgemein: Versionen	A	B	C
Verwendung	(strat.) AF	SF,AF	SF,AF
Besatzung	2	2	2

Daten: Leermasse	27215, Rüstm.:3629o	kg	Nutzmasse	--.	
normale Startmasse	66000	kg	maximale Startmasse	7711o	kg
Länge	32,74	m	Spannweite	16,95	m
Höhe	5,64	m	TF - Fläche	167,23	m²
Leistungen: V max	36oo	km/h	V max geringe Höhe	12oo	km/h
V marsch	2125	km/h	Vv max		m/s
H - praktisch GH	22ooo - 24ooo	m	Steigzeit auf 10 000 m		s
AR - geringe Höhe	--	km	- große Höhe	2ooo	km
RW - geringe Höhe	--	km	- große Höhe	48oo ÜRW: 75oo	km
Startstrecke	15oo	m	Landestrecke	11oo	m
TW: Anzahl und Typ	2x Pratt & Whitney JT 11D-2oB/J58				
Startleistung pro TW	1oo	kN	- mit NB	151	kN
Bewaffnung: Kanone	- unbewaffnet -				
L - L Raketen					
L - B Raketen					
Bomben					
Außenstationen			Störgeräte	und Aufklärungsgeräte	
effektive Reflektionsfläche	2 - 1o	m²	maximale Flächenbelastung	461	kg/m²
minimaler Kurvenradius		m	KW Anzahl, Kaliber	--	Kt/TNT
mögliches Lastvielfaches	5	g	Schubbelastung	218	kg/kN
besondere Kennzeichen	flacher langer Rumpf, schräggest.SLW auf TW-Gondeln, DeltaTF				
Einsatzländer	USA				
Ergänzungen					

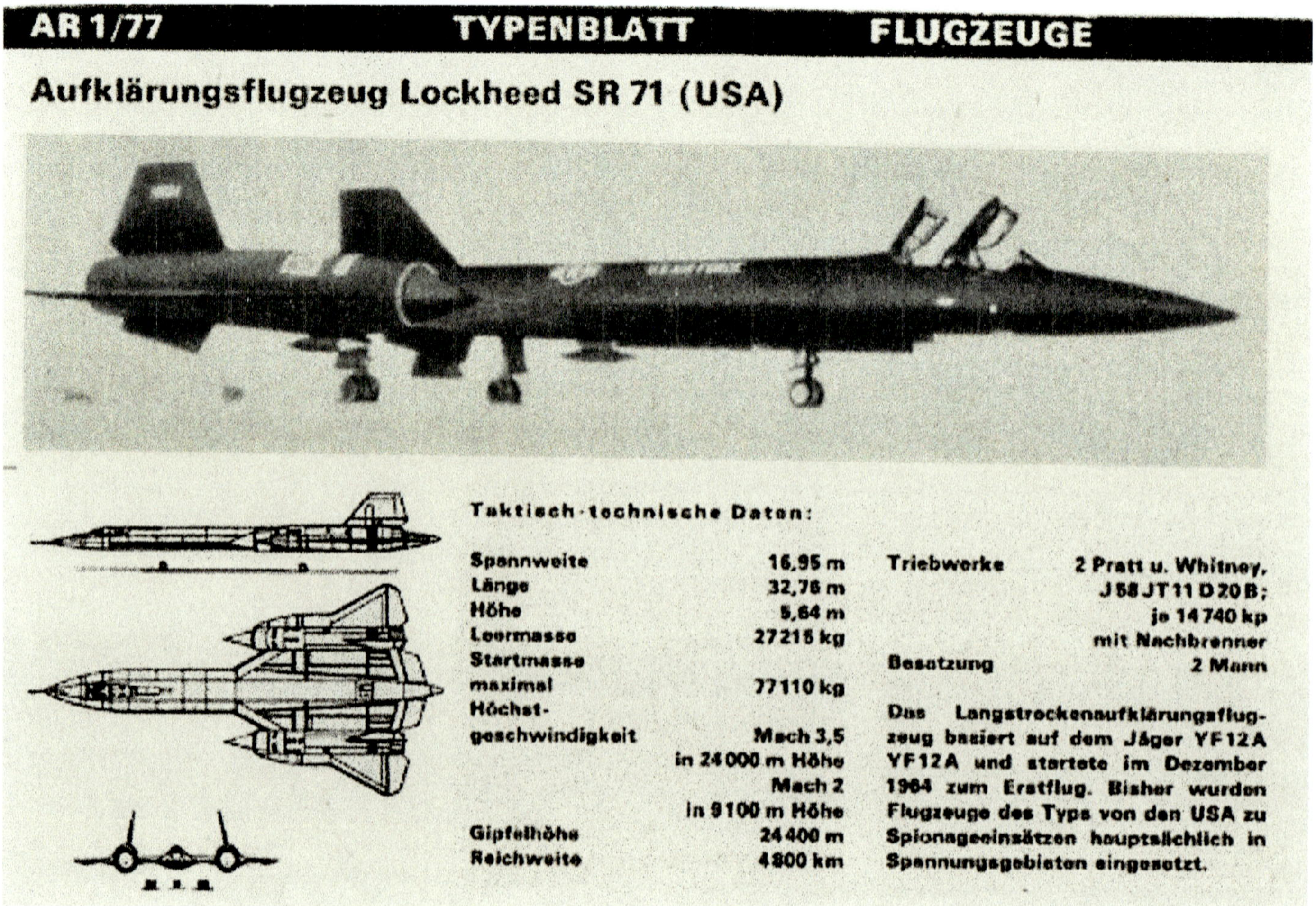

AR 1/77 TYPENBLATT FLUGZEUGE

Aufklärungsflugzeug Lockheed SR 71 (USA)

Taktisch-technische Daten:

Spannweite	16,95 m
Länge	32,76 m
Höhe	5,64 m
Leermasse	27215 kg
Startmasse maximal	77110 kg
Höchstgeschwindigkeit	Mach 3,5 in 24000 m Höhe Mach 2 in 9100 m Höhe
Gipfelhöhe	24400 m
Reichweite	4800 km
Triebwerke	2 Pratt u. Whitney, J 58 JT 11 D 20 B; je 14740 kp mit Nachbrenner
Besatzung	2 Mann

Das Langstreckenaufklärungsflugzeug basiert auf dem Jäger YF 12 A YF 12 A und startete im Dezember 1964 zum Erstflug. Bisher wurden Flugzeuge des Typs von den USA zu Spionageeinsätzen hauptsächlich in Spannungsgebieten eingesetzt.

Die taktisch-technischen Daten der SR-71 »Blackbird«.

5.1.4. Strategischer Aufklärer U-2/TR-1

Diese im National Museum of the United States Air Force in Dayton, Ohio, ausgestellte U-2A absolvierte in den 1960er-Jahren 285 Aufklärungsflüge. (Foto: U.S. Air Force)

Typ: U-2 | **Hersteller:** USA
Fa: Lockheed | **im Einsatz seit:** 1956

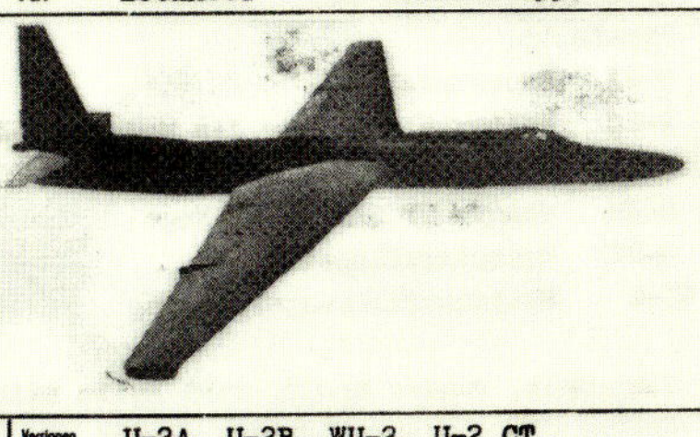

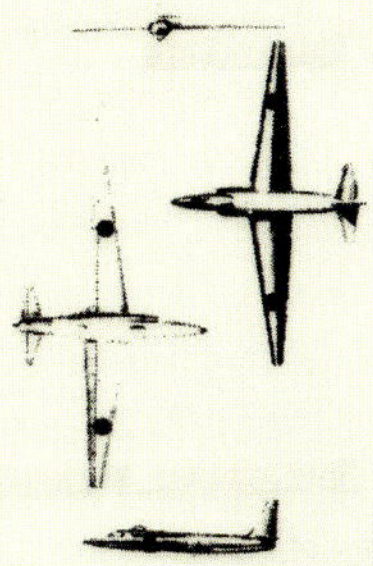

Bereich	Merkmal	Wert	Einheit	Merkmal	Wert	Einheit
Allgemein	Versionen	U-2A, U-2B, WU-2, U-2 CT				
	Verwendung	Strat. Aufklärungsflugzeug				
	Besatzung	1				
Daten	Leermasse	7180	kg	Nutzmasse	1350	
	normale Startmasse	8500	kg	maximale Startmasse	9600	kg
	Länge	15,11	m	Spannweite	24,38	m
	Höhe	3,96	m	TF - Fläche	52,5	m²
Leistungen	V max	850	km/h	V max geringe Höhe	320	km/h
	V marsch	740	km/h	Vv max		m/s
	H - praktisch GH	22000...24000	m	Steigzeit auf 10000 m		s
	AR - geringe Höhe	–	km	- große Höhe	2300	km
	RW - geringe Höhe	–	km	- große Höhe	6500	km
	Startstrecke		m	Landestrecke		m
TW	Anzahl und Typ	1 x P & W J 75-P-13				
	Startleistung pro TW	75,5	kN	- mit NB		kN
Bewaffnung	Kanone	–				
	L - L Raketen	–				
	L - B Raketen	–				
	Bomben	–				
	Außenstationen	–		Störgeräte		
	effektive Reflektionsfläche	1-3	m²	maximale Flächenbelastung	180	kg/m²
	minimaler Kurvenradius		m	KW Anzahl, Kaliber	–	Kt/TNT
	mögliches Lastvielfaches		g	Schubbelastung	ca. 130	kg/kN
	besondere Kennzeichen	sehr lange schlanke TF				
	Einsatzländer	USA				
Ergänzungen	In Entwicklung Typ TR-1 (Tactical reconnaissance) auf der Basis der Version U-2R.					

43

Entwicklung	Erstflug im Jahre 1955 Versionen: U-2A Grundmodell U-2C Weiterentwicklung des Modells U-2A U-2D Doppelsitziges Modell U-2C U-2R vergr. TF und Rumpflänge U-2CT Trainingsflugzeug WU-2 Wetteraufklärungsflugzeug
Wesentliche Merkmale	Schlanker, runder Rumpf, vorn spitz zulaufend Großes SLW - trapezförmig - gerade. Mitteldecker mit sehr langen schlanken TF. ZB eingearbeitet. Ansaugschächte rechts und links hinter der Kabine. Tandemfahrwerk. Schwarzer Schutzanstrich.
Ausrüstung	Funkstation des Mehrwellenbereichs Schleudersitz (ab 1960) elektronische Aufklärungsempfänger Anlagen zur Aufzeichnung der Aufklärungsergebnisse Luftbildgeräte Modell 73 B Heckwarnanlage Autopilot A-10 TACAN Funkkompaß
Einsatz	Bekannt geworden durch Abschuß U-2 am 01. 05. 1960 bei Swerdlow/UdSSR.

Die taktisch-technischen Daten des Fernaufklärers U-2.

Die U-2 mit ihrer späteren Weiterentwicklung TR-1 war ein Spezial-Höhenaufklärer, der seinen Erstflug am 4. August 1955 absolvierte. Mit diesem Flugzeug war es der CIA und später der U.S. Air Force lange Zeit möglich, hoch über feindlichem Territorium Spionageflüge zu unternehmen, ohne Gegenwirkungen befürchten zu müssen. Weder Abfangjäger noch Luftabwehrraketen dieser Zeit besaßen die erforderlichen Reichweiten und Flugeigenschaften, um diesem Flugzeug gefährlich werden zu können. Bekannt geworden ist die U-2 erst durch den Abschuss am 1. Mai 1960 über Swerdlowsk/UdSSR.

Die U-2 besaß konstruktive Eigenschaften eines Segelflugzeuges und war mit einem Strahltriebwerk ausgerüstet. Die Maschine erreichte Höhen von bis zu 27.000 m und konnte bis zu 13 Stunden in der Luft bleiben.

Die U-2 war ein äußerst schwer zu fliegendes Flugzeug, und nur speziell ausgebildete Piloten konnten die Maschine steuern. Der durchschnittliche Dienstgrad der Piloten der U-2 war der höchste aller Einheiten der U.S. Air Force, denn für den Prestigetyp TR-1A »Dragon Lady« benötigten die Bewerber eine besondere fliegerische Begabung und mindestens 1.500 Stunden Flugerfahrung, denn in Einsätzen erwartete man von den Piloten eine äußerst stabile Psyche, da sie auf engstem Raum über Stunden hinweg angeschnallt allein hochkonzentriert arbeiten mussten.

Besonders die Landung war durch die lange Bugnase und die Lage des Cockpits sowie durch die riesigen Tragflächen, mit denen die Maschine sehr langsam über die Landebahn schwebte (wobei die Querruder kaum Wirkung zeigten) sehr schwierig. Da der Pilot eine miserable Sicht hatte, konnte er die Höhe über der Piste nur schwer abschätzen. Aus diesem Grund stand ein zweiter U-2-Pilot in einem schnellen Auto

über Funk mit der anfliegenden Maschine im Funkkontakt und gab ständig Anweisungen, um eine sichere Landung zu gewährleisten.
Um den Gegner über Anzahl und Standorte der Maschinen zu täuschen, wurden an den Maschinen häufig die Hecknummern und auch die Bezeichnungen (U-2 oder TR-1A) geändert.
Die TR-1A hatte ihren Erstflug am 1. August 1981 absolviert und wurde zwischenzeitlich mit noch modernerer digitaler Technik SIGINT zur Fernmelde- und elektronischen Aufklärung und einem Seitensichtradar SLAR zur U-2S umgerüstet.
Zusätzlich gibt es eine Variante mit einem Radom auf der Rumpfoberseite in Tragflächenmittellinie. Dieses Radom ermöglicht eine Satellitenkommunikation. Flugzeuge mit dieser Ausstattung wurden aktuell gegen die Terrormiliz Islamischer Staat eingesetzt.

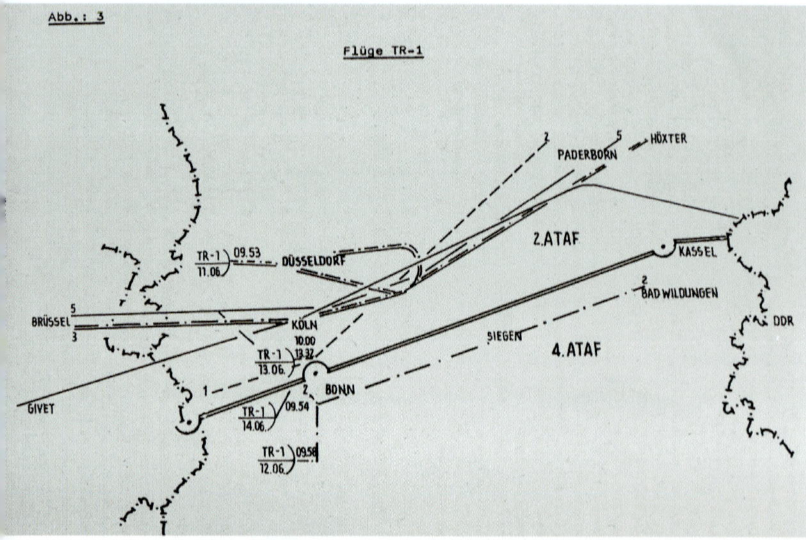

Beispiel für Flüge der TR-1 (U-2) über dem Territorium der BRD.

Die U-2 ist auf ständigen Außenkommandos stationiert und startet zudem von verschiedenen Einsatzbasen in aller Welt. Damals bekannte Stationierungen waren Kadena in Japan, Osan in Südkorea, Fairford in England, Akrotiri auf Zypern sowie Alaska und Florida.
Ebenso wie für die SR-71 wurde für das Spionageflugzeug Lockheed U-2 ein spezieller Flugturbinentreibstoff entwickelt und auch nur für diesen Flugzeugtyp verwendet. Das 1956 eingeführte JPTS (Jet Propellant Thermaly Stable) hatte einen Flammpunkt von minimal 43 °C und einen Gefrierpunkt von maximal -53 °C und war für eine höhere thermische Stabilität sowie als Höhentreibstoff ausgelegt. Dieser Treibstoff wird heute noch in zwei Raffinerien der USA hergestellt und kostet etwa das Dreifache von JP-8, einem Treibstoff, der 1996 das 1951 eingeführte JP-4 ersetzte. JP-4 war beispielsweise aus Sicherheitsgründen die erste Wahl für einstrahlige Flugzeuge der deutschen Luftwaffe, jedoch nicht für alle Triebwerke geeignet.
Im Vergleich zu den obigen Angaben zur U-2 hier einige technische Daten der TR-1A: Länge: 19,13 m, Spannweite: 31,39 m, Höhe: 4,88 m, Reisegeschwindigkeit: 692 km/h, Höchstgeschwindigkeit: 980 km/h = 0,8 Mach bei 24.385 m Dienstgipfelhöhe, Bewaffnung: keine.
Als Aufklärungs- und Retranslationflugzeug ist die U-2/TR-1 ein wichtiger Bestandteil der Systeme zur Aufklärung und Vernichtung funkelektronischer Ziele »PLSS« und »Assault Braker«.

5.1.5. »PLSS«

(PLSS = Precesion Location Strike System, System zur präzisen Standortbestimmung und Bekämpfung von Zielen)

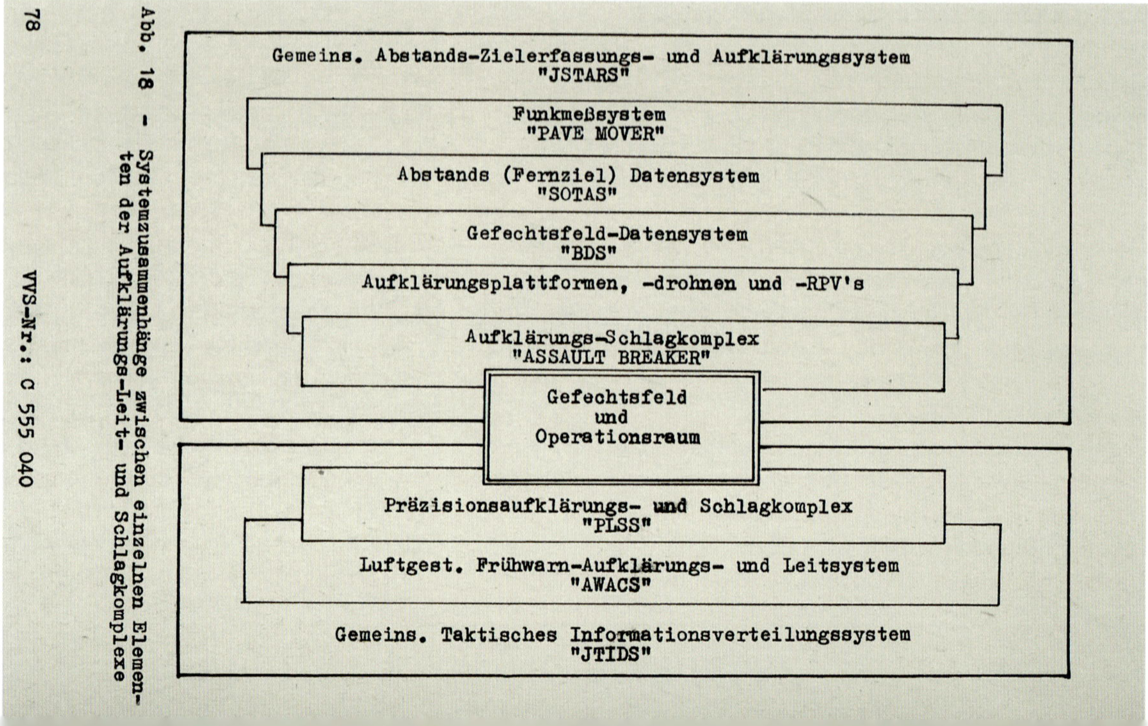

Der Aufklärungs-Leit- und Schlagkomplex.

1. Einsatzaufgaben:

- *Aufklärung und Bekämpfung bodenständiger Ziele, die elektromagnetische Energie abstrahlen.*
  Schwerpunkt: Funkmessstationen der Luftverteidigung
  In perspektivischer Entwicklung ist der Einsatz gegen Funkstationen und gegen nichtstrahlende Objekte durch Fotoaufklärung (z. B. Brücken)

2. Bestand:

- *Flugzeuge zur Aufklärung und Retranslation;*
- *mobiles Funknavigationsnetz (in der perspektivischen Nutzung des Satellitennavigationssystems MAVSTAR);*
- *mobiles, am Boden befindliches Führungssystem;*
- *Mittel zur Zielbekämpfung.*

3. Taktik des Einsatzes:

<u>Flugzeuge zur Aufklärung und Retranslation:</u>

- *TR-1, OV-1 »Mohawk«,*
- *Aufbau von Zonen in der Luft (Anzahl 2–3, 100 bis 150 km hinter der Frontlinie, H = 20.000 m, Geschwindigkeit zirka 500 km/h),*
- *Aufklärungstiefe 500...600 km,*
- *zur genauen Standortbestimmung der aufgeklärten Ziele und zur Lenkung der Vernichtungsmittel ins Ziel ist eine genaue Standortbestimmung des Aufklärungs- und Retranslationsflugzeuges mittels des Bodennavigationssystems erforderlich.*

<u>Führungszentrum:</u>

- *Entfaltung 300 bis 350 km hinter der Frontlinie, in unmittelbarer Nähe oder gemeinsam mit dem Gefechtsführungssystem der taktischen Fliegerkräfte;*
- *Ausrüstung: mehrere Kfz mit Datenübertragungs-, Empfangs- und Speicheranlagen, Herzstück-Zentralrechner AN/UYK-25;*
- *Empfang der aufgeklärten Signale, Vergleich mit den gespeicherten Daten, Bestimmung des Zieltyps, Errechnung der Zielkoordinaten, automatisches Richten der Waffen auf die ausgewählten Ziele;*
- *Datenaustausch und Waffenleitung erfolgen mit rauschähnlichen Signalen, die mit herkömmlichen Mitteln der funkelektronischen Aufklärung nicht aufgefasst werden können (relativ störsicher, zur Niederhaltung werden funkelektronische Störungen großer Leistungen benötigt).*

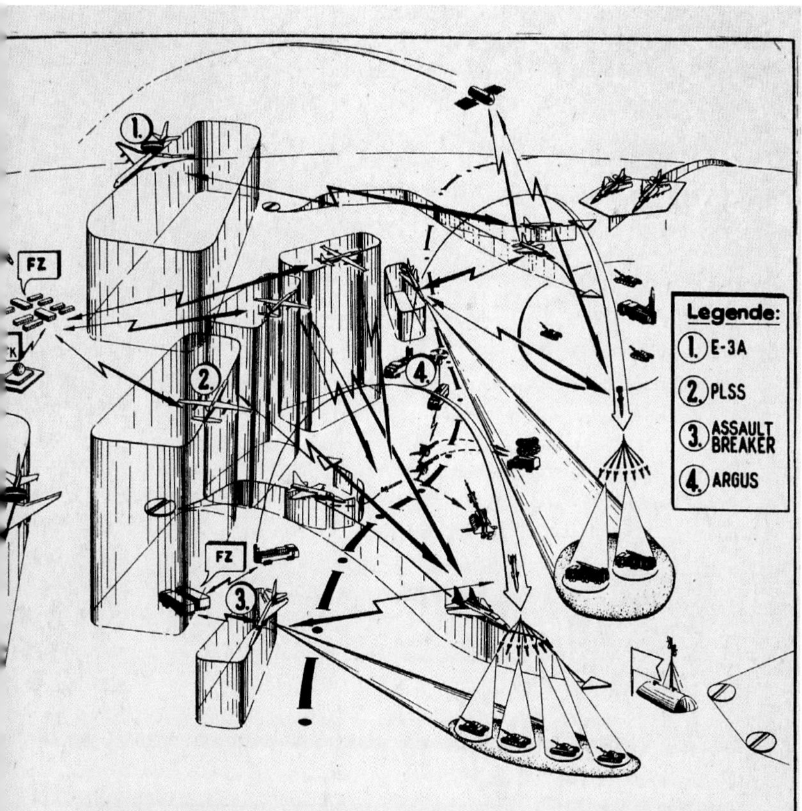

.: 2 **Komplexer Einsatz des Systems AWACS und der Aufklärungs-und Schlagkomplexe**

Zusammenwirken von »AWACS« und dem Aufklärungs- und Schlagkomplex.

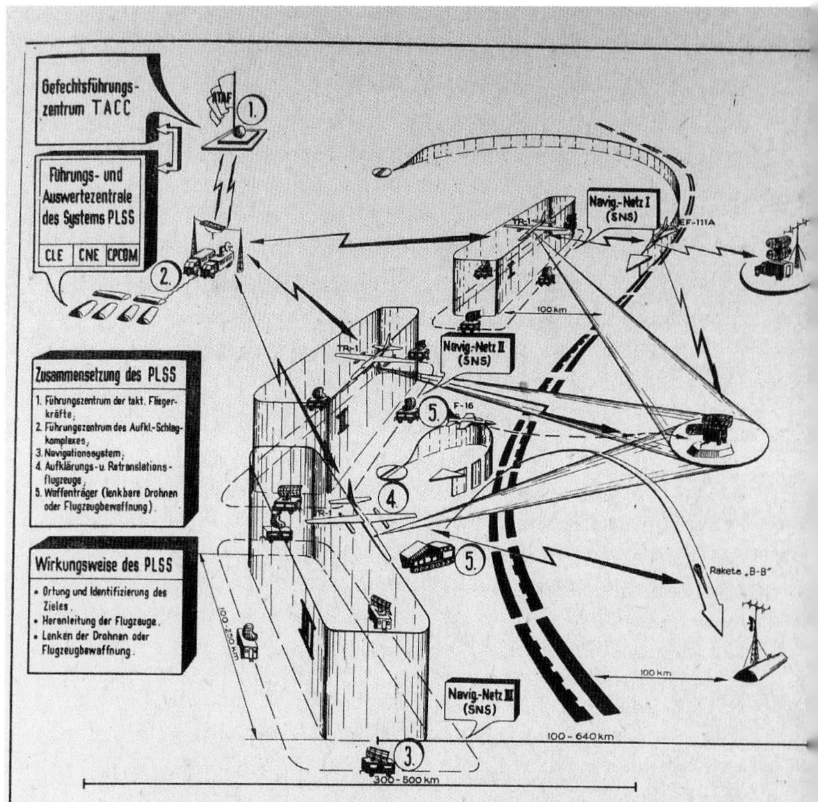

Abb.: 6 **Prinzipieller Aufbau, Bestandteile und Möglichkeiten des Systems PLSS**

Das System PLSS (Präzisionsaufklärungs- und Schlag-Komplex).

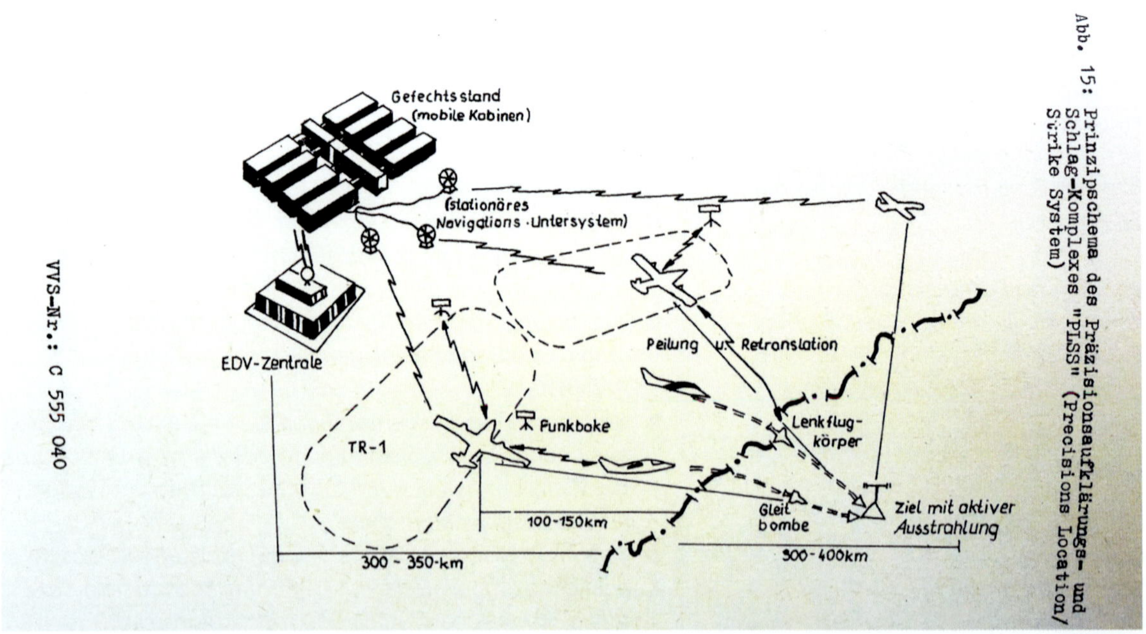

Schematische Darstellung des Einsatzes von PLSS. Das hier dargestellte Ziel mit aktiver Abstrahlung rechts unten kann zum Beispiel eine Antennenkabine K-1 des Komplexes S-200 sein.

<u>Mittel zur Zielbekämpfung (Waffenträger):</u>

- *alle Flugzeugtypen und beliebige Arten gelenkter Waffen der Klasse »Luft-Boden« und »Boden-Boden«, wenn sie mit den entsprechenden Geräten der Funkkommandolenkung ausgestattet sind.*
  Schwerpunkte: F-16, F-111, F-4 »Phantom«, Flügelraketen, operativ-taktische Raketen.
- *Varianten des Einsatzes der Waffenträger:*
  a) mit herkömmlichen ungelenkten Waffen bis zur Waffenabwurflinie;
  b) mit gelenkten Waffen bis zur Waffenabschusslinie.

5.1.6. »Assault Breaker«

(Assault Breaker = Angriffsabriegelung)

Auch in diesem Angriffs-Schlagkomplex spielt die U-2/TR-1 neben den Flugzeugen EF-111 und OV-1 »Mohawk« mit Mehrzweckfunkmessstation »Pave Mover« eine wichtige Rolle. Assault Breaker ist seit 1976 in der Entwicklung und dient der Erarbeitung neuer technischer Lösungen der Bekämpfung von Zielen in der operativen Tiefe (besonders Panzerverbände).

1. Einsatzaufgaben:

- *Bekämpfung von Panzerverbänden der zweiten Staffeln.*

2. Bestand.

- *Aufklärungs- und Waffenleitflugzeuge;*
- *mobiles, bodengebundenes Führungssystem;*
- *gelenkte Waffen der Klassen »Boden-Boden« und »Luft-Boden«.*

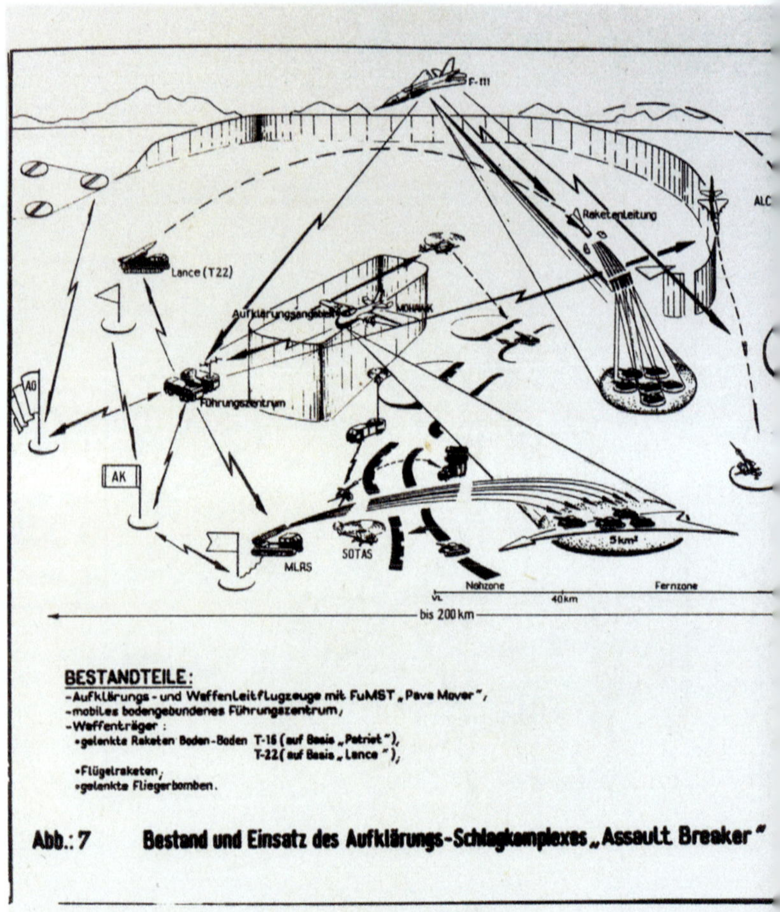

Der Aufklärungs- und Schlagkomplex »Assault Breaker«.

3. Taktik des Einsatzes:

- *Flugzeugtypen wie oben erwähnt;*

- *Aufklärungszonen 30 bis 50 km hinter der Frontlinie;*
- *Aufklärungsreichweite der Funkmessstationen 30 bis 200 km;*
- *Aufklärungsregime:*
  a) automatische Ortung beweglicher Bodenziele auf einer Fläche von zirka 200 km². Bei der Vorbereitung der Daten zum Schießen wird die Fläche auf 4 km² verringert (Konzentrierungsraum von 30 bis 40 Panzern)
  b) Seitensichtaufklärung des gegnerischen Geländes mit Bilddarstellung für den Gefechtsstand.

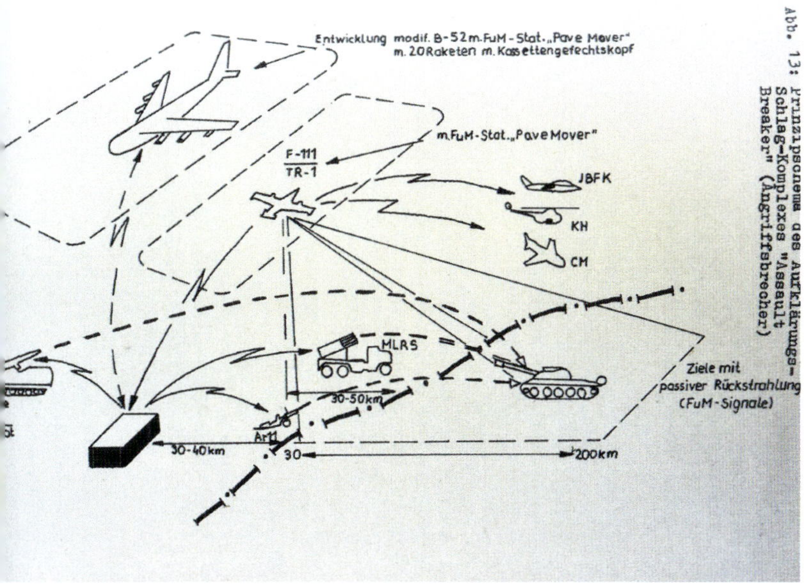

Prinzipschema zum Einsatz »Assault Breaker«.

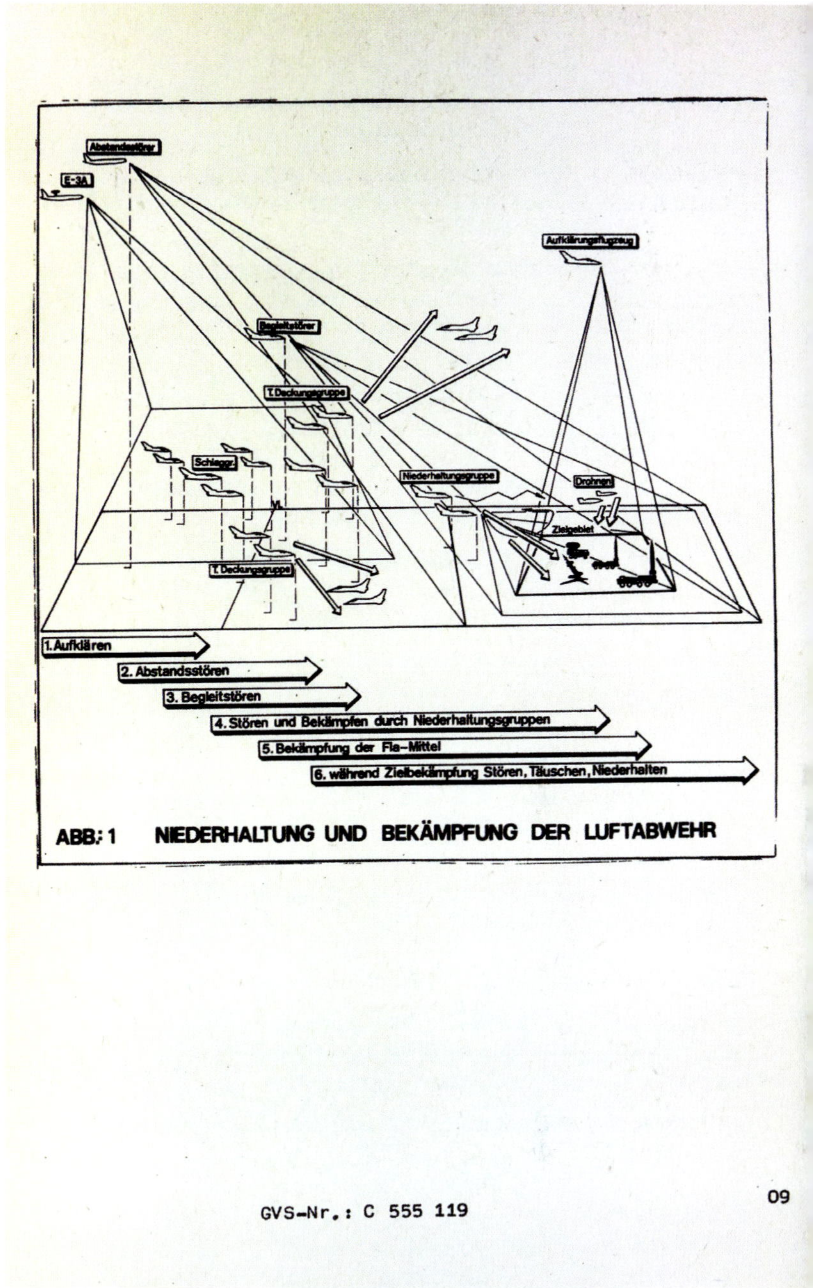

Beispiel der Niederhaltung und Bekämpfung der Mittel der Luftabwehr. In sechs sich überschneidenden Handlungen sollten Stellungen von Fla-Raketen und operativ-taktischen Raketen bekämpft werden.

Führungszentrum:
- *Entfaltung 30...40 km hinter der Frontlinie;*
- *Ausrüstung 1...2 Kfz mit Rechneranlagen und Darstellungsgeräten;*
- *Bearbeitung und Darstellung der Aufklärungsangaben, Leitung der Waffenträger.*

Waffenträger:
- *operativ-taktische Raketen mit Kassettengefechtsteil, Reichweite zirka 150 bis 200 km, Version »Lance«*
- *Submunition mit Endphasenlenkung:*
  a) Raketen TGSM mit Infrarotzielsuchkopf;
  b) Kleinkaliberbombe »Skeet« mit Infrarotsensor.

Gefechtsmöglichkeiten:
- *eine operativ-taktische Rakete gegen eine Panzerkompanie;*
- *gleichzeitiges Begleiten von sechs Gruppenzielen mit je 10 bis 12 Einheiten gepanzerter Technik;*
- *gleichzeitige Bekämpfung von zwei Gruppenzielen mit je einer Rakete;*
- *geplante Feuerleitung: 40 Raketenstarts pro Stunde.*

Weitere geplante Entwicklung:
- *Einbeziehung anderer Waffenträger der Luftstreitkräfte und der Landstreitkräfte (z. B. B-52, Rohr- und reaktive Artillerie);*
- *Zusammenfassung der Systeme Aufklärung, Bearbeiten, Führen und Bekämpfen in einem Element und luftbeweglich (analog dem System AWACS, nur keine Bekämpfung von Luft, sondern von Erdzielen bis in eine Tiefe von 100 bis 200 km).*

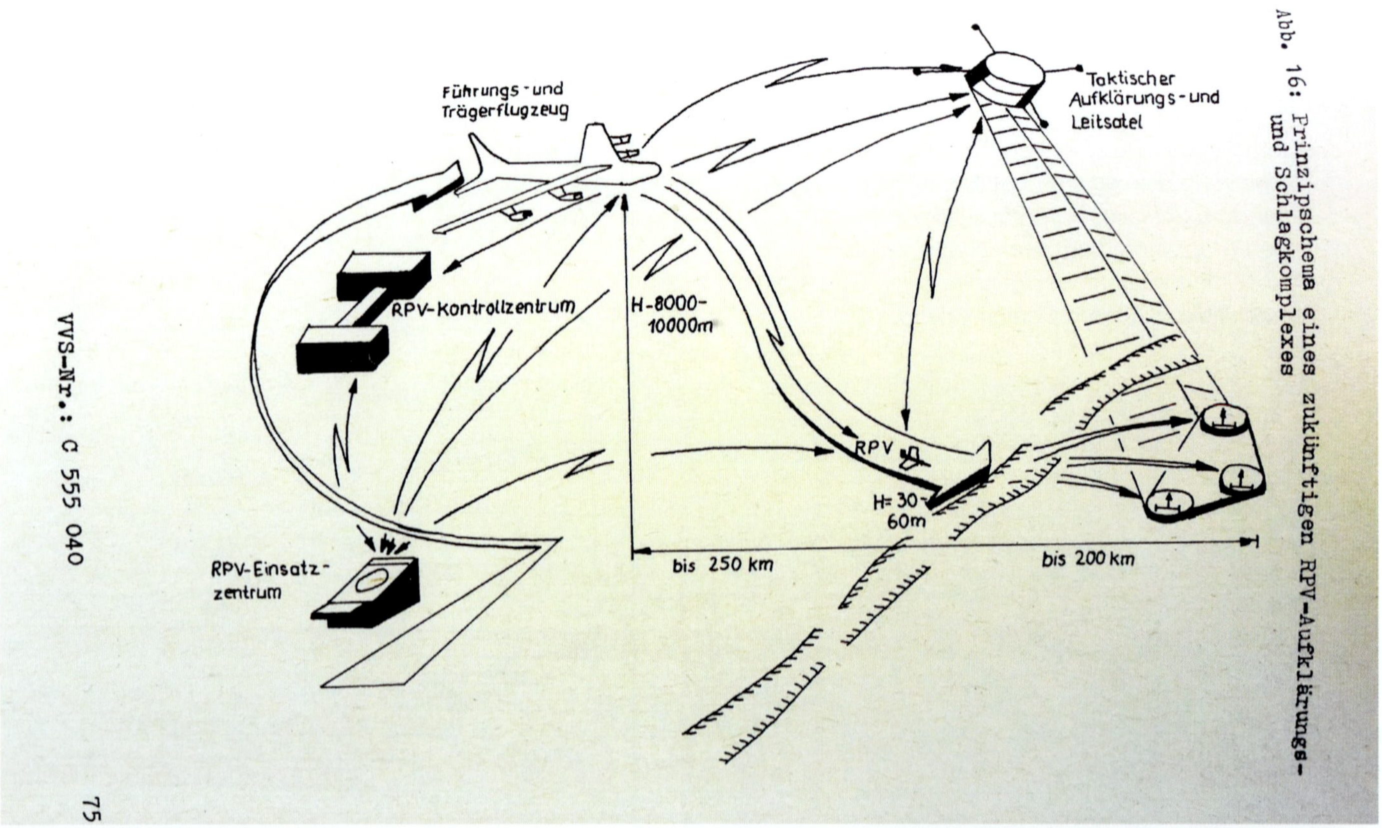

Schematische Darstellung von zukünftigen Aufklärungs- und Schlagkomplexen. Die Einbindung von Aufklärungs- und Leitsatelliten wird zum festen Bestandteil der neuen Systeme.

5.1.7. Der strategische Bomber B-52 »Stratofortress«

(Stratofortress = Stratosphärenfestung)

B-52H »Stratofortress«. (Foto: U.S. Air Force)

Typ: B-52 | Hersteller: USA

Fa: Boeing Corp. | Im Einsatz seit: 1954

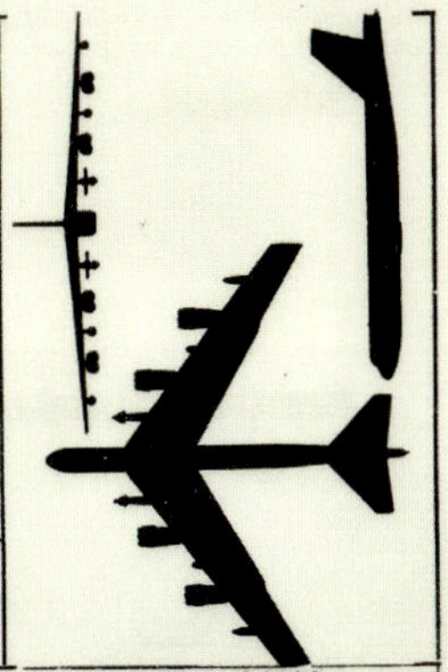

Versionen	"A...H"				
Verwendung	Strat. Bombenflugzeug, Raketenträger				
Besatzung	6				
Leermasse	77000	kg	Nutzmasse	27...34000	
normale Startmasse		kg	maximale Startmasse	221350	kg
Länge	49,05	m	Spannweite	56,39	m
Höhe	12,34	m	TF - Fläche	371,6	m²
V max	957	km/h	V max ger.ge Höhe	ca. 700	km/h
V marsch	820	km/h	Vv max	213 m/min	~~m/s~~
H - praktisch GH	16700	m	Steigzeit auf 10000 m		s
AR - geringe Höhe	ca. 3000	km	- große Höhe	7000	km
KW - geringe Höhe	ca. 7500	km	- große Höhe	16000	km
Startstrecke	3000	m	Landestrecke		m
Anzahl und Typ	8 x P & W TF 33-P-3				
Startleistung pro TW	62	kN	- mit NB	75,6	kN
Kanone	1 x 20 mm Vulcan				
L - L Raketen	–				
L - B Raketen	20 x AGM-69 "SRAM" oder AGM-86B				
Bomben	4 Kernbomben BL-77/gelenkte GBU-15				
Außenstationen	2 Mehrfach		Störgeräte	bis 20	
effektive Reflektionsfläche	25	m²	maximale Flächenbelastung	ca. 600	kg/m²
minimaler Kurvenradius		m	KW Anzahl, Kaliber	MT-Bereich	Kt/TNT
mögliches Lastvielfaches	2	g	Schubbelastung	0,37	kg/kN
besondere Kennzeichen					
Einsatzländer	USA				

Ergänzungen:
Waffenschacht 29,53 m³
TTD für Version B-52H
Treibstoffvorrat 156000 l

8

Entwicklung	Prototyp 15. 04. 1952 Einführung ab 1954 Ständige Weiterentwicklung 1980 in Bewaffnung: B-52 D B-52 G B-52 H ges. 465 Exempl.
Wesentliche Merkmale	LangerKastenrumpf, vorn stumpf Hochdecker, TF mit negativer "V"-Stellung, 8 TW in Doppelgondeln an den TF hängend, ZB an den TF hängend, SLW oben "abgeschnitten" - Rumpfheck hinter HLW und SLW herausragend. Heckfunkmeßstation, Warnanlage, Störanlagen und Kanone installiert.
Ausrüstung	Funkstation; Luftbetankungsanlage Feuerleitfunkmeßstation AN/ASG-21 Radarwarnanlage AN/ALQ-127 Kennungsgerät Feuerleitsystem für AGM-69/86 Funkhöhenmesser Trägheitsnavigationsanlage AN/ASN-131 Doppler-Funkmeßstation (radar) Navigationssystem GEANS Fernsehsystem AN/ASQ-151 Störanlage AN/ALQ-122 Störanlage AN/ALQ-117 Störanlage AN/ALT-28 Feuerkontrollsystem AN/AGS-15 Infrarotsuchanlage AN/AAQ-6 FLIR TACAN-Navigationsanlage LORAN-Navigationsanlage
Einsatz	Versionen "G" und "H" sind Raketenträger, Version "D" zum Einsatz von Bomben vorgesehen, max. Last 34000 kg (normal 27000 kg), Imitationsflugkörper "Quail"

Taktisch-technische Daten zum strategischen Bomber und Kernwaffenträger B-52.

Am 15. April 1952 startete der achtstrahlige Langstreckenbomber B-52 zu seinem Erstflug. Er gilt heute als das älteste turbinengetriebene Kampfflugzeug der Welt. In der Version B-52H ist der weitere Einsatz bis 2044 geplant.
Die B-52 wurde in unterschiedlichsten Modifikationen gebaut und ausgerüstet. Die Maschine ist eine robuste Waffen- und Trägerplattform. Als strategischer Bomber war die B-52H von Anfang an vorrangig als Trägermittel von Kernwaffen vorgesehen. Aber auch eine Ausstattungsvariante als Aufklärer, die als RB-52B bezeichnete Maschine, wurde in geringer Stückzahl gebaut. Sie konnte im Bombenschacht einen druckbelüfteten Aufklärungsbehälter aufnehmen, der mit verschiedenen Radar- und Funkempfängern, Kameras und sonstigen Geräten ausgestattet war. Zum Einsatz kam diese Modifikation der B-52 allerdings nie.

Bei den strategischen Angriffskräften der USA sind Ende 1984 fünf Bombenfliegergeschwader mit insgesamt 80 Flügelraketenträgern B-52G zu je 12 Flügelraketen AGM-86B ausgerüstet. Ab 1985 beginnt die Ausrüstung von B-52H mit je 20 Flügelraketen (...)

5.1.8. Der strategische Bomber Rockwell B-1B »Lancer«

(Lancer = Lanzenreiter)

Rockwell B-1B »Lancer«. (Foto: U.S. Air Force)

Taktisch-technische Daten zum strategischen Bomber und Kernwaffenträger B-1.

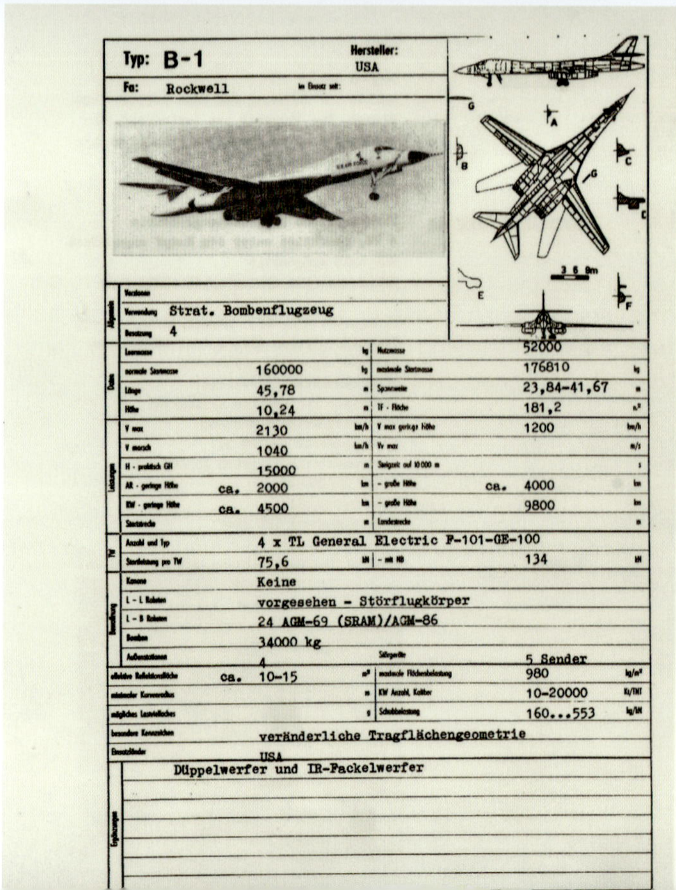

Typ: B-1 — Hersteller: USA
Fa: Rockwell — Im Einsatz seit:

Parameter	Wert	Einheit	Parameter	Wert	Einheit
Versionen					
Verwendung	Strat. Bombenflugzeug				
Besatzung	4				
Leermasse		kg	Nutzmasse	52000	
normale Startmasse	160000	kg	maximale Startmasse	176810	kg
Länge	45,78	m	Spannweite	23,84–41,67	m
Höhe	10,24	m	TF-Fläche	181,2	m²
V max	2130	km/h	V max geringe Höhe	1200	km/h
V marsch	1040	km/h	Vv max		m/s
H - praktisch GH	15000	m	Steigzeit auf 10 000 m		s
AR - geringe Höhe	ca. 2000	km	- große Höhe	ca. 4000	km
RW - geringe Höhe	ca. 4500	km	- große Höhe	9800	km
Startstrecke		m	Landestrecke		m
Anzahl und Typ	4 x TL General Electric F-101-GE-100				
Startleistung pro TW	75,6	kN	- mit NB	134	kN
Kanone	Keine				
L-L Raketen	vorgesehen - Störflugkörper				
L-B Raketen	24 AGM-69 (SRAM)/AGM-86				
Bomben	34000 kg				
Außenstationen	4		Störgeräte	5 Sender	
effektive Reflektionsfläche	ca. 10–15	m²	maximale Flächenbelastung	980	kg/m²
minimaler Kurvenradius		m	KW Anzahl, Kaliber	10–20000	Kt/TNT
mögliches Lastvielfaches		g	Schubbelastung	160...553	kg/kN
besondere Kennzeichen	veränderliche Tragflächengeometrie				
Einsatzländer	USA				
Ergänzungen	Düppelwerfer und IR-Fackelwerfer				

Entwicklung
Beginn 1962
Sollte zur Ablösung des Typs B-52 ab 1980 dienen. Das Flugzeug ist serienreif. Die Produktion wurde aus Kostengründen bisher nicht freigegeben.
Erstflug 23. 12. 1974

Wesentliche Merkmale
Veränderliche Tragflächengeometrie
4 TW, paarweise unter dem Rumpf angeordnet
HLW halb aufgesetzt
Rumpf vorn und hinten spitz auslaufend

Ausrüstung
Funkgeräte UHF, KW, AN/ARC-50/AN/ARC-109
Funkmeßstationen AN/APQ-144; AN/APQ-140
Terrainfolgeradar AN/APQ-146
Funkhöhenmesser AN/APN-194
Dopplerfunkmeßstation AN/APN-185
Trägheitsnavigationsanlage
Kennungsgerät AN/APX-64
Instrumentenlandesystem AN/ARN-108
TACAN AN/ARN-84
Radarwarngerät
Zentralrechner IBM AP-1

Einsatz
Kernwaffenträger (Bomben und L-B-Raketen)

Der Vollständigkeit halber wird dieses Flugzeug in diesem Buch erwähnt, weil seit dem Einsatzbeginn 1986 damit zu rechnen war, dass der Bomber auch im Wirkungsbereich der S-200-Systeme der NVA und zu dessen Vernichtung eingesetzt werden würde.
Bereits Mitte der sechziger Jahre begann man mit der Entwicklung eines überschallschnellen strategischen Langstrecken-Bombenflugzeuges mit dem Ziel, die B-52 abzulösen. Es sollte ein Bomber entwickelt werden, der mit hoher Fluggeschwindigkeit in niedrigen Höhen in der Lage war, feindliche Flugabwehr zu überwinden.
Nach 17 Jahren Entwicklungsarbeit und erfolgreichen Testflügen der B-1A jedoch wurden 1977 alle Arbeiten an der weiteren Entwicklung der Maschine eingestellt. Neben den hohen Beschaffungskosten pro Maschine von weit über 100 Mio. US-Dollar und den laufenden Abrüstungsgesprächen war man damals davon ausgegangen, dass Marschflugkörper, in großen Mengen aus der Luft gestartet, die Aufgaben der B-1 erfüllen könnten, ohne wertvolles Flugpersonal und teure Maschinen dem Abwehrfeuer gegnerischer Kräfte auszusetzen.
Interessant ist allerdings auch, dass es 1977 mit dem Start eines Flugzeuges von Lockheed gelungen war, ein Tarnkappenflugzeug (Stealth-Technologie) erfolgreich in die Luft zu bringen. Damit war es möglich, mit viel größerer Überlebenswahrscheinlichkeit in den gegnerischen Luftraum einzudringen, als es mit der B-1A beim damaligen Entwicklungsstand der Maschine möglich gewesen wäre.
Im Rahmen eines Forschungs- und Entwicklungsprogrammes gingen allerdings die Arbeiten an den vier gebauten Prototypen weiter, und 1978 gelang mit dem zweiten Prototyp mit 2,2 Mach ein neuer Geschwindigkeitsrekord der B-1. 1980 wurden die Bemühungen der US-Air Force wieder verstärkt, ein Nachfolgemodell für den B-52-Bomber zu finden. Abermals griff man auf die B-1 zurück, die, vor allem im Profil überarbeitet, als Tiefflugbomber zum Einsatz kommen sollte. Bei der B-1B war – unter Einbußen bei Geschwindigkeit und Reichweite – die Nutzlast erhöht werden. Die B-1B konnte fast das Doppelte an Waffen der B-52 zuladen. Von den über 60 Tonnen befanden sich zirka 34 Tonnen in drei im Rumpfe befindlichen Waffenschächten. Dazu kamen sechs Außenaufhängungen mit unterschiedlichsten Bestückungen. Zur Bewaffnung gehörten freifallende Bomben, präzisionsgelenkte Munition, Streubomben, Seeminen, Marschflugkörper und die weiter unten beschriebene AGM-69 »SRAM«.
Mit einem Stückpreis von etwa 200 Mio. US Dollar gingen die Maschinen 1986 in die Bewaffnung und es wurden 100 Stück B-1B gebaut. Dies ist insofern interessant, weil zu diesem Zeitpunkt der Bau des Nachfolgemusters B-2 bereits beschlossen war.

Auszug aus dem o. g. Aufklärungsmaterial:
1985 beginnt die forcierte Ausbildung von Flugzeugbesatzungen für den neuen strategischen Bomber B-1B, der 22 Flügelraketen tragen kann (14 an Außenaufhängungen, 8 im Bombenschacht).
Bis 1988 sollen im Strategischen Luftwaffenkommando der USA insgesamt 100 B-1B verfügbar sein. Die erste Staffel mit 16 Maschinen soll im September 1986 einsatzbereit werden.

5.1.9. Der strategische Bomber FB-111 »Aardvark«

(Aardvark = Erdferkel)

Zwei FB-111 »Aardvark« in Formation. (Foto: U.S. Air Force)

Typ: FB-111 — **Hersteller:** USA

Fa: General Dynamics — **Im Einsatz seit:** 1969

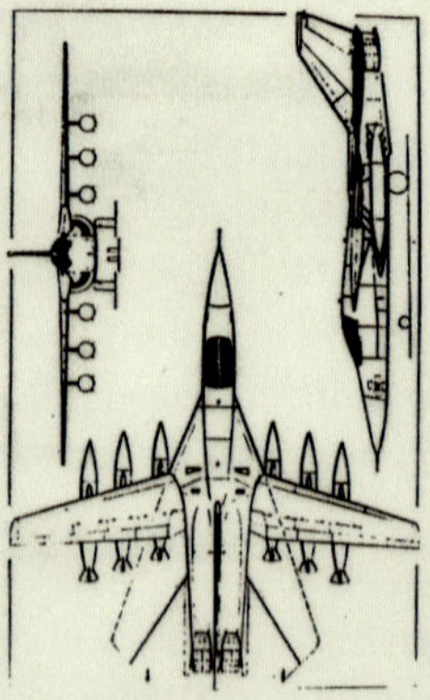

Allgemein	Versionen	A, H				
	Verwendung	BF				
	Besatzung	2				
Daten	Leermasse	23000	kg	Nutzmasse	WZL: 16783	kg
	normale Startmasse	45000	kg	maximale Startmasse	54000-63500	kg
	Länge	25,04	m	Spannweite	10,34-21,34	m
	Höhe	5,22	m	TF - Fläche	64	m²
Leistungen	V max	2700	km/h	V max geringe Höhe	1350	km/h
	V marsch	850-1000	km/h	Vv max	95	m/s
	H - praktisch GH	18000	m	Steigzeit auf 10 000 m	110	s
	AR - geringe Höhe	850-1200	km	- große Höhe	1700-2800	km
	RW - geringe Höhe	1800-2400	km	- große Höhe	3700-6500 ÜRW: 8500	km
	Startstrecke	1200	m	Landestrecke	915	m
TW	Anzahl und Typ	2 x F101-GE-100				
	Startleistung pro TW	82,37	kN	- mit NB	133,45	kN
Bewaffnung	Kanone	keine				
	L - L Raketen	möglich (Sidewinder)				
	L - B Raketen	6 AGM-69A SRAM				
	Bomben	20-48 gelenkt und ungelenkt, 5540-11100 kg (ges.)				
	Außenstationen	8		Störgeräte	und Aufklärungsgeräte a.B.u.C.	
	effektive Reflektionsfläche	4-8	m²	maximale Flächenbelastung	705	kg/m²
	minimaler Kurvenradius		m	KW Anzahl, Kaliber	4 (2/2) 200	Kt/TNT
	mögliches Lastvielfaches	3-4	g	Schubbelastung	165	kg/kN
	besondere Kennzeichen	Schwenkflügel, nach unten gezogener Bug, Ansaugöffnungen				
	Einsatzländer	NATO: USA				
Ergänzungen						

9

<u>Entwicklung:</u>	Erstflug 30. 07. 1967 Ausgangsmuster F-111A (Jagdbombenflugzeug). Wurde als Ersatz für den Typ B-58 "Hustler" entwickelt. Übergabe des 1. Serienflugzeuges am 08. 10. 1969. Produktion: 72 Flugzeuge Ende der Serienproduktion: 1975
<u>Wesentliche Merkmale:</u>	- Schlanker Rumpf, spitzer Rumpfbug, leicht nach unten gezogen, - Hecksteiß zur Aufnahme des Bremsschirmes - TW liegen nebeneinander - breite, flache Kabine - veränderliche TF-Geometrie (16°-$72,5^{o}$) als Schulterdecker - hoch aufgerichtetes gepfeiltes SLW - HLW als Pendelruder ausgelegt - große Stabilisierungsflächen schräg am Rumpfhinterteil - 4 ZB (90021 1)
<u>Besondere Ausrüstung:</u>	Feuerleitsystem Bombenwurfsystem AN/APQ-144 Terrainfolgeradar AN/APQ-134 Dopplerradar AN/APN-200 Bombenschacht
<u>Einsatz:</u>	Kernwaffenträger mit strategischer Reichweite, nachtankbar. Einsatz auch mit herkömmlicher Bewaffnung. Zum Beispiel: TF-Stellung 16° - 48 Bomben 750 Pfund TF-Stellung 26° - 38 Bomben 750 Pfund TF-Stellung 54° - 20 Bomben 750 Pfund Spezielle Bordausrüstung gestattet Flüge entsprechend des Geländereliefs in Höhen von 60-150 m auch unter schwierigen meteorologischen Bedingungen

Taktisch-technische Daten zum strategischen Bomber FB-111.

Die F-111 wurde ursprünglich als Jagdbomber konzipiert und war als solcher von 1968 bis 1997 im Einsatz. Bei der Variante FB-111 wurden konstruktive Veränderungen am Rumpf vorgenommen, die Flügelspannweite wurde vergrößert und die elektronische Ausrüstung wurde modernisiert. Mit einer größeren Tragfähigkeit und Reichweite als die F-111 war die FB-111 nun als strategischer Bomber einsetzbar.

Zu den umfangreichen Bewaffnungsvarianten mit gelenkten Luft-Luft- und Luft-Boden-Raketen sowie gelenkten und ungelenkten Bomben gehörten unter anderem die überschallschnelle taktische Nuklear-Lenkwaffe AGM-69, infrarotgesteuerte selbstlenkende Kurzstreckenraketen gegen Luftgegner, raketengetriebene Anti-Startbahnbomben vom Typ BLU-107, verschiedenste herkömmliche und atomare Freifall- und Gleitbomben und Antipanzer-Streubomben MK.20 »Rockeye II«

In der Ausstattungsvariante EF-111 spielte die F-111 im System »Assault Breaker« eine wichtige Rolle. Diese Modifikation war gut an der Antennenanlage auf dem Seitenleitwerk auszumachen.

Typ: F – 111 **Hersteller:** USA

Fa: General Dynamics **Im Einsatz seit:** 1967

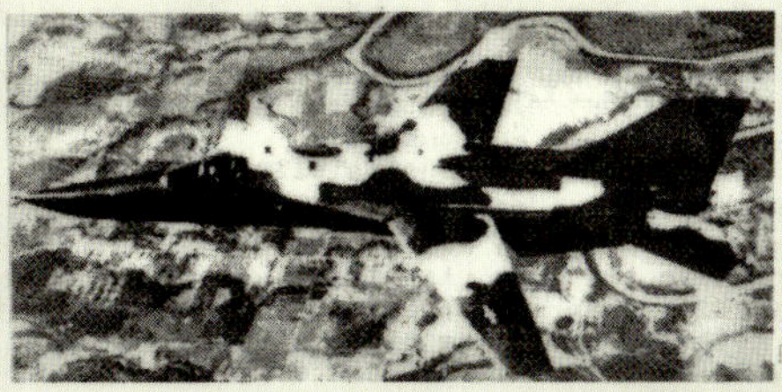

Versionen	A-F,H				
Verwendung	JBF				
Besatzung	2				
Leermasse	21398	kg	Nutzmasse	WZL: 825o	kg
normale Startmasse	369oo	kg	maximale Startmasse	45359	kg
Länge	22,4o	m	Spannweite	9,74-19,2o	m
Höhe	5,22	m	TF - Fläche	57	m²
V max	27oo	km/h	V max gerin.ge Höhe	14oo	km/h
V marsch	8oo-1ooo	km/h	Vv max	87	m/s
H - praktisch GH	18ooo	m	Steigzeit auf 10 000 m	13o	s
AR - geringe Höhe	85o-1ooo	km	- große Höhe	17oo-25oo	km
RW - geringe Höhe	18oo-22oo	km	- große Höhe	37oo-55oo ÜRW: 62oo	km
Startstrecke	11oo	m	Landestrecke	915	m
Anzahl und Typ	2 x TF3o-P-1oo				
Startleistung pro TW	67,5	kN	- mit NB	111,5	kN
Kanone	1 x 2omm M61 A1 an Außenstationen				
L - L Raketen	4-6 AIM-7F/G Sparrow od. AIM-54A Phoenix				
L - B Raketen	6 AGM-65A Maverik,od.AGM-69A SRAM,od.AGM-12B Bullpup				
Bomben	1o-48 gelenkt u. ungel. (227-9ookg), GBU-15, Napalmbehälter				
Außenstationen	8		Störgeräte	und Aufklärungsger. i. Cont.	
effektive Reflektionsfläche	4-8	m²	maximale Flächenbelastung	645	kg/m²
minimaler Kurvenradius		m	KW Anzahl, Kaliber	2 i.Rumpfsch.(B-43/61)	kt/TNT
mögliches Lastvielfaches	7	g	Schubbelastung	165	kg/kN
besondere Kennzeichen	Schwenkflügel,nach unten gezogener Bug, Ansaugöffnungen				
Einsatzländer	NATO: USA (Australien)				
Ergänzungen					

17

Entwicklung: Erstflug 21.12.1964, Beginn Serienproduktion 1967
A - Grundtyp für USAF, TW: TF3o-P-3, 55/82,37kN
B - speziell für US-Marine:TF3o-P-12A, 99,62kN, mit größerer Spannweite und verkürzten Rumpfbug, ging nicht in Serienproduktion
C - für Australien, entspricht der F-111A
D - 1973, mit verbesserter elektronischer Ausrüstung (Einsatz gelenkter Bomben, TW: TF3o-P-9, 86,98kN
E - mit veränderten Lufteinläufen und spezieller Ausrüstung für den Tiefflug (Terrainfolgeradar,autom.Flugsteueranlage,Bordcomputer)
F - TW: TF3o-P-1oo, 111,5kN, letztes Serienmuster
bis 1975 wurden 574 Fz. gebaut, Produktionseinstellung 1976

Wesentliche Merkmale: -schlanker Rumpf, spitzer Bug, leicht nach unten gezogen, kleiner Hecksteiß zur Aufnahme des Bremsschirmes, TW nebeneinander liegend, zwei nach außen stehende Stabilisierungsflächen unter dem Heck, halbrunde Ansaugöffnungen mit Strömungshalbkegel unter den TF-Wurzeln, Kabinendach geteilt, Besatzung sitzt nebeneinander, -TF Schwenkflügel 16-72,5°, Schulterdecker, -SLW trapezförmig mit gerader Oberkante, großflächig, -HLW gepfeilt als Pendelruder ausgelegt, am Rumpf aufgesetzt

Besondere Ausrüstung: -umfangreiche elektronische Ausrüstung, Luftbetankungsanlage, Außenaufhängungen an steuerbaren Trägern (Parallelwaffenträger), die automat. Steuerung der TF läuft über den Bordcomputer, Feuerleit- und Bombenwurfsystem, Vorwärts-und Navigationsradar (RW:23okm), Geländefolgeradar speziell für Tiefflug, Trägheitsnavigationssystem, automat. Flugsteueranlage, kombinierter Bordcomputer, Bombenschacht im Rumpfmittelteil (1-2 Bomben/KW), im Container können noch umfangreiche Zusatzgeräte mitgeführt werden z.B.: Laserzielbeleuchter, Luftbildkameras, Stör-und Aufklärungsgeräte u.ä.

Einsatz: -als JBF und spezieller KW-Einsatzaufgabe in vorwiegend geringen Höhen (6o-15om) gegen Punktziele, Einsatz auch nachts und unter allen Wetterbedingungen, Gefechtseinsatz bei der Aggression gegen die DRV,

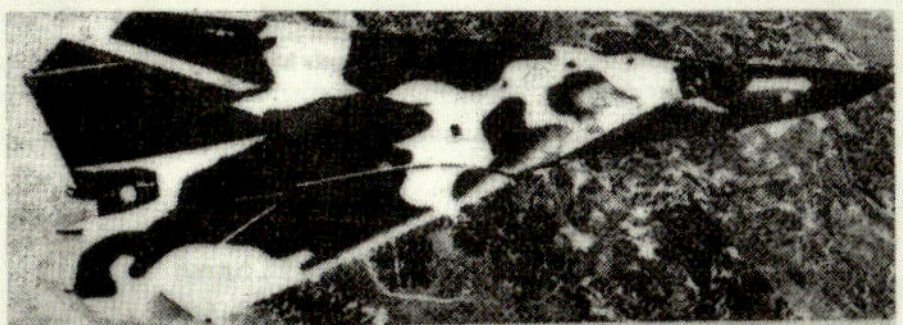

Taktisch-technische Daten zum Jagdbomber F-111.

5.2. Bewaffnung der strategischen Bomber

Es würde den Rahmen dieses Buches sprengen, sollten die unterschiedlichsten Bewaffnungsvarianten der strategischen Bomber aufgeführt werden. Zudem gibt es darüber umfassende Informationen im Internet.
Im Folgenden sollen deshalb nur zwei Waffensysteme näher beschrieben werden, die auf Grund ihrer Einsatzparameter speziell auch als Vernichtungsmittel gegen den S-200 zu erwarten gewesen wären.

5.2.1. Die Luft-Boden-Rakete AGM-69 »SRAM«

(SRAM = Short Range Attack Missile)

Diese Luft-Boden-Rakete wurde genau von den Trägerflugzeugen mitgeführt, die zu den Schwerpunktzielen des

Fla-Raketen-Komplexes S-200 gehörten. Dies waren die strategischen Bomber B-52, B-1 und FB-111.

Die AGM-69 ist ein gelenkter Flugkörper, der als Unterstützungswaffe für die strategische Bomberflotte der USA entwickelt worden war. Mit ihr sollte praktisch der Weg zu den eigentlichen Zielen, die dann mit entsprechend großkalibrigen Atombomben bekämpft werden sollten, frei gemacht werden.
Ziele für die AGM-69 waren unter anderem gegnerische Radarstationen, Fla-Raketenstellungen und Militärflugplätze. Einmal gestartet, war der Flugkörper mit extrem kleiner Reflexionsfläche, der mit bis zu 3 Mach Geschwindigkeit flog, schwer zu bekämpfen. Da die SRAM aber nur eine Reichweite von 160 km hatte, musste sie innerhalb der Vernichtungszone des Fla-Raketensystem S-200 vom Trägermittel gestartet werden, wenn selbige Fla-Raketenstellung angegriffen werden sollte.
Die AGM-69 hatte ihren Erstflug 1969 und wurde 1972 in Dienst gestellt. Die Rakete war ausschließlich mit einem Nukleargefechtskopf mit einer Sprengkraft von 170 bis 200 Kilotonnen TNT ausgestattet. Die Lenkung erfolgte ähnlich wie bei den Marschflugköpern AGM-86 über ein Trägheitsnavigationssystem. Die Zielkoordinaten wurden in der Regel noch vor dem Start der Trägermittel an die entsprechende Apparatur der Rakete übertragen. Diese Zielkoordinaten konnten aber auch von Bord des Flugzeuges während des Fluges umprogrammiert werden. Mit 430 m Zielgenauigkeit war die Trefferwahrscheinlichkeit völlig ausreichend, da der atomare Gefechtskopf einen entsprechend großen Wirkungsradius hatte.
1990 wurde der Lenkflugkörper aus der Bewaffnung genommen, da die Feststofftriebwerke ihre mögliche Nutzungsdauer erreicht hatten. Außerdem galten die atomaren Gefechtsköpfe als nicht sicher gegen Unfälle und Feuer.

5.2.2. Flügelraketen AGM-86 ALCM und AGM 109 »Tomahawk«

(ALCM = Air Launched Cruise Missile)

Typ: AGM-86 — Hersteller: USA

Fa: Boeing — im Einsatz seit: 1982

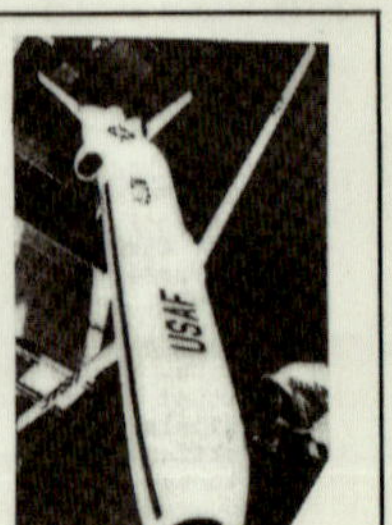

Versionen	A (takt.)	B(strat.)				
Verwendung	-luftgestartete Flügelrakete					
Besatzung	ALCM (air launched cruise missile)					
Leermasse	--		kg	Nutzmasse	WZL: 123 (1o9 b.KW)	kg
normale Startmasse	862	92o	kg	maximale Startmasse	Ø:0,66 m	kg
Länge	4,27	5,38	m	Spannweite	2,99 3,25	m
Höhe	1,16		m	TF-Fläche	o,93 1,16	m²
V max	9oo		km/h	V max geringe Höhe	9oo	km/h
V marsch	7oo-8oo		km/h	Vv max	---	m/s
H - praktisch GH	--		m	Steigzeit auf 10 000 m	Einsatzhöhe: 15-15om	
AR - geringe Höhe	--		km	- große Höhe	--	km
RW - geringe Höhe	m.herk.Gefechtskopf: 6oo(A)-11oo(B), NuklearGK:25oo-28oo					km
Startstrecke	--		m	Landestrecke	--	m
TW: Anzahl und Typ	1x Williams Research F1o7-WR-1oo (Turbofan TW)					
Startleistung pro TW	2,665		kN	- mit NB	--	kN
Bewaffnung: Kanone						
L-T Raketen						
L-B Raketen	-Gefechtskopf: mit herkömmlicher oder nuklearer Ladung					
Bomben						
Außenstationen				Störgeräte	--	
effektive Reflektionsfläche	o,1-o,3(Antiradaranstr.		m²	maximale Flächenbelastung	928	kg/m²
minimaler Kurvenradius	---		m	KW Anzahl, Kaliber	1 2oo	kt/TNT
mögliches Lastvielfaches	--		g	Schubbelastung	323	kg/kN
besondere Kennzeichen	schlanker Rumpf,schmale gepfeilte TF,Ansaugöffnung auf Heck					
Einsatzländer	NATO: USA					
Ergänzungen						

79

Entwicklung: Erstflug ALCM o5.o3.1976 (von B-52 aus H 3ooom)
Produktionsbeginn: 198o, Produktionsumfang bis 1987: 3ooo ALCM
AGM-86A: -für den takt. Einsatz (herkömml.-und KW-Einsatz mgl.)
AGM-86B: -für den strat.Einsatz (herkömml.-und KW-Einsatz mgl.)
-verlängerte Rumpfsektion zur Aufnahme von KS

Wesentliche Merkmale: -ovaler gestreckter Rumpf mit ellipsenförmigem Bug, auf dem Rumpfheck vor dem SLW befindet sich die ovale Ansaugöffnung, TF ausklappbar, gepfeilt (35°),sehr schmal, in der Mitte des Rumpfes angesetzt, Tiefdecker, -SLW seitlich abklappbar (Ganzruder), gerade aufgesetzt, Vorderkante abgewinkelt, -HLW tief angesetzt (Pendelruder), trapezförmig, negative V-Stellung

Besondere Ausrüstung: Rumpf aus Aluminium, kleines STW leistungsfähig mit geringen spezifischem KS-Verbrauch (TTD: 1:o,75/Ø:o,31m/ M:57kg) Rumpfspitze: Radarhöhenmesser, Vordersektion: Datenspeicher, Gefechtskopf, Mittelsektion: Navigationsausrüstung, Kreiselgerät, Wärmesensor(IR) Hintersektion: Ansaugkanal, Turbofan-TW, Batterie, Steuerorgane Trägerflugzeuge: B-52 (2oALCM) insgesamt sollen 173 B-52 für den Einsatz der ALCM umgebaut werden (elektron.Ausrüstung,Waffenstationen), pro Fz. werden 12 AGM-86A an den Außenstationen und 8 AGM-86B am Rotorwerfer im Bombenschacht mitgeführt, in Vorbereitung: FB-111, B-1, B-747(1ooALCM) DC-1o, in den Trägerflugzeugen werden Bordrechner installiert, in diese Rechner werden vorbereitete Zielvorgaben auf Programmbändern gespeichert und diese werden dann an die ALCM eingegeben, elektronische Ausrüstung(Mikroelektronik): -leistungsstarkes und autonomes Trägheitsnavigationssystem, -Zielsuch-und Präzisionslenksystem TERCOM, -Mini-Bordcomputer LC4516C, -Funk-und Laserhöhenmesser, Bord-Fu.Station, Sensoren

Funktion und Einsatz: -der Bordcomputer steuert auf die Millisekunde genau vorprogrammiert die Kaltzündung des TW, korrigiert die Navigationsanlage, den Autopiloten, das eingespeicherte Flugprogramm und justiert von Zeit zu Zeit in einem Geländevergleich die Flugposition nach. Grundlage des Flugprofils bildet ein computergespeichertes digitales Modell der Geländeoberfläche (Raketenflugkarte), welche sich aus Satelliten,- herkömmlichen Luftaufnahmen oder genauester Landkarten zusammensetzt, -Treffergenauigkeit soll bei 12-3o m liegen, -außer K und H kann auch die V vorprogrammiert werden, so wird i.d.R. 25 km vor dem Ziel die Vmax.(9ookm/h) eingenommen, das Lenksystem und der Antrieb von ALCM und SLCM sind gleich,
durch die geringere Masse des nuklearen Gefechtskopfes kann mehr KS mitgeführt werden und die Reichweite vergrößert sich (rd.17ookm größer) der Einsatz erfolgt ausschließlich von Flugzeugen und vorwiegend gegen Punktziele, da der Gesamteinsatzraum sich aus dem AR des Trägerflugzeuges und der RW der Flügelrakete zusammensetzt liegt der mögliche Zielraum in der strategischen Reichweite und macht dieses Waffensystem zu einem "strategischen Waffensystem"!

Taktisch-technische Daten AGM-86.

Der Marschflugkörper AGM-86 ALCM ist eine Variante einer Serie von Flügelraketen der USA, die speziell von Trägermitteln aus der Luft gestartet werden können. Sie war zum Start von dem strategischen Bomber B-52 entwickelt worden. Anfänglich gab es die Varianten AGM-86A mit herkömmlichem Gefechtskopf und einer Reichweite von etwa 1.100 km und AGM-86B mit einer Reichweite von bis zu 2.800 km. Die Lenkung erfolgte über das System »TERCOM« (Terrain Contour Matching). Hierbei werden die vor dem Start einprogrammierten Daten (aus der Satelliten- bzw. Foto- und Radaraufklärung vom gegnerischen Gelände) während des Fluges ständig mit dem Radarhöhenmesser der AGM-86 abgeglichen. Über einen bordeigenen Rechner werden daraus die aktuelle Position des Flugkörpers ermittelt und Lenkkommandos zur Kurskorrektur erarbeitet. Im Einsatz befand sich die AGM-86B seit 1982.
In der Weiterentwicklung AGM-86C (seit 1986) ist die Flügelrakete ebenfalls mit einem konventionellen Sprengkopf ausgestattet. Das »C« steht für Conventional in der Bezeichnung CALCM.
Mehrfach modernisiert und mit effektiveren, leistungsgesteigerten Turbofan-Triebwerken ausgestattet, kamen die Flugkörper später auf Reichweiten von bis zu 3.200 km. Mit einem verbessertes Lenksystem und einem Multikanal-GPS sollen Zielabweichungen von nur noch maximal 3 m erreicht worden sein.

GVS-Nr.: C 555119:

(...)

Gefechtseigenschaften der Flügelraketen:

- *Flug in extrem geringen Höhen (20 bis 150 m) mit Geländefolgeflug (Lenkung durch Trägheitsnavigation und TERCOM);*
- *geringe effektive Reflektionsfläche von 0,05–0,2 m²;*
- *minimale Infrarot- und elektromagnetische Abstrahlung;*
- *hohe Manövrierfähigkeit nach Kurs, Höhe und Geschwindigkeit;*
- *große Treffgenauigkeit, Streukreisradius 10 bis 150 m (im Zielgebiet Möglichkeit der optoelektronischen Lenkung – System SMAC);*
- *hoher Unterschallgeschwindigkeitsbereich 700 bis 1000 km/h;*
- *vorprogrammiertes Umfliegen aufgeklärter Luftverteidigungs-Gruppierungen.*

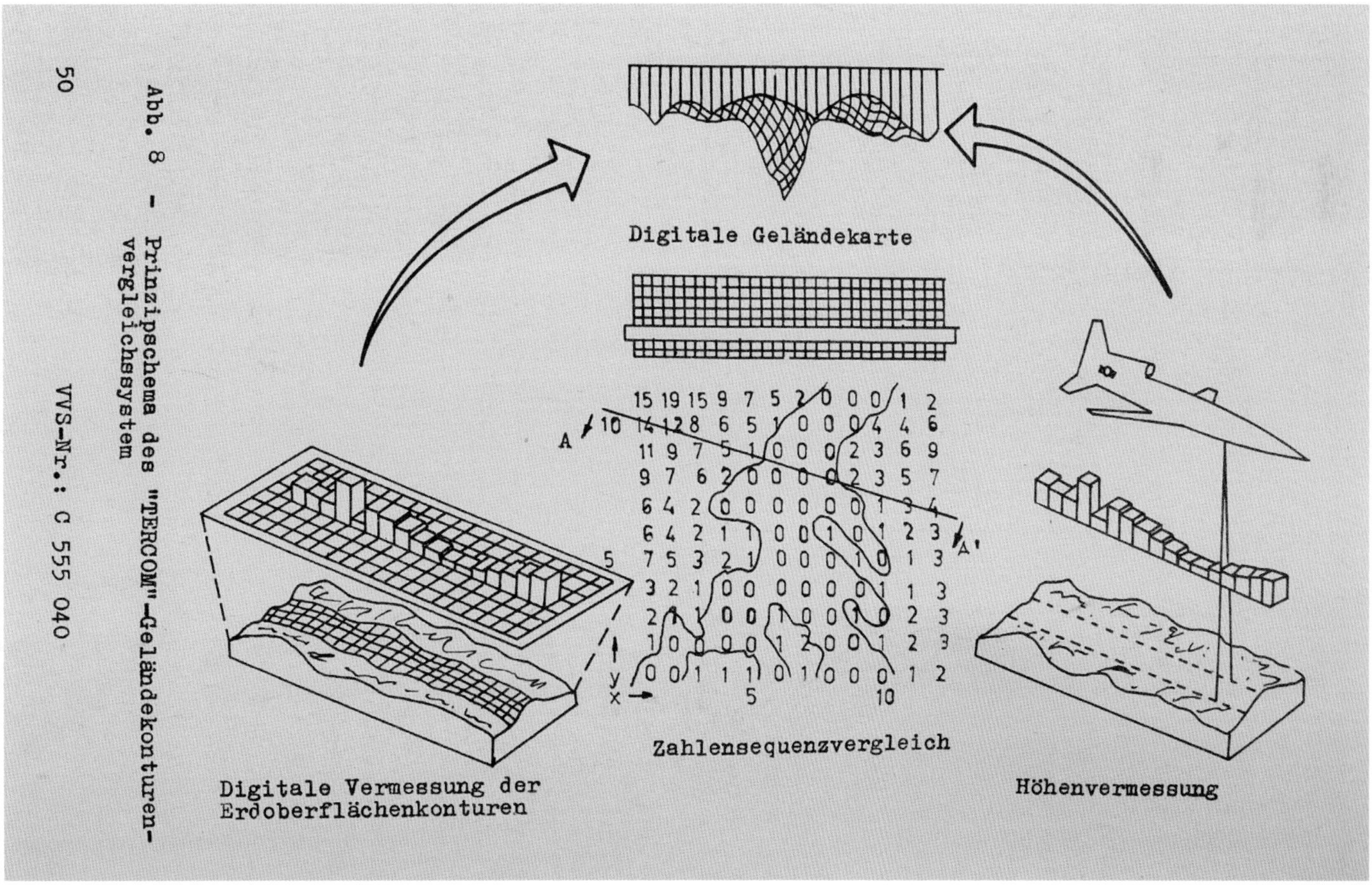

Funktionsschema des Geländekorrekturenvergleichssystems TERCOM. Mit diesem System wurden die Flugprogramme von Flügelraketen über feindlichem Territorium berechnet.

Anflugmodell von Flügelraketen:

- *für den Flug mit dem Geländefolgeradar TERCOM ist ein Gelände mit charakteristischem Höhenprofil am günstigsten:*
  1) Ausnutzung zur Kurskorrektur;
  2) Flug im Funkmessschatten gegnerischer Stationen.

Typ: „Tomahawk" Hersteller: USA

Fa: General Dynamics — im Einsatz seit: 1983

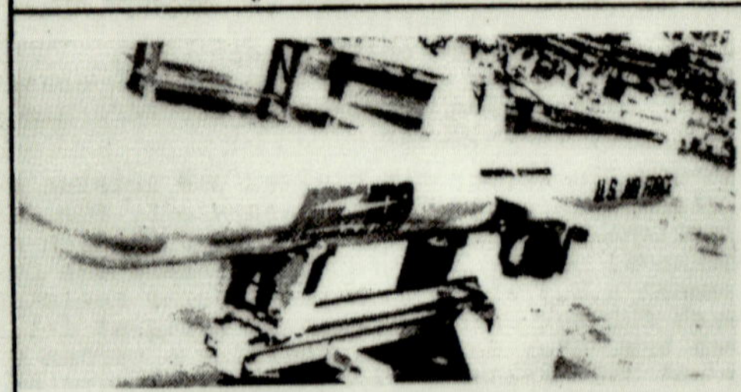

Allgemein		
Versionen	AGM-1o9 BGM-1o9	
Verwendung	-luft, -boden -und unterwasser startende Flügelrakete	

Daten					
Leermasse	1143	kg	Nutzmasse	WZL: 123 - 454	kg
normale Startmasse	18oo	kg	maximale Startmasse	--	kg
Länge	5,56 6,4o (m.RTW)	m	Spannweite	2,54 Ø: o,53	m
Höhe	1,16	m	TF - Fläche	o,93	m²
Leistungen					
V max	9oo	km/h	V max gering.e Höhe	9oo	km/h
V marsch	7oo-8oo	km/h	Vv max	--	m/s
H - praktisch-GH-	Einsatz-H: 3o-15o	m	Steigzeit auf 10 000 m	--	s
AR - geringe Höhe	--	km	- große Höhe	--	km
RW - geringe Höhe	takt.: 45o-75o	km	- große Höhe	strat.: 24oo (m.KW)	km
Startstrecke	--	m	Landestrecke	--	m
TW					
Anzahl und Typ	1x CAE J-4o2 (Turbofan-TW) Masse: 59 kg				
Startleistung pro TW	3,63	kN	- mit Start-RTW: 31,39 (für 12 s)		kN
Bewaffnung					
Kanone					
L - L Raketen					
L - B Raketen					
Bomben					
Außenstationen			Störgeräte		
effektive Reflektionsfläche	o,1 - o,3 (Antirad.)	m²	maximale Flächenbelastung	193	kg/m²
minimaler Kurvenradius	--	m	KW Anzahl, Kaliber	1 2oo	Kt/TNT
mögliches Lastvielfaches	2-3	g	Schubbelastung	495	kg/kN
besondere Kennzeichen	Torpedo-Rumpf m.Stummel-TF, kreuzförmige Hecksteuerflosse				
Einsatzländer	NATO: USA,BRD,GB,NL,B				
Ergänzungen					

80

Flügelraketenabschuss von Trägermitteln aus der Luft.

Entwicklung: Erstflug 29.o3.1976, Start von einer A-6 : o5.o7.1976 geplanter Produktionsbeginn : 198o, geplanter Produktionsumfang: 7ooo Stk. (aller Modifikationen)

Wesentliche Merkmale: -typischer torpedoförmiger Rumpf, -ovaler Lufteinlauf an der Rumpfunterseite im hinteren Drittel , -relativ kleine Schubdüse, -hinter den Hecksteuerorganen befindet sich das Zusatzstart-TW (bei Einsatz von Trägerflugzeugen entfällt das RTW), -schmale gerade TF (Mitteldecker) in der Mitte des Rumpfes angesetzt (Stummelflügel), -SLW und HLW bilden eine Kreuzebene, trapezförmig am Heckende mit gerader Hinterkante, Pendelruder

Besondere Ausrüstung: Aluminiumflugkörper mit kleinem und leistungsstarkem Turbofan-TW, KS: standardisierter Kohlenwasserstoff, für den taktischen Einsatz (herkömmlicher Sprengstoff) 175 kg und für den strat. Einsatz (nuklearer Gefechtskopf) 5oo kg KS, -für den Einsatz aus Startbehältern (Torpedorohre,Rampen u.ä.) wird ein abkuppelbares Feststoff-TW angebaut(297kg),welches auch für den Unterwasserstart geeignet ist,nach verlassen des Torpedorohres bzw. über der Wasseroberfläche werden die Stummelflügel ausgefahren und das Marsch-TW gezündet, dabei wird das RTW abgeworfen, -Antriebs-und Lenksystem ist ähnlich der ALCM, -Trägheitsnavigationssystem mit Geländevergleich (Vergleichsnavigation), Radarzielsuchsystem "Harpoon" für den Endanflug (unmittelbarer Zielanflug) bei den Einsatz von Schiffen oder bordgestützten Flugzeugen liegt der größte Teil der Strecke über Wasser und brauch deshalb nur ein einfaches Steuerprogramm welches ein kleinerer Mikrorechner liefern kann, dazu wird Ziel und Streckenprofil unmittelbar vor dem Start aus den Großrechner des Trägers in den Kernspeicher des Raketencomputers eingegeben,

Einsatz: -vorwiegend von maritimen Startorten gegen küstennahe Punktziele, der Einsatz kann erfolgen von: -U-Booten und Schiffen aus Torpedorohren SLCM (sea launched cruise missile)
-bordgestützten Flugzeugen aus allen Höhen ALCM,
-Landeinsatz von festen oder beweglichen Abschußrampen GLCM (ground launched cruise missile), diese Version ist auch für die Stationierung in WE geplant (464 Stk., GB,BRD,NL,B)

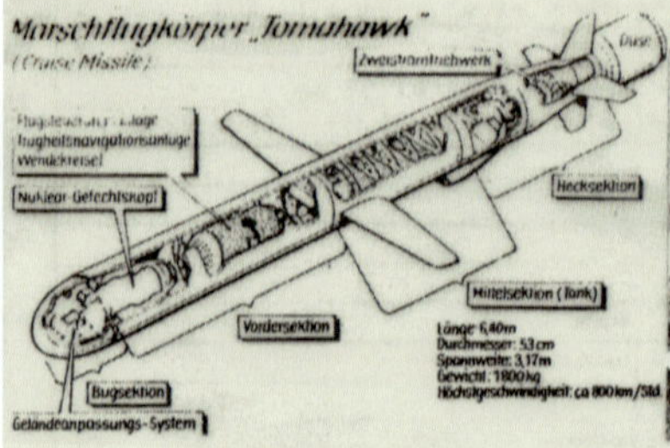

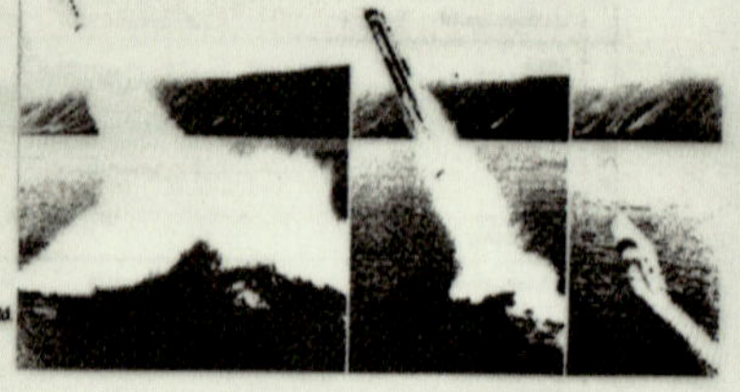

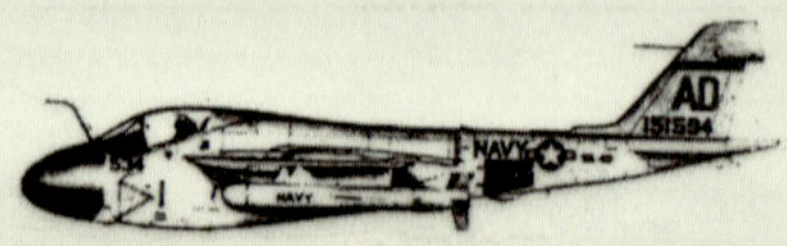

Flügelraketenabschuss von Schiffen/U-Booten.

Reichweite 2400 km, Gesamtlänge 6,40 m, Durchmesser 0,53 m, Spannweite 2,50 m, Startmasse 1787 kg. Starttriebwerk Feststoffrakete 32 kN Schub. Strahltriebwerk 2,7 kN Schub für Marsch, V(Marsch) 1118 km/h, atomarer Gefechtskopf, Lenksystem auf datierte Trägheitsnavigation (TERCOM), Treffgenauigkeit etwa 56 m Abweichung. Werferfahrzeug MAN-Sattelzugmaschine XM-1001, Länge 16,91 m, Höhe 2,92 m, Breite 2,50 m, Gesamtmasse 34,41 t, V(max) 90 km/h, Fahrbereich Straße 800 km, Feuerleitstelle gleicher Typ, Länge 17,30 m, Masse 35 t. Verteilung: Großbritannien 160, Italien 112, BRD 96, Belgien 48, Niederlande 48 BGM-109.

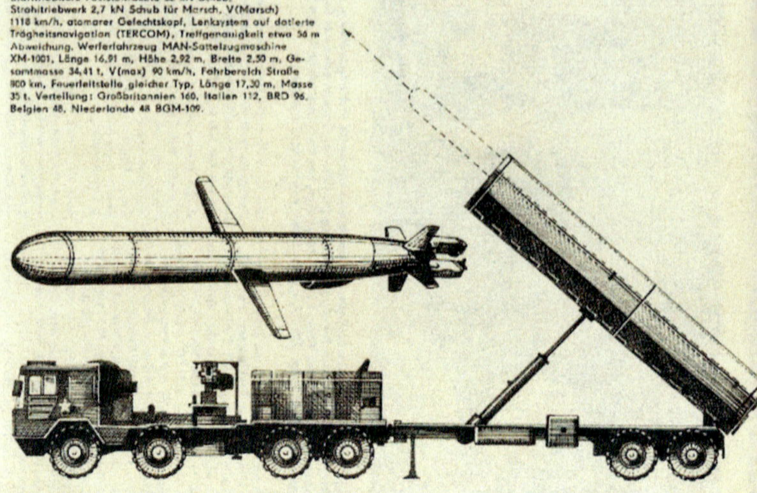

Flügelraketenabschuss von Boden-Starteinrichtungen.

Zu den Einsatzaufgaben der Flügelraketen gehörten die Führung eines überraschenden, zuvorkommenden Schlages gemeinsam mit anderen diensthabenden Kernwaffen-Einsatzmitteln, die Führung von massiven Einzelschlägen zur Vernichtung von stationären Zielen durch konventionelle und Kernsprengköpfe, die Schaffung von Breschen im Luftverteidigungssystem, das Köderprinzip, die Aufsplitterung der Kräfte der Luftverteidigung und die Vernichtung von

- Flugplätzen und Fliegerkräften am Boden,
- Elementen des Luftverteidigungssystems,
- Konzentrierungen der Landstreitkräfte,
- Basen und Häfen der Seestreitkräfte,
- wichtigen Übergängen, Verkehrsknotenpunkten, administrativen, politischen und ökonomischen Zentren.

GVS-Nr.: C 555 602:

(...)

<u>1. Einige Angaben zu den Flügelraketen</u>

Strategische und künftig taktische Flügelraketen sind ein qualitativ neues Waffensystem des Gegners; sie werden im Rahmen der Luftoperation als Fernbekämpfungswaffen konzentriert eingesetzt. In Schwerpunktrichtungen wird mit einer hohen Anflugdichte (90–100 Flügelraketen/min.) gerechnet. Neben den landgestützten Startstellungen forciert der Gegner die Bereitstellung von luft- und schiffsgestützten Startmöglichkeiten, um die Flügelraketen aus unbekannten und nicht einsehbaren Räumen überraschend zum Einsatz zu bringen.

Als Trägermittel für Flügelraketen sind vorrangig vorgesehen:

- *Flugzeuge der Typen B-1B, B-52H, F-111H sowie Transportflugzeuge (in der optimalen Flughöhe von 7-12 km). Auch Flugzeugtypen F-4, A-4, F-16 und »Tornado« sollen als mögliche Trägerflugzeuge vorbereitet werden.*

(...)

Beim Einsatz von Flügelraketen wird der Gegner alle Anstrengungen unternehmen, um im Durchbruchsstreifen das Luftverteidigungssystem mit starken funkelektronischen Störungen und mit dem Einsatz funkmessorientierter Waffen niederzuhalten.

Nach sowjetischen Angaben wird die Führung der USA und teilweise der NATO Ende 1985 über 15.000 Flügelraketen verfügen, mit denen

35–40 % mit Kernsprengköpfen bis 200 kt

60-65 % mit herkömmlichen Sprengköpfen

ausgerüstet sein werden.

(...)

<u>2. Zur Bestimmung raketengefährdeter Richtungen</u>

Von großer Bedeutung für den Kampf gegen Flügelraketen ist die Bestimmung raketengefährdeter Richtungen.

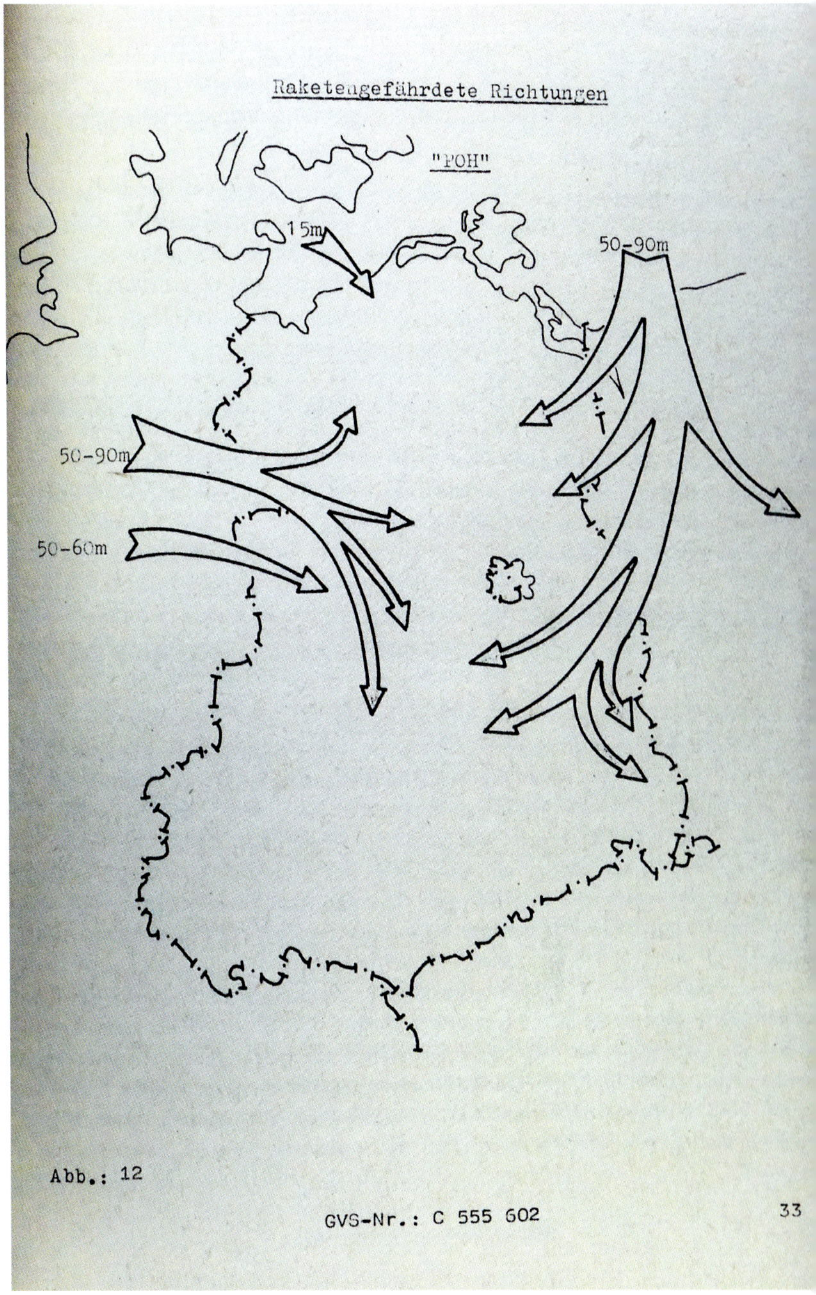

In der strategischen Planung zur Landesverteidigung der DDR spielte die Erkenntnis zu den raketengefährdeten Richtungen (günstige Anflugsmöglichkeiten von Flügelraketen) eine wichtige Rolle.

Dazu wurde eine Methode von der sowjetischen Luftverteidigung übernommen, die davon ausgeht, dass der Gegner bei der Planung des Einsatzes von Flügelraketen folgende zwei Voraussetzungen berücksichtigen muss:

(1) Die Beschaffenheit des Geländes, um den Einsatz der Flügelraketen in möglichst geringer Flughöhe und mit der erforderlichen Treffgenauigkeit im Ziel zu gewährleisten.

- *Über See (15 m)*
- *Über Land (60-100 m) und*

(2) Die Möglichkeit des Luftverteidigungssystems (im weiteren nicht analysiert).
Einige Bemerkungen zur Methode der Bestimmung »POH« (russische Abkürzung für raketengefährdete Richtung)
(...)

- *50 % des Territoriums der DDR sind für eine Flughöhe von kleiner (gleich) 100 m über dem Geländerelief geeignet,*
- *25 % davon sogar für eine Flughöhe kleiner (gleich) 50 m,*
- *aus den Richtungen Nordwest, Nord und Nordost ist der Anflug der Flügelraketen in Flughöhen von 15 m über der Ostsee möglich;*
- *die letzten Korrekturflächen können auf dem Territorium der DDR liegen, sodass die Zielobjekte entlang der Küstenlinie von »hinten« angegriffen werden können.*

Im Zuge umfassender Modernisierungen ihrer Streitkräfte hat die US-Regierung beschlossen, 1985 die Produktion der Flügelraketen ALCM-B (AGM-86B) bei der Produktionsnummer 1.500 einzustellen (ursprünglich bestätigte Planung: 3.400 Stück).

Als Nachfolger ist die verbesserte Flügelrakete ACM (Advanced Cruise Missile= verbesserte Flügelrakete) vorgesehen, die mit einem neuen Triebwerk etwa ein Drittel höhere Leistung entwickeln können. Sie sollen einen geringeren spezifischen Treibstoffverbrauch (5 Prozent) und 10 Prozent höhere Reichweite haben.
Damit ist ein günstigeres Terrainfolgeflugverhalten erreichbar, es können mehr Kursänderungen durchgeführt werden. Außerdem soll der Funkmesskontrast durch Anwendung der STEALTH-Technologie wesentlich verringert sein, und die Navigation soll mit Hilfe des Satellitennavigationssystem NAVSTAR möglich werden.
(...)
<u>1. Schlussfolgrungen</u>
(1) Flügelraketen stellen ein qualitativ neues Waffensystem des Gegners dar (...)
Mit dem Einsatz der Flügelraketen ist in geringen und extrem geringen Flughöhen zu rechnen. Durch die geschickte Ausnutzung der Deckungseigenschaften des Geländes ist zu erwarten, dass Flügelraketen vorwiegend in derzeit durch die Funktechnischen Truppen nicht oder nur unzureichend einsehbaren Räumen handeln werden.

Aus diesen Gegebenheiten erklärt sich auch, warum die effektivste Abwehrmaßnahme gegen Flügelraketen die frühestmögliche Vernichtung ihrer Trägermittel/Starteinrichtungen ist. Dafür werden Fla-Raketenkomplexe großer Reichweite benötigt.

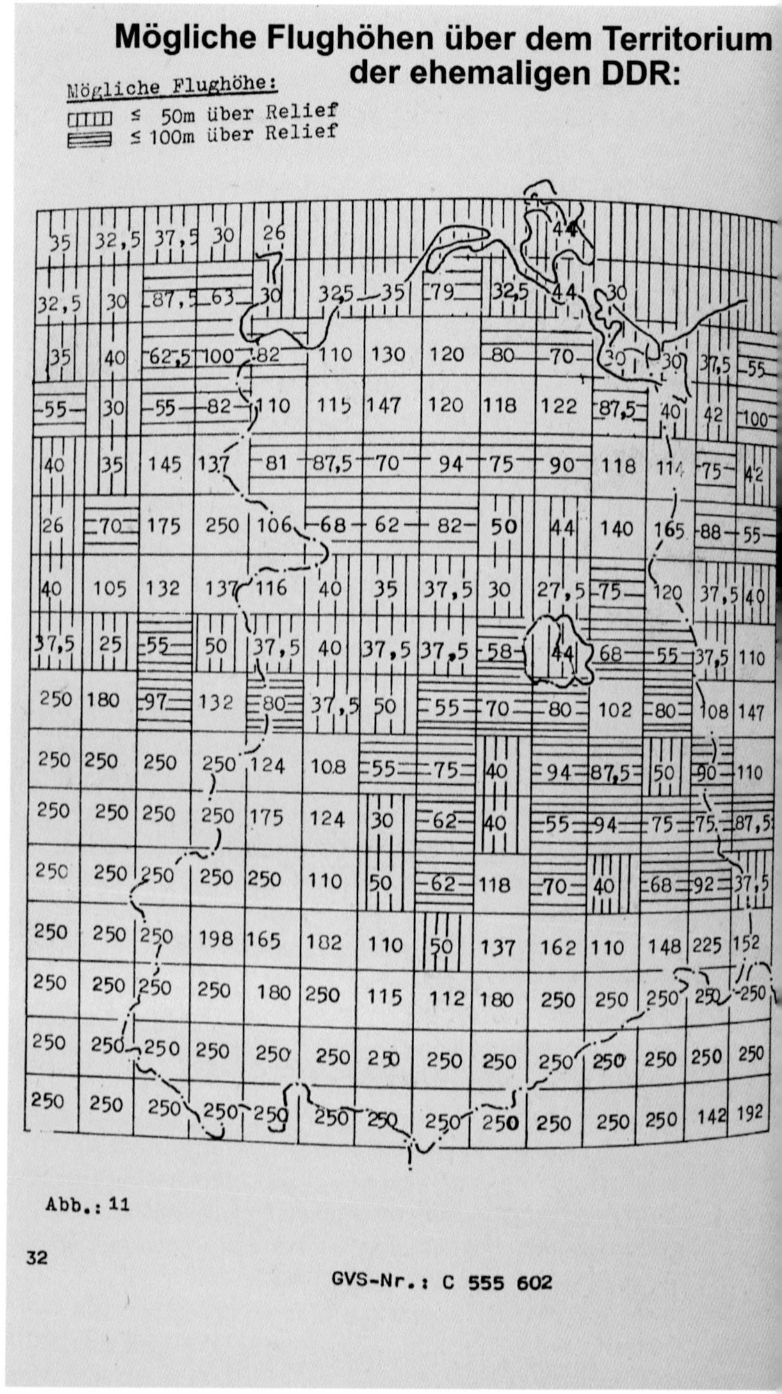

Diese schematische Darstellung zeigt die möglichen Flughöhen über dem Territorium der DDR. Die Flughöhen waren hauptsächlich von den geografischen Gegebenheiten abhängig.

6. Der pioniertechnische Ausbau des Stellungssystems

Wie bereits in der Chronik erwähnt, wurde erstmalig in der Geschichte der Fla-Raketentruppen der DDR eine neue »Feuer-Stellung« nicht in Truppen-Eigenleistung gebaut. Die gewaltigen Ausmaße, die Komplexität der einzelnen Elemente und die strukturellen Besonderheiten der neuartigen Feuerstellung des Fla-Raketensystems S-200 machten den Einsatz eines militärischen Bauträgers, des Ingenieurbauregiments 2 (IBR-2), erforderlich. In die Bauausführung und die Materialbereitstellung für das Investitionsvorhaben 16/8110 wurden umfassend zivile Betriebe eingebunden (s. dazu die Übersicht im Anhang).

6.1. Das Ingenieur-Bauregiment 2 (IBR-2)

(Bundesarchiv Freiburg, Signatur DVW 5-2/111198)
In der Chronik des Regimentes kann man unter der GVS-Nr.: B/337 450, 01. Ausf. / Bl-08 Folgendes zur Organisation lesen:

Mit Wirkung vom 01. Dezember 1976, auf Grundlage des Befehls Nr.: 136/76 des Ministers für Nationale Verteidigung, wurde aus dem Bestand des Bau-Pionierregiment-2, das Ingenieurbau-Regiment-2, das Ingenieurbau-Regiment-12 und die Ingenieurbautechnische- und Ausbildungsbasis-2 aufgestellt.

Die Anfänge des Baupionierregiments 2 (aus dem das IBR-2 entstand) gehen auf das Jahr 1967 zurück. Mit dem Befehl Nr. 5/67 des Ministers für Nationale Verteidigung wurden im Zeitraum vom 01.03.1967–30.04.1967 die Stäbe des Baupionierregiments 2 sowie die Stäbe der zum Regiment gehörenden Baupionierbataillone 4 und 6 aufgestellt.
Mit Wirkung vom 19.08.1967 wurde das bis dahin selbständige Baupionierbataillon 2 in das Baupionierregiment 2 eingegliedert und dem Regimentsstab unterstellt.

Das Regiment war dem Chef der Verwaltung Bauwesen unterstellt und wirtschaftlich mit seinen Bataillonen 2, 4 und 6 dem Versorgungsbereich Strausberg angeschlossen.
Das Baupionierregiment 2 hatte den Auftrag, operative sicherstellende Aufgaben im Interesse der Führung der NVA und außerdem Aufgaben des Bunkerbaus zu übernehmen. Entsprechend dieser Aufgabenstellungen ist in der o. g. Chronik die Hauptaufgabe des IBR-2 wie folgt beschrieben:

Die Hauptaufgaben des IBR-2 wurden im Rahmenfunktionsverteilungsplan des CVSB VVS-Nr. A/376 603 wie folgt formuliert:
Hauptaufgabe des Ingenieurbau-Regimentes
Ausgehend vom militärischen Klassenauftrag der NVA und den daraus abgeleiteten Schlussfolgerungen liegt das Hauptfeld der Anstrengungen des Ingenieurbau-Regimentes (IBR) in der Realisierung militärischer Bauvorhaben im Interesse der weiteren Erhöhung der Verteidigungsbereitschaft der DDR durch rationellsten Einsatz der zur Verfügung stehenden Kräfte und Mittel sowie in der ständigen Bereitschaft, ingenieurbaumäßige Sicherstellungsaufgaben im Verteidigungsfall zu erfüllen.

6.2. Das VEB Projektierungsbüro Süd, Dresden

Federführend für die Erstellung sämtlicher Bauunterlagen des gesamten Objektes war der VEB »Projektierungsbüro Süd (PBS), Dresden« des Ministeriums für Nationale Verteidigung. Das PBS wurde am 07.10.1952 als Zweigbetrieb des Volkseigenen Betriebes Bauunion Süd gegründet und war als Zivilbetrieb (März 1953 bis März 1956) des Ministeriums des Inneren für die Entwürfe von zivilen und militärischen Spezialbauten zuständig. Es folgte eine Übernahme des Projektierungsbüros durch das Ministerium für Nationale Verteidigung.

Um ein Gelände zu finden, das den hohen Anforderungen an den zukünftigen Standort des ersten S-200-Systems entsprach, wurde eine Gruppe erfahrener russischer Offiziere zusammengestellt. Diese Gruppe erkundete die nähere Umgebung südlich des Brigadestabes der 43. Fla-Raketenbrigade in Sanitz. Das vorgesehene Gelände sollte sich südlich hinter den entlang der Küste stationierten »Wolchow«- und »Newa«-Fla-Raketenstellungen befinden. Das machte Sinn, da ausgewählte Fla-Raketenkomplexe mittlerer und kleiner Reichweite in vorderster Frontlinie unter anderem auch zum Schutz des weitreichenden S-200-Komplexes vorgesehen waren.

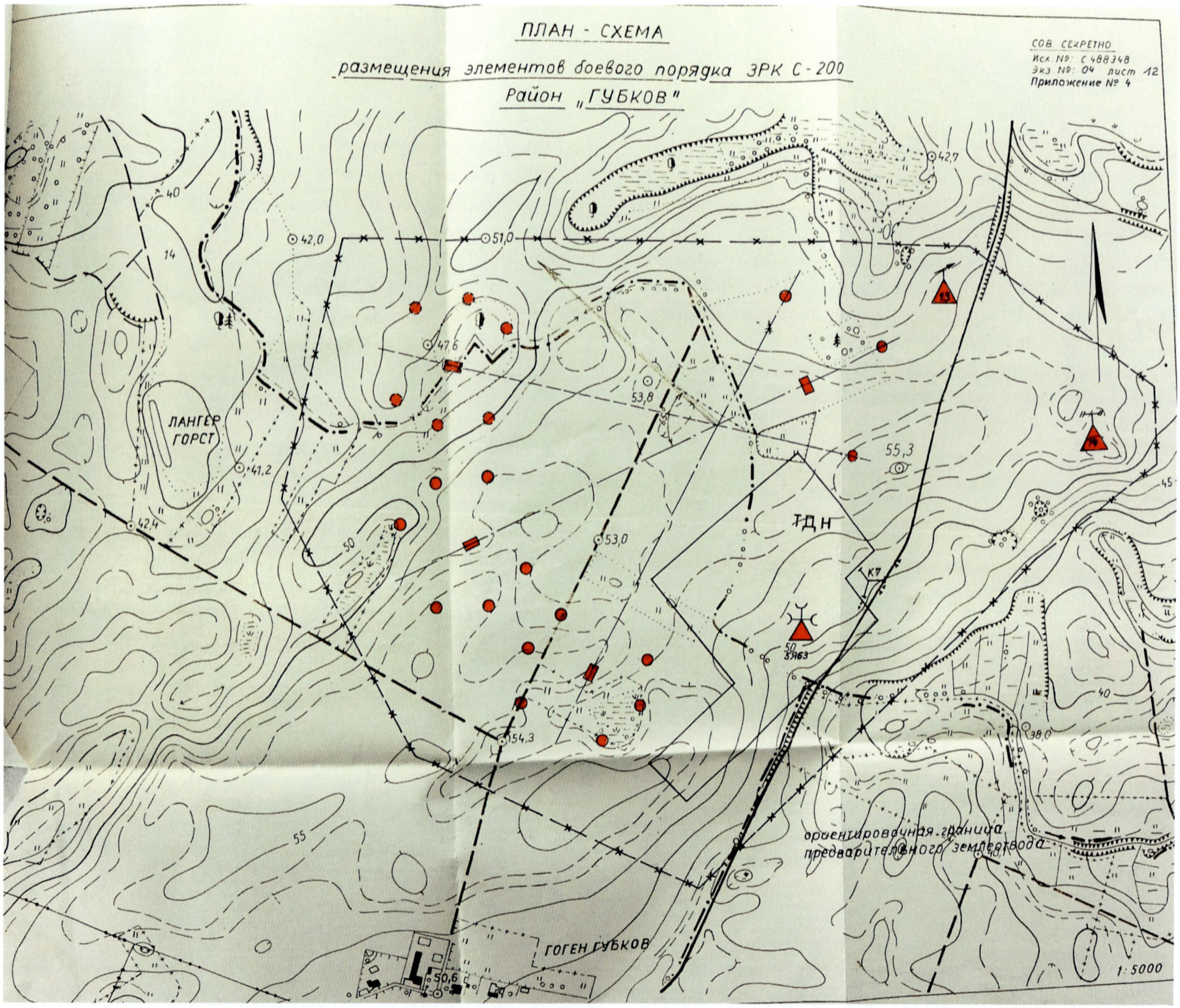

Diese Originalkarte im Maßstab 1:500 ist im Ergebnis der Rekognoszierung des Geländes nahe der kleinen Ortschaft Gubkow durch ein Kommando sowjetischer Spezialisten entstanden. Man ist hier noch von einer Dreikanal-Variante (drei Fla-Raketenabteilungen zu einer FRAG zusammengefasst) ausgegangen. Das rote Symbol ganz rechts stellt den geplanten Standort einer weitreichenden Aufklärungsstation dar. Das ähnliche Symbol weiter oben soll den geplanten Standort für den Höhenfinder zeigen. Das untere rote Dreieck mit den drei Halbkreisen zeigt den geplanten Standort für den Richtfunkgerätesatz 5Ja 63 »Zikloida«. Das rote Viereck oberhalb ist der Standort für den Gefechtsstand der FRAG, im Halbkreis darum befinden sich die Standorte der Antennen-Kabinen K-1 mit den Gefechtsständen der FRAs, Kabine K-2. Zur linken Seite sind die drei Kreise der Startbatterien der FRAs zu erkennen. Die roten Vierecke in der Mitte der Kreise stellen die Standorte der Startleitkabine K-3 dar. Man beachte die Ausrichtung der Längsachse der gesamten Stellung zum Nordpfeil.

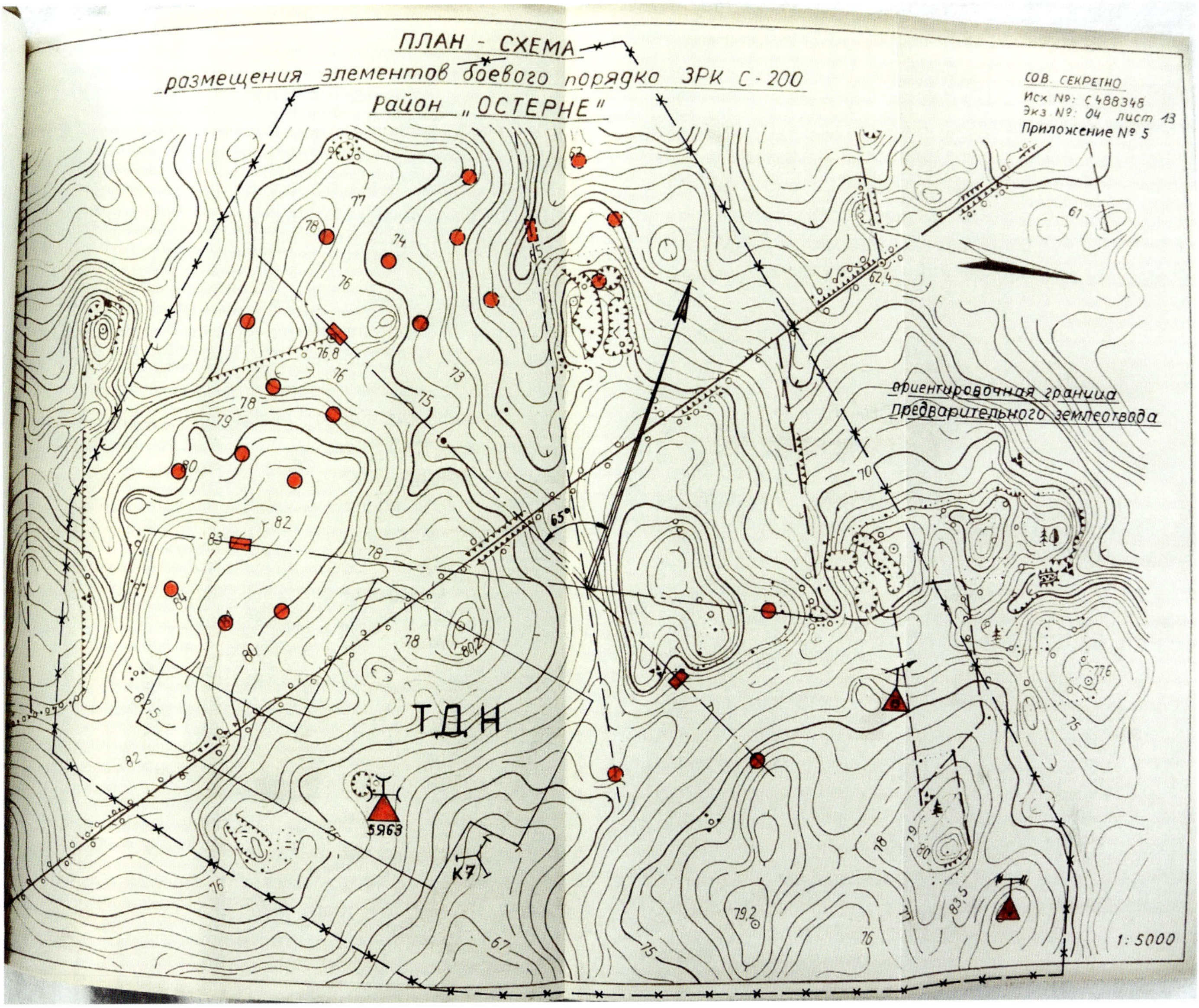

Analoge Darstellung des Standorts Badingen (in dieser Dokumentation als Standort Osterne bezeichnet). Zusätzlich wurde hier der Standort für den Prüf- und Kontrollmast K-7 am unteren Bildrand eingezeichnet. Deutlich erkennbar ist der eingezeichnete Pfeil in der Bildmitte. Mit einem Winkel von 65° zur Symmetrieachse der Gefechtsordnung zeigt er die vermutete Hauptanflugsrichtung gegnerischer Luftziele. Das abgegrenzte Gebiet mit den Buchstaben TDH zeigt das geplante Gelände für die Technische Abteilung.

Die recht umfangreiche Rekognoszierungsgruppe des Generalstabes der Streitkräfte der UdSSR setzte sich wie folgt zusammen:
Gruppenältester und Spezialist für Gefechtsunterlagen der Fla-Raketentruppen war Oberst Leonid-Alexander Rostowskowo. Zu der Gruppe gehörten weiterhin:
Major Andre-Iwanow Derewanko: Spezialist für Gefechtsunterlagen des Fla-Raketenkomplexes.
Oberstleutnant Wladimir Stepan Kopulowa: Spezialist der Mittel der funktechnischen Abteilung.
Major Alexander Alexandrow Ewenkin: Spezialist der Mittel der Startbatterie.
Oberstleutnant Wladimir Alexej Titow: Spezialist Ingenieurtechn. Ausrüstung der Stellung.
Oberstleutnant Nikol Sergej Koßlowa: Spezialist Funkmess-Sicherstellung.
Oberstleutnant Juri Fedotowa Fedotow: Spezialist Projektierung und Einrichtungen.
Oberstleutnant Juri Konstantin Malaschenkow: Spezialist Technische Abteilung.
Oberst Juri L. Wrentewitsch Tarakanow: Spezialist Logistik zur Anlieferung der Ausrüstungen.
Die kleinen Ortschaften Prangendorf und Gubkow südöstlich von Rostock waren, wie die meisten Dörfer in Mecklenburg-

Vorpommern, unbedeutende ländliche Ansiedlungen, umgeben von Wiesen, Feldern und kleineren Waldflächen. Bis in das Jahr 1979 dürften diese Orte kaum einer Erwähnung wert gewesen sein. Aber das sollte sich bald ändern. Die Nähe zur 43. Fla-Raketenbrigade der DDR-Luftverteidigung, deren Brigadestab in Sanitz stationiert war, die Nähe zur Ostsee-Küste und die geographische Besonderheit sollten schon bald dafür sorgen, dass die Namen Prangendorf und Gubkow mit den geheimsten Militärobjekten der NVA in Verbindung gebracht wurden.

6.3. Der Standort Prangendorf

Zwischen den Ortschaften Gubkow und Prangendorf gibt es eine Anhöhe mit einer Fläche von etwa 140 ha. Diese Anhöhe liegt auf bis zu 56 Metern über NN und damit über 10 m höher als das angrenzende Umfeld. Für das befohlene russische Rekognoszierungs-Kommando (geowissenschaftliche Erkundung, auch militärische Aufklärung) erfüllte diese Erhebung alle Voraussetzungen zur Entfaltung des ersten weitreichenden Fla-Raketensystems S-200 »Wega« der DDR-Luftverteidigung.
Die zur Verfügung stehende Fläche auf der Anhöhe war ausreichend groß, um darauf nach den Vorstellungen der sowjetischen Militärspezialisten das Waffensystem S-200 zu entfalten. Ihre längste Ausdehnungsrichtung sollte sich von Südwesten nach Nordosten erstrecken, was den zu erwartenden Hauptanflugsrichtungen des damaligen Gegners geschuldet war. Diese Hauptanflugsrichtungen wurden in einem möglichen Ernstfall im Wirkungsbereich der 43. Fla-Raketenbrigade aus west- bzw. nördlicher Richtung erwartet. (Vergleiche dazu die Ausrichtung der zweiten, etwas später gebauten Stellung des S-200 in Badingen/Osterne weiter unten.)
Im Mittelraum des Territoriums der damaligen DDR gelegen, wurde hier die längste Ausdehnungsrichtung der Stellung exakt in Nord-Süd-Richtung gelegt. Dies entsprach für diesen Standort der zu erwartenden Hauptanflugsrichtung möglicher gegnerischer Luftziele aus hauptsächlich westlicher Richtung.
Bis in jüngster Zeit sprach man von einer eingezäunten Fläche der dann gebauten Stellung von 120 ha. Anhand vorliegender Original-Lage-Pläne im Maßstab 1:500 und 1:2000 konnte die Fläche genauer ermittelt werden: Sie ist mit 136 ha und einem Umfang von exakt 4,435 km ziemlich genau elf Mal so groß wie eine »Wolchow«-Fla-Raketenstellung, bevor diese um eine technische Kompanie erweitert wurden. Eine »Wolchow«-Abteilung (Fla-Raketensystem mittlerer Reichweite) war durchschnittlich auf einer Fläche von 350 m x 350 m entfaltet. Dies ergab eine Fläche für die Stellung einer »Wolchow«-Abteilung von zirka 12,25 ha.
Um eine bessere Vorstellung von der Größe einer Fläche mit 136 Hektar zu bekommen, hier ein anderer Vergleich. Laut FIFA-Norm ist ein Fußballfeld 105 m lang und 68 m breit. Das ergibt eine Fläche von 7140 Quadratmetern, und die Fläche eines solchen Fußballfeldes hätte 190 Mal in das Stellungssystem auf dem Plateau bei Prangendorf/Gubkow gepasst.
Erste russische Original-Dokumente (aufgeführt in der GVS-Nr.: 488348, Ausfertigung 04, Blatt 12), welche in Auswertung der Vermessung und Begutachtung des Geländes auf der Anhöhe bei Gubkow/Prangendorf angefertigt wurden, zeigen ein geplantes Stellungssystem mit drei Fla-Raketen-Abteilungen, welche zu einer Fla-Raketenabteilungsgruppe zusammengefasst werden sollten. Realisiert wurden jedoch, wie in diesem Buch bereits erwähnt, nur zwei Fla-Raketenabteilungen, zusammengefasst zu einer Fla-Raketenabteilungsgruppe.
Man beachte: Auch in diesem russischen Original-Dokument bezeichnete man anfänglich den Standort der Feuerstellung mit Gubkow. Das war auch insofern gerechtfertigt, als das erkundete Gelände tatsächlich zum Gebiet um den Ort Gubkow gehörte. Das spätere A-Objekt (Kaserne) und die Wohnsiedlung der Berufssoldaten lag allerdings näher am Ort Prangendorf, und so war später im allgemeinen Sprachgebrauch nur noch der Name »Standort Prangendorf« üblich. Die Bundeswehr, welche heute noch beide Standorte nutzt, trennte die Ortsbezeichnungen wieder. Auf dem ehemaligen Gelände des A-Objektes befindet sich heute die »Graf-Yorck-Kaserne« Prangendorf, die ehemalige Gefechtsstellung des S-200 wird heute als »Friedensausbildungsstellung Gubkow« bezeichnet. Beide Standorte gehören zur Flugabwehrraketengruppe 21 mit dem Luftverteidigungssystem »Patriot« der Luftwaffe der Bundeswehr. Die Flugabwehrraketengruppe 21 ist auf dem Dienststellen- Gelände des ehemaligen Stabes der 43. Fla-Raketen-Brigade der DDR-Luftverteidigung in Sanitz stationiert.

6.4. Tarnung und Schutz der Gefechtsstellung

Das gesamte Areal von 136 ha war, von außen nach innen betrachtet, durch eine exakt vorgegebene Bepflanzung mit Sträuchern und Bäumen, eine Betonmauer (auch als Massivzaun bezeichnet) mit Übersteigschutz, eine Zweikreis-8000-V-Hochspannungssicherungsanlage (die Anlage konnte bis auf 12.000 V hochgeschaltet werden) und einen Maschendrahtzaun, ebenfalls mit Übersteigschutz, gegen unberechtigten Zutritt gesichert.

Entsprechend dem Prüfbescheid-Nr.: 165/81 vom 07.09.1981 erfolgte in bauaufsichtlicher Hinsicht die Freigabe zum Vorhaben 16/8110, Objekt 11.2 – Schutzbepflanzung, unterschrieben von Oberingenieur Scheibner, Prüfingenieur und Leiter der Arbeitsgruppe Staatliche Bauaufsicht.

Da ein 15 m breiter Streifen vor der Betonmauer zu bepflanzen war und man den Umfang des Areals mit 4.670 m berechnete, ergab sich eine Pflanzfläche von 70.000 m^2.

Entsprechend dem Leistungsverzeichnis des Projektierungsbüros Süd sollten alle notwendigen Erdarbeiten sowie die Bereitstellung von 15.135 Stück Ziersträuchern, 17.026 Stück Heistern, 1,4 t Mineraldünger, 14 t kohlensaurem Kalk sowie der benötigten Menge Wasser 142.600,00 DDR-Mark kosten.

Entsprechend einem Erläuterungsbericht zur Bepflanzung war generell ein Pflanzabstand von 1,50 x 1,50 m einzuhalten, wobei auf Lücke zu pflanzen war. Eine etwas unregelmäßige Pflanzung in Gruppen der jeweiligen Pflanzenart lockerte die Strenge der Anlage auf, wobei natürlich keine größeren Lücken entstehen durften. Die Entwicklung der Pflanzung bis zum Bestandsschluss dauerte je nach Art unterschiedlich lang, war jedoch in etwa fünf bis sieben Jahren zu erwarten. Die Gehölzauswahl richtete sich im Wesentlichen nach der gewünschten Höhe der Schutzbepflanzung (ca. 4,50 m).

Eine regelmäßige Unkrautbeseitigung in den ersten zwei bis drei Jahren nach der Pflanzung erhöhte wesentlich die schnelle Kräftigung der Jungpflanzen. Die in den Abbildungen dargestellte Übersicht vermittelt einen Eindruck von den verwendeten Gehölzen und deren Verpflanzungen vor der Betonmauer. Diese Anpflanzungen dienten hauptsächlich der optischen Verschleierung des eingezäunten Geländes. Beeindruckend in der Übersicht sind die präzisen Festlegungen, wo, was und wie viel anzupflanzen war.

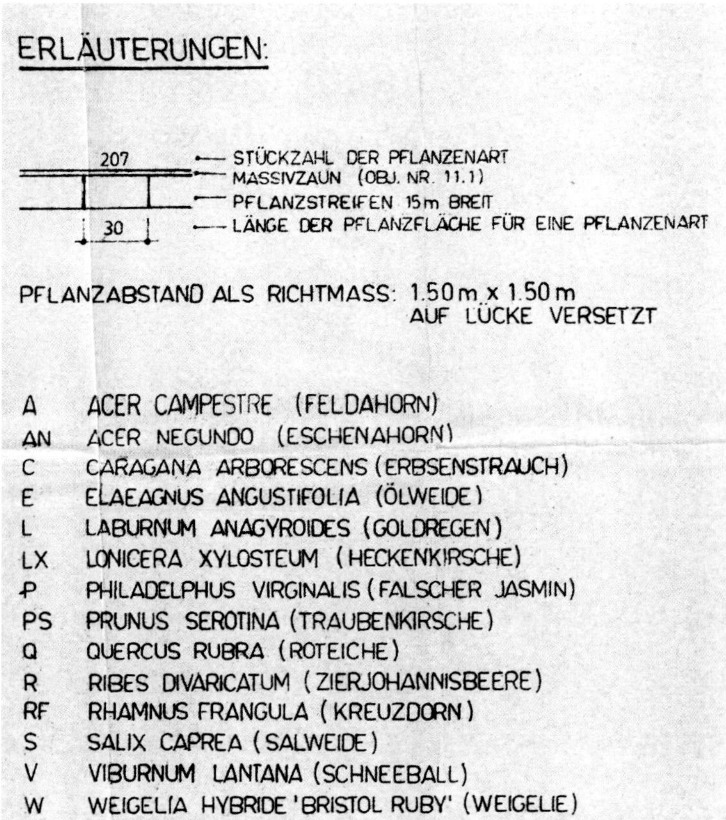

Akribisch geplant: Vor der Betonmauer wurden auf 15 m Breite schnellwachsende Bäume und Sträucher gepflanzt.

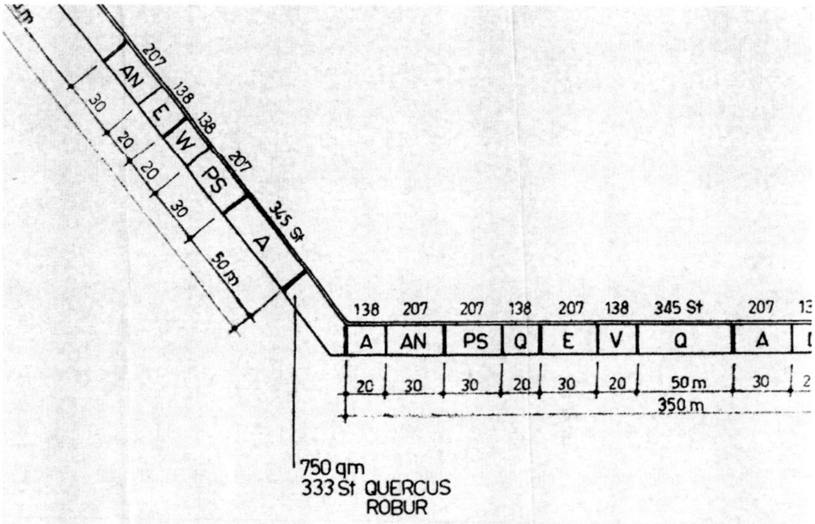

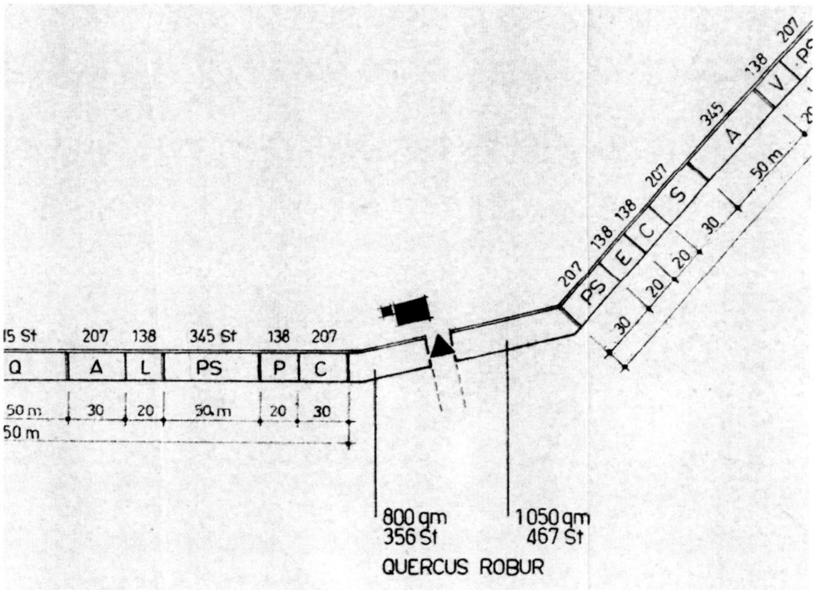

Am 3. August 1981 wurde durch den Direktor des VEB Projektierungsbüro Süd Dresden Oberst Ziller die Auslieferungsdokumentation (Investitionsvorhaben 16/8110, Objekt 11.01-Massivzaun) freigegeben. Aus dieser Dokumentation ging hervor, dass ein Massivzaun aus Betonfertigteilen als äußere Einfriedigung zu projektieren war.
Folgende Unterlagen wurden bei der Projektierungsbearbeitung herangezogen: Die unbestätigte Aufgabenstellung vom VEB Geodäsie und Kartographie, Betrieb Schwerin, Lage- und Höhenpläne (Maßstab 1:500, Maßstab 1:2000) und eine Übersichtskarte vom 28. Januar 1981 (Maßstab 1:2500) mit den Erwerbsgrenzen dieses Vorhabens.
In der Dokumentation wurde weiter ausgeführt, dass die Erwerbsgrenzen im Abstand von 15 m außerhalb des Massivzaunes lagen und das einzufriedende Gelände in die Rechtsträgerschaft des Ministeriums für Nationale Verteidigung überging. Der Flächenerwerb sollte nach diesem Projekt unter 150 ha liegen.
An Hindernissen im Gelände wie Seen und tiefen Mulden wurde die Zauntrasse wegen der Hochspannungsanlage und des inneren Zaunes im Abstand von 10 bzw. 8 m vorbeigeführt. Im Nordwesten des Geländes wurde deswegen eine Verschiebung der Geländeerwerbsgrenzen erforderlich.
Als Zaunelemente wurden Betonfertigteile nach Angebotskatalog über das Fertigungsprogramm der Betonwerke Storkow verwendet. Der Massivzaun mit Übersteigschutz bestand neben den Zwischenpfosten, welche jeweils in einem Beton-Fundament B 160 von 60 x 60 x 80 cm verankert waren, aus 2,43 m langen, 2 m hohen und 6 cm dicken Betonplatten, auf denen durchlaufend in bis zu 50 cm Höhe 2–4 Bahnen Stacheldraht als Übersteigschutz gespannt waren.
Die Unterkanten der Zaunplatten hatten mit dem Gelände eben abzuschließen. Dazu war das Gelände auf 3 m Breite entlang der Zauntrasse zu ebnen.
Am Objekteingang wurden für 6 m Straßenbreite ein 2 m hohes Straßentor mit Übersteigschutz und eine Pforte angeordnet, ebenfalls 2 m hoch und mit Übersteigschutz. Als Sichtblende wurden Straßentor und Pforte mit Blech verkleidet. Im Blech war ein Sehschlitz auszusparen.
Zur Tarnung wurde die gesamte äußere Betonfläche zusätzlich mit grüner Tarnfarbe versehen.
Die wirtschaftliche Bauzeit sollte nicht länger als fünf Monate betragen.
Im Leistungsverzeichnis als Investitionsvorhaben 16/8110, Objekt 11.01-Massivzaun bezeichnet, sollten sich die Kosten für den Massivzaun auf bis zu 910.000,00 DDR Mark belaufen.
Die Hochspannungssicherungsanlage, im weiteren HSA genannt, war eine Standardanlage, wie sie häufig zum Schutz bestimmter militärischer Objekte der NVA installiert war. Der Hochspannungszaun bestand aus fünf parallel übereinander verlaufenden und im untersten Bereich aus zwei parallel ne-

Auf diesem Bild aus Badingen sind die Rester der ehemaligen Einfriedung des gesamten Geländes der Gefechtsstellung des S-200 zu sehen. Rechts befindet sich die Betonmauer mit Übersteigschutz, in der Bildmitte sind die Betonsäulen der Hochspannungssicherungsanlage und links ist noch der innere Maschendrahtzaun mit Übersteigschutz zu erkennen. Die Anlage war baugleich mit der am Standort Prangendorf.

beneinander laufenden Edelstahldrähten. Die Drähte wurden über Hochspannungsisolatoren an Betonpfählen gespannt. Üblich war ein geschlossener Kreis um ein entsprechendes Objekt. Der enorme Umfang der neuen Stellung S-200 von fast 5 km machte eine Zweikreis-Anlage erforderlich. Das hatte zum einen technische Gründe, zum anderen war bei einem eventuellen Ausfall der Anlage die Ursache schneller einzugrenzen.
Wenn zum Beispiel eine Person beim Versuch, die Anlage zu überwinden, einen der Drähte berührt hätte, wäre sofort ein Erdschluss (Zaun-Erde) hergestellt worden. Die betreffende Person hätte einen lebensgefährlichen elektrischen Schlag erhalten, und dieser Überschlag wäre von der Steuerung der Anlage detektiert worden. Dies hätte dann die Auslösung eines Alarms zur Folge, und die Steuerung hätte, um den Transformator vor Überlast zu schützen, die Hochspannung abgeschaltet. Danach hätte die Anlage mit einer entsprechenden Automatik versucht, die Hochspannung wieder zuzuschalten. Dies wäre in Abständen von zwei Minuten wiederholt worden, wenn der Erdschluss weiter bestanden hätte. Nach 15 Minuten wäre dann die Anlage abgeschaltet geblieben. Hätte sich die Kontaktperson von der Anlage getrennt, hätte dies zum Wiedereinschalten der HSA geführt. Oft waren Kleintiere, aber auch ungünstige Wetterlagen, wie Regen, Schnee und Nebel die Ursachen von Fehlalarmen. In jedem Fall aber, auch bei automatischer Wiedereinschaltung, war ein Ausfall der HSA an den diensthabenden Offizier (OvD) zu melden und hatte zur Folge, dass die Wachmannschaft die Ursache der Störung untersuchen musste, indem sie den entsprechenden Kreis abzugehen hatte. Mit der Zweikreis-Anlage war zumindest eine Einkreisung der Ursachen auf die Hälfte der Strecke der fast 5 km möglich.
Auch diese Anlage wurde auf Befehl des Ministers für Abrüstung und Verteidigung vom 21. September 1990 endgültig zum 3. Oktober 1990 um 00:00 außer Betrieb genommen.
Der im inneren Kreis aufgestellte Maschendrahtzaun mit Übersteigschutz diente einerseits als weiterer Schutz vor Eindringlingen in das Stellungsgebiet, andererseits aber auch als Schutz für das eigene Personal, das nicht unbeabsichtigt mit der HSA in Berührung kommen sollte.
Der Maschendrahtzaun war in einem Abstand von 2,50 m mit Betonstützen versehen und hatte eine Höhe über dem Boden von 2,05 m. Darüber waren zwei parallel verlaufende Stacheldrahtbahnen im Abstand von 20 cm als Übersteigschutz installiert. Mit dem Einbau eines 7 m breiten Straßentors und einer 1,50 m breiten Eingangstür aus Stahl sollten sich die Kosten auf weitere ca. 100.000,00 DDR-Mark belaufen. Allein für die Einfriedung der gesamten Feuerstellung – ohne Hochspannungssicherungsanlage – waren damit bereits fast 1,25 Millionen DDR-Mark verbraucht worden. Weit über zwei Millionen Mark dürfte die gesamte Einfriedung gekostet haben.

6.5. Gebäude, Schutzbauwerke und Anlagen

6.5.1. Das Straßen-, Wege- und Erdwallsystem

Wie in anderen Stellungen der Luftverteidigung auch waren die meisten Straßen und Zufahrtswege innerhalb der Stellung Schotterstraßen, die durch sorgfältigen Aufbau und gute Verdichtung den möglichen Beanspruchungen hervorragend gewachsen waren. Da eine Totalversieglung etwa mit Teer oder Beton in dieser Form des Straßenbaus vermieden wurde, wuchsen die Fahrflächen zumindest teilweise mit Gräsern zu, was der optischen Tarnung gegenüber einer Luftaufklärung zuträglich war.

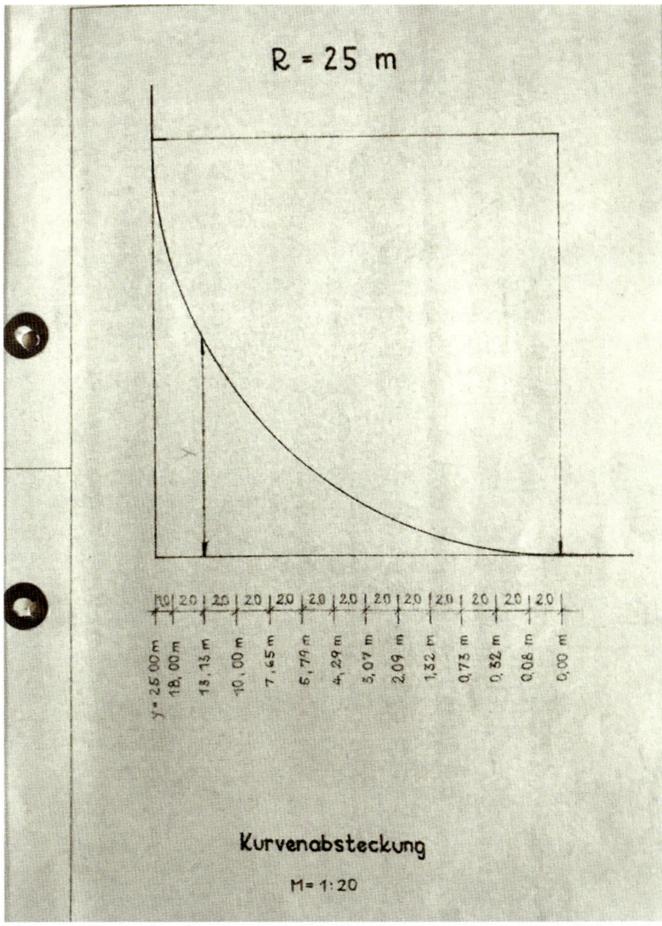

Der Kurvenradius von 25 m im Wegesystem der gesamten Gefechtsstellung war erforderlich, um den Wenderadien der Transport-Ladefahrzeuge, der Transportfahrzeuge mit Spezialaufliegern und sonstigen Gespannfahrzeugen eine ungehinderte Durchfahrt zu gewähren.

Alle Zufahrtsstraßen zu den Schutzbauwerken und deren Vorflächen hingegen waren teilweise bzw. vollständig betoniert. So waren die zwölf Startrampenstellungen mit ihren Schienensystemen komplett ausbetoniert. Die Auffahrten zu den künstlich aufgebauten Hügeln waren mit schweren Beton-Rasengittersteinen gepflastert, um im Nachhinein eine Begrünung der Natur zu überlassen und trotzdem bei schwierigen Wetterverhältnissen befahrbar zu bleiben. Umfassend mit Beton versiegelt war der Bereich der Technischen Abteilung (TA). Das hatte auch deshalb Sinn, weil der Umgang mit Oxydator und Brennstoff zur Betankung der Fla-Raketen für Umwelt und Personal nicht ungefährlich war. Sämtliche Erdwälle, die Sicht- und Splitterschutz zugleich bieten sollten, sowie die Hügel für die Traglufthallen wurden in dem üblichen Böschungsverhältnis von 1 zu 1,5 errichtet, was bedeutet, dass auf einen Meter Höhe Böschungskopf 1,5 Meter Böschungsausladung kamen. Auch heute wird im Straßen- und Bahndammbau eine Regelböschungsneigung von 1:1,5 angewendet. Interessanterweise ist es tatsächlich so, dass – ohne konkret abweichenden Vorbildbezug – eine steilere Böschung ein Punkt ist, an dem das Auge des Betrachters sofort unterbewusst sagt: Hier stimmt was nicht!

6.5.2. Die Traglufthallen (TLH)

Die Traglufthallen an den Standorten Prangendorf (Farbfoto) und Badingen unterschieden sich nicht.

Obgleich sämtliche Objekte innerhalb der äußeren Einfriedung mit der 2 m hohen Betonmauer und dem 15 m breiten Bepflanzungsstreifen durch die oben genannten Erdwälle bzw. durch Überdeckung mit zum Teil meterdickem Erdreich der Sicht von außen entzogen waren, gab es weithin sichtbare und äußerst markante Auffälligkeiten: Die auf 5,5 bis über 8 m hoch aufgeschütteten Hügeln errichteten Traglufthallen (TLH). Die technische Dokumentation hierüber verwendet den Begriff Traglufthalle, obwohl dem Betrachter ein kreisrundes Gebilde ins Auge fällt, das eher wie eine Kuppel aussieht.
Insgesamt gab es fünf dieser durchaus imposanten Gebilde auf dem Gelände des S-200 in Prangendorf. Unter vier TLH befand sich funktechnisches Gerät, die fünfte Halle war eine Leerblase und sollte dem potenziellen Gegner, falls er den Standort bereits als S-200-Standort identifiziert hatte, eine Fünf-Kanal-Variante des S-200-Systems vortäuschen. Es war zudem denkbar, dass im Ernstfall unter dieser Leerblase ein starker Infrarotsender installiert worden wäre, der anfliegenden Anti-Funkmessraketen eine Zielerfassung der eigentlichen Funkmessstationen vortäuschte.
Zwei der fünf Hügel waren so ausgebildet, dass unterhalb zu ebener Erde Schutzbauwerke eingebaut werden konnten (siehe dazu weiter unten).
Interessanterweise gab es auf das Traglufthallensystem noch Patentrechte zu beachten, und man kann in der technischen Dokumentation zu den TLH unter dem Thema »Hinweise zur Schutzrechtsabsicherung« Folgendes lesen:

Bei diesem Projekt erfolgte die Projektierung unter Anwendung nachstehender beim AfEP (Patentamt) der DDR angemeldeten erfinderischer Lösungen.
(...) In Umsetzung des Patentgesetzes vom 27.10.1983 (GBl.I Nr. 29) §§ 2, 3, 4, 10 und 12 hat der Investitionsauftraggeber dieses Vorhabens die Pflicht, die Ursprungsbetriebe (in diesem Falle die Anmelder) über den Beginn und den Umfang der Benutzung dieser Erfindung zu unterrichten und die materielle Anerkennung für die Erfinder zu sichern.

Die Traglufthalle war eine raumabschließende pneumatische Konstruktion, deren tragendes und stabilisierendes Element Luft mit einem geringen Überdruck war. Sie diente der Unterbringung technologisch genutzter Räume.
Bei Normaldruck, d. h. Dauerbetrieb bei ruhigem Wetter, betrug der Innendruck 80–200 N/m² (8–20 mm WS). Bei extremem Betrieb ab Windstärke 5 und bei Schneefall wird der Innendruck auf 600 N/m² (60 mm WS) erhöht. Die Halle bestand im Wesentlichen aus der kugelförmigen Plastehülle mit einem Radius von 10,18 m, dem massiven Unterbau und der massiven Schleuse als Eingangsbereich.
Allein der Unterbau mit der Schleusenkonstruktion mit den Stahltüren, der Ringkonstruktion aus Stützwandelementen mit Befestigungsteilen für die Hülle, Elektro-, Maurer-, Klempner-, Beton- und Malerarbeiten wurden entsprechend dem Investitionsvorhaben 16/8110 und dem Preisplan zum Preisvorschlag mit einer Summe von 100.000,- DDR-Mark veranschlagt.
Die Traglufthallen erreichten, gemessen ab Oberkante der Betonfläche auf den Hügeln, eine Höhe von 16,88 m. Das Zentrum des Kreisdurchmessers lag 6,70 m oberhalb der Betonfläche. Hier betrug der Durchmesser der Blase 20,36 m. In 2,70 m Höhe war die Kunststoffhülle an Winkelstützwandelementen befestigt.
Bei der Errichtung der Unterkonstruktion war streng darauf zu achten, dass die Befestigungskonstruktion der Hülle einen Umfang von 58.880 mm (± 60 mm) hatte.

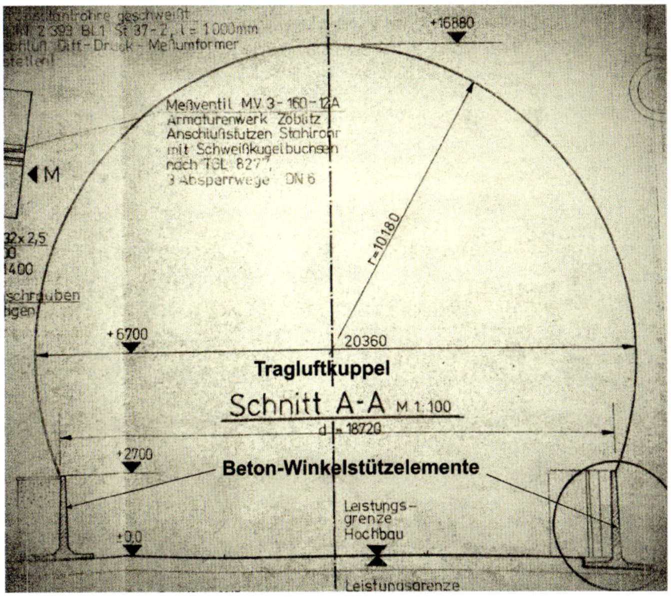

Schematische Darstellung der Kuppel einer Traglufthalle. Insgesamt fünf dieser Traglufthallen (TLH) auf künstlichen Hügeln waren auf dem Gelände der Gefechtsstellung des S-200 in Prangendorf weithin sichtbar gewesen.

Zur Aufrechterhaltung der einwandfreien Funktion der Traglufthalle gab es drei Betriebsarten der Lüftungstechnik:

Betriebsart I:	Normalbetrieb bei Windgeschwindigkeiten bis 8 m/s,
Betriebsart II:	Betrieb bei Windgeschwindigkeiten über 8 m/s,
Betriebsart III:	Betrieb bei Innentemperaturen in der TLH ab +38°

Zur Gewährleistung der Betriebsarten waren in den Unterbau der TLH vier Öffnungen eingebracht worden. An drei waren Radialventilatoren (L1 bis L3) vom Typ WWO ax-50 polnischer Produktion angebracht worden, an der vierten die Motorregelklappe L4. Die Radialventilatoren hatten bei einer Leistung von 1,5 kW eine Luftförderleistung von 6500 m³/h.

Die Antennenkabine in Prangendorf wird zum Abbau vorbereitet. Links die drei Lüfter der TLH.

In der Betriebsart I war nur der Ventilator L1 in Betrieb. Es wurde von der oben genannten Windgeschwindigkeit und einem Halleninnendruck von 180 Pa ausgegangen. Wurde dieser Halleninnendruck nicht erreicht, so schaltete sich zeitverzögert automatisch der Ventilator L2 zu, der bis zum Erreichen eines Halleninnendruckes von 480 Pa lief. Das Ein- und Ausschalten von L2 erfolgte über einen Differenzdruckumformer mit Grenzwertmelder.
In der Betriebsart II lief zusätzlich zu Ventilator L1 der Ventilator L2. Dabei musste der Halleninnendruck einen Wert von 480 Pa erreichen. Die Zuschaltung von L2 erfolgte automatisch über ein Windmessgerät. Wenn der vorgegebene Halleninnendruck nicht erreicht wurde, wurde automatisch und zeitverzögert der dritte Ventilator L3 zugeschaltet. L3 lief dann so lange, bis der Halleninnendruck 600 Pa erreicht hatte.
Das Ein- und Ausschalten von L3 wurde über einen Differenzdruckumformer mit Grenzwertmelder gesteuert.
In der Betriebsart III erfüllte der Ventilator L3 eine Doppelfunktion: L3 wurde ebenfalls zugeschaltet, wenn die Innenraumtemperatur den Wert von 38° überschritt. Die Temperaturmessung erfolgte an vier Stellen in der Traglufthalle in 2,70 m Höhe, wobei eine Mittelwertbildung vorgenommen wurde. Über einen Temperaturgrenzwertschalter wurde L3 zugeschaltet, und gleichzeitig öffnete die Motorregelklappe L4, wodurch Luft aus der Halle ins Freie befördert wurde. Hatet sich die Temperatur auf 34° abgekühlt, schaltete der Temperaturgrenzwertmelder zuerst die Motorregelklappe L4 ein, welche die Öffnung wieder schloss. Erst danach wurde, um einen Druckabfall in der Halle zu vermeiden, auch Ventilator L3 abgeschaltet. Laut Angaben des Bedarfsträgers war ausgeschlossen, dass L2 und L3 gleichzeitig laufen mussten, also die Situation eintrat, dass bei Windgeschwindigkeiten von über 8 m/s gleichzeitig die Halleninnentemperatur 38° überstieg.
Die gesamte Anlage konnte im Automatik- oder Handbetrieb gefahren werden. Um ein ständiges Ein- und Ausschalten der einzelnen Ventilatoren zum Beispiel bei Windböen zu verhindern, wurden die entsprechenden Grenzwerte abfallverzögert in den Regelkreis eingespeist.

Die Technik wurde vor dem Aufbau der Blase über einen Ein- und Ausfahrbereich der Unterkonstruktion eingefahren. Dazu waren an dieser Stelle Streifenfundamente ebenerdig eingebracht worden, in denen die Befestigungskonstruktion für die Hülle eingelassen war. Sobald die Technik im Innenraum aufgestellt worden war, wurde dieser Bereich geschlossen und hermetisch abgedichtet.

Der Zugang zur untergebrachten Technik erfolgte ohne Druckabfall in der Tragluftkuppel durch einen Schleusengang an der Unterkonstruktion der Blase.

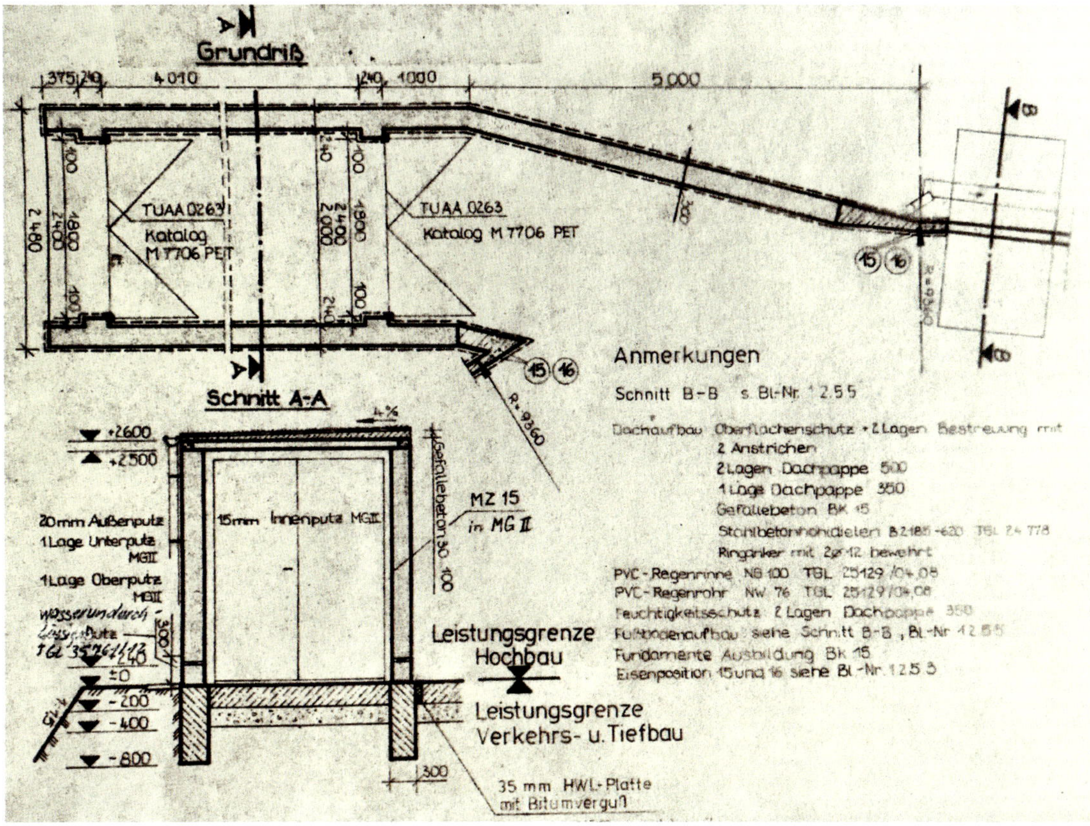

Schematische Darstellung der Personal-Eingangsschleuse der TLH. Sie ermöglichte das unproblematische Begehen und Verlassen des Innenraums der Traglufthalle, ohne einen Druckabfall auszulösen.

Die Beton-Winkelstützelemente der TLH sind entfernt, nur die Personalschleuse ist stehengeblieben.

Die Seitenwände der Schleuse wurden aus L-förmigen Winkelstützwandelementen erstellt, die im Anschlussbereich an der Unterkonstruktion der Blase mit dieser monolithisch vergossen wurden. Im geraden Teil war die Dachkonstruktion aus Stahlbeton-Hohldielen gefertigt. Im Anschlussbereich der Unterkonstruktion Blase wurde das Dach als monolithische Stahlbetondecke ausgebildet.
Für den Zugang waren zwei zweiflügelige Stahltüren vorgesehen, die neben den üblichen Türklinken innen noch Haltegriffe zur Entlastung der Klinken besaßen. Zusätzlich wurden oben und unten Verriegelungen angebracht, die von außen und innen zu öffnen waren und eine Sicherung der Türen bei starken Windbelastungen darstellten.
Eigens für die Montage der Hüllen wurde ein Spezialkran vom Typ AD-28 tschechischer Produktion beschafft (s. Kapitel 9).

6.5.3. Die künstlichen Hügel unter den TLH

Die Hügel unter den Traglufthallen waren unterschiedlich aufgebaut. Unter drei von den fünf Hügeln befanden sich ebenerdige, geschützte Garagen mit angrenzenden Bunkern. Zwei dieser drei Anlagen waren baugleiche Schutzbauwerke für die Gefechtsstände der beiden Fla-Raketenabteilungen mit den Kabinen K-2 und den zugehörigen Umformer-Verteilerkabinen, auf deren Hügeln sich jeweils eine Zielaufhellstation K-1 (Antenne) der beiden Schießkanäle befand.
Bei einer Größe von zirka 23,50 x 6,50 m bestand der größte Teil des Schutzbauwerkes aus dem Garagenbunker. Er war aus elliptisch geformten Segment-Fertigbau-Betonteilen gebaut worden. Die Zufahrt in das Bauwerk erfolgte über ein

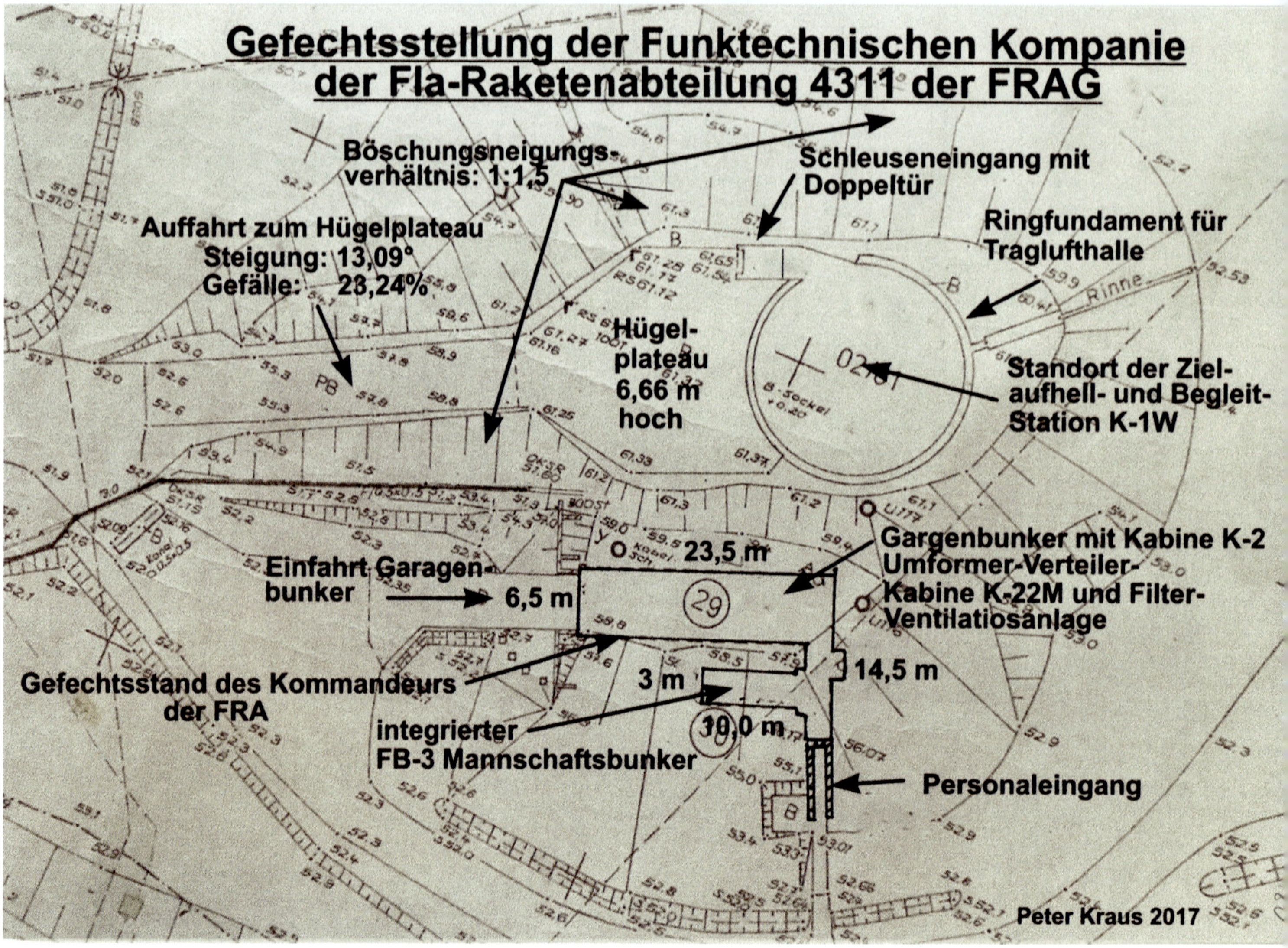

Hier ist ein künstlicher Hügel mit der Plattform für die Traglufthalle dargestellt. Auf dem Hügel, unter der Traglufthalle, befand sich die Antennenkabine K-1. In dem Schutzbauwerk darunter befanden sich die Apparatekabine K-2 (Gefechtsstand der FRA) und weitere Technik.

Blick vom Hügel der K-1 der FRA 4311 direkt auf die Tore des Bunkers des Gefechtsstands der FRAG. Es ist der Blick in die Symmetrieachse der Gefechtsordnung der FRAG. In der Verlängerung könnte man genau auf die Stellung der K-3 der FRA 4311 schauen. Das Foto verdeutlicht, warum zwei Tatra 813 notwendig waren, um die schwere Antennenkabine K-1 den Abhang hinaufzuziehen.

Entgegengesetzte Blickrichtung. Rechts am Hügel ist die Einfahrt zur geschützten Garage für die Apparatekabine K-2, den Gefechtsstand der FRA, zu sehen.

zweiflügliges, mit Handhydraulik zu bedienendes Stahltor (STD), das weiter unten noch näher beschrieben wird.
Am hinteren Ende der Garage gelangte man zu dem seitlichen geschützten Personaleingang, der durch ein Gittertor verschlossen werden konnte.
Auf halber Strecke zwischen Garage und Personaleingang befand sich ein Schutzbunker für die Mannschaft (s. Abschnitt 6.5.8) mit acht Gitterrostbetten an Wandbefestigungen von 3 x 10 m Größe. Dieser Schutzbunker war mit einer separaten Filter-Ventilationsanlage ausgestattet und nur über eine Schleuse mit zwei Drucktoren zugänglich.
Der dritte Hügel, in dem sich ein ebenerdiges Schutzbauwerk befand, war der Hügel, auf dem sich unter der Traglufthalle der Höhenfinder PRW-17 befand. Hier waren zwei geschützte Garagen parallel nebeneinander angeordnet. Beide zusammen hatten eine Grundfläche von ca. 14 x 22 m und waren damit fast doppelt so groß wie der Bunker der Kabine K-2W. Anders als bei der K-2- und der K-3-Stellung war hier allerdings kein Mannschaftsbunker im Durchgang eingebaut worden. Am hinteren Ende der rechten Garage befand sich der standardisierte Personal-Ein- und Ausgang mit der Filter-Ventilationsanlage für das gesamte Bauwerk.
Die beiden Garagen hatten voneinander getrennte Zufahrten, die durch die üblichen zweiflügligen Hydraulik-Stahltore verschlossen wurden. Eine Besonderheit im Aufbau der Stellfläche für den Höhenfinder war der zusätzliche Betonsockel, auf dem die Station aufgestellt wurde.
Die nachfolgenden Bilder zeigen die Auffahrt, die obere Aufstellfläche und die Gesamtansicht der Hügelkonstruktion.

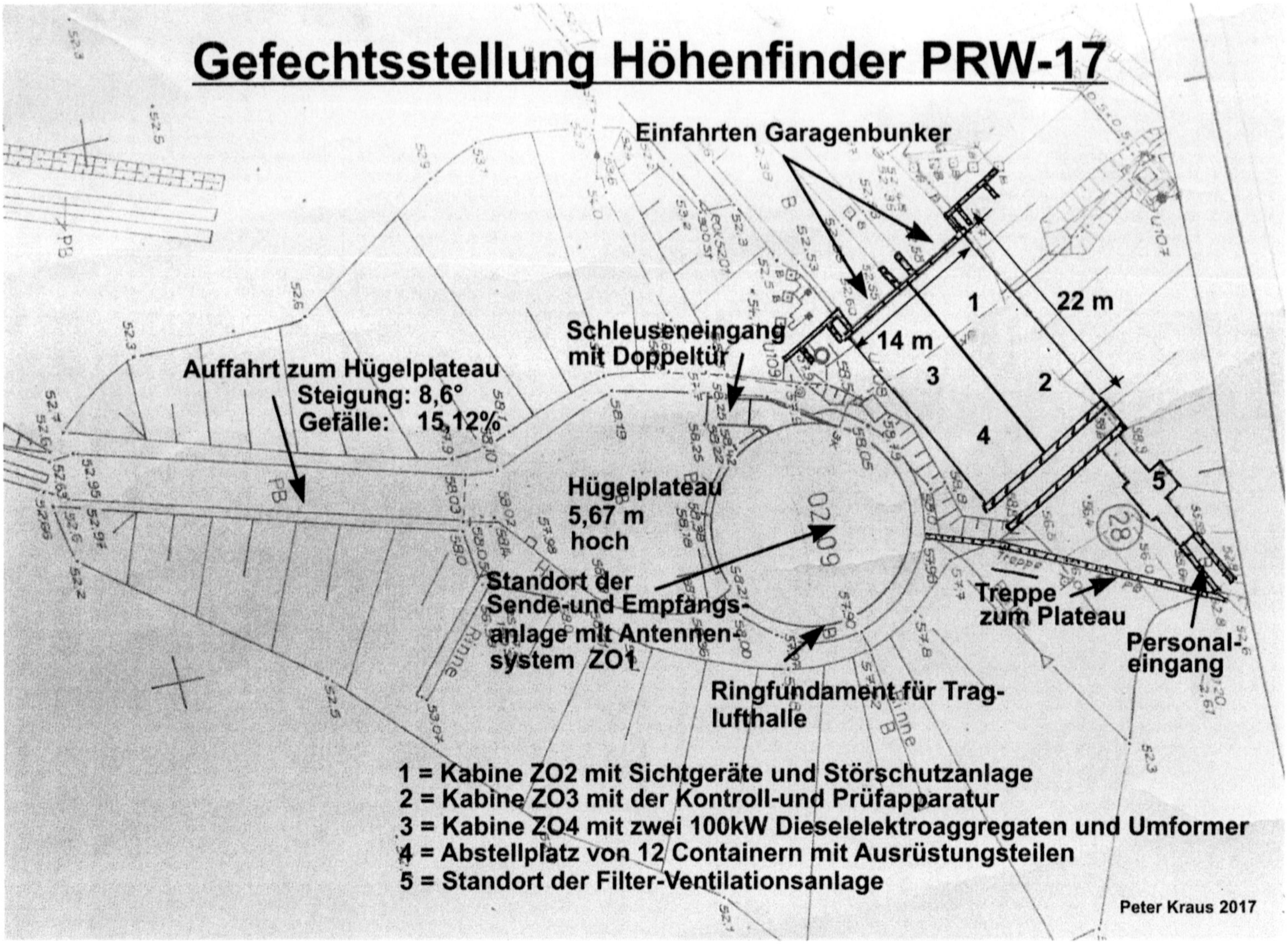

Die Zeichnung aus den Originalplänen der Gefechtsstellung Prangendorf (Maßstab 1:500) zeigt den Aufbau des Hügels für die TLH, unter der sich der Höhenfinder PRW-17 befand. Rechts oben ist das in dem Hügel ebenerdig eingebaute zweiteilige Schutzbauwerk für die dazugehörige Technik der Station zu sehen.

Der Hügel des Höhenfinders PRW-17.

Auf der Hügelplattform war zusätzlich ein Podest aus Beton errichtet worden. Auf diesem Podest war der Höhenfinder aufgestellt worden.

Eine Besonderheit war bei diesem Objekt, dass unmittelbar vor dem Personaleingang ein Stufenweg direkt hoch zum Hügelplateau führte. Dies ermöglichte dem Personal eine schnelle Verbindung zwischen der Antennenstation auf dem Hügel und der technischen Ausrüstung im Schutzbauwerk darunter.
Die beiden anderen Hügel (mit der leeren Traglufthalle und mit dem Scheinsender) waren Aufschüttungen ohne Unterbau. Unabhängig von den Funktionen hatten alle Hügel in ihren Ausmaßen recht unterschiedliche Werte aufzuweisen.

So reichten die Aufschüttungen, gemessen vom jeweiligen Geländeniveau bis zur Plateauhöhe auf dem Hügel von 5,4 bis 8,6 m. Bei unterschiedlichen Auffahrlängen ergab das ein Gefälle von 13,34 bis zu 23,24 %, bzw. eine Steigung von 7,6 bis 13,09°. Beachtlicherweise hatten dabei die beiden Hügel für die Antennenanlagen der Kabine K-1 die größten Steigungen. Das erklärt auch, warum sich die in Marschlage 25 Tonnen wiegende Kabine nur mit zwei schweren Zugkraftmitteln vom Typ Tatra-813 auf das Plateau ihrer Hügel ziehen ließ.

Der Tatra 813 war eine bewährte schwere Zugmaschine. Wenn russische Lkws vom Typ KrAZ-255 eine bei einer Verlegung festgefahrene Wolchow-Startrampe (S-75) nicht mehr frei bekamen – ein Tatra 813 schaffte das immer. Zwei dieser Fahrzeuge wurden teilweise gebraucht, um die Antennenkabinen K-1 auf ihre künstlichen Hügel zu bringen. (Foto: Alf van Beem, © Public Domain)

Kfz-Art : LKW gel.	Typenblatt-Nr.: 07.42.00
Kfz-Typ : T 813	Verwendungszweck: Transport von Personen und materiellen Mitteln, Zugmittel für Anhängegeräte
Größenklasse : ~~V2~~ V	Forderungen an den Kraftfahrer: Fahrerlaubnis ~~Klasse 5~~
Radformel : 8 x 8	Typenberechtigung
Hersteller : TATRA-Werke/CSSR	
Einsatzzeitpunkt: 1969	

Taktisch-technische Angaben

Länge		8 800 mm	Steigfähigk.	65 %
Breite		2 500 mm	Watfähigkeit	1 400 mm
Höhe		3 355 mm	Kletterfähigk.	600 mm
Radstand 1650 + 2200 +		1 450 mm	Überschreitfähigkeit	1 400 mm
Spurweite	v.	2 030 mm		
	h.	2 030 mm	Spez. Bodendr.	0,8 kp/cm^2
Bodenfreiheit		425 mm	Max. Geschwindigkeit	80 km/h
Tiefster Punkt zw. d. Achsen		mm	Zul. Dauergeschwindigkeit	65 km/h
Überhangwinkel	v.	35 Grad	Fahrbereich	1 250 km
	h.	37 Grad	Wendekreis	21,0 m
Leermasse		13 900 kg	Max. Zugkraft der Seilwinde	10 000 kp
Nutzmasse	Str.	8 200 kg	Seillänge	105 m
	Gel.	8 200 kg	Ladefläche	11,5 m^2
Gesamtmasse	Str.	22 000 kg	Lichte Länge	5 000 mm
	Gel.	22 000 kg	Lichte Breite	2 290 mm
Anhängelast	Str.	100 000 kp	Bordwandhöhe	1 100 mm
	Gel.	15 000 kp	Scheitelhöhe der Plane	1 855 mm
Achslast unbeladen	v.	2 x 4 000 kp	Höhe Ladefl.	1 500 mm
	h.	2 x 2 900 kp	Höhe Anhängekupplung	910 mm
Zul. Achslast v.	Str.	2x5 150 kp	Sitzplätze im Fahrerhaus	8
	Gel.	2x5 150 kp	Sitzplätze Pr.	18
Zul. Achslast h.	Str.	2x5 850 kp	Sitzreihen	2
	Gel.	2x5 850 kp	Reifendruckregelanlage	ja

2/67

Technische Angaben

Motortyp	: T930-3	Reifeninnendruck	: 0,8–4,0 kp/cm^2
Arbeitsweise	: Viertakt	Spannung	: 24 V
Max. Leistung	: 184/2000 kW b. min^{-1}	Batterie	: 12 V
	250/2000 PS b. min^{-1}		2 x 175 Ah
Max. Drehmom.	: 100/1250 kpm b. min^{-1}		
Hubraum	: 17 640 cm^3	Lichtmaschine	: 720 W
Zündfolge	:	Anlasser	: ~~5,9 kW~~ 2x5,[illegible]
Bereifung	: ~~15-21 NB~~ 15.00-21 NB		~~8,0 PS~~ 2x[illegible]

Füllmengen in l

Kraftstoffbehälter	: 2 x 250,0	Stoßdämpfer	:
Kühlanlage	: –	Bremsanlage	: –
Frostschutz	: –	Luftfilter	:
Schmieranlage	: 33,0	Einspritzpumpe	: 0,6
Wechselgetriebe	: 14,0	Seilwinde	: 7,5
Verteilergetriebe	: 14,0	Kupplung	: 0,33
Achsantrieb	: v.2x7,0 h.2x12,0	Arbeitshydraulik	: –
Lenkgetriebe/Lenkhilfe	: 4,0/5,0		

Wartungsfristen

KDvE KDmE TTW	nach DV 054/0/001	TW Nr. 1	1 200 ... 1 800 Fahr-km
		TW Nr. 2	6 000 ... 9 000 Fahr-km

Ökonomische Angaben

Kraftstoffnormverbrauch in 1/100 km: ~~40,0~~ 55,0 (DK-S)

Reifenlaufnormen in km		Neureifen	Runderneuerte Reifen
Diagonalreifen	Straße		
	Gelände (M+S)	25 000	
Radialreifen	Straße		
	Gelände (M+S)		

Aufbewahrung und Konservierung

Lang- und kurzfristige Aufbewahrung nach DV 054/0/001	Konservierungstechnologie
Hohlraumkonservierung	ja

Ausrüstung

Zubehör :	TGL 26 557
Verbrauchsmaterialsatz :	TGL 26 557
Werkzeug :	TGL 26 557
Anzahl 20-l-Kanister :	4
An- und Unterbringung der Ausrüstung :	TGL 36 557

~~LOK-Nr.: 49~~

Ergänzungen

~~2/68~~ 2/70

Datenblätter zum Tatra 813.

6.5.4. Die Schutzbauwerke

Sämtliche Bunker, mit Ausnahme des Gefechtsstands der TA und der kleinen sogenannten FB-3-Mannschaftsbunker, waren ebenerdige Bauten, die mit einer entsprechenden Erdschicht und zum Teil mit einer eingebauten Stahlplatte als sogenannte Detonation-/Zerschellschicht für einfallende Geschosse versehen waren. In der Funktechnischen Abteilung boten die aufgeschütteten Hügel über den Bunkern einen zusätzliche Schutz.

Die Bunker wurden entweder monolithisch (Startbatterie, Raketenlager und Gefechtsstand der FRAG und der Technischen Abteilung etc.) oder in Segmentbauweise (FB-3-Bunker, Garagenbunker der K-3, K-2 und K-9 etc.) hergestellt. Die Schutzbauwerke von K-9, K-2, K-3, PRW und Oborona waren über meist seitlich angebaute Personaleingänge zugänglich. Hier befanden sich auch die Filter-Ventilationsanlagen der Schutzbauwerke. Die Personaleingänge waren außen mit einen Stahlgitter gesichert. Im inneren Teil befanden sich zum Schutz des Bauwerkes Drucktüren.

Der Bunker der Oborona-14. Hier die Seite mit den zwei Einfahrten.

Der Bunker der Oborona-14 von der anderen Seite.

Die Vorfläche vor den drei Einfahrten in den Bunker der Oborona-14.

Keiner der Bunker hätte umfassenden Schutz vor Angriffen mit KCB-Waffen geboten, und so waren sie hauptsächlich dafür ausgelegt, die Gefechtstechnik vor der Einwirkung herkömmlicher Munition bei Luftangriffen maximal zu schützen bzw. die Raketen in der Lagerung oder in den Bereitschaftsstufen keinen unnötigen Umwelteinflüssen auszusetzen, um so deren maximale Nutzungsdauer voll ausschöpfen zu können.

Einen etwas besseren Schutz boten die Schutzbauwerke der Funk-Technischen Kompanien der beiden Fla-Raketenabteilungen und der Bedienung des Höhenfinder PRW-17. Sie waren in dem unteren Teil der bis zu 7 m hoch aufgeschütteten Hügel eingebaut und durch schwere hydraulische Druckt-Tore geschützt.

Gesamtansicht der Einfahrten zum Gefechtsstand der FRAG.

Technische Zeichnung der Gefechtsstellung der Oborona-14.

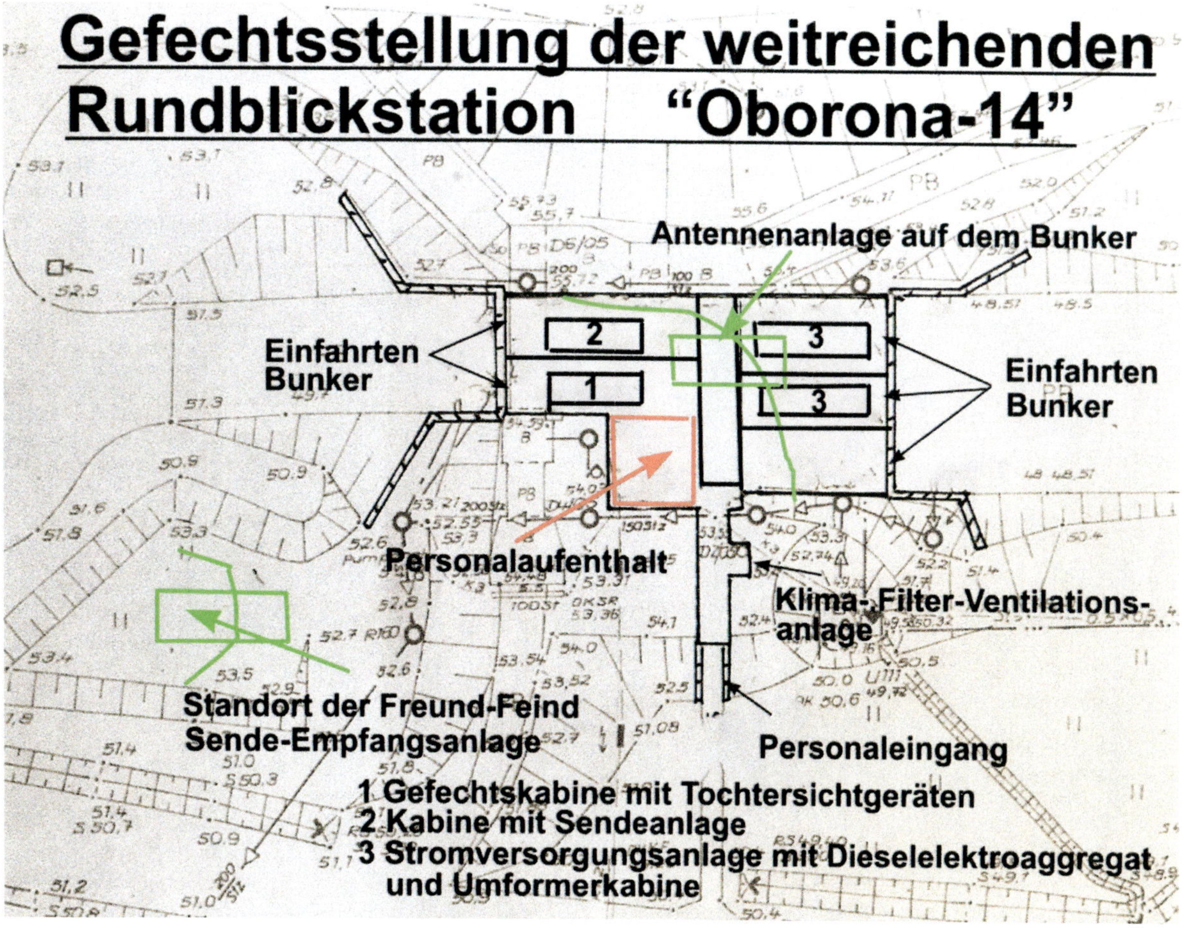

Eingang zur oberen Etage des Bunkers des Gefechtsstands der FRAG. Hier befanden sich Aufenthalts- und Besprechungsräume sowie sanitäre Anlagen der Gefechtsstandsbesatzung.

Auch der Bunker des Gefechtsstands hatte einen Notausstieg.

Der Waschraum des Gefechtsstands im heutigen Zustand.

Die Telefonzentrale des Gefechtsstands.

Der Gefechtsstand der FRAG mit der Kabine K-9 und der zugehörigen Technik befand sich in einem Schutzbauwerk, das aus drei mit Stahltoren gesicherten Garagenzellen und einem zweietagigen hermetisierten Betonanbau bestand. Das beachtliche Bauwerk maß in der Grundfläche zirka 40,5 x 16,5 m. Die drei Zufahrten der Garagenbunker wurden durch druckfeste, handhydraulische Stahltore verschlossen. Die darüber befindliche Erdaufschüttung mit der eingebauten Stahlplatte war ähnlich den Raketenbunkern bzw. wie bei der Startleitkabine K-3 aufgebaut.

Seitlicher Personaleingang des Gefechtsstands.

Die Kabine K-9 wurde an die große Luke angedockt. Damit war eine direkte Verbindung zum Raum mit den Planzeichnern an der Luftlagekarte hergestellt.

In der rechten geschützten Garage befand sich die Kabine K-9. Links neben der großen Luke befand sich der Eingang zur geschützten Garage.

Die Schaltanlage der Telefonzentrale des Gefechtsstands.

Blick in den hinteren Teil des Bunkers des Gefechtsstands der FRAG. Rechts ist das Geländer für die Treppe in das obere Stockwerk zu sehen.

Die Filter-, Ventilations- und Klimaanlage des Gefechtsstands.

Das Treppenhaus des Bunkers. Die gelben Pfeile an den Wänden leuchteten bei Stromausfall.

Das Schutzbauwerk der Kabine K-3 mit der Dieselelelektrostation befand sich im Zentrum der beiden Startbatterien.

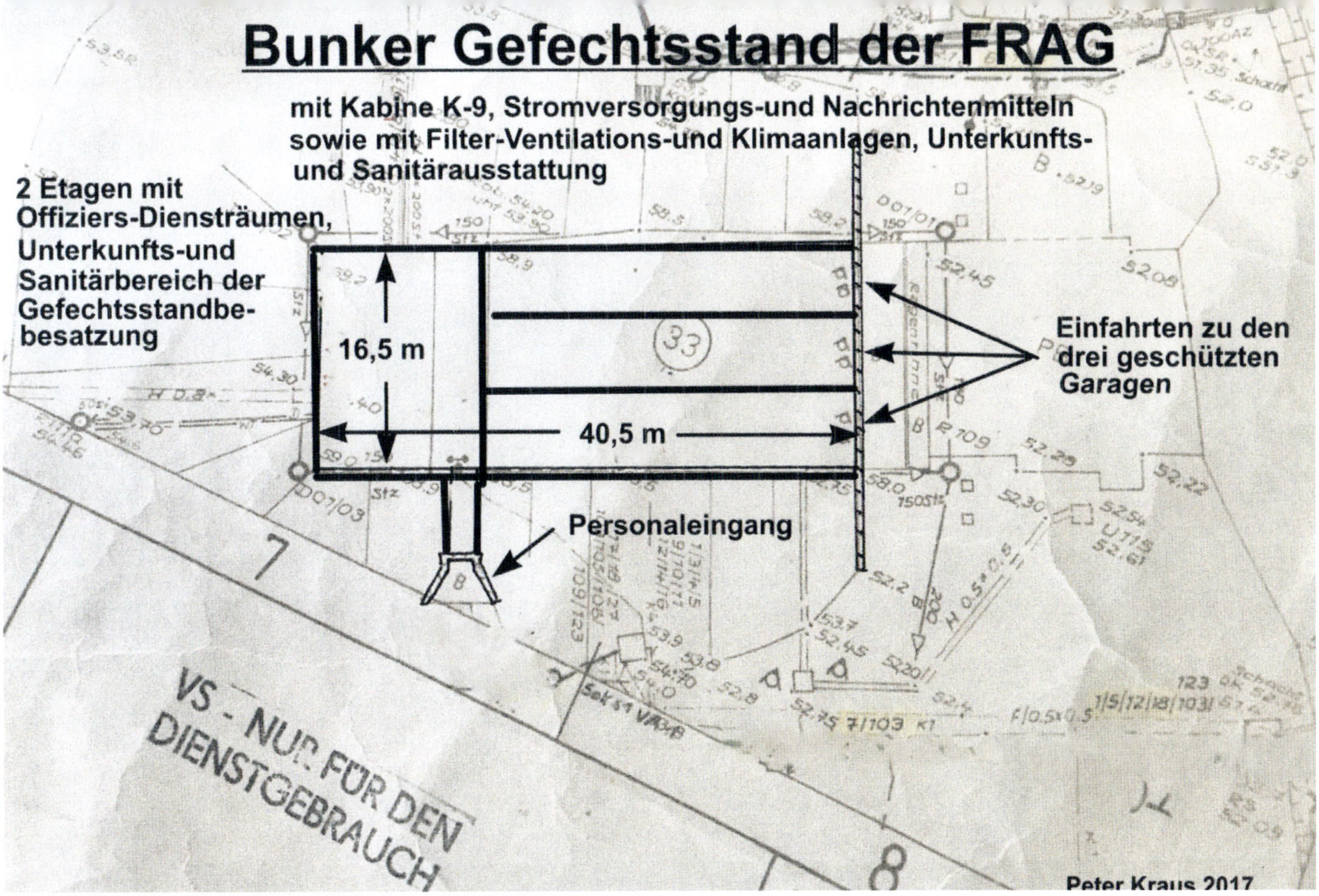

Technische Zeichnung des Gefechtsstands der FRAG. Am hinteren Ende der drei geschützten Garagen befand sich der zweigeschossige Bunker mit den Betriebs-, Unterkunfts-, Sanitär- und Besprechungsräumen des Gefechtsstands.

Zufahrt zur K-3-Stellung.

Einfahrt zu einer der geschützten Garagen der K-3-Stellung.

Blick in die Garage auf der gegenüberliegenden Seite der K-3-Stellung.

Der Bunker der K-3-Stellung hatte ebenfalls einen seitlichen Personaleingang mit einem integrierten FB-3-Bunker für die Gefechtsstandsbesatzung.

Die beiden gegenüberliegenden Garagenbunker, in Segmentbauweise erstellt, hatten eine Gesamtlänge von 27 und eine Breite von 6,5 m. Seitlich, in der Mitte des Bauwerkes, befand sich der Personaleingang. Genau wie in der Anordnung der Schutzbauwerke der K-2 war in den K-3-Stellungen auf halber Länge des Eingangs jeweils ein Mannschaftsbunker von 3 x 10 m eingebaut worden.

An der Einfahrt zum K-3-Bunker vorbei geht es direkt zur nächsten Startstellung. Der FB-3-Bunker der K-3-Stellung war baugleich mit dem FB-3-Bunker im Gelände Startbatterie.

Blick in den FB-3-Bunker der K-3-Stellung.

Hier ist die Segmentbauweise einer geschützten Garage der K-3-Stellung gut zu erkennen.

Wie üblich, war auch hier die Filter-Ventilationseinrichtung in einer Ausbuchtung des betonierten Durchgangs eingebaut worden. Der Zugang zum Schutzbauwerk erfolgte über die äußere Gittertür und die inneren Drucktüren.

Die gleiche Garage mit Blickrichtung nach draußen.

Die Filterventilations-anlage des Bunkers der K-3.

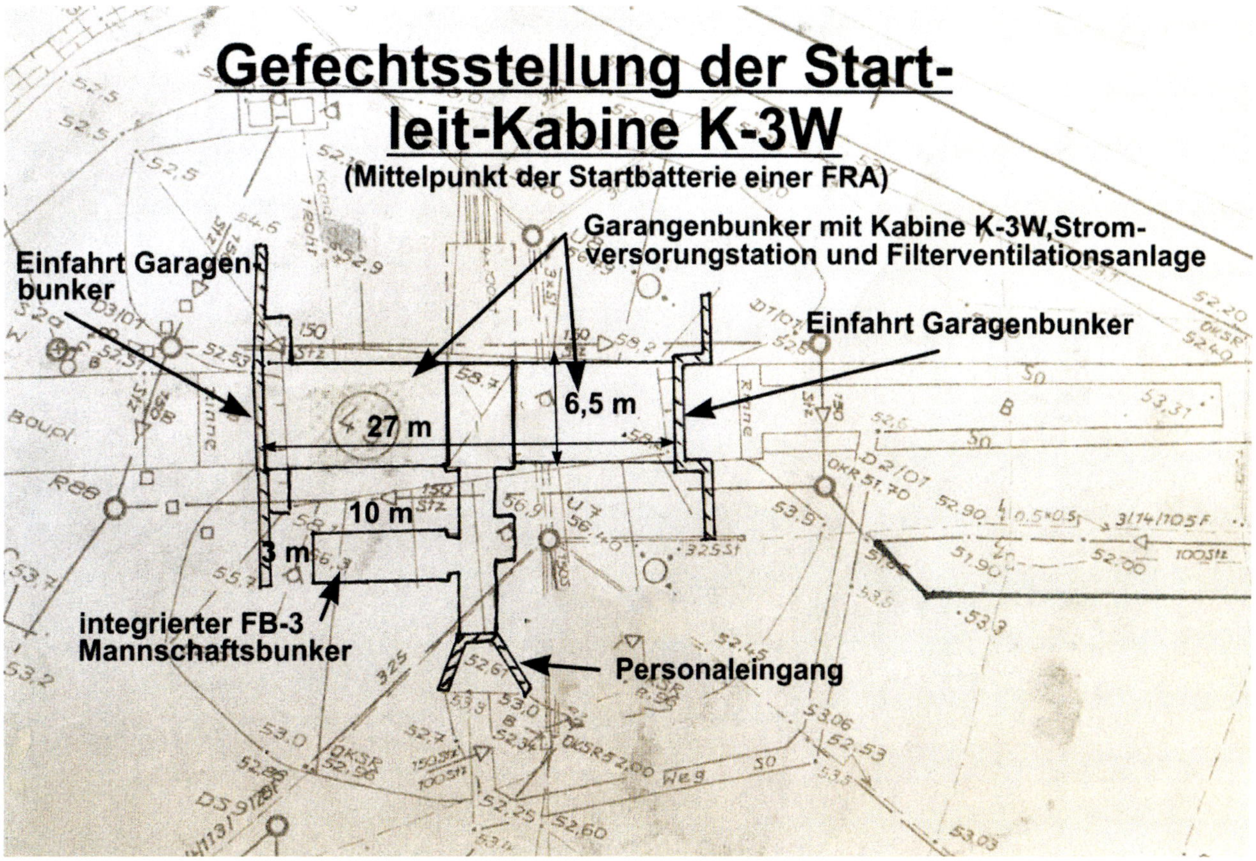

Technische Zeichnung zur Gefechtsstellung der Start-Leitkabine K-3 im Mittelpunkt der Startstellungen.

Die Überschüttung des Bauwerkes und die landschaftliche Angleichung kostete für die K-3-Stellungen der beiden Start-batterien insgesamt 54.306,- DDR-Mark.

6.5.5. Der Gefechtsstand/ Führungspunkt der Technischen Abteilung

Das in den Bauunterlagen benannte Objekt 046 war der Gefechtsstand der Technischen Abteilung. Es war das größte Schutzbauwerk der gesamten Stellung des S-200. Der Hauptbunker maß in seiner maximalen Länge 57,17 m, die Breite variierte von 13,20 m bis 23,70 m. Mit seinen KCB-

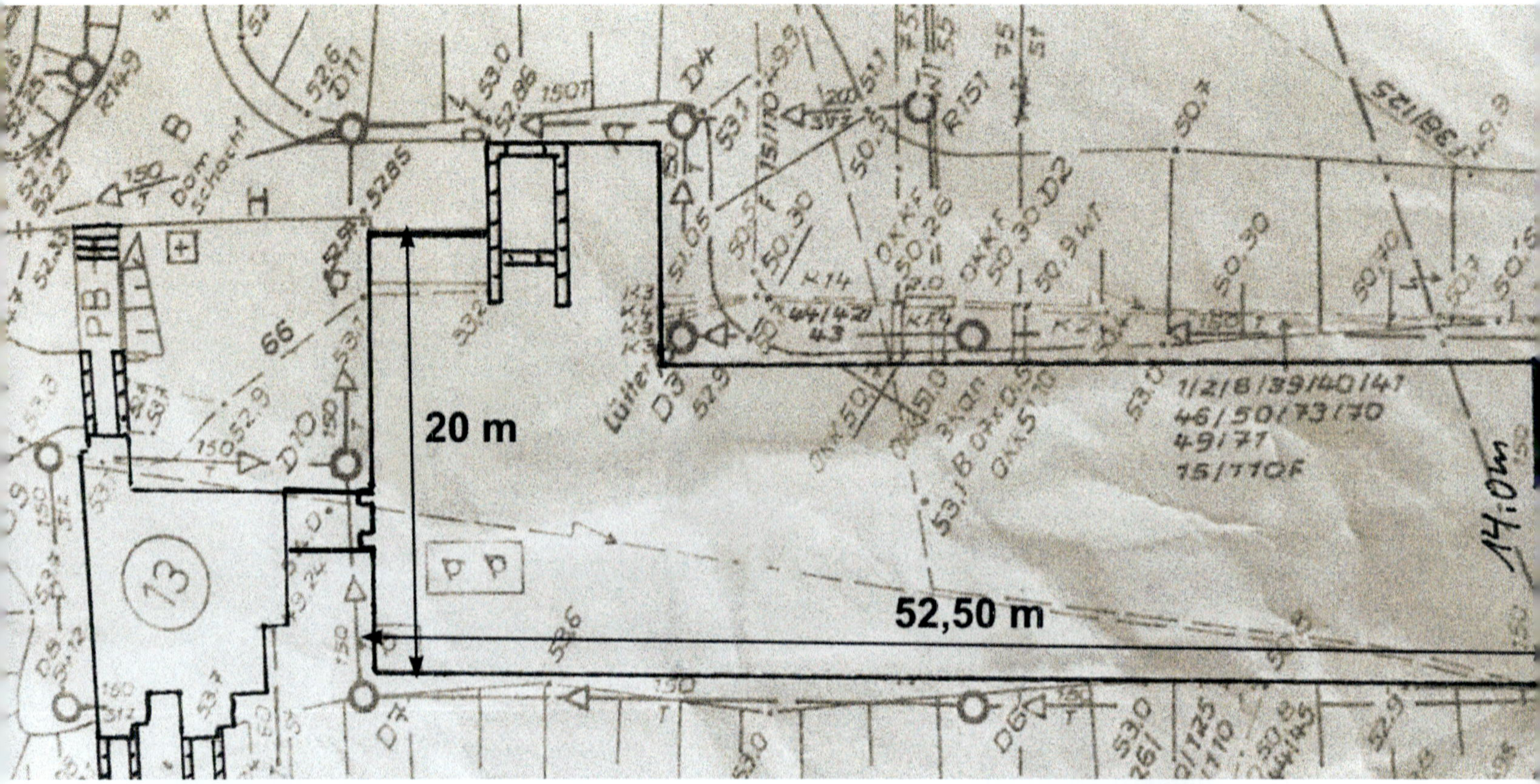

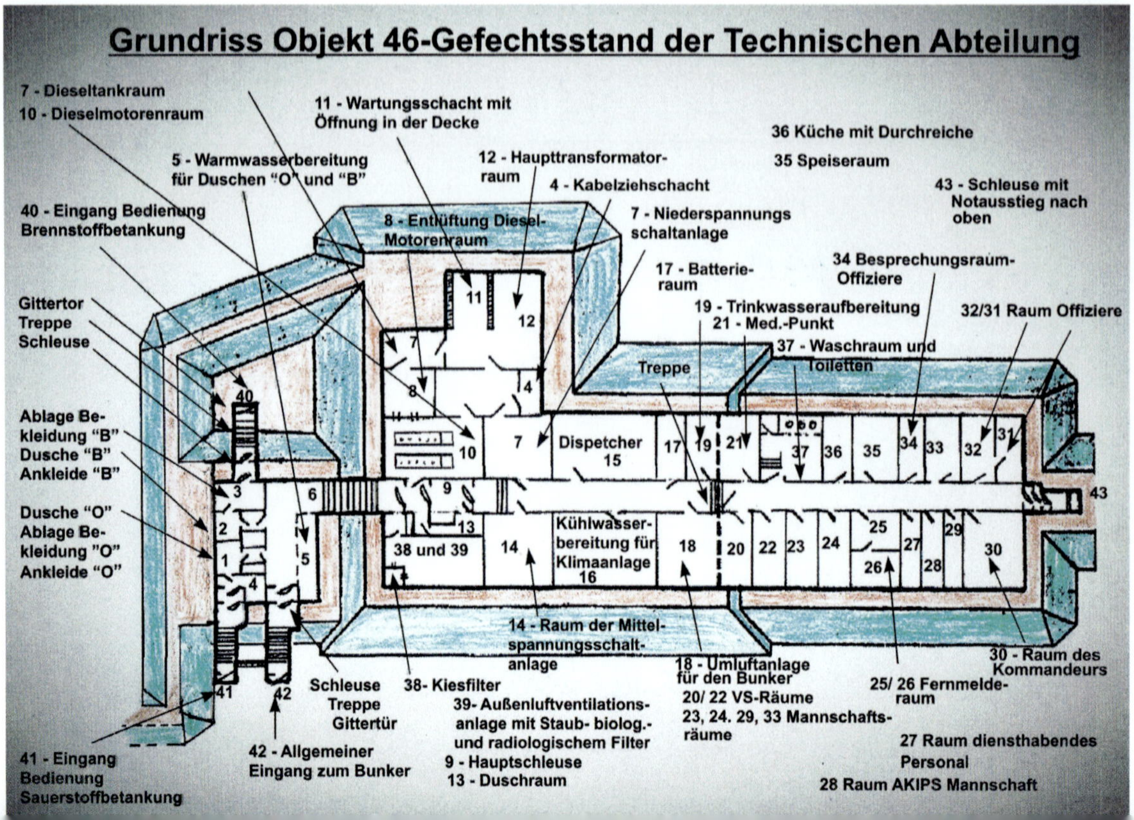

Das größte Schutzbauwerk 046 war der Gefechtsstand der Technischen Abteilung.

Grundriss Objekt 046 mit den Betriebs- und Arbeitsräumen. Das Bauwerk war teilweise unterirdisch in das Gelände eingebaut und dann mit Erdanschüttungen vollständig überdeckt worden.

Schutzvorrichtungen und Anlagen zur Eigenversorgung des Personals war es das Bauwerk der gesamten Stellung, das am ehesten den Vorstellungen von einem unterirdischen Bunker entsprach.

Allein die umfangreiche lufttechnische Anlage des Bunkers kostete 205.000 DDR-Mark. Diese Anlage war für drei Betriebsweisen (BW) ausgelegt: Die »BW I« entsprach der Normallüftung, die »BW II« der Schutzlüftung und »BW VZ« dem Verschlusszustand. Die Betriebsweisen wurden auf Befehl den Erfordernissen angepasst. Das Umsteuern der Anlagen erfolgte durch individuelle Handbedienung.

In der »BW I« wurden zur Aufrechterhaltung des geforderten Überdruckes (200 bis maximal 500 Pa) im Bauwerk 200 m^3/h mehr Außenluft zugeführt, als Fortluft abgeführt wurde. Dies wurde über Luftdruckmessungen im Bauwerk einreguliert.

Die »BW II« entsprach prinzipiell der »BW I«. Zusätzlich wurde aber die Außenluft über Spezialfilter (KCB-Filter) geführt. In der Betriebsweise »Verschlusszustand« befand sich das Bauwerk im vollständigen Verschlusszustand ohne zusätzliche Überdruckregulierung und Regenerierung. Es wurde weder Zuluft zu- noch Abluft abgeführt. Alle Räume mit direktem Anschluss an die Fortluftanlagen wurden in der »BW VZ« nicht mehr entlüftet. Eine entsprechende Berechnung der Zeit bis zum Erreichung der CO_2 Endkonzentration von 1,5 % bei maximaler Belegung des Bauwerkes mit Personal ergab eine mögliche Dauer des Verschlusszustandes von sechs Stunden. Bei dieser Berechnung ging man davon aus, dass eine Person durchschnittlich 30 Liter CO_2 in der Stunde abgibt.

Der einzige Zugang zum Bunker erfolgte über einen Bunkervorbau. Der Bunkervorbau hatte die Maße von 9 m Breite und 8,50 m Länge und war mit drei geschützten Zugängen von sechs Meter Länge versehen. Durch einen 5,40 m langen und 2,50 m breiten Übergang, geschützt durch Drucktüren, gelangte man in den Hauptbunker.

Eingangsbereich zum Bunker der Technischen Abteilung. Links war der Eingang für die Oxydator-Betankungsmannschaft, rechts hinter der Gittertür der Eingang für das übrige Personal der TA. Die Brennstoff-Betankungsmannschaft hatte einen separaten Eingang auf der anderen Seite des Erdwalls. Ein Kontakt der Betankungsmannschaften »Oxydator« und »Brennstoff« nach der Gefechtsarbeit sollte so ausgeschlossen werden.

Hinter der Eingangsgittertür ging es hinunter zu den Betriebsräumen.

Eine weitere Treppe führte hinunter in den eigentlichen Bunker der Technischen Abteilung. Das Rohr an der rechten Seite des Niederganges war die Dieselbefüll-Leitung zu den Tanks der beiden Notstrom-Dieselgenerator-Anlagen.

Um den Hauptbunker betreten zu können, mussten zwei Schleusenräume überwunden werden. Jede Öffnung und Schließung eines der drei Stahltore musste über eine Wechselsprechanlage mit dem diensthabenden Dispatcher abgestimmt werden.

Ein Blick in den Hauptgang des Bunkers. Er durchzog den Bunker vom Eingang bis zum Notausstieg am hinteren Ende.

Die Gittertür rechts sicherte die VS-Stelle (Verschlusssachen-Stelle) im Bunker.

Der Gefechtsstand der Technischen Abteilung besaß eine Küche. Hier ist die Durchreiche in den Speiseraum zu sehen.

Die Beschriftung an der Speiseraumtür ist heute immer noch deutlich zu lesen.

Dieser Raum diente der Aufnahme der Mittel zur Kühlwasseraufbereitung für die Klimaanlage. Die umfassende technische Ausstattung des Bunkers sorgte für einen raschen Anstieg der Umgebungstemperatur. Der anwesende Kühlschrank gehörte natürlich nicht zur Ausstattung und ist wohl erst nach Außerdienststellung des Bunkers durch die Bundeswehr abgestellt worden.

Am hinteren Ende des zentralen Ganges befand sich rechts das Dienstzimmer des Kommandeurs der Technischen Abteilung.

Blick in einen Schlafraum für die Bedienmannschaften der TA. An den Stahlschienen kann man die Aufhängungen der Klappbetten erkennen.

Der gleiche Schlafraum, nur mit Blickrichtung zum Eingang. Insgesamt waren 10 Klappbetten an den Wänden montiert gewesen.

Der Waschraum im Bunker.

Blick in einen Schaltschrank der Telefonzentrale.

Dies war die Schaltzentrale des Bunkers der TA. Hier im Dispatcherraum konnten alle Vorgänge im Bunker kontrolliert und gesteuert werden. Von hier aus erfolgte die Fernsteuerung der beiden Diesel für die Netzersatzanlage und die Fernsteuerung der Klima- und Lüftungsanlagen.

Blick über den Bunker. Links die Abgasanlagen der Dieselmotoren und in der Bildmitte Hauben der Zu- und Abluftanlagen des Bunkers der TA.

Blick in den Niederspannungsschaltraum des Bunkers der TA. Auf den Stahlschienen befanden sich die Umformer. Unter dem doppelten Boden lagen die unzähligen Kabel der Stromversorgungsanlagen.

Im Notfall konnte man den Hauptbunker über eine kleine Schleuse und einen nachfolgenden Notausstieg am hinteren Ende des Bauwerkes nach oben verlassen. Der Notausstieg war durch eine Schleuse mit drei Stahltoren gesichert. Das Öffnen eines der Tore hätte sofort in der Dispatcherzentrale Alarm ausgelöst.

Der Eingangsbereich war so gestaltet, dass sich auf der Seite zum Tankplatz für Brennstoff ein Eingang für die Bedienung dieses Tankplatzes befand. Auf der Seite Richtung Tankplatz für den Treibstoff Oxydator befanden sich zwei Eingänge. Von diesen beiden Eingängen war einer ausschließlich für das Personal des Oxydatortankplatzes bestimmt, der andere für das Personal des Gefechtsstands. Mit dieser Konstruktion war gewährleistet, dass sich die Bedienungsmannschaften der Tankplätze für Oxydator und Brennstoff nicht begegnen konnten. Außen an den Eingängen befand sich ein Gittertor, über eine Treppe ging es dann hinunter in den Bunker. Die Eingänge der Betankungsmannschaften führten über separate Treppen nach unten, direkt in die Umkleide- und Duschräume. Auch diese Räume der »O«- und »B«-Mannschaften waren voneinander durch Wände getrennt.
Bevor man den Hauptbunker betreten konnte, musste man eine Schleuse mit drei Drucktüren überwinden. Zuerst meldete man sich über eine Wechselsprechanlage beim Dispatcher an. Bekam man eine Zutrittserlaubnis, konnte man die erste Drucktür öffnen. Nachdem man den Zwischenraum betreten hatte und die erste Drucktür wieder verschlossen war, meldete man dies über eine weitere Wechselsprechanlage erneut dem Dispatcher, der mittels einer entsprechenden

Am Ende des zentralen Ganges gelangte man durch zwei Stahltore in einen kleinen Raum für den Notausstieg.

Die Leiter führte direkt nach oben ins offene Gelände der TA.

Signalanzeige den Verschluss der ersten Tür kontrollierte und die Erlaubnis erteilte, die zweite Tür zu öffnen. War man dann im Zwischenraum hinter der zweiten Drucktür, musste dies über die dritte Wechselsprechanlage wiederum an den Dispatcher gemeldet werden. Von diesem Zwischenraum ging es entweder weiter geradeaus durch die dritte Drucktür direkt in den Hauptbunker, oder man musste nach rechts über einen Duschraum einen Umweg gehen. Der Duschraum diente der Reinigung von kontaminierten Personen.

6.5.6. Die Überdachungen an den Tankplätzen »O« und »B« der TA

Das Schleppdach vor dem Lagerbunker für Oxydator. Im Hintergrund ist die baugleiche Ausführung vor dem Lagerbunker für Brennstoff zu sehen. Die hellen Betonsockel unter dem Schleppdach waren die Fundamente der zwei Arbeitsbühnen für die Betankungsmannschaft.

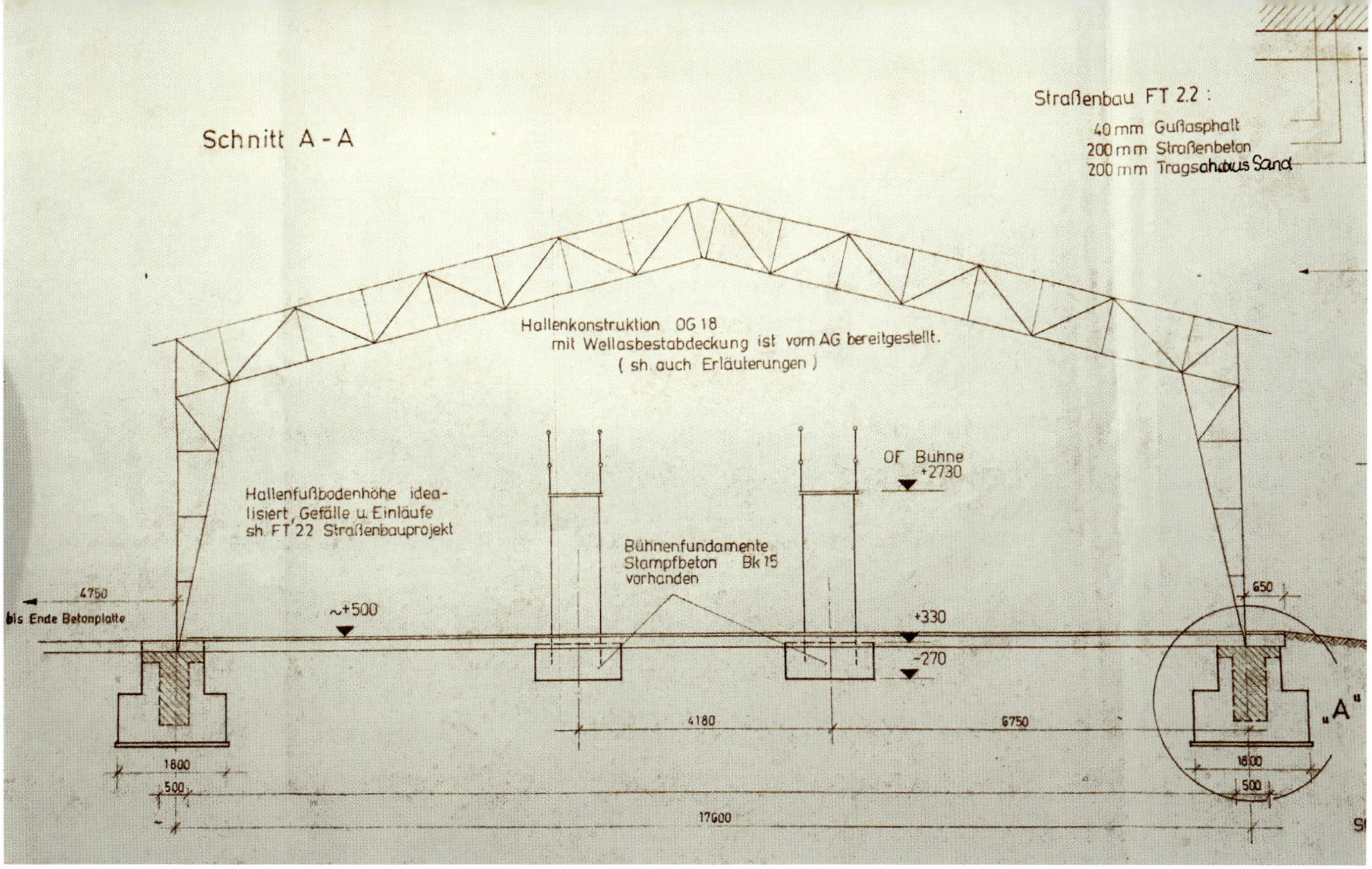

Technische Zeichnung der Schleppdachkonstruktion.

Zum Schutz der Betankungstrupps für die Raketentreibstoffe Oxydator und Brennstoff befanden sich unmittelbar an den jeweiligen Tanklagern Überdachungen, auch Schleppdächer genannt. Sie wurden in das Straßensystem so eingebunden, dass eine direkte Zufahrt/Durchfahrt mit den Transport-Ladefahrzeugen für die Fla-Raketen (TLF) möglich war. Zusätzlich verbreiterte sich an dieser Stelle die ausbetonierte Straße, um ein Umfahren der Tankplätze zu ermöglichen. Die Kosten für die beiden geschweißten Stahlfachwerkkonstruktionen in Leichtbauweise mit jeweils zwei Arbeitsbühnen beliefen sich auf über 352.000,- DDR-Mark. Die Hallengröße betrug 22,5 x 17,6 m, die lichte Höhe bis zur Traufe betrug 4,0 m, bis zum First 6 m.

Die Dachfläche der offenen Halle bestand aus Well-Asbest mit längsseitigen Traufschürzen.

Mit den beiden Arbeitsbühnen unter den Überdachungen war die gleichzeitige Betankung von zwei Fla-Raketen möglich. Die Stahlkonstruktionen der Arbeitsbühnen waren in 2,20 m Höhe mit einer 80 cm breiten und 10,20 m langen Gitterrostlauffläche und einem Geländer ausgestattet. Die maximale Tragfähigkeit betrug 150 kg/m^2.

Draufsicht der Schleppdachabmessungen. Die hier gezeigte Aufstellung der Arbeitsbühnen entsprach nicht der, wie sie in Prangendorf realisiert wurde.

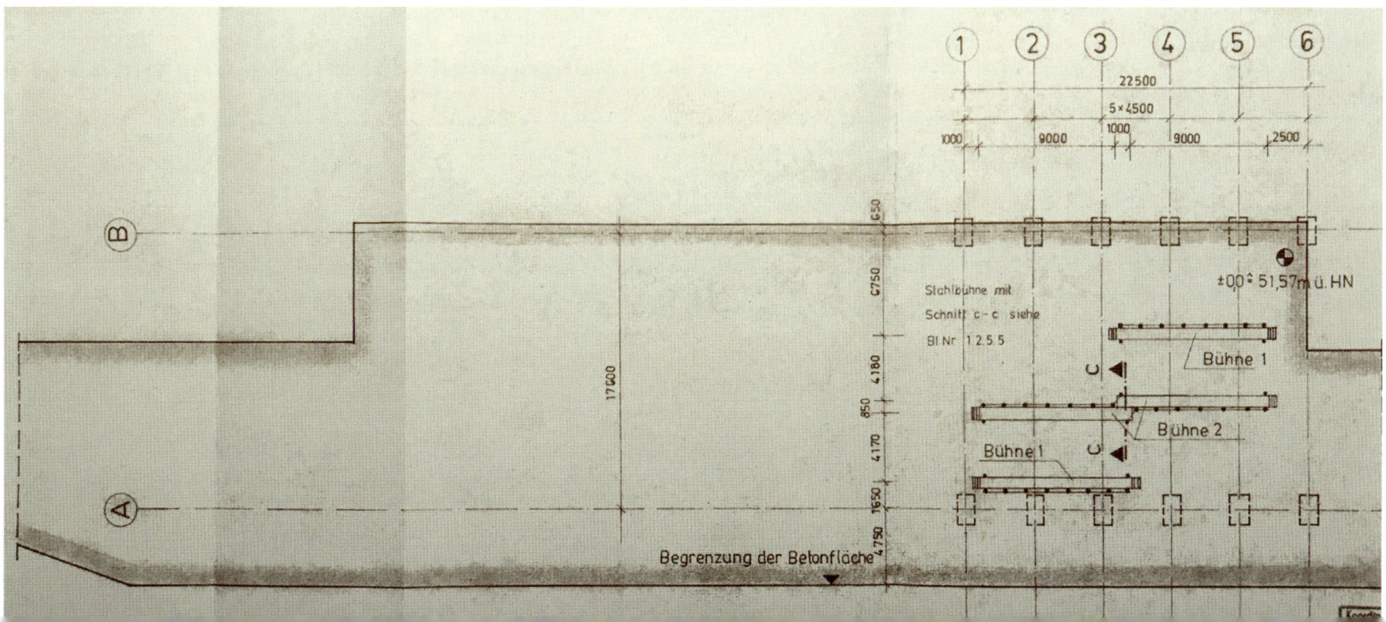

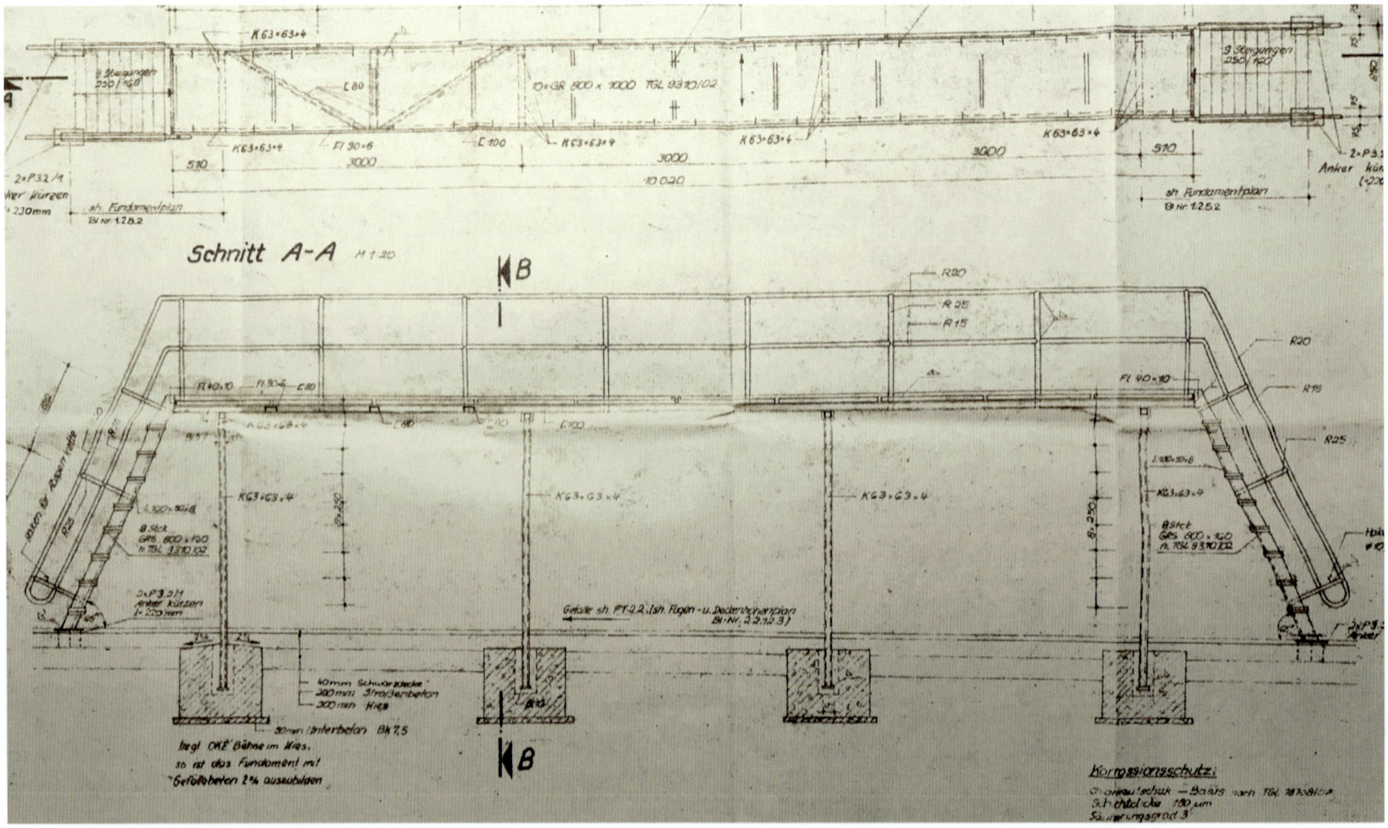

Technische Zeichnung Arbeitsbühne.

Die Zeichnung zeigt den grundsätzlichen Aufbau eines Betankungsplatzes.

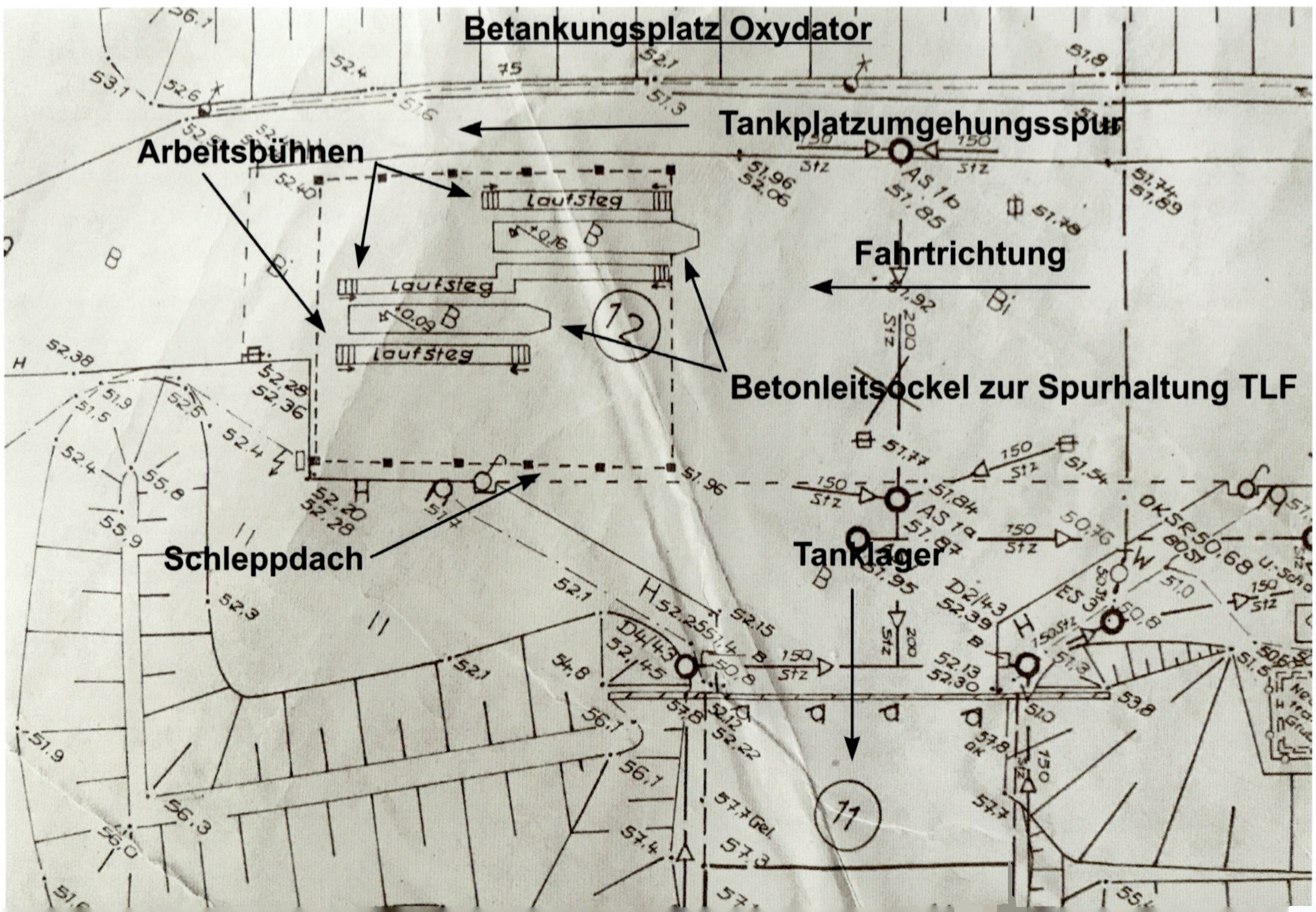

6.5.7. Die Startstellung

Um Startrampen mit Raketen automatisch beladen zu können, war eine völlig neue Gestaltung der Startstellung notwendig. Der Startplatz der Fla-Raketen des S-200 unterschied sich grundlegend von denen der Fla-Raketensysteme »Wolchow« und »Newa«.

So machte die enorme Schubleistung der vier Starttriebwerke eine Versiegelung der gesamten Startfläche mit Beton erforderlich. Unbefestigte Startstellungen, wie sie bei den Gefechtsschießen in der Sowjetunion üblich waren, machten nach jedem Start der Fla-Rakete den Einsatz von pioniertechnischem Gerät erforderlich, um lose ausgelegte, tonnenschwere Betonplatten wieder in ihre Ausgangslage zu bringen.

Die Startrampen standen auf ihrer Unterlafette nicht ebenerdig in der Gefechtsstellung, sondern in viereckig ausbetonierten Gruben.

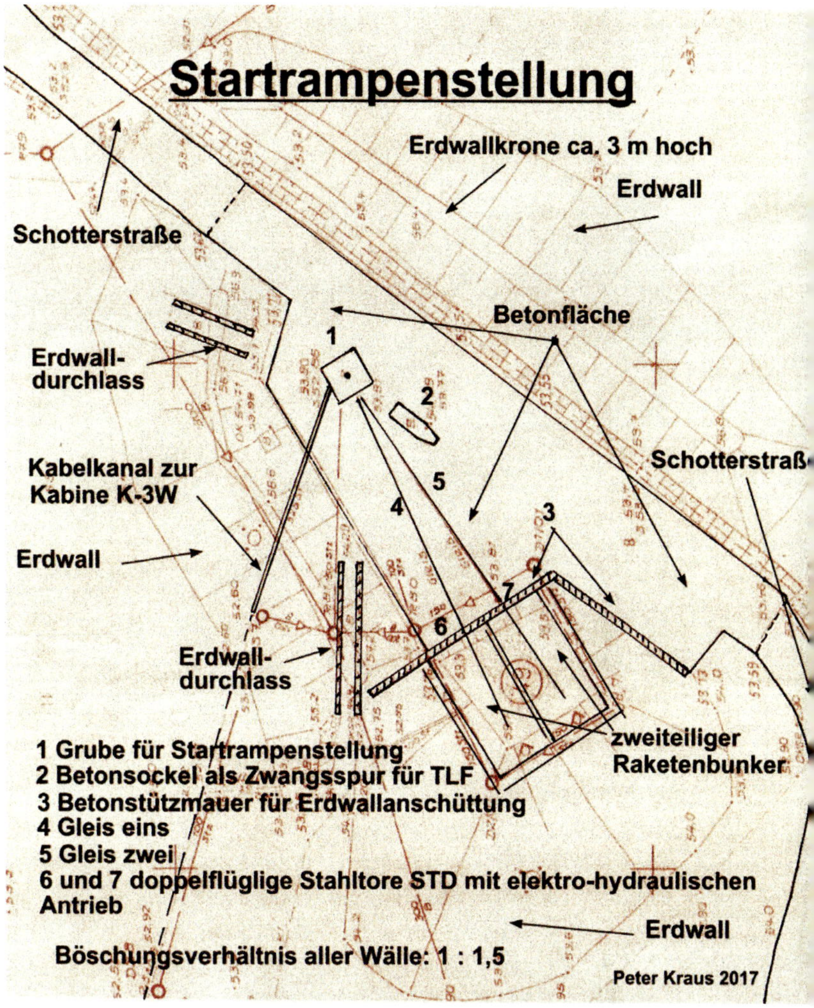

Zeichnerische Darstellung einer Startrampenstellung. Nicht in allen Stellungen befanden sich die hier dargestellten Zwangsspuren aus Beton. Die meisten Startrampenstellungen besaßen lediglich in die Fahrbahn eingelassene Stahlanschläge, welche die Rückwärtsfahrt der TLF zur Startrampe begrenzten.

Eine verlassene Startrampenstellung am ehemaligen Standort Badingen. Im Vordergrund die Grube für die Startrampe. Man erkennt noch die Stehbolzen, mit denen die Teller der Unterlafette mit dem Betonboden verschraubt wurden. Die kreisrunde Öffnung an der vorderen Seitenwand diente als Kanal für die Kabelverbindung der Startrampe mit dem Raketenbunker.

In dieser Ansicht der Startrampengrube kann man die viereckige Öffnung sehen, die zum Kabelkanal von der Startrampe zur Start-Leitkabine K-3 führte. Der Durchgang im Erdwall im Hintergrund ermöglichte der Startrampenbedienung die Anpeilung von festen Orientierungspunkten im Gelände. Mit Hilfe dieser Orientierungspunkte wurde in das Drehmelde-Gebersystem jeder einzelnen Startrampe die Verbotszone eingestellt. Gleichzeitig verkürzten diese Durchgänge die Wege der Startrampenbedienungen zu den FB-3-Mannschaftsbunkern.

Die automatische oder halbautomatische Zuführung der mehr als sieben Tonnen schweren Raketen zu den Startrampen erfolgte mittels Lademaschinen über Gleise, welche sich unmittelbar vor der Startrampe kreuzten. Wie schon an anderer Stelle erwähnt, gehörten zwei Lademaschinen, die sich in der Ausgangslage in einem Schutzbauwerk mit druckfesten Stahltoren befanden, zu jeder Startrampe.
Auf Grund der Beladungsmöglichkeiten der Startrampe mit einer der beiden Lademaschinen oder mit einem Transport-Ladefahrzeug mussten, anders als bisher üblich, drei statt ein Ladewinkel als feste Parameter in den Stellwertgeber des Seitenrichtantriebes der Startrampe eingestellt werden.
Um in der Variante des Beladens der Startrampe mit dem Transport-Ladefahrzeug (TLF) ein schnelles und exaktes Ausrichten der Längsachsen des TLFs mit der Längsachse der Raketenwiege zu ermöglichen, wurden in einem bestimmten Winkel zur Durchfahrstraße einiger Startstellungen 30 cm hohe und 5 m lange, vorn angepfeilte Betonsockel als sogenannte Zwangsführung in den Straßenbeton eingebaut. Sie waren nur geringfügig schmaler als der Innenabstand der Bereifung des dreiachsigen Sattelaufliegers, auf dem sich die Rakete befand.
Bevor der Kraftfahrer das TLF in die Spur der Zwangsführung bringen durfte, musste auf Befehl eine massive Stahlstrebe mittig am TLF entriegelt werden. Diese klappte dann nach unten und stoppte bei der Rückwärtsfahrt das TLF, sobald der Anschlag an der vorderen, gepfeilten Spitze des Betonsockels anschlug. Eine unbeabsichtigte Kollision des Aufliegers mit der Rakete und der Startrampe wurde so verhindert. Ähnliche Betonsockel als Zwangsführung befanden sich auch vor allen Toren des Raketenlagers der Technischen Abteilung und unter der Überdachung vor den Arbeitsbühnen der Betankungsplätze.
Eine andere Variante, um eine Kollision bei Rückwärtsfahrt mit der Startrampe zu vermeiden, war der Einbau stählerner Stopper in den Straßenbeton. Die ausgeklappte Stahlstrebe des TLF beendete auch hier bei Anschlag die Rückwärtsfahrt. Allerdings verlangte diese Variante ohne Zwangsführung den jeweiligen Kraftfahrern einiges Können ab, wenn sie die Normen der Beladezeiten für die Startrampe einhalten sollten.
Die Raketenbunker mit den Gleisen:
Der dem Autor vorliegende Abnahmeschein Nr. 24-110/84 vom 28.08.1984, mit dem die Bauausführung kontrolliert wurde, belegt eindrücklich die Bauzeit eines Doppelbunkers für die Lademaschinen mit den Raketen, die als Teilobjekte TO 04.01 bis 04.12 bezeichnet wurden:

Abnahme der Bauausführung TO 04.11

1. Baugrund: 10.06.82
   15.07.82
2. Bewehrung:
   - Bodenplatte 20.08.82
   - Wände 20.08.82
   - Decke 21.09.82
   - Stützwände 21.10.82
3. Torrahmeneinbau: 20.08.82
4. Bauwerksabdichtung: 22.12.82
5. Schutzluke: 30.07.83
6. Drainage: 16.02.83
7. Industrieanstriche: 14.09.83
8. Malerarbeiten: 11.01.84

Von der Baugrundabnahme bis zur Abnahme der Malerarbeiten vergingen bei diesem Teilobjekt 1,5 Jahre. Beim Teilobjekt 04.09 waren es beispielsweise nur ein Jahr und zwei Monate.

Für die Überschüttung der Betonbunker und die Herstellung der Erdwälle um die zwölf Startstellungen waren insgesamt über 541.000,- DDR-Mark notwendig.

Mir wird immer in Erinnerung bleiben, wie bei der Überprüfung der Einfahrt der Lademaschine in den Bunker ein Baufehler an den Torübergängen für die Gleise festgestellt wurde.

Was war passiert? Im Beisein des Batteriechefs Hauptmann Klann hatte ich die Aufgabe, eine Lademaschine mittels Kran auf die Gleise zu setzen, um sie danach mit meinem Personal vorsichtig an die Toreinfahrt zu schieben. Die anwesenden Offiziere des Fla-Rakateningenieurdienstes der Brigade sollten überzeugt werden, dass die Lademaschine sich nicht ohne Schaden zu nehmen in den Bunker einfahren ließ.

Man hatte beim Bau der unteren Torzarge keine Kenntnis davon, dass sich an einem der Räder der Lademaschine ein seitlicher Bolzen befand. Dieser Bolzen betätigte bei jeder vollen Umdrehung über einen Nockenmechanismus einen Kontakt und signalisierte somit der Steuerung den jeweils zurückgelegten Weg von bzw. zur Startrampe. Dies war notwendig, um den Zeitpunkt zur Drosselung der Anfahrgeschwindigkeit kurz vor der Kopplung mit der Startrampe bzw. vor der Endlage im Bunker bestimmen zu können.

Entsprechend den Bauauflagen für diese Bunkertypen war man bestrebt, das Bunkerinnere und damit die eingelagerten Raketen weitestgehend vor äußeren Umwelteinflüssen zu schützen. Man hatte also die Gleisdurchführungen entsprechend den Radstärken gestaltet.

Bevor es jedoch tatsächlich zu einer Änderung der Gleisdurchführungen kommen sollte, wurden noch zwei weitere Vorführungen angesetzt: Nachdem der Ingenieurdienst der Brigade von dem Baufehler überzeugt werden konnte, wollten nun auch vorgesetzte Offiziere der Ingenieurdienste der 3. LVD und des Kommandos LSK/LV persönlich die Angelegenheit begutachten.

Für Gleisanlagen in Startstellungen hatte es in der Geschichte der Fla-Raketentruppen der NVA bis zu diesem Zeitpunkt keinerlei Erfahrungswerte gegeben, weshalb bei der Konstruktion des Schienenkreuzes Fachleute der damaligen Reichsbahn der DDR um Hilfestellung gebeten wurden.

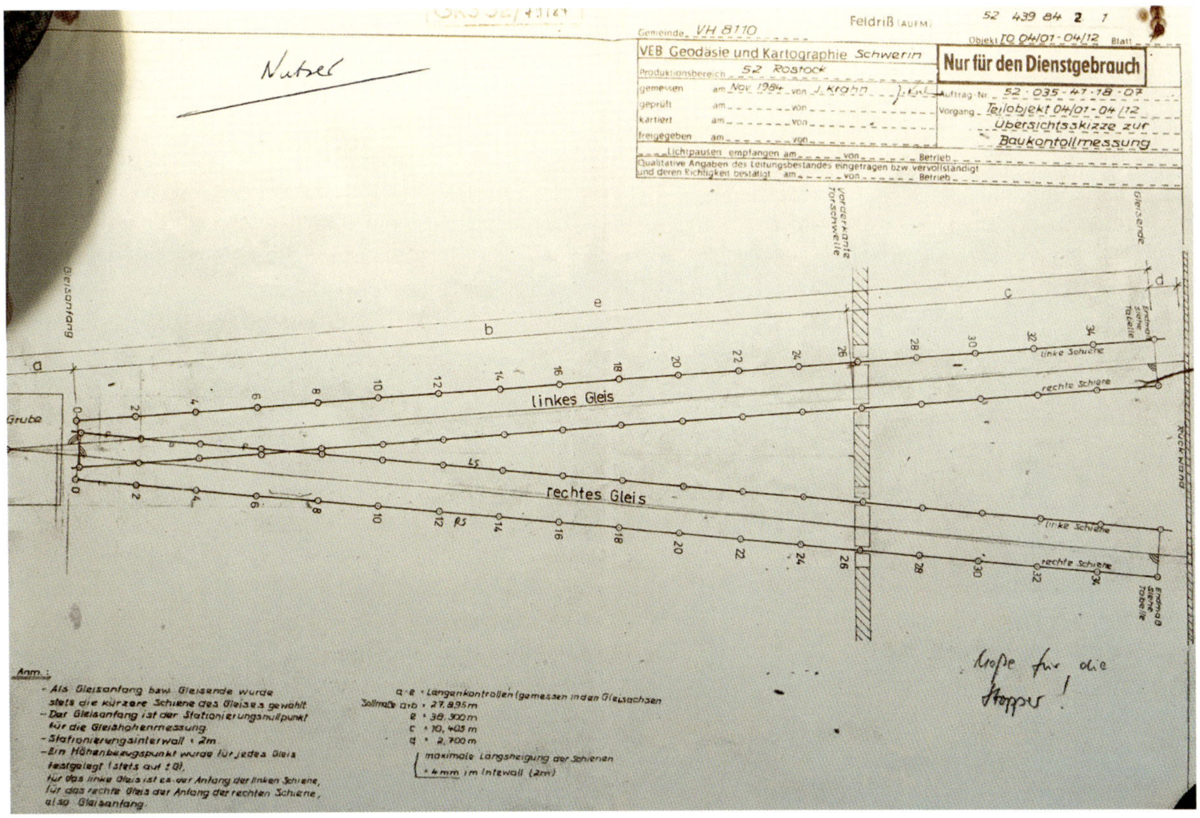

Technische Zeichnung der Gleisanlage.

GKS 52/78/84

Gemeinde VH 8110 — Feldriß (AUFM) — 52 439 84 2 2 — Objekt TQ 04/01-04/12 Blatt 2

VEB Geodäsie und Kartographie Schwerin — **Nur für den Dienstgebrauch**

Produktionsbereich 52 Rostock
gemessen am Nov. 1984 von J. Krahn — Auftrag-Nr. 52: 035-41-18:07
geprüft am von — Vorgang Auftrag vom 4.11.84
kartiert am von — Kartenblatt
freigegeben am von — Höhenbezug
Lichtpausen empfangen am von Betrieb
Qualitative Angaben des Leitungsbestandes eingetragen bzw. vervollständigt und deren Richtigkeit bestätigt am von Betrieb

Längenkontrollen

	04/01		04/02		04/03		04/04		04/05		04/06		
	linkes Gleis	rechtes Gleis	linkes Gleis	rechtes Gleis	linkes Gleis	rechtes Gleis	linkes Gleis	rechtes Gleis	linkes Gleis	rechtes Gleis	linkes Gleis	rechtes Gleis	Sollmaße
a	2,415	2,415	2,40	2,395	2,405	2,385	2,35	2,415	2,445	2,475	2,36	2,34	
b	25,46	25,45	25,53	25,52	25,53	25,54	25,48	25,425	25,37	25,34	25,57	25,56	
a+b	27,875	27,865	27,93	27,915	27,935	27,925	27,83	27,84	27,815	27,815	27,93	27,90	27,895
c	10,125	10,155	10,055	10,235	10,205	10,095	10,075	10,135	10,325	10,205	10,205	9,92	10,405
d	3,73	3,725	3,805	3,605	3,635	3,77	3,835	3,785	~~3,535~~	~~3,69~~	~~3,665~~	3,965	2,70
e	38,00	38,02	37,985	38,15	38,14	38,02	37,905	37,975	38,14	38,02	38,135	37,82	38,30

	04/07		04/08		04/09		04/10		04/11		04/12		
	linkes Gleis	rechtes Gleis	linkes Gleis	rechtes Gleis	linkes Gleis	rechtes Gleis	linkes Gleis	rechtes Gleis	linkes Gleis	rechtes Gleis	linkes Gleis	rechtes Gleis	Sollmaße
a	2,415	2,46	2,375	2,39	2,325	2,40	2,325	2,38	2,375	2,33	2,315	2,385	
b	25,45	25,395	25,63	25,615	26,47	26,395	24,705	24,665	25,55	25,56	25,615	25,56	
a+b	27,865	27,855	28,005	28,005	28,795	28,795	27,03	27,045	27,925	27,89	27,93	27,925	27,895
c	10,045	9,975	10,275	10,02	9,94	10,045	10,14	10,065	10,165	10,245	10,065	10,29	10,405
d	3,82	3,885	3,85	3,815	3,895	3,825	3,69	3,785	3,675	3,585	3,795	3,58	2,70
e	37,91	37,830	35,28	38,025	38,735	38,84	37,17	37,77	38,09	38,135	37,995	38,215	38,30

Auf dieser Übersicht sind die gesamten Längenkontrollen der Gleisanlagen aller zwölf Startrampenstellungen der FRAG zu sehen. Die Objekte 04/1 bis 04/6 gehörten zum ersten Schießkanal der FRAG, FRA 4311. Die Objekte 04/7 bis 04/12 gehörten zum zweiten Schießkanal, FRA 4312.

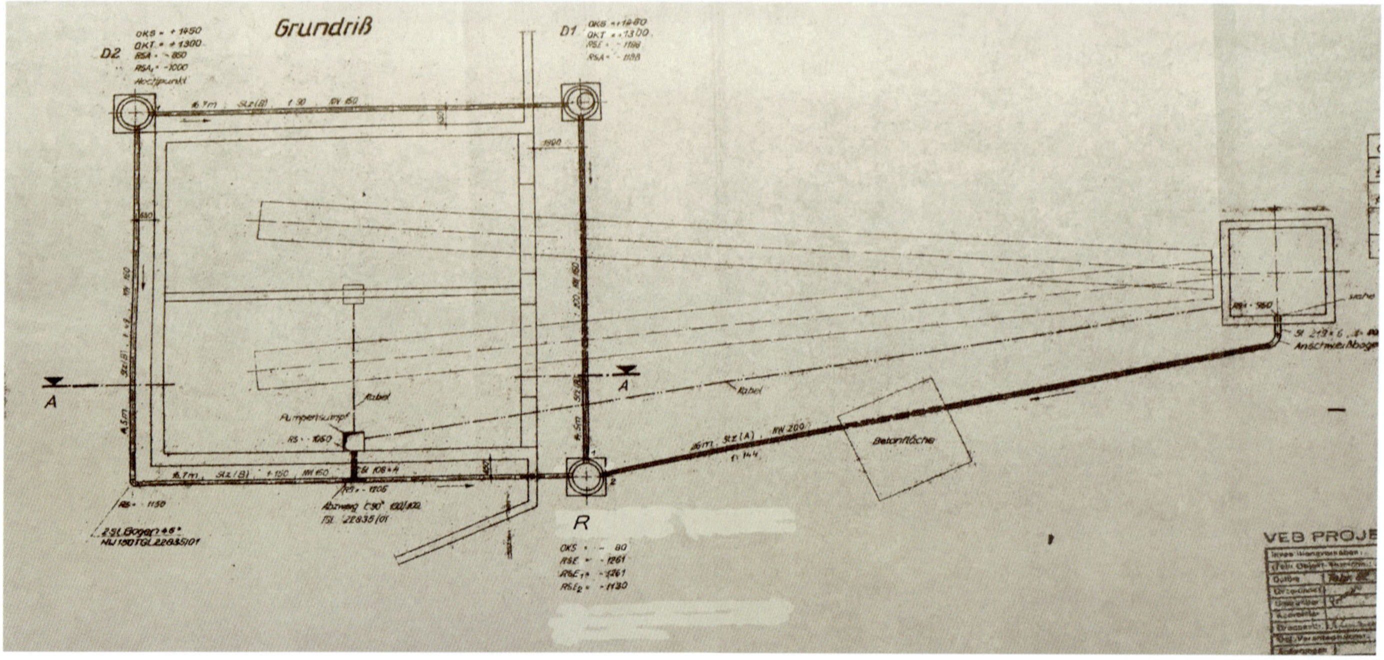

Aus der Originaldokumentation zum Standort Prangendorf lässt sich der Grundriss einer Startrampenstellung erkennen. Die dicker eingezeichneten Linien gehören zum Entwässerungssystem der Stellung.

Die Gleise hatten eine Gesamtlänge von 35,6 m. Sie endeten 2,415 m vor dem Grubenmittelpunkt der Startrampe und 3,73 m vor der Bunkerrückwand.

Innenansicht einer Hälfte des Raketenbunkers der Startbatterie von Badingen. Es sind noch Reste der Gleisanlage zu sehen. In Prangendorf wurden die Gleisanlagen nach Außerdienststellung des S-200 vollständig entfernt. Die ehemaligen Raketenbunker werden zum Teil noch heute als Abstellgaragen genutzt.

Blick vom Raketenbunker der Startbatterie auf die Gleise der Lademaschine und die leere Grube der Startrampe (Badingen heute).

Die Raketen-Bunker hatten bei einer Höhe von 5 m eine fast quadratische Grundfläche von 13 x 12,7 m.

Blick auf den Raketenbunker einer ehemaligen Startstellung in Prangendorf. Die Schienen wurden abgebaut und die Gruben für die Startrampen mit Beton ausgegossen. Anfänglich hatte die Bundeswehr diese Bunker noch als Abstellmöglichkeit für Technik aller Art genutzt. Inzwischen jedoch sind die meisten Bunker verschlossen worden und nicht mehr in der Nutzung der Bundeswehr.

Die Seiten- und Rückwände hatten eine Stärke von 60 cm Beton, die Decken und Fußböden bestanden aus 45 cm dickem Beton. Eine 30 cm dicke Beton-Trennwand teilte den Bunker in zwei gleich große Räume. Die Trennwand hatte zwei Durchgänge, da die im linken Bunker installierte Lüftungsanlage einen Luftaustausch beider Hälften sicherstellen musste. Außerdem befand sich nur eine Personal-Zugangsluke an der rechten Hälfte des Bunkers, wodurch man bei geschlossenen Toren ins Bunkerinnere gelangen konnte. Über die Öffnungen der Mittelwand gelangte man von hier aus auch in die zweite Hälfte des Bunkers.

Für einen Doppelbunker der Startbatterie sollten 41,65 t Armierungsstahl, 220 m^2 PVC-Folie, 1,3 t bitumöser Anstrich, 460 m^3 (etwa 1.058 t) Beton verschiedener Güteklassen, 102 t Kies, 2 t Stahlrohre und Stahleinbauteile verbaut werden. Die Bauschlosserarbeiten wurden mit 1.610,- DDR-Mark berechnet. Jeder Doppelbunker (je sechs pro Startbatterie) besaß zwei Stahltore T 1, Bezeichnung STD/S, 3,6 m x 4,2 m, und eine Stahlluke L 1, Bezeichnung K II, 0,60 m x 0,80 m. Die Kosten für Lieferung und Montage sollten sich für diese Teile pro Doppelbunker auf 150.000,- DDR-Mark belaufen.

Ein Raketenbunker kostete zirka 365.000,-, für alle zwölf Bunker waren also 4.380.000,- Mark der DDR fällig. Die Standortanpassung mit der Betonierung der gesamten Flächen um die Startrampen sollte noch einmal 4.560.000 DDR-Mark kosten. Die Gleisanlage war nicht inbegriffen.
Die Lüftungsanlage in den Raketenbunkern arbeitete nach dem Prinzip der Unterdrucklüftung und hatte die Aufgabe, bei eingelagerten, voll betankten Raketen (Diensthabendes System) für eine ständige Belüftung des Bunkers zu sorgen. Damit sollte verhindert werden, dass eventuell entweichende Dämpfe von Oxydator und Brennstoff aus den eingelagerten Raketen explosive Luftgemische erzeugten.
Über die Torfugen und Schlitze unter den Toren gelangte die Außenluft in die beiden Bunkerhälften und wurde vom Ventilator, der sich im hinteren Raumbereich unterhalb der Decke befand, frei angesaugt und über vorhandene Entlüftungsrohre und Fortlufthauben ins Freie gefördert.
Der Radialventilator LRMN 200/1W.2-1,0ex konnte bei 1 kW Nennleistung und 2.900 U/min eine Luftmenge von 1.500 m^3/h befördern. Er wurde im Bedarfsfall von Hand zugeschaltet. Bei Ausfall der Lüftungsanlage ertönte eine Hupe zur Warnung vor Explosionsgefahr.
Die Kosten für eine Lüftungsanlage beliefen sich auf 5.900,00,-, für alle zwölf Bunker auf 70.800,- Mark der DDR.
Zur Ausstattung aller Startstellungen gehörten Tarndächer, zweiteilige Grubenabdeckungen und Orientierungspunkte.
Die Tarndächer befanden sich jeweils auf Höhe der Startrampen an dem Erdwall, der an den Raketenbunker angrenzte. Sie dienten hauptsächlich dem Zweck, optisch zu verschleiern, ob eine Startrampe mit einer Fla-Rakete beladen war. Das Tarndach überspannte eine Fläche von 135 m^2. Diese Fläche wurde mit Tarnnetzen abgedeckt. Die Maschenweite des Netzes durfte 10 cm nicht überschreiten.
Die horizontale Stabilisierung des Daches erfolgte durch vier Drahtseile, welche an den Außenkanten der Bebenträger befestigt und in 10,0 m Entfernung vom Dach im Erdreich verankert wurden. Die Verankerungskraft pro Seil betrug rd. 15 kN. Die Tarndächer waren um 360° drehbar und wurden ausschließlich von Hand bedient. Beim Drehen des gesamten Daches waren die Drahtseile zu lösen und in der neuen Drehstellung wieder im Erdreich zu verankern.
Bei Auslösung einer höheren Stufe der Gefechtsbereitschaft im Diensthabenden System musste die diensthabende Gefechtsbesatzung der Startbatterie zuerst die Tarndächer von der Startrampe weg über den Erdwall drehen und verankern, bevor die Startstellung auf Verunreinigungen überprüft wurde. Wenn man einmal gesehen hat, welche Kraft die Verbrennungsgase der Starttriebwerke im Startmoment entwickelten, kann man sich leicht vorstellen, dass bei einer Startrichtung entgegengesetzt der Aufstellung der Tarndächer diese tonnenschweren Gerüste schlichtweg über den Erdwall hinweggeblasen worden wären.

Die Rakete steht auf dem Startwinkel von 48°. Über der Grube für die Startrampe befindet sich die zweiteilige Holzabdeckung. Auf dem weggeschwenkten Tarndach fehlt das übliche Tarnnetz, was darauf hindeutet, dass diese Aufnahme in Badingen nach dem Ende der DDR entstanden ist.

Zu jeder Startstellung gehörten exakt vermessene Orientierungspunkte, die der Einstellung und Überprüfung der Startverbotszonen für jede einzelne Startrampe dienten.

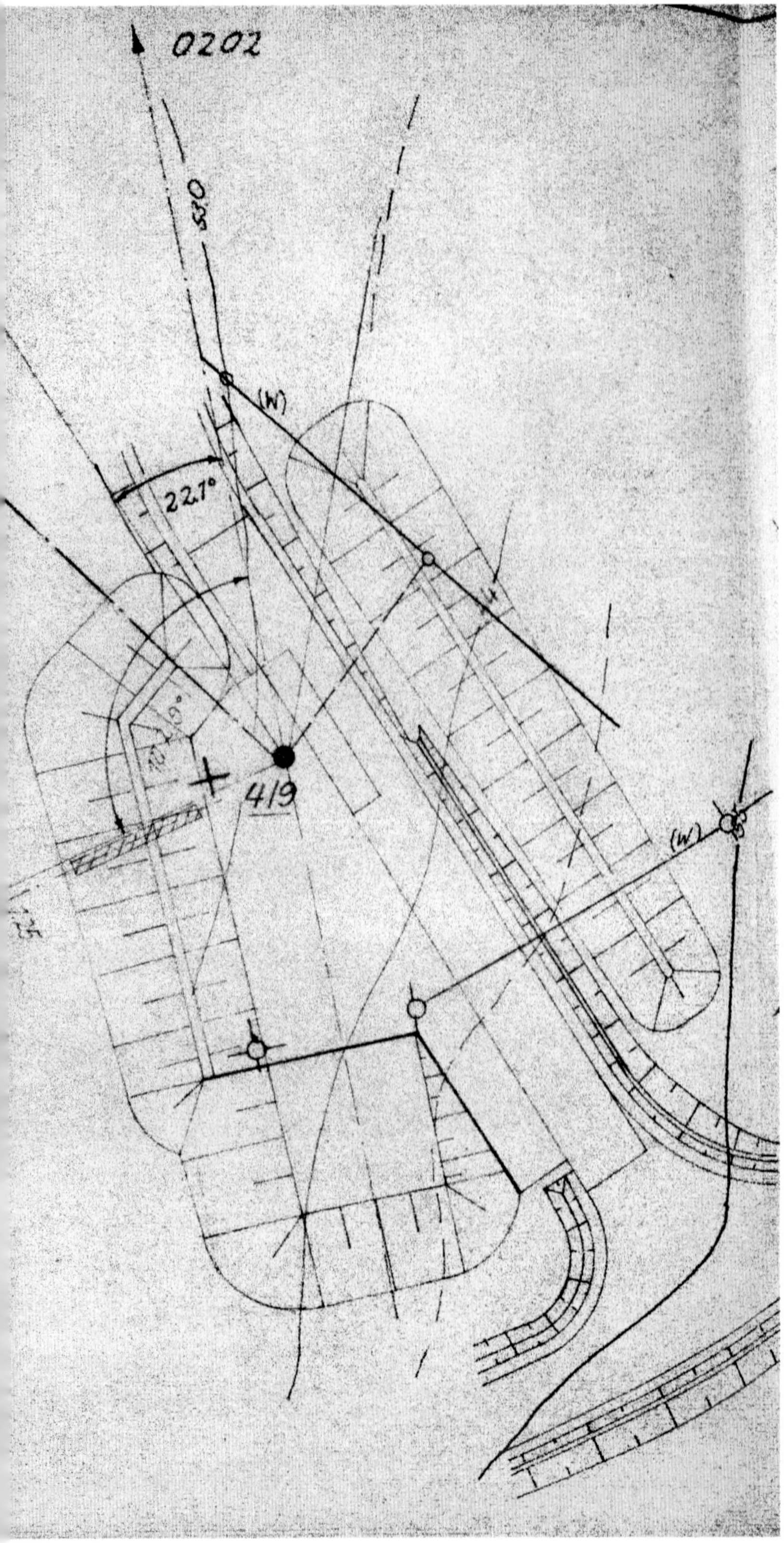

Technische Zeichnung einer Startstellung. Es handelt sich um eine Originalzeichnung der Startstellung 9 der FRA 4312. Die Bezeichnung 0202 zeigt die Richtung zu den Kabinen K-1/K-2 der FRA 4312. Die beiden Orientierungspunkte OP-1 und OP-5 dienen der Ermittlung der Startverbotszone für diese Startrampe. Ein Start in Richtung der Antennenkabine K-1 konnte damit ausgeschlossen werden.

In der Technischen Zeichnung der Startstellung kann man den in den Gefechtsunterlagen vorgegebenen Verbotssektor besser verstehen. Die Startverbotszone für die Startrampen betrug 44° in Richtung der zugehörigen Funktechnischen Stellung (Kabine K-2, K-1). Dieser Verbotssektor wurde festgelegt, um eine direkte Einwirkung der elektromagnetischen Abstrahlung der Antennenkabine K-1 auf den Zielsuchkopf der Rakete auszuschließen. Konstruktiv war jede Startstellung so anzulegen, dass die Mittelachse der Raketenbunker über den Mittelpunkt der Grube der Startrampe zur zugehörigen K-2 des Schießkanals eine Flucht bildete.

Die Orientierungspunkte waren handelsübliche Spannbetonleuchtenelemente, die in einem Beton- Bohrfundament gegründet wurden. An den Masten waren Flacheisen befestigt worden, die so angebracht waren, dass im oberen Bereich von vier Metern variabel Kennzeichnungsschilder angebracht werden konnten.

Um die außerhalb der Startstellung aufgestellten Orientierungspunkte von den Startrampen einsehen zu können, mussten sogenannte Durchlässe in die Erdwälle eingebaut werden. Die Konstruktion bestand aus einem Unterbau mit darüber aufgestellten 2 m bzw. 1 m langen Stahlbetonfertigteilen. Für die insgesamt zwölf Durchgänge waren Baukosten in Höhe 51.720,- Mark der DDR berechnet worden.

Alle Startrampen standen in sogenannten Startrampengruben. Die Gruben wurden durch einen zweiteilige Abdeckung nach oben geschlossen. Die Grubenabdeckungen, auch Schachtabdeckung genannt, bestanden aus einer Holzkonstruktion und hatten vorrangig die Aufgabe, die in der Grube stehende Unterlafette der Startrampe vor Schneeverwehungen zu schützen. Besonders die drückende Feuchtigkeit von Nassschnee konnte an den Steckverbindungen zur Startrampe Schaden anrichten. Gleichzeitig verhinderte die zweiteilige Abdeckung Verletzungen von Bedienpersonal bei Wartungsarbeiten an den Startrampen. Eine Hälfte wog 195 kg. Die zulässige Schneelast betrug 0,15 kN/m^2. Die Abdeckungen für alle zwölf Startrampenstellungen kosteten 8.800,- Mark der DDR.

Die Startrampe befindet sich noch auf Ladewinkel 1. Die Versteckerung mit der Rakete deutet darauf hin, dass sich der Höhen- und Seitenrichtmechanismus der Startrampe im nächsten Moment in Bewegung setzen wird.

Technische Darstellung der Holzabdeckung für die Gruben der Startrampen. Diese Abdeckungen sollten im Winter den Schneeeinfall in die Gruben verringern und zugleich als Schutz der Startrampenbedienungen vor unbeabsichtigten Fehltritten in die Grube dienen. Die schweren und unhandlichen Holzkonstruktionen wurden eher selten auf der Grubenoberkante platziert.

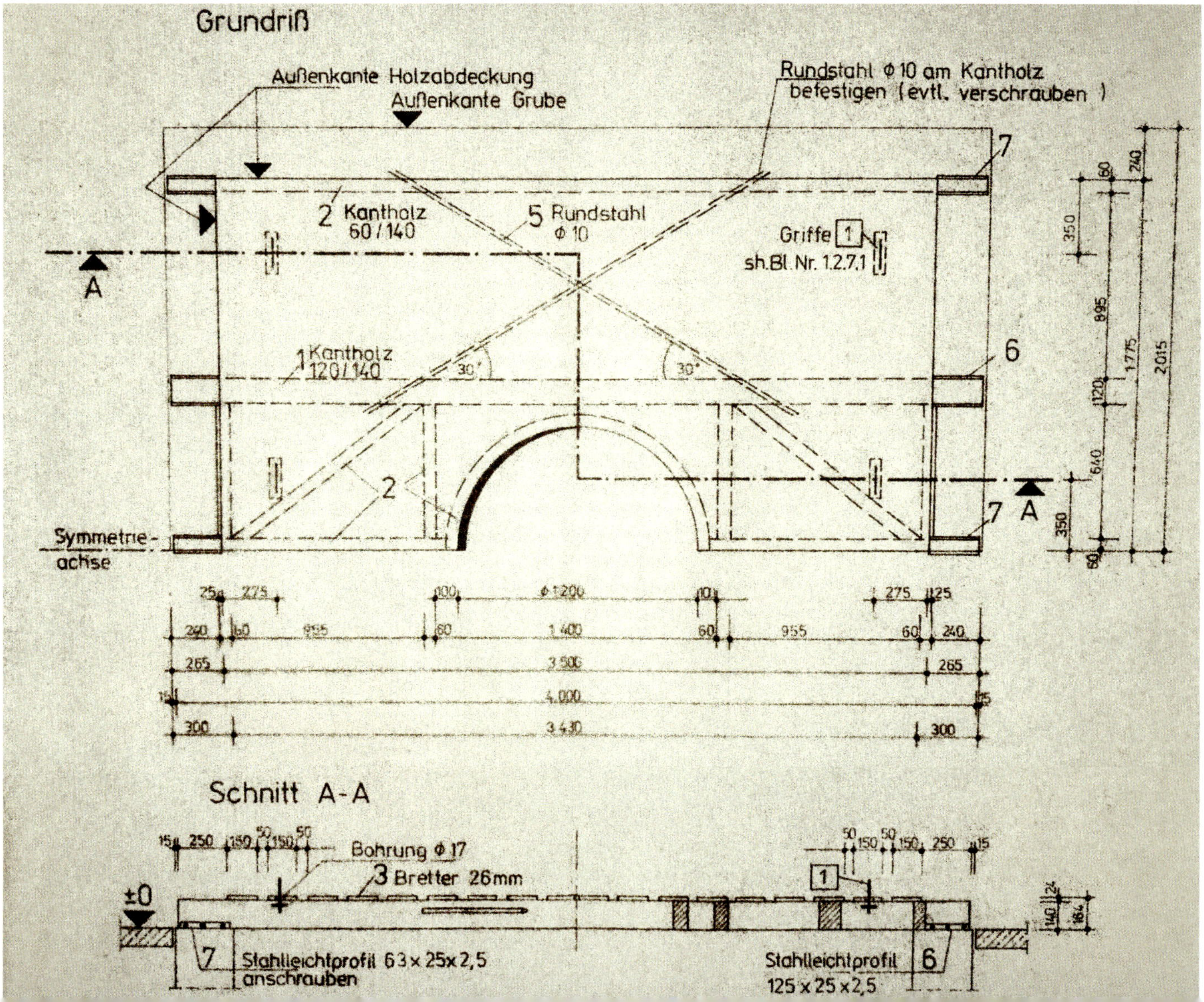

6.5.8. Der Mannschaftsbunker FB-3M

Der Mannschaftsbunker FB-3 der Schutzklasse E war ein Fertigteil- Kleinbunker, der in seinen Hauptfunktionen als Mannschafts-, Technik,- Nachrichten- und Lagerbunker genutzt werden konnte. Im Bestand der Gefechtsstellung S-200 in Prangendorf diente er ausschließlich als Bunker zur geschützten Unterbringung von Mannschaften (acht Personen).

Blick in den eingebauten FB-3-Bunker der Stellung der Start-Leitkabine K-3. Die Wandmontage der Klappbetten ist gut zu sehen.

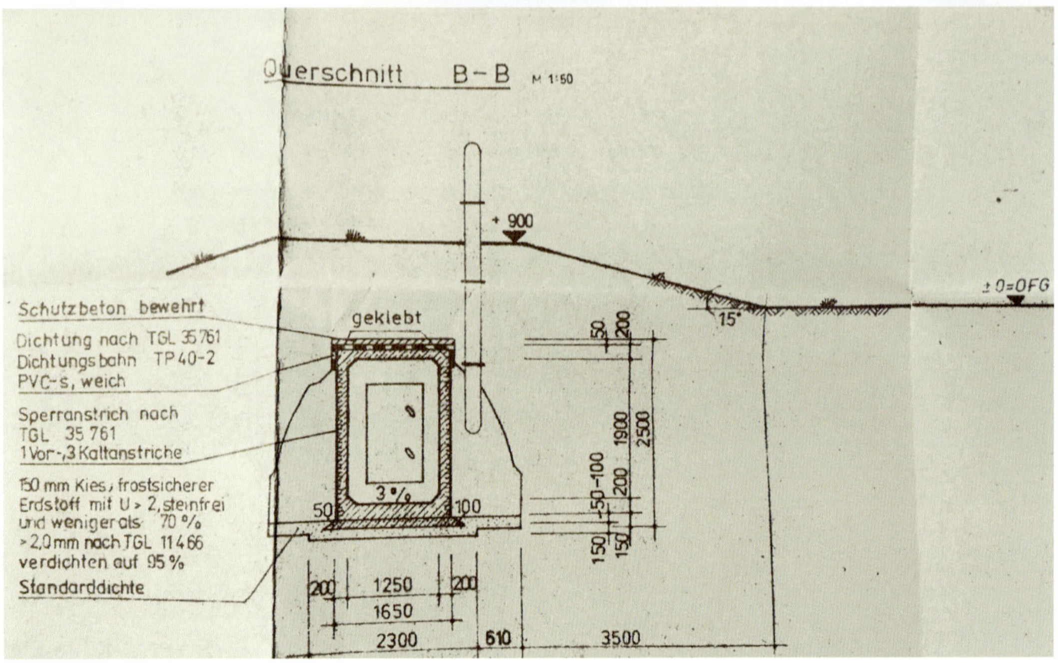

Zeichnung zur Vorderansicht eines FB-3-Bunkers.

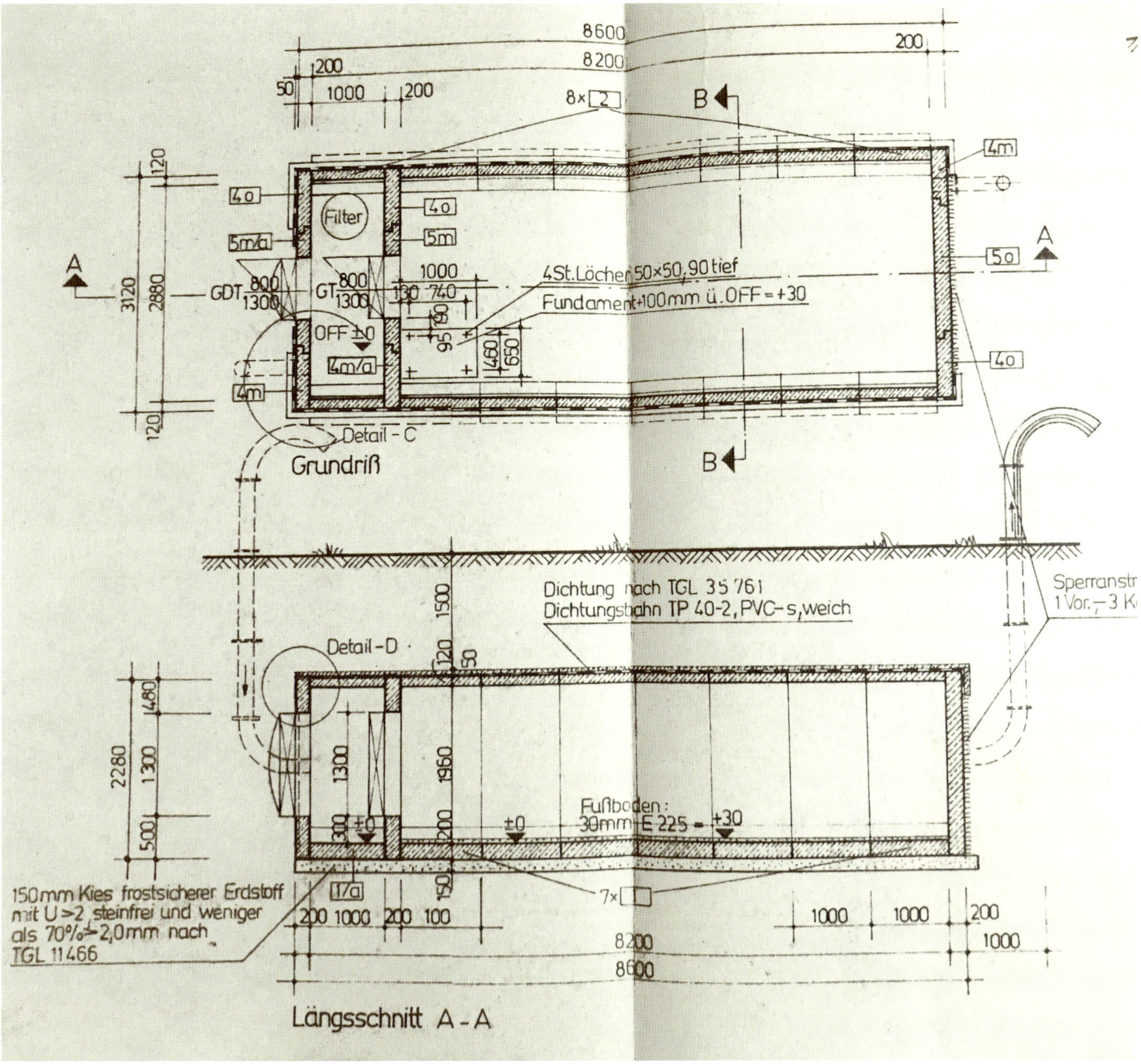

Technische Zeichnung eine FB-3-Bunkers in der Draufsicht. Neben dem eingebauten FB-3-Mannschaftsbunker der K-3-Stellung gab es in jeder Startbatterie zwei weitere FB-3-Bunker.

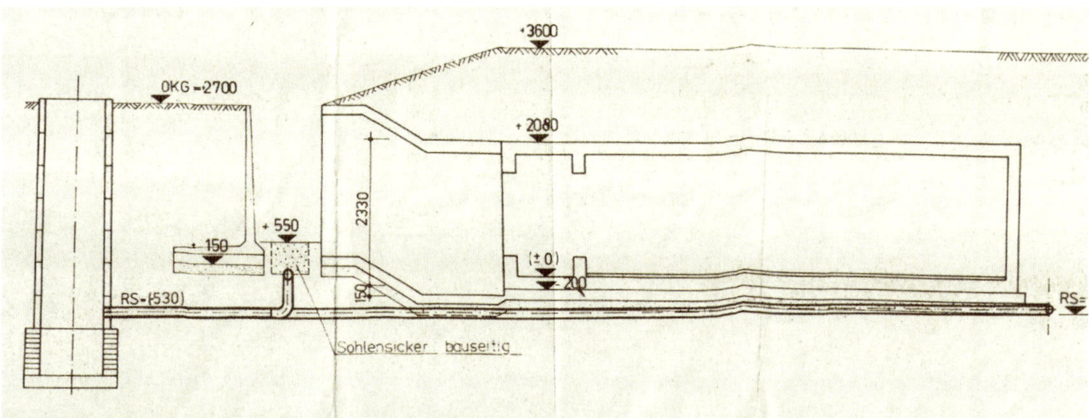

Zeichnung zur Seitenansicht eines FB-3-Bunkers.

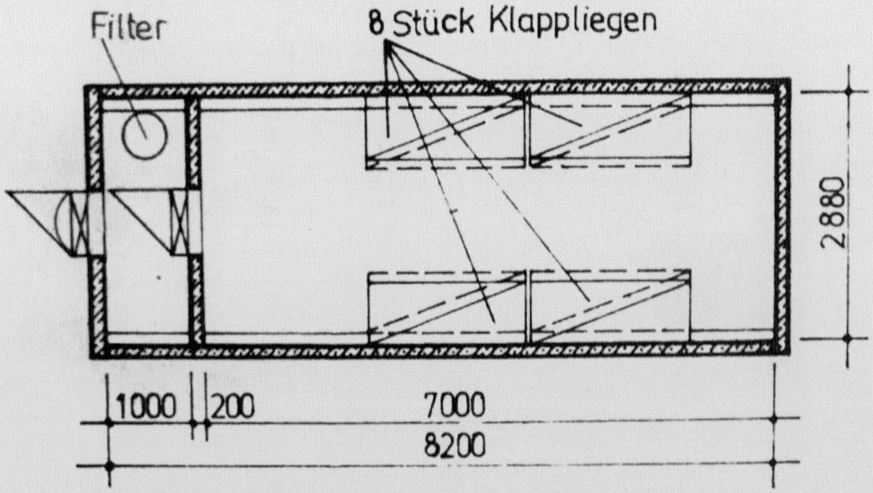

Grundriß FB3 Var. Mannschaftsbunker

Ausrüstungsliste für Mannschaftsbunker

- 8 Klappliegen aus Winkelstahl, mit Maschendraht bespannt, 1950×700 mm.

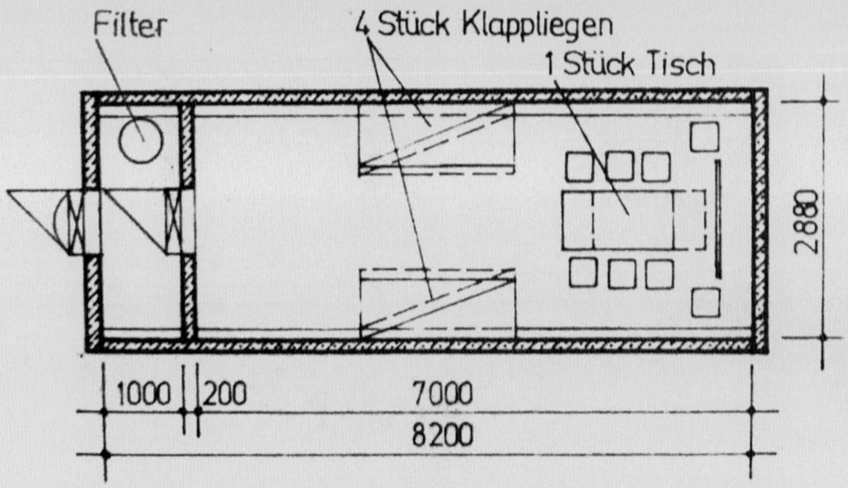

Grundriß FB 3 Var. Führungspunkt

Ausrüstungsliste für Führungspunkt

- 4 Klappliegen aus Winkelstahl, mit Maschendraht bespannt, 1950×700 mm.
- 1 Tisch 1400×700 mm, 780 mm hoch, zusammenklappbar oder auseinandernehmbar für Transport durch Einstiegsöffnung.
- 8 Hocker 330×330 mm, 460 mm hoch.
- 1 Kartenwand aus Holz, 1600×1400 mm, zusammenklappbar oder auseinandernehmbar für Transport durch Einstiegsöffnung.

Grundrisszeichnungen der FB-3-Bunker entsprechend ihrer Nutzung. Ein FB-3-Bunker in der Variante als Führungspunkt wurde jeweils in den beiden Stellungen für die ZU-23-Flak-Geschütze eingebaut.

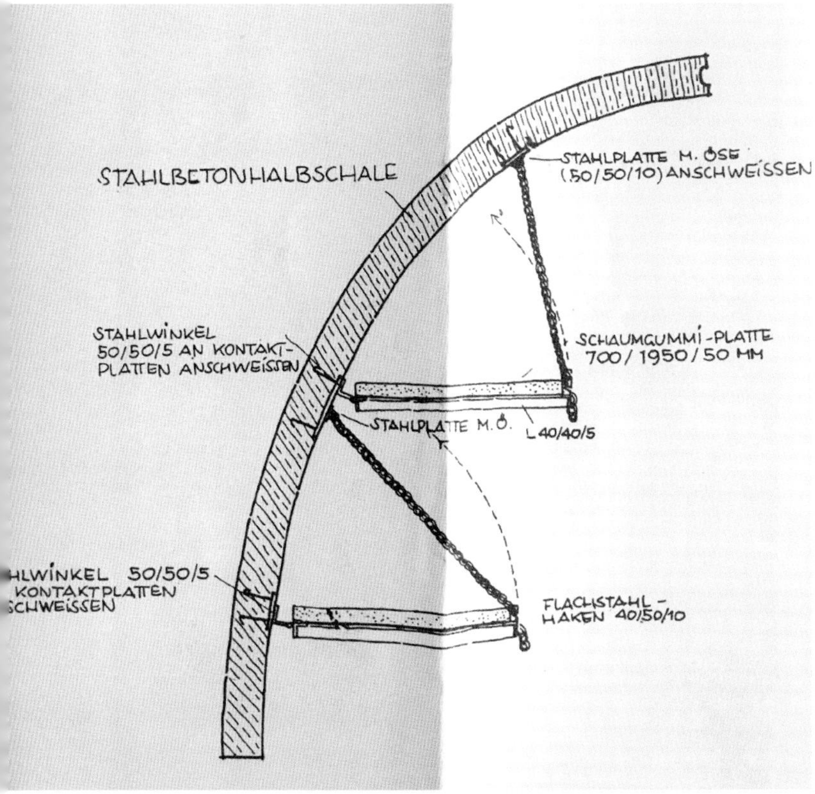

Detailzeichnung zur Befestigung der Klappbetten in den FB-3-Bunkern.

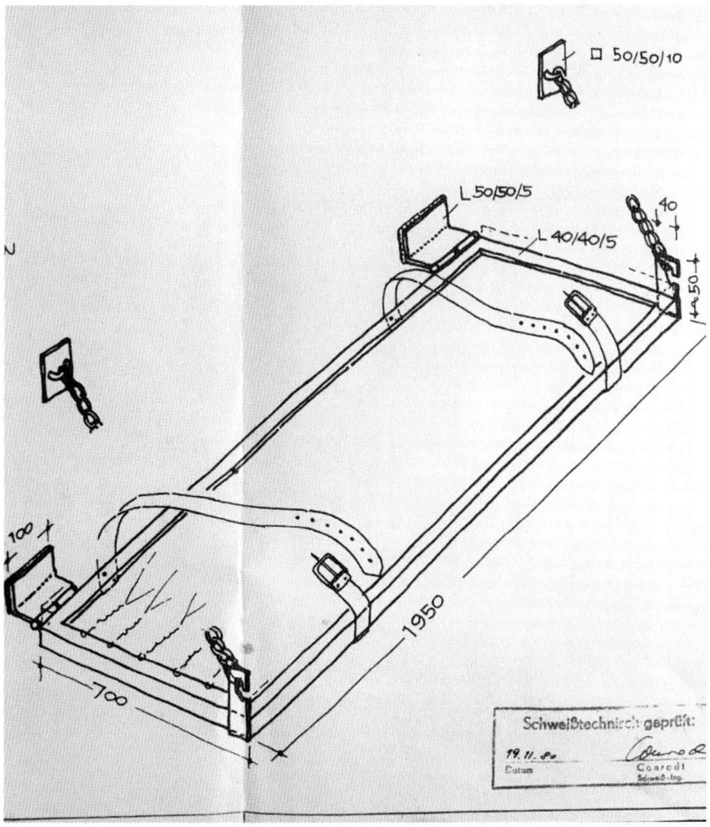

Matratze und Bettzeug wurden mit zwei Gurten am Klappbett verzurrt, wenn diese hochgeklappt wurden.

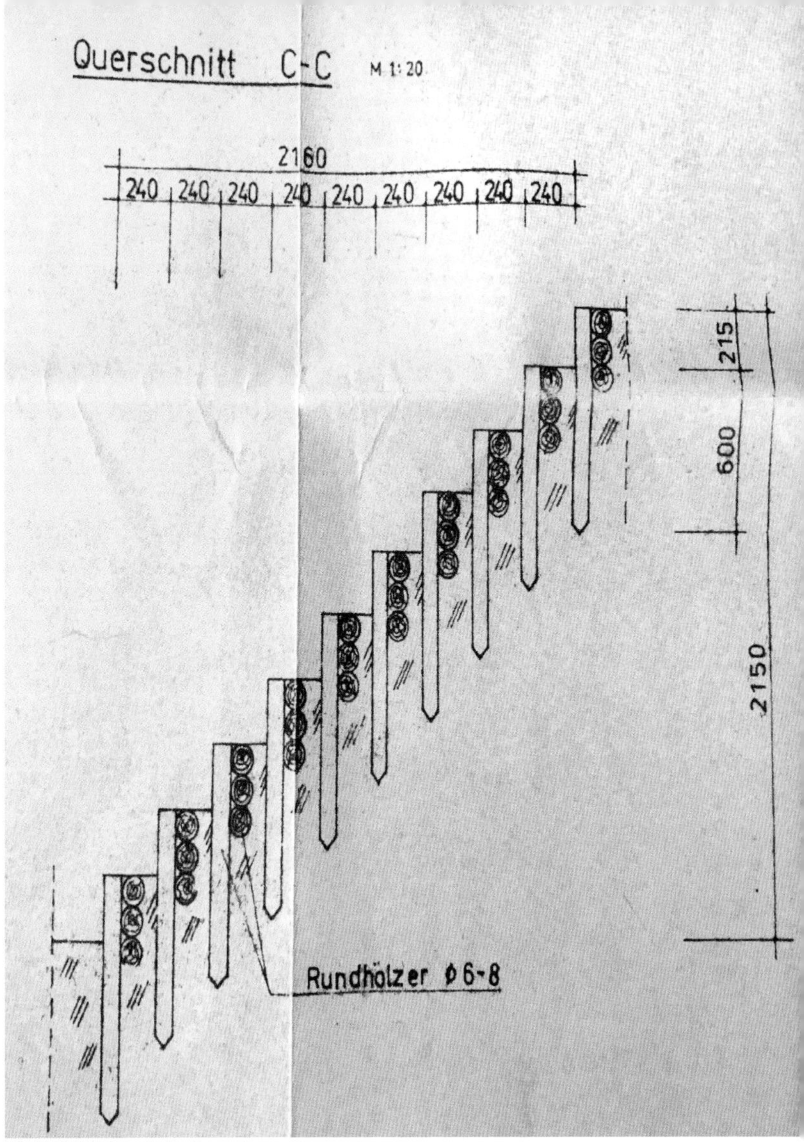

Seitliche Darstellung der Eingangstreppe zum FB-3-Bunker. Zwei gegenüberliegende Treppen führten zum Eingang des Bunkers.

Der Kleinbunker war hermetisch abgeschlossen. Mit einer kleinen Filter-Ventilationsanlage ausgestattet, gewährleistete er einen eingeschränkten Schutz vor Kernwaffen, biologischen und chemischen Waffen (KCB-Schutz).

Mit pioniertechnischen Mitteln relativ schnell aufstellbar, wurde der Bunker ins Gelände eingebaut und mit einer 1,50 m dicken Erdschicht überdeckt, wobei die letzten 20 cm Überdeckung als Mutterboden bzw. vegetationsfreundliche Erdmassen aufgebracht wurden. Die tragende Konstruktion bestand aus elliptischen Fertigteilen von 1 m Breite und 10 cm Dicke, die mit Längsverspannungen versehen wurden. Die Nutzfläche im Bunker lag bei etwa 24 m². Auch hier erfolgte der Zugang zum Unterbringungsraum durch zwei Drucktüren, zwischen denen sich ein Schleusenraum befand. Hier war die Filter-Ventilationsanlage untergebracht, die bei Stromausfall auch mit Handkurbel zu bedienen war. Für den zum unterirdischen Teil führenden Eingang gab es in der Bauweise drei Varianten. In Prangendorf wurde die Variante I ausgeführt.

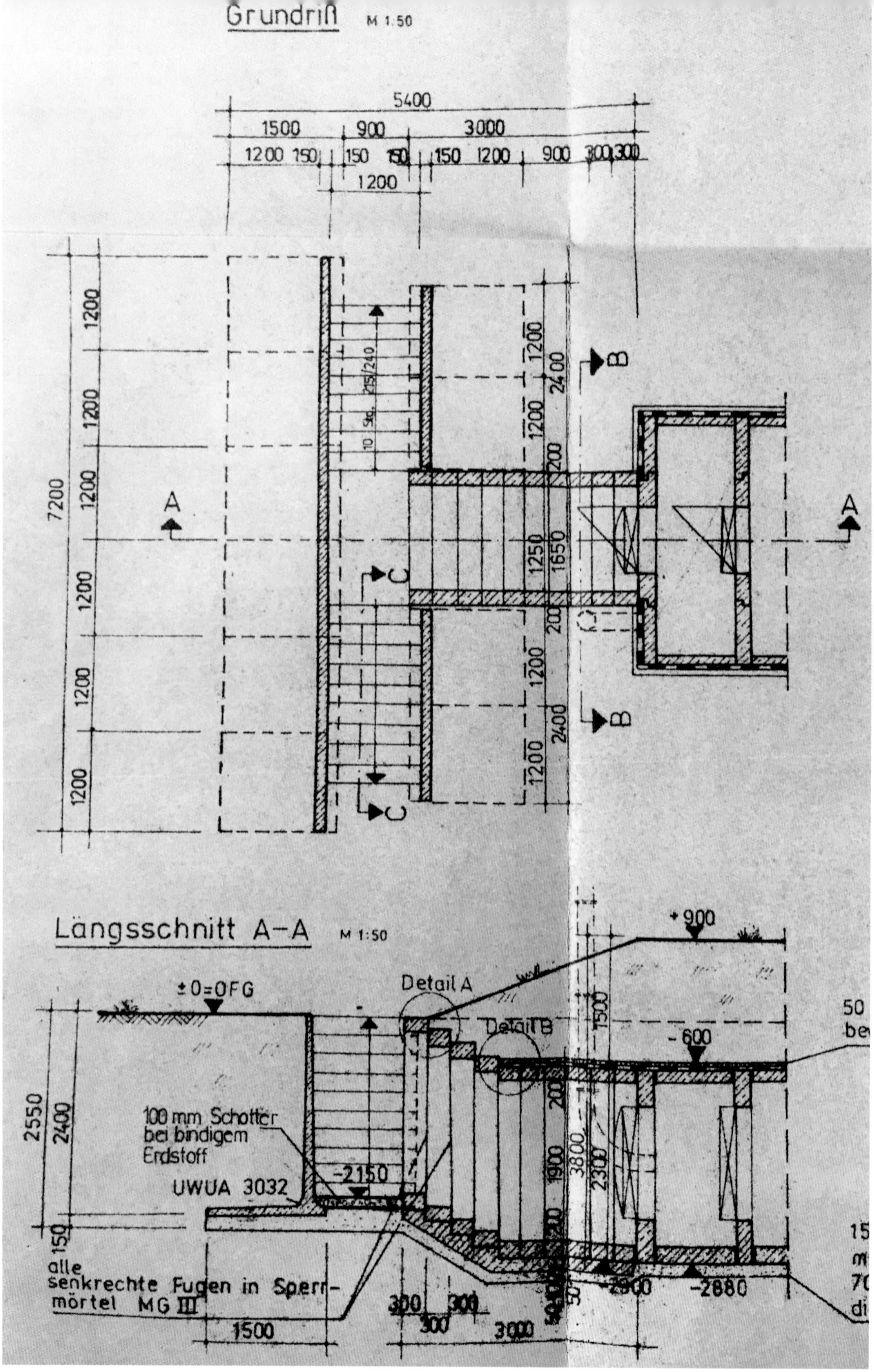

Grundrisszeichnung und seitliche Darstellung des Eingangsbereiches eines FB-3-Bunkers.

Laut einem Abnahmeprotokoll der elektrotechnischen Anlagen in den Teilobjekten TO 22.1 bis 22.5 vom 06.12.1984 waren auf dem Gelände der Gefechtsstellung fünf dieser FB-3 Bunker gebaut worden. Im Bautechnischen Entwurf mit der VVS-Nr. B. 483874 waren jeweils zwei FB-3M den beiden Objekten 03 (K-3 Stellung) zugeordnet. Der fünfte FB-3 Bunker war eine ebenerdige Ausführung in der TA. Er diente hier als Munitionsbunker.

Das als Bunker 403 gekennzeichnete Bauwerk war einem FB-3-Bunker baugleich. Er war ebenerdig aufgebaut und danach mit Erdreich überdeckt worden. Der Bunker 403 diente als Munitionsbunker und war nicht mit Klappbetten ausgestattet gewesen.

Weiterhin waren pro ZU-23-Zwillings-Nahverteidigungsstellung jeweils ein FB-3-Bunker mit einer zweiseitigen Treppe als Führungsbunker und zwei als Mannschaftsbunker mit einseitiger Treppe gebaut worden.
Die Kosten für einen FB-3-Bunker beliefen sich auf 66.000,- bis 69.000,- Mark der DDR.

6.5.9. Die hydraulischen Stahltore (STD)

(STD = Sondertor Druck)

Wie die Abkürzung schon verrät, sollen die STD-Tore vor Druckwellen schützen. Alle in der Gefechtsstellung des S-200 verbauten zweiflügligen Sondertore wurden durch den VEB Schachtbau Nordhausen gebaut und installiert.
Das Öffnen und Schließen sowie die Verriegelung erfolgte über Hydraulikzylinder, für die der Hydraulikdruck über eine Handpumpe oder eine elektrisch angetriebenen Hydraulikpumpe erzeugt wurde.
An allen geschützten Garagen der Bauwerke Stellung K-3, K-2, K-9, Höhenmesser PRW-17 und Oborona sowie dem Raketenlager in der TA waren die STD mit hydraulischer

Ein heute nur noch selten zu findendes vollständig ausgerüstetes Sondertor Druck (STD). Die Aufnahme entstand 2016 auf dem noch aktiven Gelände der Bundeswehr in Prangendorf. Es handelt sich hier um eines der vier Tore an den Bunkern des ehemaligen Treibstofflagers für die Raketen des Waffensystems S-200.

Ausrüstung ohne elektrischen Antrieb verbaut worden. Das hatte Sinn, da diese Tore lediglich zu Wartungs- und Reparaturzwecken der im Bunker befindlichen Technik geöffnet werden mussten.

Allein die 24 Raketenbunker der beiden Startbatterien hatten zusätzlich einen elektrischen Antrieb, um eine ferngesteuerte automatische Beladung der Startrampen zu ermöglichen. Um eine Öffnung mit Handpumpe bei Stromausfall oder mit manueller Steuerung des Elektroantriebes durchzuführen, musste man sich durch eine Einstiegsluke in das Innere des Bauwerkes begeben. Dazu befanden sich an den Bauwerken in 47 cm Höhe über dem Boden kleine Einstiegsluken mit Drucktüren in den Abmessungen von 83,5 x 62,5 cm. Der Durchstieg durch 60 cm Betonwand war meist mit blauen Flecken verbunden und nicht gerade beliebt.

Der Handpumpenantrieb war bei allen Toren auch von außen bei geschlossenen Toren möglich. Dazu befanden sich in Höhe der innen angebrachten Handpumpen nach außen führende Vierkantbolzen in einem der beiden Torflügel. Mit einem entsprechenden Stahlhebel, der auf den Vierkant aufgesetzt wurde, konnte dann die Handpumpe betätigt werden.

Detailaufnahme eines STD. In der Bildmitte ist die Handpumpe zu sehen. Um diese von außen bedienen zu können, wurde durch die runde Öffnung ein Pumphebel eingeführt.

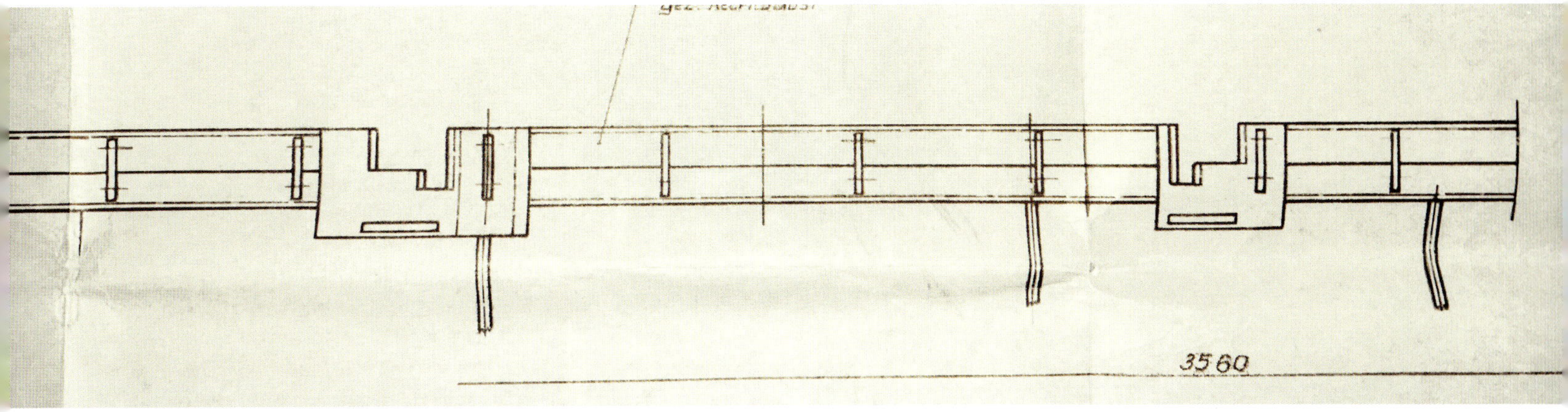

Technische Zeichnung der unteren Zarge der STD. Die Aussparungen zeigen die Gleisdurchführungen in das Schutzbauwerk.

Die Hauptabmessungen der STD für die geschützten Garagen waren 3,6 x 3,6 m, der für die Raketenbunker der Startbatterien 3,6 x 4,2 m.

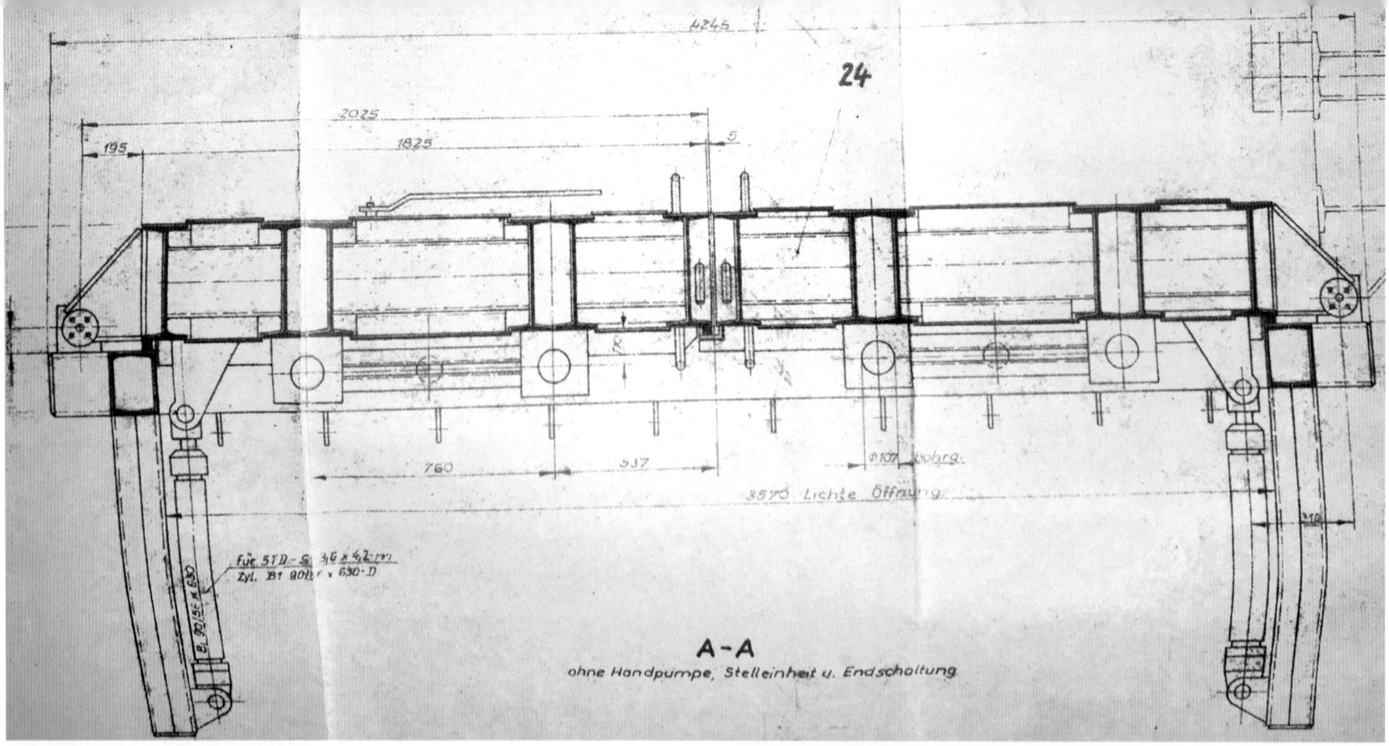

Draufsicht auf die druckfeste Konstruktion der STD.

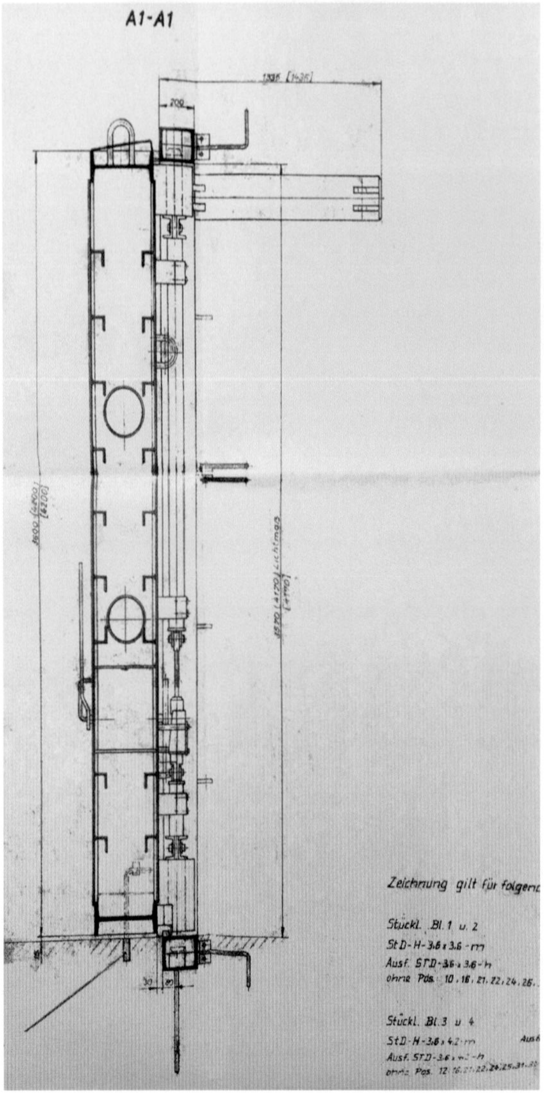

Seitenansicht der STD. Gut erkennbar am linken Rand der eingesetzte Pumphebel für den Handantrieb des Hydrauliksystems.

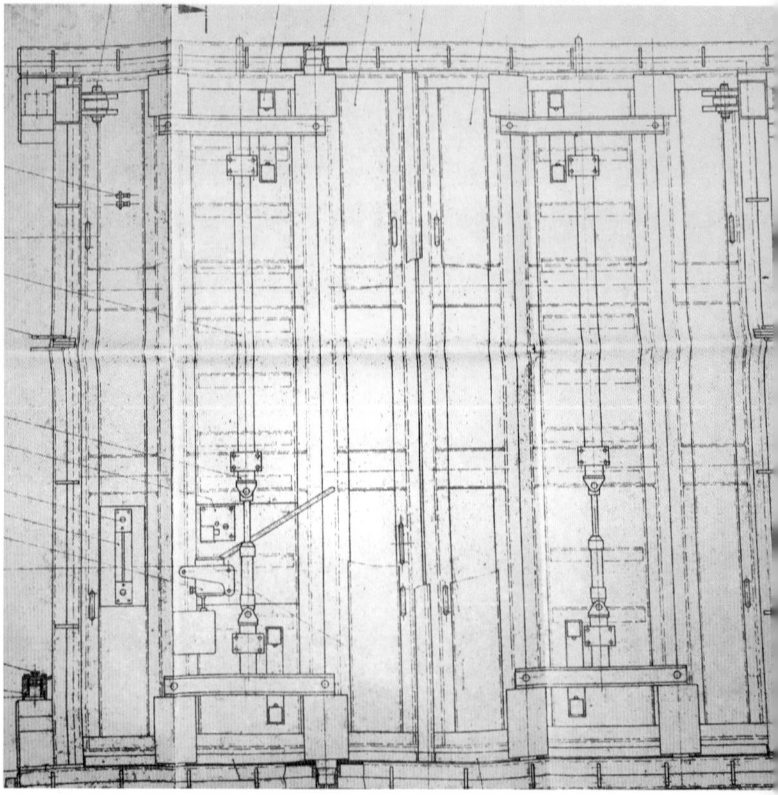

Gesamtansicht der STD von innen.

Zusätzlich zu diesen Maßen liegt dem Autor eine Werksbescheinigung über Neuanfertigung von acht Stück Torblattpaaren STD 3,0 x 3,0 m vor. Diese Tore wurden in den beiden Raketen-Treibstofflagern für Oxydator und Brennstoff verbaut. Technische Angaben zu dieser Ausführung der STD sind leider nicht mehr aufzufinden.
Die Tore mit elektrischem Antrieb durften nur von Personen bedient werden, die eine entsprechende Bedienberechtigung vorweisen konnten.

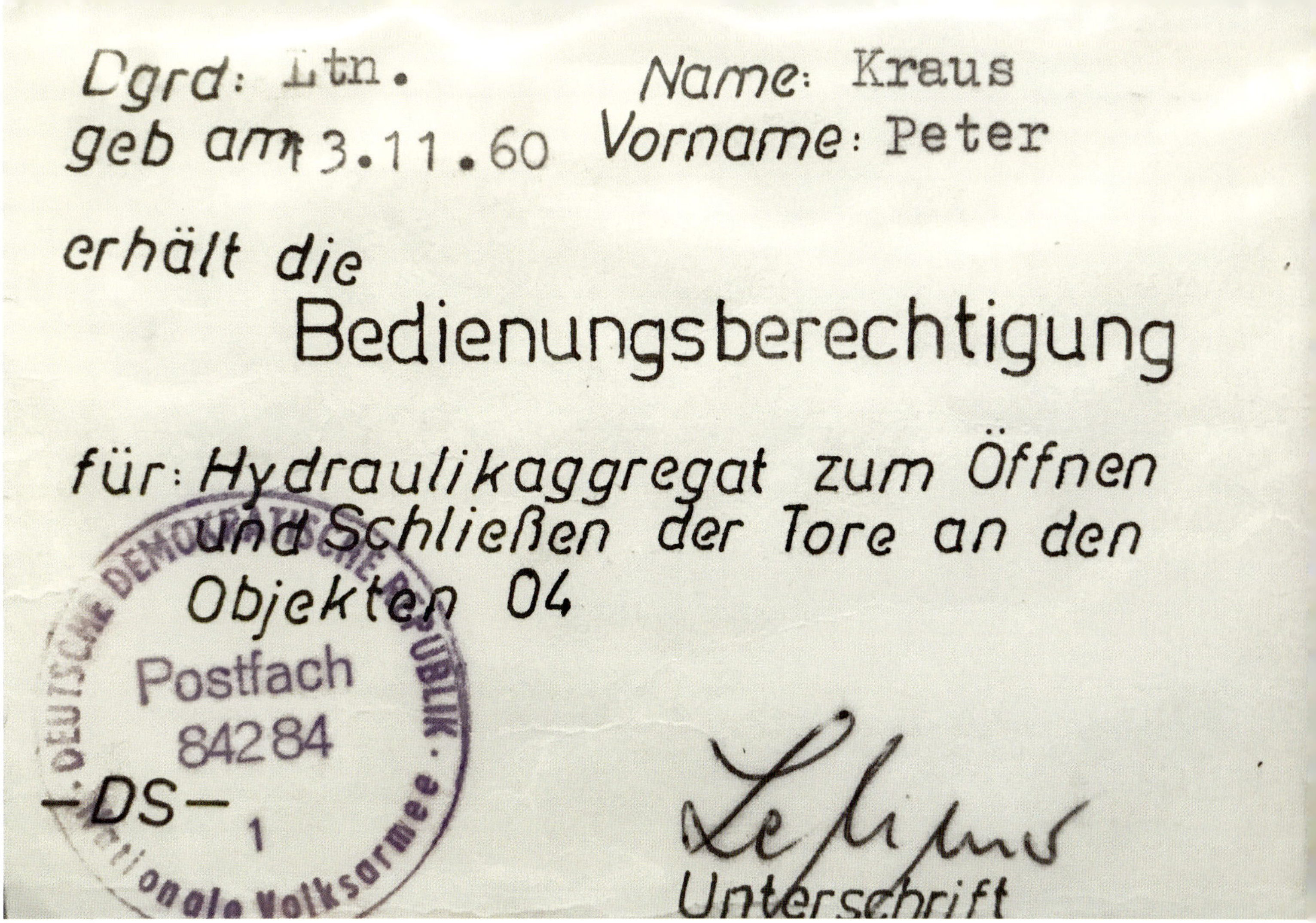

Dgrd: Ltn. Name: Kraus
geb am: 3.11.60 Vorname: Peter

erhält die

Bedienungsberechtigung

für: Hydraulikaggregat zum Öffnen und Schließen der Tore an den Objekten 04

Deutsche Demokratische Republik
Postfach 84284
-DS-
1
Nationale Volksarmee

Unterschrift

Bedienberechtigung für die Hydraulik-Tore der Objekte 04. Die Objekte 04 waren die Raketenbunker der Startbatterien, in denen sich die Lademaschinen mit oder ohne Raketen befanden. Es waren die einzigen Tore, die neben einem Handpumpenantrieb auch einen elektrischen Antrieb besaßen, der ein automatisches Öffnen bei Gefechtsarbeit ermöglichte. Die Bedienung dieser Tore war nur den Inhabern einer solchen Bedienberechtigung erlaubt.

Technische Daten:
Gesamtgewicht STD 3,6 x 3,6 m mit Anbauteilen Hydraulik und Verriegelung sowie den Zargen: 7.068 kg; Torflügel L x B x H: 2,1 x 0,6 x 3,75 m; Torflügel Gewicht: 2,8 t.
Gesamtgewicht STD 3,6 x 4,2 m mit Anbauteilen Hydraulik und Verriegelung sowie den Zargen: 7.800 kg; Torflügel L x B x H: 2,1 x 0,6 x 4,35 m; Torflügel Gewicht: 3,1 t.
Der elektrische Antrieb der Hydraulikpumpe für die Tore der Raketenbunker der Startbatterie (3,6 x 4,2) befand sich auf einer separaten Stahlkonstruktion innerhalb der Bunker in unmittelbarer Nähe der Stahltore.
Von der hohen Qualität der Torkonstruktion konnte sich der Autor bei den dreimaligen Standortbesuchen in jüngster Zeit persönlich überzeugen. Selbst nach über 25 Jahren der Nichtnutzung und fehlender Wartung ließen sich die Torflügel immer noch leicht in ihren Aufhängungen drehen.
Die Kosten der elektrotechnischen Ausrüstung der 24 Torflügelpaare der Bunker der Startbatterie sollten 20.540,- Mark der DDR betragen.

6.5.10. Die Kabelkanäle/ Kabelgräben

Alle Elemente der Gefechtsordnung des Fla-Raketenkomplexes S-200 waren durch Kabel miteinander verbunden (s. Kapitel 2: »Das Waffensystem«).
Die zum Teil schwierigen Bodenverhältnisse mit Oberflächenwasser in bestimmten Regionen der Gefechtsstellung machten den Aufbau der Kabelkanäle und -gräben recht aufwändig. Trotz sorgfältigem Aufbau mit Betonfertigteilen und einer entsprechenden wasserabführenden Unterschicht blieben diese Kabelstrecken bis zum Ende der Nutzung des Gebietes durch die NVA eine Achillesferse. Immer wieder sammelte sich Wasser in den Kanälen und Gräben und fror im Winter die Kabel und Steckverbindungen ein.

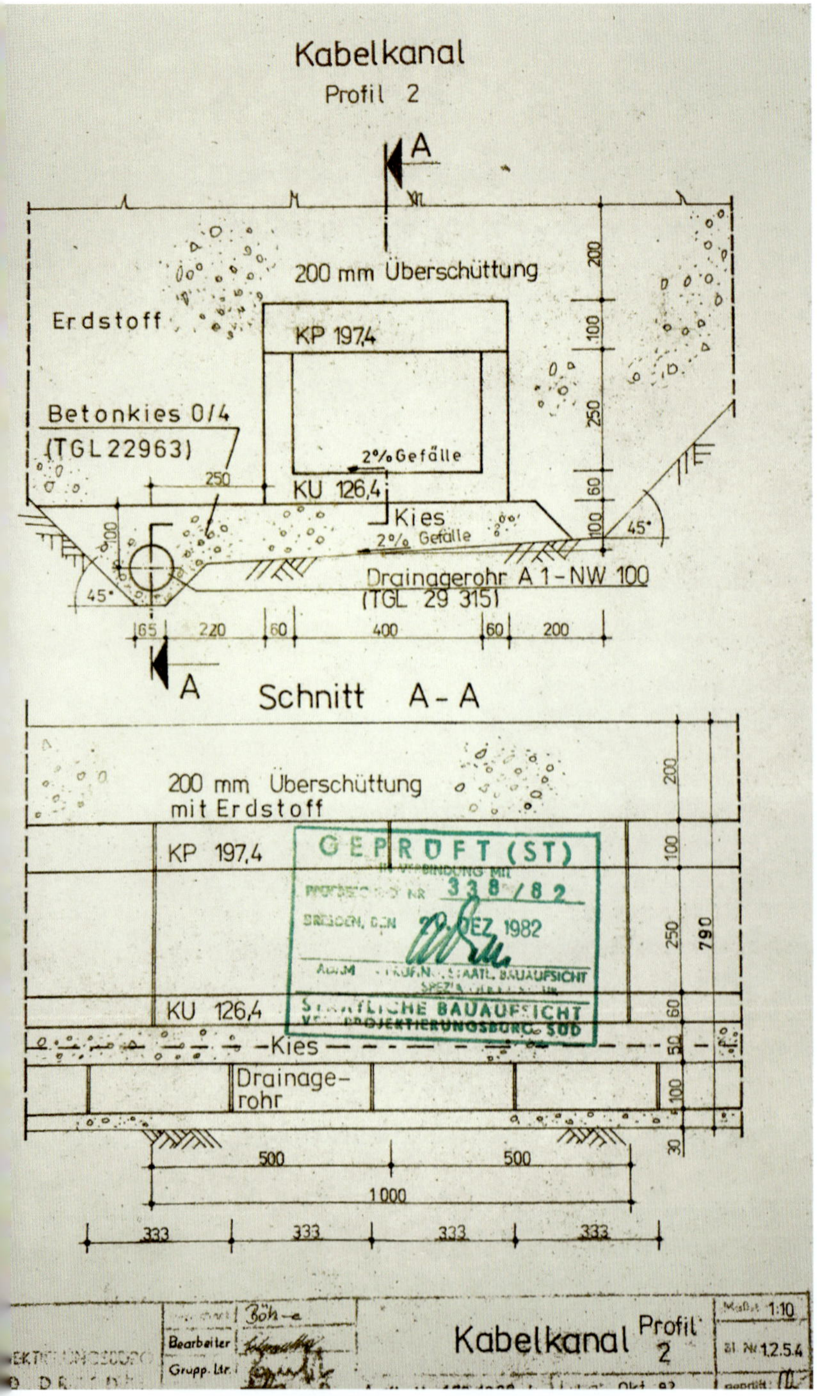

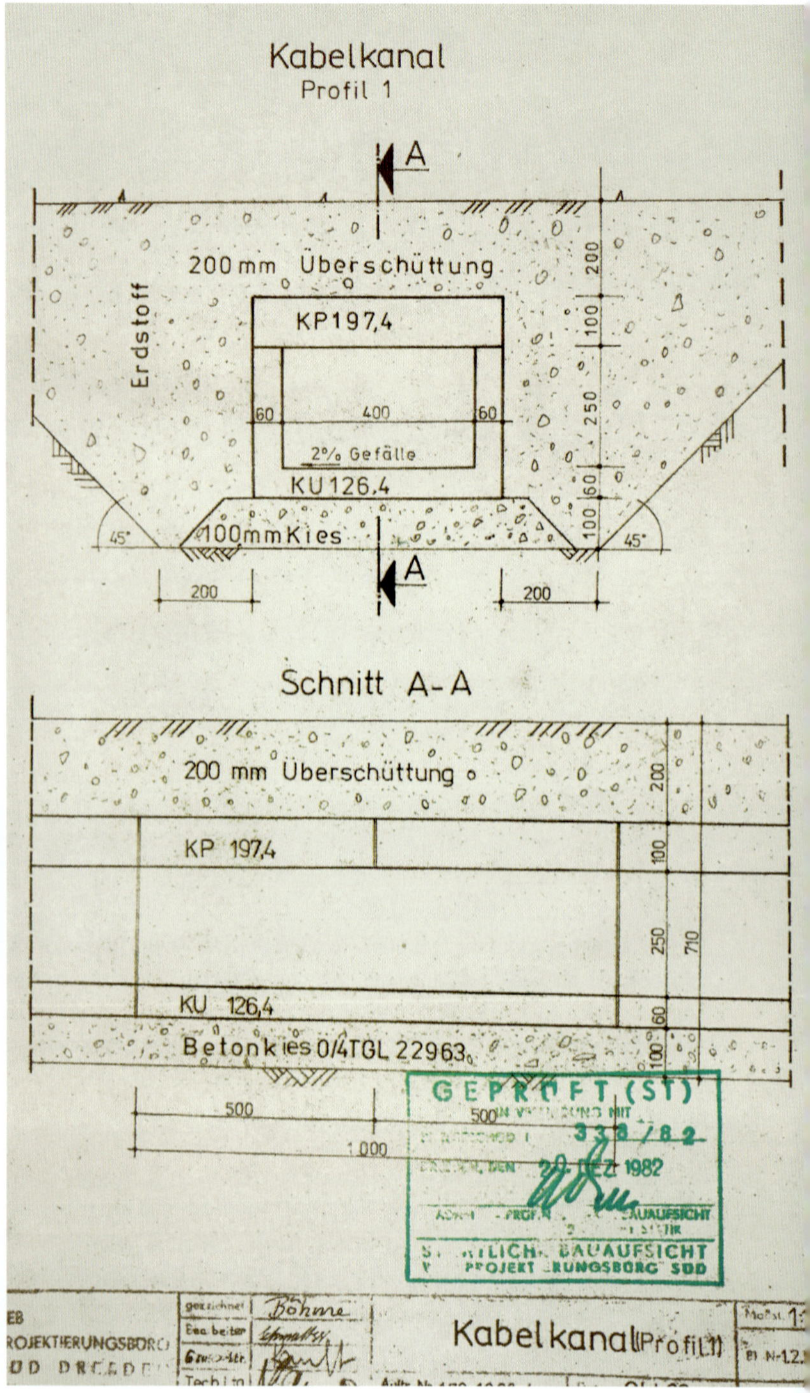

Zeichnerische Darstellung von zwei der insgesamt fünf Profile von Kabelkanälen, wie sie die gesamten Gefechtsordnung durchzogen. In ihnen waren alle Kabel zwischen den einzelnen Elementen der Gefechtsordnung verlegt. Hier nicht eingezeichnet, da ursprünglich auch nicht vorgesehen, waren nachträglich in die Kanäle eingelegte Holzklötze. Auf ihnen wurden die Kabel aufgelegt, da es an vielen Stellen ein Oberflächenwasserproblem gab, was die Kabel und Kabelverbindungen bei Frost gefährdete.

Kabelkanal Profil I.

In dem Preisplan zum Preisvorschlag Bl.-Nr. 1.3.2.1, Auftragsnummer 179-1900-4, veranschlagte man eine Bauzeit von 11,6 Monaten bei einem Invest-Volumen von 800.000,- Mark der DDR. In dem Leistungsverzeichnis wurde davon ausgegangen, dass 20 % Ausschachtungen manuell vorzunehmen waren. Die Gesamtlänge der sechs verschiedenen Profile der Fertigteile für den Bau wurde unter Berücksichtigung von 5 % Längendifferenzen mit 2.785 m angegeben.

6.5.11. Die Postentürme

Um den Schutz der Gefechtsstellung auch bei Ausfall der Hochspannungs-Sicherungsanlage zu gewährleisten, waren an der Einfriedung des Geländes insgesamt drei Postentürme erbaut worden. Sie wären nur im Kriegsfall mit Mobilmachungskräften ständig besetzt gewesen. Die ausgesuchten Standorte direkt an dem inneren Maschendrahtzaun der Einfriedung, 8 m von der Beton-Außenmauer entfernt, zwischen den beiden Startbatterien, westlich der Gefechtsstellung, 150 m südlich der Oborona-Stellung und nördlich auf der Höhe der leeren Traglufthalle und der Traglufthalle einer K-1 hätten im Krisenfall eine zusätzliche Beobachtungsmöglichkeit des Vorfeldes der Gefechtsstellung ermöglicht.
In Bau-Unterlagen vom 1. September 1982 werden diese über 7 m hohen Postentürme als massive Betonbauten beschrieben, ähnlich den Postentürmen der Grenzsicherungsanlagen an der DDR-Grenze.

Technische Zeichnung der geplanten drei Wachtürme für den Standort Prangendorf. Diese Wachtürme wurden so allerdings nicht aufgestellt. Die Wachposten in Prangendorf erinnerten eher an zivile Jägerhochsitzen.

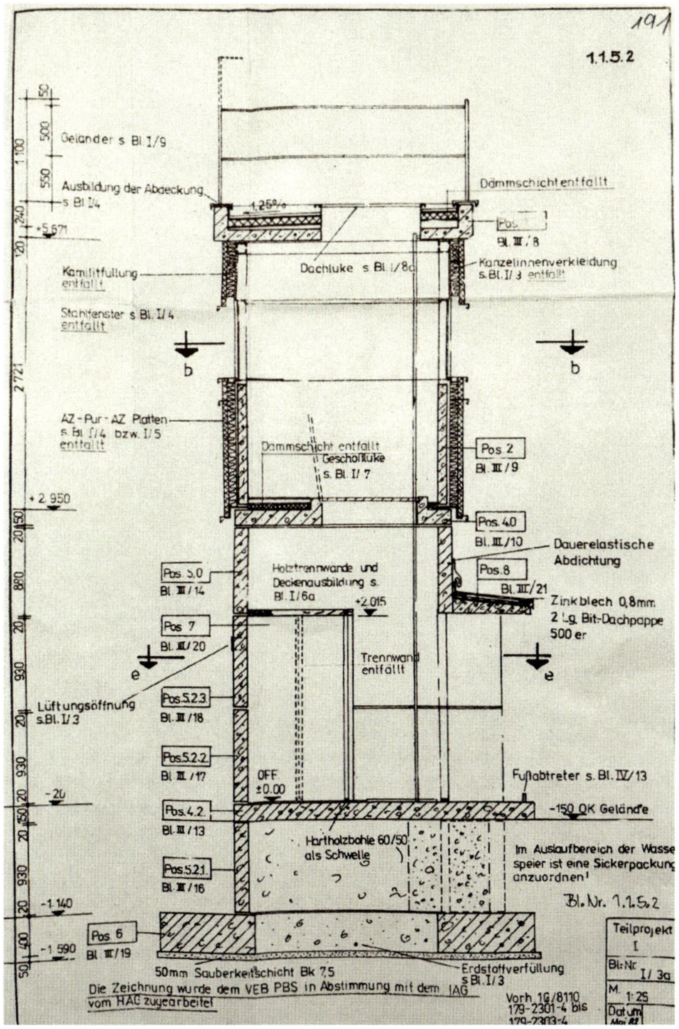

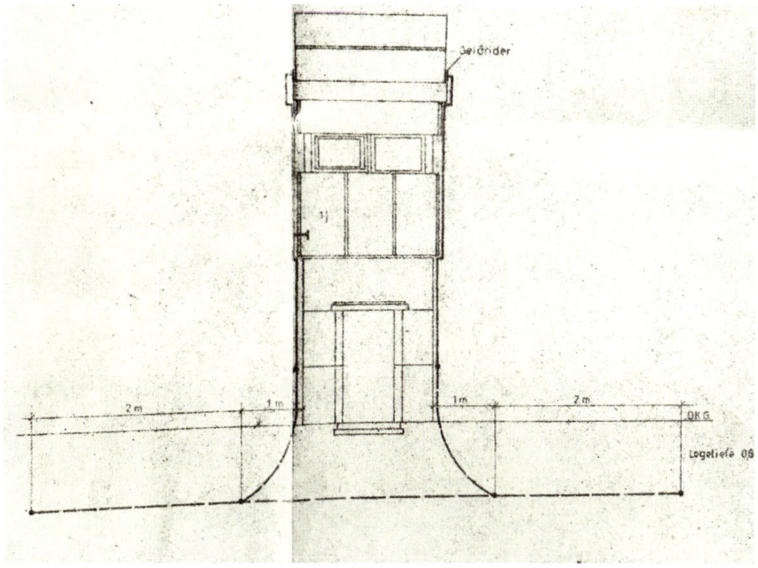

Gesamtansicht der ursprünglich geplanten Wachtürme, wie sie nur in sehr ähnlicher Form in Badingen zur Aufstellung kamen.

Bereits Anfang 1983 war in der Aufgabenstellung zur Erbauung der Türme Folgendes zu lesen:

»(...) wurde die Ausführung als Turm aus Betonfertigteilen präzisiert. Diese Lösung ist durch Entwicklung einer Holzpostenturms im VEB Projektierungsbüro Süd als Wiederverwendungsprojekt mit erheblicher Kosteneinsparung ungültig. Die Zustimmung wurde vom BT und von der NVA-Dienststelle Leipzig am 29.10.1982 erteilt.«

Die letztlich aufgestellten Postentürme waren, so erinnern sich Zeitgenossen, recht bescheiden ausgeführte Objekte, die mehr an gut ausgebaute Jäger-Hochsitze als an Postentürme erinnerten. Ihre Kosten sollten sich pro Stück auf etwas über 4.000,- Mark der DDR belaufen.

6.6. Waffensysteme für den Nahbereich und zum Eigenschutz

Nach russischen Vorstellungen waren zum Schutz der Standorte mit den Fla-Raketensystemen S-200 bis zu zwei Fla-Raketenabteilungen mittlerer und geringer Gefechtsreichweiten vorgesehen. Immerhin musste davon ausgegangen werden, dass Standorte mit dem Fla-Raketensystem S-200 zu einem Hauptangriffsziel der ersten Luftschläge des Gegners gemacht worden wären.
Der Komplex »Newa« konnte Luftziele im Höhenbereich von 20 m bis 18 km auf eine Entfernung von 3,5 bis 25 km bekämpfen. Mit jeweils vier Vierlings-Startrampen verfügte jede »Newa«-Abteilung über eine enorme Feuerkraft. Welche und letztlich wie viele von den fünf zum Bestand der 43.

Fla-Raketenbrigade gehörenden S-125-Abteilungen dafür vorgesehen waren, ist heute nicht mehr festzustellen.
Sollte es ein möglicher Luftgegner gar geschafft haben, in unmittelbarer Nähe der Feuerstellung Kampfhandlungen gegen den S-200-Komplex durchführen zu können, so standen zur Selbstverteidigung zwei weitere Mittel der Luftabwehr zur Verfügung: die Zwillingskanone ZU-23 und der Fla-Raketenkomplex »Strela-2«.
Zwei Stellungen sollten im sogenannten Ernstfall mit jeweils sechs Geschützen ZU-23/2 entfaltet werden. Mit der ZU-23 Zwilling war es möglich, gegnerische Luftangriffsmittel auf Entfernungen bis 2.500 Meter und 1.500 Meter Höhe sehr wirksam zu bekämpfen. Mit einer Feuergeschwindigkeit von fast 2.000 Schuss pro Minute verließen 33 Geschosse in der Sekunde die beiden Rohre. Das waren mehr als sechs Kilogramm Geschossgewicht, die pro Sekunde auf ein Ziel einwirken konnten. Daneben war die ZU-23 aber auch eine hervorragende Waffe gegen Erdziele aller Art.

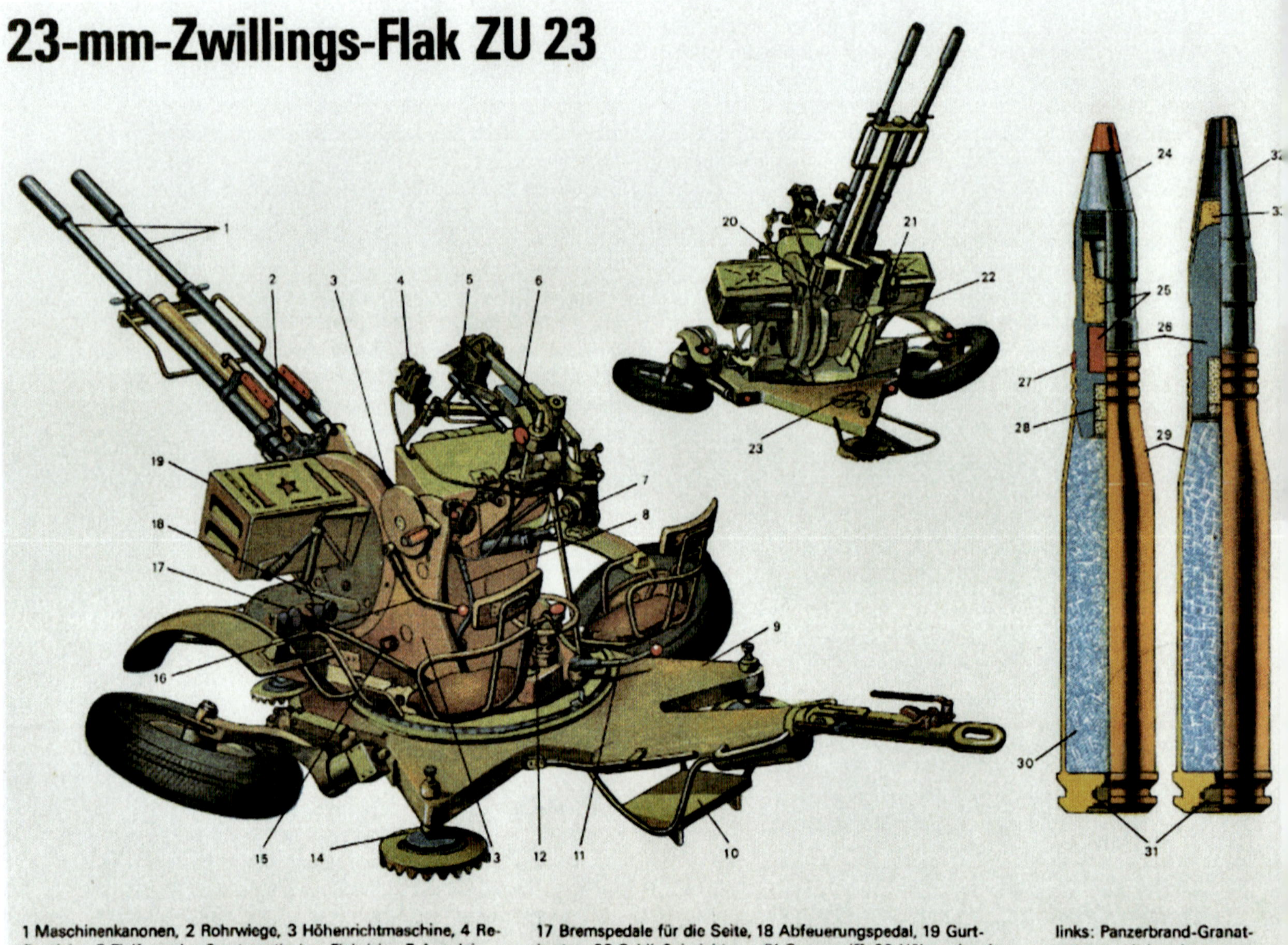

1 Maschinenkanonen, 2 Rohrwiege, 3 Höhenrichtmaschine, 4 Reflexvisier, 5 Zielfernrohr, 6 automatisches Flakvisier, 7 Ausgleicher, 8 Handabfeuerung, 9 Unterlafette, 10 Stützteller, 11 Seitenzurrung, 12 Seitenrichtmaschine, 13 Oberlafette, 14 Horizontierungseinrichtung, 15 Marschsperre der Wiege, 16 Höhenzurrung, 17 Bremspedale für die Seite, 18 Abfeuerungspedal, 19 Gurtkasten, 20 Schließeinrichtung, 21 Spanngriff, 22 Hülsenabweiser, 23 Deckel, 24 Zünder, 25 Sprengladung, 26 Granate, 27 Führungsring, 28 Leuchtspursatz, 29 Patronenhülse, 30 Treibladung, 31 Zündkapsel, 32 ballistische Haube, 33 Brandsatz

links: Panzerbrand-Granatpatrone mit Leuchtspursatz

rechts: Splitterspreng-Brandgranatpatrone

Das 23-mm-Zwillingsgeschütz ZU-23 war ein effektives Flak-Geschütz nicht nur zur Tieffliegerbekämpfung im Nahbereich. Die Waffe hatte auch eine vernichtende Wirkung gegen Erdziele. Im sogenannten Ernstfall waren 12 Geschütze, verteilt auf zwei Ringstellungen, innerhalb der Gefechtsstellung des S-200 zur Aufstellung vorgesehen.

Zeichnung ZU-23 von vorn. Links und rechts sind die Munitionskästen für die Granatpatronen zu erkennen.

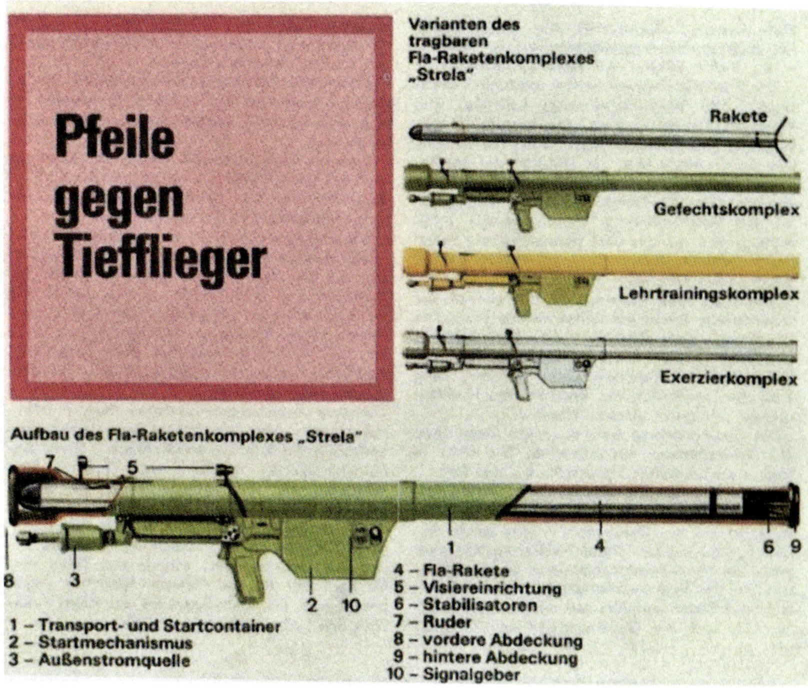

Zeichnung des Systems »Strela-2«. Die effektive Bedienung der Waffe erforderte ein gut ausgebildetes Bedienpersonal. Die Lenkung des Flugkörpers zum Ziel erfolgte über einen Infrarot-Zielsuchkopf. Vier Abschusseinrichtungen auf einem Spezialgestell zusammengefasst wurden als System »FASTA-4« bezeichnet.

Die einzelnen Geschützstellungen waren ringförmig ausgebildet. Der mit Schotter verdichtete und abgesenkte Grund war an den Seitenwänden mit 1 m hohen Betonplatten verfestigt worden. Die Bedienungen hätten im Ernstfall überwiegend aus Mobilmachungsreserven, sprich Reservisten, bestanden.

Die Geschütze waren konserviert im Kfz-Park des A-Objektes abgestellt.

1990 verfügte die DDR noch über einen Bestand von 924 ZU-23-Zwillingsgeschützen, die zum überwiegenden Teil nach Griechenland geliefert wurden.

1984 erfolgte die Zuführung von 14 tragbaren Fla-Raketenkomplexen »Strela-2« zur 43. Fla-Raketenbrigade. Am 15. April 1985 wurden weitere 56 Systeme »FASTA-4M« übernommen. Sie erhöhten entscheidend die Feuerkraft im Nahbereich.

Als »Fasta-4« bezeichnet, waren in einem Gestell vier »Strela-2« zusammengefasst worden. Im Bedarfsfall waren diese Viererstarteinrichtungen der Strela-Abschussanlagen auf der Ladefläche eines Lkw LO 1800 »Robur« aufgebaut, um eine hohe Mobilität zu gewährleisten. Eine ausgebaute Feuerstellung war deshalb auch nicht vorgesehen. Auch die Marine verwendete diese FASTA-4-Systeme auf Schiffen.

Ein großer Teil der zugeführten 14 Komplexe »Strela-2« wurde in ein vorbereitetes Schutzbauwerk der S-200-Stellung in Prangendorf eingelagert. Die »Strela-2«-Waffe war eine schultergestützte Kurzstrecken-Boden-Luft-Rakete, die hauptsächlich zur Bekämpfung von Kampfhubschraubern und Bodenangriffsflugzeugen wie zum Beispiel der A-10 »Fairchild-Republik« (bekannt auch als Panzerknacker) konzipiert wurde. Die Strela-2 konnte Luftziele effektiv in 10 m bis 3.000 Metern und auf Entfernungen von 600 bis 4.300 Metern bekämpfen.

Die beiden Waffensysteme Strela-2 und Zu-23 mögen sicher der Führung und dem Kampfbestand der Fla-Raketen-Abteilungsgruppe FRAG 431 (S-200) im Kriegsfalle die Zuversicht gegeben haben, auch extrem tieffliegende und bereits im Nahbereich wirkende Luftangriffsmittel des Gegners wirksam bekämpfen zu können. Aber inwieweit das die weitere Einsatzfähigkeit der Fla-Raketenabteilungsgruppe in dieser Situation und Gefechtslage bereits in Frage gestellt hätte, ein Flugabwehrsystem, das selbst Luftziele in bis zu 255 km Entfernung bekämpfen konnte, das mag hier dahingestellt bleiben.

7. Die Männer der ersten Stunde

Die nachfolgende Übersicht kann keinen Anspruch erheben auf Vollständigkeit der Namen aller Armeeangehörigen, die am Aufbau der ersten FRAG des Fla-Raketensystem S-200 beteiligt waren. Die Recherche war äußerst anspruchsvoll und leider nur bis zur Ebene Obertechniker möglich. Auch die Erstbesetzungen der Offiziers-Planstellen der automatisierten Zielzuweisungsmittel, Höhenfinder PRW-17 und Rundblickstation »Oborona« waren leider nicht mehr feststellbar. Ich bitte alle nicht genannten Personen um Nachsicht.

FRAG 431

Kommandeur
Oberstleutnant Dieter Lehmer

Stellvertreter des Kommandeurs und Stabschef
Major Detlef Oldenburg

Stellv. Politische Arbeit
Major Günther Born

Stellv. Gefechtsausbildung
Oberstleutnant Helmuth Krause

Stellv. Fla-Rak.-Ing.Dienst
Major Michael Fohrenkamm

Stellv. RD
Oberstleutnant Joachim Reibe

Leiter Gefechtsstand (GS)
Major Hans-Joachim Thomas

Nachrichtenoffizier
Hauptmann Lutz Loch

Diensthabender Offizier GS
Major Norbert Bernd

Diensthabender Offizier GS
Oberleutnant Wolfgang Fischer

Diensthabender Offizier GS
Oberleutnant Bodo Kretschmer

Diensthabender Offizier GS
Leutnant Thomas Machon

FRA 4311

Kommandeur
Major Achim Briechle

Stellvertreter des Kommandeurs und Stabschef
Hauptmann Wolfgang Grubba

Stellv. Gefechtsausbildung
Major Wolfgang Hoffmann

Funktechnische Kompanie der FRA 4311

Kompaniechef (KC)
Hauptmann Ulrich Funk

Stellv. Kompaniechef
Oberleutnant Frank Rohde

1. Zugführer (ZF) Kabine K-2
Leutnant Thomas Märten

Obertechniker K-2
Leutnant Uwe Reim, Leutnant Heik Grützner

2. Zugführer Kabine K-1
Hauptmann Dietmar Günther

Obertechniker K-1
Leutnant Joachim Kraekel

Startbatterie der FRA 4311

Batteriechef (BC)
Leutnant Gunnar Mett

1. Feuerzugführer (FZF) und Stellv. BC
Leutnant Bernd Geißler

2. Feuerzugführer
Leutnant Roy Milke

3. Zugführer Kabine K-3 und Stellv. BC
Leutnant Bernd Dienemann (Ulbrich)

Obertechniker K-3
Leutnant Volkmar Staritz

Techniker Stromversorgung K-3
Unterfeldwebel Ralf Stellmacher

FRA 4312

Kommandeur
Major Helmut Sieg

Stellvertreter des Kommandeurs und Stabschef
Hauptmann Rüdiger Gädke

Stellv. Gefechtsausbildung
N.N.

Funktechnische Kompanie der FRA 4312

Kompaniechef
Hauptmann Klaus Hoppe

Stellv. Kompaniechef
Oberleutnant Holger Geipel

1. Zugführer Kabine K-2
Oberleutnant Thomas Weinholz

Obertechniker K-2
Leutnant Klaus-Peter Lunkwitz, Leutnant Norbert Wendt

2. Zugführer Kabine K-1
Oberleutnant Jörg Böhme

Obertechniker K-1
Leutnant Roland Bartel

Startbatterie der FRA 4312

Batteriechef
Hauptmann Lothar Klann

1. Feuerzugführer und Stellv. BC
Leutnant Peter Kraus

2. Feuerzugführer
Leutnant Frank Drescher

3. Zugführer Kabine K-3 und Stellv. BC
Oberleutnant Roland Müller

Obertechniker K-3
Leutnant Bernd Löwenberger

Techniker Stromversorgung
Feldwebel Jörg Rother

TA 4310

Kommandeur
Major Karl-Heinz Teichmann

Stabschef
Hauptmann Ronald Schilwe

Stellv. für techn. Ausrüstung
Major Horst Malischewski

1. Kompanie für Kontrolle und Transport

Kompaniechef
Hauptmann Olaf Schmidt

1. Zugführer der AKIPS-Station
Oberleutnant Detlef Hernig

2. Zugführer/Transportzugführer
Oberleutnant Uwe Gutschmidt

2. Kompanie für Montage und Betankung

Kompaniechef
Hauptmann Jürgen Steinert

1. Zugführer Betankungszug und Stellv. KC
Oberleutnant Andreas Stinglhamer

2. Zugführer Montagezug und Stellv. KC
Leutnant Fred Pinske

Anmerkung: Die als Stellvertreter (Stellv.) benannten Planstellen wie Stellv. Politische Arbeit, Stellv. Gefechtsausbildung, Stellv. Fla-Raketen- Ingenieurdienst und Stellv. RD (Rückwärtige Dienste) sind neben den Stabschefs weitere Stellvertreter der jeweiligen Kommandeure.

7.1. Der Personalbestand der FRAG 431

In der Chronik der 43. Fla-Raketenbrigade, GVS-Nr.: 911 597, erscheint unter der Rubrik »Kaderarbeit« 1984 erstmalig auch der Auffüllungsstand der FRAG 431.

<u>Auffüllungsstand 01.12.1984:</u>

Offiziere	Soll: 81, davon 93,8 % vorhanden
Fähnriche	Soll: 24, davon 12,5 % vorhanden
Berufsunteroffiziere	Soll: 22, davon 72,3 % vorhanden

<u>Auffüllungsstand 01.12.1985:</u>

Offiziere	Soll: 81, davon 86,4 % vorhanden
Fähnriche	Soll: 24, davon 16,7 % vorhanden
Berufsunteroffiziere	Soll: 22, davon 104,5 % vorhanden

<u>Auffüllungsstand 01.12.1986:</u>

Offiziere	Soll: 74, davon 89,2 % vorhanden
Fähnriche	Soll: 24, davon 25 % erreicht
Berufsunteroffiziere	Soll: 22, davon 104,5 % vorhanden

<u>Auffüllungsstand 01.12.1987:</u>

Offiziere	Soll: 74, davon 97,3 % vorhanden
Fähnriche	Soll: 24, davon 45,8 % vorhanden
Berufsunteroffiziere	Soll: 22, davon 145,4 % vorhanden

<u>Auffüllungsstand 01.12.1988:</u>

Offiziere	Soll: 72, davon 101,39 % vorhanden
Fähnriche	Soll: 24, davon 54,17 % vorhanden
Berufsunteroffiziere	Soll: 22, davon 136,36 % vorhanden

<u>Auffüllungsstand 01.12.1989:</u>

Offiziere	Soll: 72, davon 97,22 % vorhanden
Fähnriche	Soll: 24, davon 66,67 % vorhanden
Berufsunteroffiziere	Soll: 22, davon 127,27 % vorhanden

In dieser Übersicht von 1984 bis 1989 bleibt interessanterweise festzustellen, dass der Sollbestand an Offizieren zwar von 81 auf 72 Planstellen herabgesetzt wurde, aber bis zum Ende letztlich nicht alle Planstellen besetzt werden konnten. Während die Anzahl der Planstellen bei den Dienstgradgruppen Fähnriche und Unteroffiziere von Anfang an konstant blieb, gelang es auch hier nicht, die Anzahl der Fähnriche zu erhöhen, während die Gruppe der Berufsunteroffiziere, abgesehen vom ersten Jahr der Aufstellung der FRAG, permanent in Überzahl vertreten war.

Am 01.12.1989 bestand der Personalbestand der FRAG 431 aus 70 Offizieren, 16 Fähnrichen, 28 Berufsunteroffizieren, 76 Unteroffizieren auf Zeit und 180 Soldaten im Grundwehrdienst. Über alle Dienstgradgruppen waren das 370 Mann Gesamtstärke.

Zu dieser Personalstärke kamen noch über 30 Zivilangestellte, die im sogenannten A-Objekt der Dienststelle Prangendorf als Elektriker, Heizer, Sekretärin, Küchenpersonal, Verkaufspersonal der MHO-Verkaufsstelle (MHO = Militär-Handels-Organisation), Schlosser und Mitarbeiter der Bekleidungs- und Ausrüstungskammer beschäftigt waren.

8. Erinnerungen eines Offiziers der TA 4310

Ende August 1983 wurden zirka 100 Unteroffiziere und Offiziere der Fla-Raketentruppen der NVA nach Straßgräbchen geschickt. Hier wurde jedem von ihnen eine Uniform der Luftstreitkräfte angepasst. Nichts sollte nach außen auf Flugabwehrraketen hinweisen. Nur wenige unter ihnen kannten den Zweck und das Ziel einer Reise, die einige Tage darauf begann.
Kurze Zeit später fanden sich alle in Gatschina bei Leningrad wieder.
Niemand sollte wissen, dass hier die Flugabwehr ein neues System erlernte.
Erste Amtshandlung nach der Gepäckablage auf den zugewiesenen Zweimannstuben durch den Kommandeur, OSL Lehmer, war die Einberufung einer Offiziersdienstversammlung, auf der grobe Informationen bekannt gegeben wurden. Bei dieser Dienstversammlung wurde den Teilnehmern mitgeteilt, dass sie dazu bestimmt waren, das Waffensystem S-200 an der Schule des Verteidigungsministeriums der UdSSR in Gatschina zu erlernen. Alles Weitere werde ihnen in den nächsten Tagen mitgeteilt.
In kürzester Zeit wurde den Lehrgangsteilnehmern beigebracht, was das neue Waffensystem konnte und wie es funktionierte.
Ein Grundsatz zog sich von der Ausbildung in Gatschina bis zu den letzten Tagen der Nutzung dieses Waffensystems in der NVA: Jeder sollte nur die Informationen bekommen, die er zur Erfüllung seines Auftrages brauchte. Dies wurde bis zur letzten Konsequenz durchgezogen.
Der Lehrplan war so gestrafft, dass alle Mitte Dezember 1983 mit Abschlussprüfung und Zeugnis in den Flieger zurück in die DDR stiegen. Allerdings ging es noch nicht nach Hause. Erst einmal wurde Zwischenstation in Ferdinandshof gemacht. Hier wurde der gesamte Personalstamm ab Januar 1984 nach einem kleinen Erholungsurlaub in die tieferen technischen Geheimnisse der jeweiligen Fachbereiche eingeweiht. Den ersten Schub der geheimen Technik mussten zwischen Weihnachten und Silvester handverlesene Kameraden aus Stallberg am Verladepunkt Uhlenflucht entladen, ohne zu wissen, was sie da eigentlich an den Kranhaken hatten.
Eine Handvoll Leute wurde bereits für die Bauphase an den neuen Standort geschickt: Prangendorf. Diese kleine Ansiedlung inmitten mecklenburgischer Felder entsprach genau dem Grundsatz, den ich weiter oben bereits angesprochen habe. Gemeinsam mit Baupionieren, zivilen Firmen und den ersten Ehrendienst leistenden Soldaten wurden die Baumaßnahmen in Eigenleistung durchgeführt.
Gleichzeitig waren sowohl die in Stallberg zwischengelagerte Technik zu überführen, aufzubauen und einsatzbereit zu machen, Raketen zu montieren, zu überführen und einzulagern sowie parallel das Personal weiterhin auszubilden.
Jeweils am Sonntagabend zog eine Kolonne nach Stallberg. Die ganze Woche wurden die »Erzeugnisse«, wie die Raketen genannt wurden, montiert. Bereits im Vorfeld waren die zirka 780 kg schweren Starttriebwerke montiert und eingelagert worden. Dazu wurden die Triebwerke aus der Transportverpackung ausgepackt und die Transportdeckel wurden durch Gefechtsdeckel ersetzt. Dies war notwendig, weil die Transportdeckel für den Fall einer Havarie dieselbe Festigkeit aufwiesen wie das hintere Diaphragma des Feststofftriebwerkes. Somit hätte sich die Zelle des Triebwerkes an beiden Enden gleichzeitig geöffnet, sodass eine unkontrollierte Bewegung des Triebwerkes relativ sicher ausgeschlossen war. Bei dieser Gelegenheit wurde der Treibsatz auf Risse oder ähnliche Unregelmäßigkeiten hin überprüft. Die werksseitig eingegossene Treibladung hatte einen Querschnitt, der beim Abbrand eine gleichbleibende Oberfläche und damit gleichbleibenden Schub gewährleistete. Risse in der Treibladung hätten fatale Folgen für das Flugverhalten der Rakete haben können. Die Pyrotechnik, die zum Zünden des jeweiligen Triebwerkes benötigt wurde, wurde nach einer elektrischen Kontrolle in den Gefechtsdeckel eingebaut, bevor die vordere aerodynamische Abdeckung angeschraubt werden konnte. Diese war im Zusammenspiel mit einem Hebelsystem im Inneren der Rakete so konstruiert, dass sich das Starttriebwerk nach einer Brenndauer von bis zu einer Minute selbständig mit dem jeweils gegenüberliegenden Starttriebwerk von der Rakete löste und zu Boden fiel.
Die komplettierten Starttriebwerke wurden dann in einer Halle auf Balken in Paketen zu je vier Stück am Boden gelagert. Die Raketen wurden ebenfalls aus den Transportbehältern ausgepackt und auf den Montagewagen verladen. In separaten Behältern waren Flügel und Ruder sowie in weiteren Behältern die Gefechtsteile zu finden. Die auf dem Montagewagen liegende Rakete konnte um 360° gedreht werden, was die Arbeiten zur Komplettierung mit Flügeln, Rudern,

den vormontierten Starttriebwerken sowie den Einbau des Gefechtsteiles vereinfachte. Für den Einbau des zirka 200 kg schweren Gefechtsteiles wurde am vorderen Teil des Montagewagens ein Gestell mit handbetriebenem Seilzug angebaut. Die Raketenspitze wurde abgeklappt, und das Gefechtsteil konnte eingebaut werden. Besondere Vorsicht bei allen Arbeiten mit der Rakete galt der aerodynamischen Abdeckung. Diese war eine auf die Frequenz des Suchkopfes abgestimmte glasfaserverstärkte Spitze. Jeder Kratzer konnte gravierende Folgen für die Treffgenauigkeit der Rakete haben. Nachdem die Soldaten des Montagezuges ihre Arbeit an der Rakete abgeschlossen hatten, wurde diese durch die Soldaten der ersten Kompanie mit der Automatisierten Kontroll- und Prüfstation 5K43 (AKPS) getestet. Für diese Arbeiten stand in Stallberg ein Bunker im technischen Bereich zur Verfügung. Im vorderen Bereich wurde montiert, im hinteren Bereich wurde getestet.

Da die Fahrzeuge nicht immer den einheimischen Standards entsprachen, teilweise auch noch nicht fahrbereit waren, musste viel improvisiert und gewerkelt werden. So stand der für die Verladung von voll montierten Raketen vorgesehene Hubstapler 4051A mitten in stockdunkler Nacht ohne Lichtanlage auf dem Verladepunkt Uhlenflucht. Ein Koloss aus Stahl mit Kotflügeln aus Beton als Gegengewicht. Notdürftig wurden die vorderen Lichter gangbar gemacht, was dem Fahrer eine gewisse Sicht nach vorn ermöglichte. Sicherheitshalber lief unser Ingenieur, Major Malischewski, vor dem Ungetüm her. Jeweils mit Taschenlampen bewaffnet, saßen ein Kamerad auf dem linken und einer auf dem rechten Kotflügel und spielten Rücklicht. Mit ein wenig Übung konnte man sogar blinken.

Wechselweise am Sonnabend und Freitag wurden die Rücktransporte organisiert. Manchmal unter Geleitschutz der Polizei, manchmal ohne, aber immer unter Beobachtung von der eigenen und der gegnerischen Seite und grundsätzlich nachts. Die eingeteilten Kraftfahrer machten nach dem Abendessen Feierabend und durften sich zur Ruhe begeben. In den Fahrerhäusern der mit mehr als 250 PS ausgestatteten, als Zugmaschinen dienenden KrAZ 255 waren vier Haken angebracht. An diesen konnte eine Hängematte aufgespannt werden. Wer so schlafen konnte, hatte Glück. Irgendwann zu vorgerückter Stunde wurde dann ein Weckdienst losgeschickt, der die Schläfer weckte. Erst nachdem der Mitarbeiter der Staatssicherheit Kenntnis über den Aufenthaltsort der Herren von der Militärischen Verbindungsmission zu haben glaubte, durfte sich die Kolonne in Bewegung setzen. Und am Sonntagabend begann das Spektakel von Neuem. Diese Transporte wurden durchgeführt, bis alle Erzeugnisse sowie die gesamte in Stallberg zwischengelagerte Technik in Prangendorf war. Das dauerte fast das ganze Jahr 1984.

Für die Übernahme in das Diensthabende System war ein scharfes Schießen auf dem Polygon in Aschuluk, Astrachan, nötig. So bereitete sich also auch die TA-4310 auf das erste scharfe Schießen in Kasachstan vor.

Dazu wurden zwei verschussbereite Raketen von den Startrampen auf TLF geladen und zur Technischen Abteilung gebracht. Hier wurden sie als Erstes auf den Tankplätzen enttankt. Dabei verblieb eine Restmenge der Treibstoffkomponenten aus Korrosionsschutzgründen in den Tankzellen. Danach wurden die Raketen demontiert und verpackt.

Um komplett leere Tanks zu erhalten, wurden die Raketen im Technischen Bereich auf dem Polygon komplett entleert. Danach durchliefen sie die gleichen Stationen, wie im technologischen Ablauf der Technischen Abteilung vorgesehen.

Das Schießen wurde mit Erfolg abgeschlossen und die FRAG 431 ins Diensthabende System des Warschauer Vertrages eingegliedert.

Die Technische Abteilung war in zwei Kompanien unterteilt. Die 1. Kompanie war unter Leitung von Major Schmidt für die elektrischen Überprüfungen aller Raketen zuständig. Dazu war sie wiederum in zwei Züge untergliedert.

Die 2. Kompanie unter der Führung von Major Steinert war unterteilt in den Betankungszug von Hauptmann Stinglhamer und den Montagezug von Oberleutnant Pinske.

Jeweils zwei Raketen lagen verschussbereit in den Startbatterien.

18 Raketen waren vollständig montiert und unbetankt in einem Bunker zu je drei Raketen auf einem Schienensystem im Stellungsbereich in einem Bunker. Weitere 36 Stück lagen in zwei baugleichen Bunkern in Wendfeld. Zusätzlich waren hier auch die nicht montierten Raketen und die Zusatzteile gelagert. Für einen eventuell vorgesehenen Verschuss hätten die vormontierten Raketen über den technologischen Ablauf der Technischen Abteilung erst mit Luft, danach mit Brennstoff und abschließend mit Oxydator betankt werden müssen, bevor sie mit einem Transport- und Ladefahrzeug (TLF) zur festgelegten Startrampe transportiert wurden.

Nach der Umlagerung von der mechanisierten Stellage auf ein TLF wurde die Rakete zum Arbeitsplatz 10 gebracht, dem Luftbetankungsplatz. Hier wurde der Luftbehälter, der für den Anlaufdruck auf den Tankzellen und einige Steuerfunktionen benötigt wurde, in Abhängigkeit von der Außentemperatur mit bis zu 395 atm betankt. Dazu standen eine Kompressorstation sowie ein Anhänger mit Druckluftflaschen zur Verfügung. Ursprünglich lagen die Raketen mit vollem Luftdruck betankt auf der mechanisierten Stellage im Lagerbunker. Der Druck wurde aus Verschleißgründen später bis auf einen definierten Wert abgelassen.

Anschließend wurde die Rakete auf den Arbeitsplatz 8 zur Brennstoff-Betankung gefahren. Hier wurde die Rakete mit Hilfe der Betankungsstation 5L 22 auf der Basis des in der NVA allseits bekannten GaZ 66 mit zirka 700 Litern Brennstoff betankt. Diese chemische Verbindung sorgte nach der Wende für große Probleme bei der Entsorgung, da diese

nur sehr schwer gelöst werden konnte. Die Betankung mit Oxydator, auch Melange genannt, wurde auf dem Arbeitsplatz 9 mit der Betankungsstation 5L 62 durchgeführt. Beide Komponenten verbrannten bei Zusammentreffen mit explosionsartiger Geschwindigkeit.
Jeder Arbeitsschritt wurde mit dem Namen des verantwortlichen Durchführenden genau dokumentiert und zusätzlich auf der Behälterzelle der Rakete festgehalten. Danach wurde die Rakete mit dem TLF zur vorgesehenen Startrampe gebracht und dort teilautomatisch auf die dortige Startrampe aufgelegt. Von dort wurde die Rakete mit der Lademaschine in den jeweiligen Bunker gefahren.
Geführt wurde der gesamte technologische Ablauf aus einem innerhalb der Technischen Abteilung gelegenen Bunker, dem Teilobjekt 46. Hier waren neben dem Gefechtsstand der Technischen Abteilung der FRAG 431 alle für den autarken Betrieb notwendigen technischen Anlagen, Sanitäreinrichtungen, Unterkünfte, ein Unterrichtsraum sowie die für die Betankungsgruppen vorgesehenen Räume unter der Beachtung einer Schwarz/Weiß-Trennung und ein ABC-Schutzfiltersystem für den Bunker installiert. Zusätzlich verfügte der Bunker über eigene Trinkwasserreserven, Notstromaggregate für die wichtigsten Bauwerke im Stellungsbereich und eine Küche.
Weitere für die tägliche Arbeit maßgebliche Gebäude im umzäunten Bereich der Technischen Abteilung waren neben dem dreigeteilten Raketenlager die Treibstoffbunker, der zur Lagerung der Pyrotechnik dienende Pyrobunker, die AKIPS-Halle sowie zwei Leichtbauhallen, die als Garagen für die TLF und andere Technik dienten. Zusätzlich wurden hier die Montagegruppen geschult und die regelmäßig durchzuführenden Sichtprüfungen an den Raketen realisiert. Dazu wurde nach einem festgelegten Plan jede einzelne Rakete, ob montiert oder in Wendfeld im Transportbehälter lagernd, geöffnet und auf Beschädigungen der Behälterzellen und Dichtungen, Feuchtigkeit im Inneren oder sonstige Defekte überprüft. Danach wurde eine elektrische Kontrolle durchgeführt und die Rakete wieder an den vorgesehenen Lagerplatz gebracht.
Mit Übernahme des Waffensystems S-200 in das Diensthabende System (DHS) wurde die TA 4310 in eine 20-Minuten-Bereitschaft versetzt. Diese galt ständig. Das heißt, dass jederzeit eine Crew je Arbeitsplatz nach 20 Minuten die Arbeit am jeweiligen Arbeitsplatz aufnehmen musste. Nach weiteren 25 Minuten war die volle Arbeitsbereitschaft auf den Plätzen herzustellen.
Die Diensthabende Besatzung bestand aus einer Montagegruppe und drei Betankungsgruppen. Die Montagegruppe wurde aus einem Montagegruppenführer, einem Kranfahrer und vier Mechanikern gebildet. Hinzu kamen eine Gruppe Luftbetankung mit einem Gruppenführer und einem Mechaniker sowie eine Brennstoff- und eine Oxydatorgruppe mit jeweils einem Gruppenführer und zwei Betankungssoldaten. Komplettiert wurde die Diensthabende Besatzung durch einen Neutralisator. Seine Aufgabe bestand in der Bedienung des Wasch- und Neutralisationsfahrzeuges 8T311, welches im Falle einer Havarie bei der Oxydatorbetankung einsatzbereit sein musste. Hinzu kamen die Kraftfahrer der Transport- und Ladefahrzeuge (TLF). Geführt wurde die Besatzung durch einen Offizier.
Die Technische Abteilung war jedoch nicht direkt in das Diensthabende System (DHS) eingebunden, sodass die Bereitschaftszeiten zu Hause verbracht werden konnten. Nach langen Zeiten der Abwesenheit von der Familie nach der Ausbildung in Kamenz und Gatschina ein Luxus, den wir sehr zu schätzen wussten.
Alarmiert wurde bei Auslösung einer höheren Stufe der Gefechtsbereitschaft, aber auch zu Trainingszwecken, durch Melder, die dann, natürlich zu nachtschlafender Zeit, gleich die gesamte Familie mit aus dem Bett klingelten. Telefone oder andere Alarmierungseinrichtungen speziell für die Armeeangehörigen der Technischen Abteilung gab es damals nicht. Es gab nur eine Hupe, die im unteren Bereich aller Treppenaufgänge der Wohnblöcke installiert war, und wenn die losbrüllte, gab es keinen Unterschied mehr, ob man der TA, der Funktechnischen Kompanie oder der Startbatterie angehörte. Bei offener Alarmierung sowie bei Überprüfung der Alarmierungseinrichtungen täglich um 07:00 Uhr und 13:00 Uhr war auch der letzte Schläfer wach.
Zum Einkaufen fuhren wir nach Tessin. Dazu musste man sich an der Wache in ein Abwesenheitsbuch eintragen und nach der Rückkehr wieder zurückmelden. So wussten im Alarmfall während der Abwesenheit die Melder, dass sie an bestimmten Türen nicht klingeln mussten.
Da aber ausschließlich Soldaten und Zivilbeschäftigte der NVA mit ihren Familien hier wohnten, gab es kritische Äußerungen nur hinter verschlossenen Türen.
1987 wurde die Technische Abteilung umgegliedert. Der Montagezug wurde dem Lagerverwalter, Oberfeldwebel Heiko Schulz, unterstellt. Da aber für jede Raketenbewegung auch weiterhin ein Offizier anwesend sein musste, teilten sich diese Aufgabe im Wesentlichen der Kompaniechef und der verbliebene Betankungszugführer. Allerdings hatte diese Struktur aufgrund des Arbeitsaufkommens und der Verantwortung des Montagezugführers nicht lange Bestand und der Montagezug bekam wieder einen Offizier.
Nach nur fünf Jahren standen große Veränderungen vor allen Soldaten der FRAG 431. Im Spätherbst 1989 öffnete die DDR die Grenze.
Das Waffensystem S-200 wurde von der Bundeswehr noch bis zum Einzug des bereits damals veralteten Waffensystems HAWK im Juni 1993 mit Einschränkungen betrieben und danach außer Dienst gestellt.

Fred Pinske
Hauptmann a. D.

9. Episode: Überführung des ersten Tatra AD-28

(Geschildert wird hier die Überführung des ersten Autodrehkranes Tatra AD-28 direkt von der Grenze der DDR zur Tschechischen Republik nach Sanitz. Grundlage für die Schilderung dieser Episode sind meine und die Erinnerungen meines damaligen Kraftfahrers Hans Radke, der zum Zeitpunkt der Fahrt Oberfähnrich in der Funktion KFZ-Techniker war. Ich selbst war Leutnant und erster Feuerzugführer in einer Startbatterie, als mein Fahrer und ich zur Abholung des Autodrehkranes befohlen wurden. Beide möchten wir betonen, dass wir das Erlebte hier zwar nach bestem Wissen und Gewissen darstellen, uns aber dabei eine subjektiver Sichtweise vorbehalten müssen.)

In der ersten Hälfte des Jahres 1984 erhielt ich als junger Leutnant den Befehl, zusammen mit dem sehr erfahrenen KFZ-Techniker Oberfähnrich Hans Radke mit dem Zug von Rostock direkt an die Tschechische Grenze zu fahren. Der Befehl lautete:

»Übernahme eines neuartigen, fabrikneuen Autodrehkranes vom Typ AD-28 aus tschechischer Produktion und Überführung des Fahrzeuges auf vorgeschriebener Strecke zum Brigadestab nach Sanitz.«

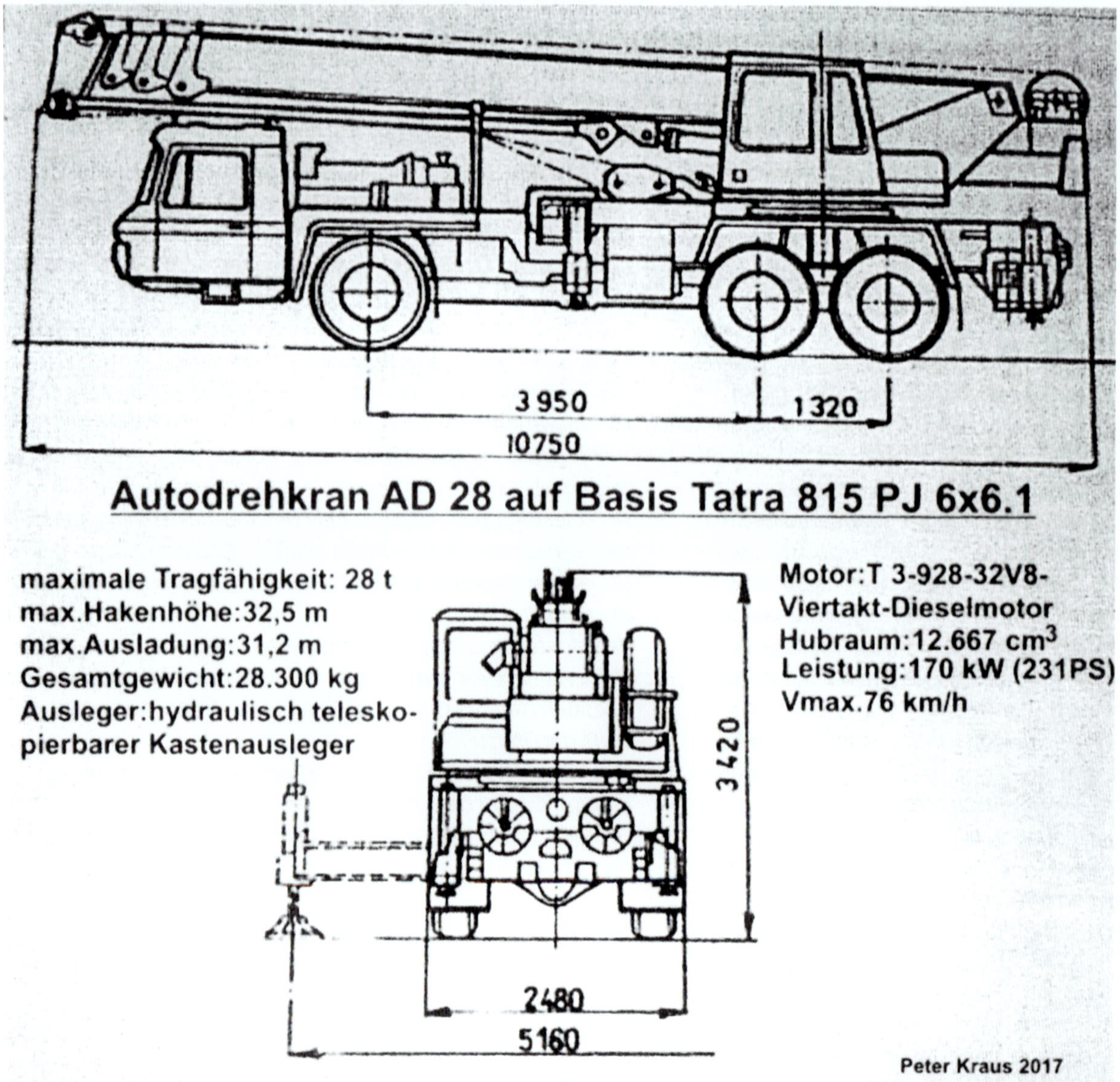

Zeichnung des Autodrehkranes AD-28.

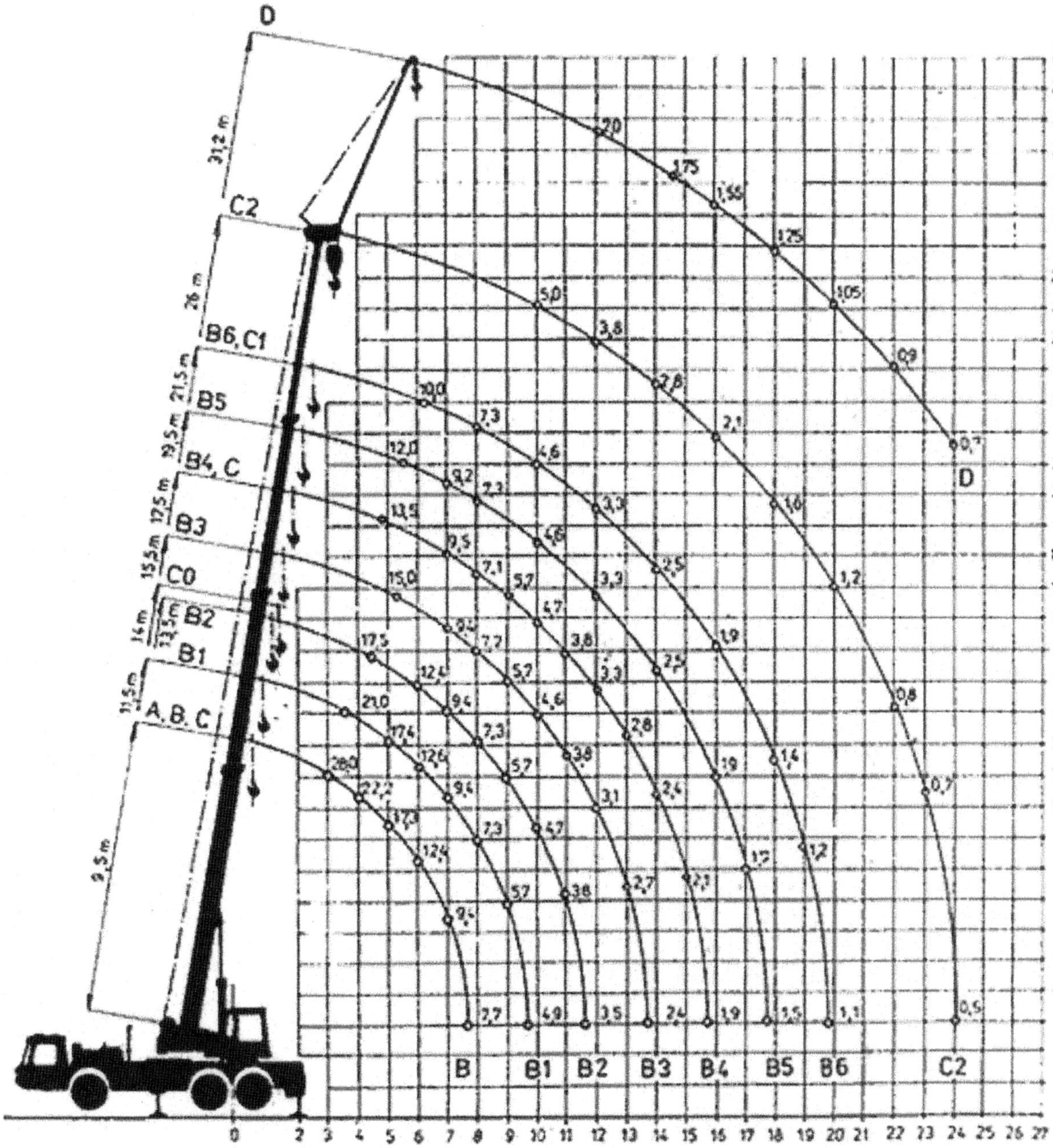

Die Grafik zeigt die möglichen Auslegerweiten des AD-28. Mit der zusätzlich montierten Traverse am Ausleger erreichte dieser eine Länge von 31,2 m. Bei einer Auslegerweite von 24 m konnten immer noch 700 kg gehoben werden. Der Kran wurde unter anderem zum Aufbau der Traglufthallen neu in den Bestand der NVA aufgenommen.

Es dürfte ungewöhnlich, wenn nicht gar einzigartig gewesen sein, dass diese Übergabe direkt an der Grenze erfolgen sollte. Dies war wohl der Dringlichkeit geschuldet, mit der dieser Kran schnellstmöglich zur 43. Fla-Raketenbrigade gebracht werden sollte, um ihn für den vorgesehenen Verwendungszweck in der im Aufbau befindlichen neuen Gefechtsstellung des S-200 einsetzen zu können.
Man teilte mir weiter mit, dass bei der Übergabe/Einweisung des Fahrzeuges von den tschechischen Werksvertretern an mich bzw. an meinen Kraftfahrer eine Mitarbeiterin des Außenministeriums (der DDR) zugegen sein würde. Sie würde alle Formalitäten klären, während wir uns mit den technischen Eigenschaften des Kranes zu beschäftigen hätten, um eine problemlose Überführung quer durch die ganze Republik zu ermöglichen.
An einem frühen Morgen begaben wir uns also zum Rostocker Hauptbahnhof, um den weiten Weg nach Bad Schandau anzutreten. Da kein Aufenthalt nach der Übernahme des Kranes vorgesehen und die Rückfahrt sofort anzutreten war, versuchten wir, im Zug etwas vorzuschlafen. Das allerdings fiel uns beiden gleichermaßen schwer – zu groß waren die Spannung und die Erwartungshaltung, was da wohl auf uns zukommen würde.
Am späten Nachmittag trafen wir am Bahnhof Bad Schandau ein und wurden von zwei Grenzern mit einen russischen Geländewagen, Typ UAZ, abgeholt. Wir fuhren an die nicht weit entfernte »Grenzübergangsstelle Schmilka«. Kaum angekommen, sahen wir dort schon unseren Kran stehen und begaben uns voller Eifer auf direktem Weg zu dem Fahrzeug. Dieses Vorhaben wurde allerdings durch ein schrilles Kom-

mando der Grenzer vereitelt. Der Kran stand ja schließlich noch auf tschechischem Territorium, und ein einfaches Hinübergehen war auch für einen Offizier und einen Oberfähnrich der Fla-Raketentruppen der NVA nicht einfach so möglich. Mit einem Schmunzeln im Gesicht der Außenministeriums-Mitarbeiterin und der Grenzer war aber das Missverständnis schnell aus der Welt.

Die Mitarbeiterin hatte schon Vorarbeit geleistet, die Formalitäten waren bereits weitestgehend abgeschlossen. Sie wartete nur noch darauf, dass wir das Fahrzeug übernahmen, denn damit war ihre Aufgabe erfüllt. Die Übergabe erfolgte in gebrochener, aber gut zu verstehender deutscher Sprache und bezog sich hauptsächlich auf das Fahren mit diesem Kran.

Da Hans schon unzählige verschiedene Fahrzeuge verschiedenster Bauarten gefahren war, fand er sich in der Bedienung erstaunlich schnell zurecht, und los ging es. Wir fuhren auf der Transitstraße 172 über Pirna und Dresden auf die Autobahn E 55 Richtung Norden. Auf Höhe Lübben verließen wir die Autobahn und fuhren Richtung Jüterborg weiter. Unser Ziel war Brück. An diesem Standort war das Fla-Raketenregiment 1 »Anton Fischer« der Truppen-Luftabwehr stationiert, und hier sollten wir den Kran für die zweite Etappe unserer Fahrt nach Norden noch einmal volltanken.

Eigentlich war die Fahrt dorthin, wie die ganze Fahrt überhaupt, nur auf Fernverkehrsstraßen und Autobahnen für uns erlaubt. Hans meinte aber, eine direkte Verbindung über Treuenbrietzen nach Brück zu kennen, mit der wir einige Kilometer sparen würden, zumal wir noch eine lange Fahrt vor uns hätten. Ich überlegte nicht lange und stimmte zu.

Dass das Verkürzen der Strecke nicht der einzige Grund war, über Treuenbrietzen zu fahren, sollte ich alsbald erfahren. Am Rande der Ortschaft Treuenbritzen wohnte die Mutter meines Oberfähnrichs, und wie es der Zufall wollte, mussten wir genau dort einem menschlichen Bedürfnis nachkommen. Mir war ganz schön mulmig zumute, mit diesem Geschoss von Kranwagen so abgelegen zu parken, zumal ich – und das als frischgebackener Leutnant! – die volle Verantwortung für die Überführung des Fahrzeuges hatte. Die Freude der Mutter, Hansi so unerwartet zu sehen, ließen meine Bedenken aber schnell in den Hintergrund treten. Nach dem schon sehr langen Tag genossen wir den starken Kaffee und machten uns nach einer knappen halben Stunde wieder auf den Weg.

31 Jahre nach dieser Fahrt erzählte ich diese Begebenheit in einem Interview dem ehemaligen Kommandeur Oberst a. D. Dieter Lehmer. Mit einem Lachen im Gesicht meinte er nur: »Du bist von der Fahrstrecke abgewichen? Dich müssten sie heute noch verhaften«.

In der Dienststelle des Fla-Raketenregimentes 1 waren wir angemeldet, und so verlief die Betankung unseres Kranes völlig unproblematisch.

So interessiert das anwesende Personal unseren Kran bestaunte, so interessierte mich die dortige Technik. Über die Truppenluftabwehr wusste ich nicht viel mehr, als dass diese Einheiten mit hochmobilen Fla-Raketenkomplexen auf Panzerfahrgestellen die kämpfenden Mot.Schützen- und Panzerverbände im Ernstfall begleiten und vor überraschenden Luftangriffen schützen sollten. Das war schon eine ganz andere Aufgabe als die, welche den Fla-Raketentruppen der Luftverteidigung im Allgemeinen und unserem neuen System S-200 im Besonderen gestellt war.

Nach kurzer Zeit verließen wir die Dienststelle und fuhren über die Autobahn E 55 an Berlin vorbei Richtung Rostock. Von nun an sollte es schnell nach Hause gehen und wir machten nur noch kurze Pausen.

Ich werde das Gefühl nicht vergessen, wie wir in der späten Nacht in der Dienststelle Sanitz eintrafen und das Fahrzeug verließen. Wir hatten die letzte Pause vor Stunden gemacht und somit eine längere Strecke am Stück zurückgelegt. Als ich nun endlich wieder festen Boden betrat, schien dieser unter meinen Füßen wegzuschwimmen, und ich musste mich tatsächlich erst einmal am Fahrerhaus festhalten. So musste sich das anfühlen, wenn man auf einem alten Kutter bei Windstärke 10 zur See fuhr.

Die Ursache dafür war leicht zu finden: Das über 28 Tonnen schwere Gefährt brachte es immerhin auf fast 76 Stundenkilometer und nickte dabei beständig sanft auf und nieder, und Hans, der sich inzwischen sehr gut an das Gefährt gewöhnt hatte, hatte die letzten 200 km ordentlich aufs Gas getreten. Da man in der Fahrerkabine fast 1,5 Meter vor der Vorderachse saß, übertrugen sich diese steten Auf-und-Ab-Bewegungen während der langen Fahrt auf den Körper, und beim Aussteigen glaubte man, diese Bewegungen fortsetzen zu müssen.

Ich habe den Tatra-Kran AD-28 bei der Entfaltung unserer Technik in der Stellung Prangendorf nur im Einsatz gesehen, als die fünf Tragluftkuppeln aufgebaut wurden. Wo das Fahrzeug danach eingesetzt wurde, ist heute nicht mehr zu klären. Der Kran gehörte nicht zum Fuhrpark der Fla-Raketen-Abteilungsgruppe 431 in Prangendorf.

Nach einer Recherche im Internet sollen sich bei der Übergabe an die Bundeswehr insgesamt sieben AD-28 im Bestand der NVA befunden haben.

Den ersten haben Hans Radke und ich geholt und in den Bestand der NVA überführt.

10. Das letzte Gefechtsschießen der Fla-Raketentruppen der NVA 1989

Das nahende Ende der Deutschen Demokratischen Republik und damit auch der Nationalen Volksarmee sollte nicht mehr lange auf sich warten lassen. Keiner der Teilnehmer an dem größten Ereignis in der Geschichte der Fla-Raketentruppen der DDR konnte auch nur erahnen, dass es das letzte Gefechtsschießen dieser Waffengattung überhaupt sein würde. Es war das komplexeste Prüfungs- und Gefechtsschießen der Fla-Raketentruppen überhaupt und wurde durch die 3. Luftverteidigungsdivision im Jahr 1989 erfolgreich durchgeführt. Alle Waffensysteme, die es in der Luftverteidigung gab, kamen unter automatisierter Führung der Gefechtshandlungen zum Einsatz.

Es waren die Systeme S-75 »WOLCHOW«, S-125 »NEWA«, S-200 »WEGA« und der erst ein Jahr zuvor eingeführte und hochmoderne Komplex S-300 PMU. Für den S-300 war es das Erstschießen und damit die Vorbereitung für die Zulassung zum Diensthabenden System.

Neben dem Kommandeur der 3. LVD, seinem Stellvertreter für Fla-Raketentruppen, Jagdfliegerkräften, dem Chef der Funktechnischen Truppen sowie Offizieren seines Stabes nahmen eine verkürzte Besatzung des Gefechtsstands der Division und ein verkürzter Personalbestand der Funktechnischen Truppen zur automatisierten Sicherstellung der Luftlage und Jägerleitung an dem Gefechtsschießen teil.

Unter Leitung von Oberstleutnant Dietze stand das Jagdgeschwader 9 mit zehn Jagdflugzeugen des Typs MIG-23 und dem zugehörigen Personal zur fliegertechnischen Sicherstellung. Dazu gehörte ebenfalls ein verkürzter Personalbestand des Gefechtsstands.

Aus dem Bestand der 43. Fla-Raketenbrigade nahmen unter Führung von Oberst Spakowski eine Gefechtsbesatzung des automatisierten Gefechtsstands sowie folgende Fla-Raketenabteilungen teil:

- Die Fla-Raketenabteilungsgruppe 431 mit dem System S-200 aus Prangendorf unter Führung von Oberstleutnant Oldenburg mit den beiden Abteilungen 4311 unter Führung von Oberstleutnant Grubba und der Abteilung 4312 unter Führung von Oberstleutnant Sieg,
- die neu aufgestellte Fla-Raketenabteilung 4351 mit dem System S-300 unter Führung von Major Gebbert (sie kam ebenfalls aus Prangendorf und war dort nur übergangsweise, bis zur Fertigstellung des zukünftigen Standortes in Retschow, untergebracht),
- die Fla-Raketenabteilung 4322 mit dem System S-75 aus Barth unter Führung von Oberstleutnant Rossbach,
- die Fla-Raketenabteilung 4332 mit dem System S-125 aus Nienhagen unter Führung von Oberstleutnant Lempe und
- die Fla-Raketenabteilung 4334 mit dem System S-125 aus Kirchdorf unter Führung von Oberstleutnant Voigtsberger.

Weiterhin nahmen mit der Zielstellung Überprüfung des Ausbildungsstandes die Fla-Raketenabteilungen 132 und 234 an dem Gefechtsschießen teil.

Dem Kommandeur der 3. LVD standen insgesamt 13 Zielkanäle der teilnehmenden Fla-Raketenabteilungen für den gleichzeitigen Einsatz zur Verfügung und er konnte die Jagdflugzeuge der JG-9 im Zusammenwirken mit den Fla-Raketentruppen einsetzen.

Die Zieldarstellungsmittel waren ferngelenkte Drohnen LA-17 und programmgesteuerte Raketen RM-207.

Wer mehr zu diesem Prüfungsschießen im Rahmen der Übung »Elbe-89« erfahren möchte, kann sich dazu auf der Internetseite
http://www.lv-wv.de/frt/leben_frt/gschiessen.html
eingehender informieren.

11. Exkurse

11.1. Parallaxenausgleich

Die Bedeutung des Parallaxenausgleiches ist selbst Insidern nicht immer leicht verständlich zu machen. Wikepedia erklärt dazu im Internet:
»Der Parallaxenfehler (auch: Parallaxefehler) ist ein Beobachtungsfehler, der entsteht, wenn man zwei hintereinanderliegende Gegenstände betrachtet und dabei den Ausgangspunkt ändert, sodass sich eine scheinbare Verschiebung der Gegenstände ergibt, die sogenannte Parallaxe, die aber nur durch die verschiedenen Blickwinkel vorgespiegelt wird.«
Wenn man sich in der zeichnerischen Darstellung des Parallaxenfehlers das eine Auge als die Raketenleitstation und das andere als die Startrampe mit Rakete vorstellt, fällt es leichter zu verstehen, wie der Parallaxenfehler durch die verschiedenen Standorte dieser beiden Elemente der Gefechtsordnung im Gelände entsteht.

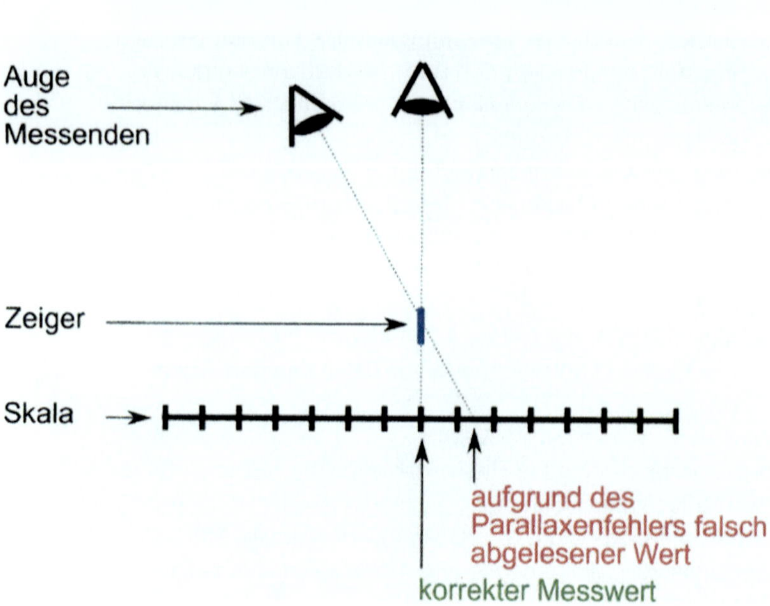

Zeichnerische Darstellung der Entstehung eines Parallaxenfehlers.

Die Raketenleitstation und die Startrampen sind beim Komplex S-200 bis zu einem Kilometer voneinander entfernt. Diese Entfernung diente dem Schutz der Empfänger der Lenkköpfe in den Raketen vor der direkten Abstrahlung der Aufhellstation.

Deshalb war es erforderlich, bei der Ausrichtung der Lenkköpfe in die von der Aufhellstation ständig zu ermittelnden Koordinaten des Zieles die Korrekturen der Parallaxe im Seitenwinkel »Δβ«, im Höhenwinkel »Δε« und nach der Entfernung »Δr« einzusteuern. Nach der Geschwindigkeit hingegen kann die Parallaxe vernachlässigt werden.

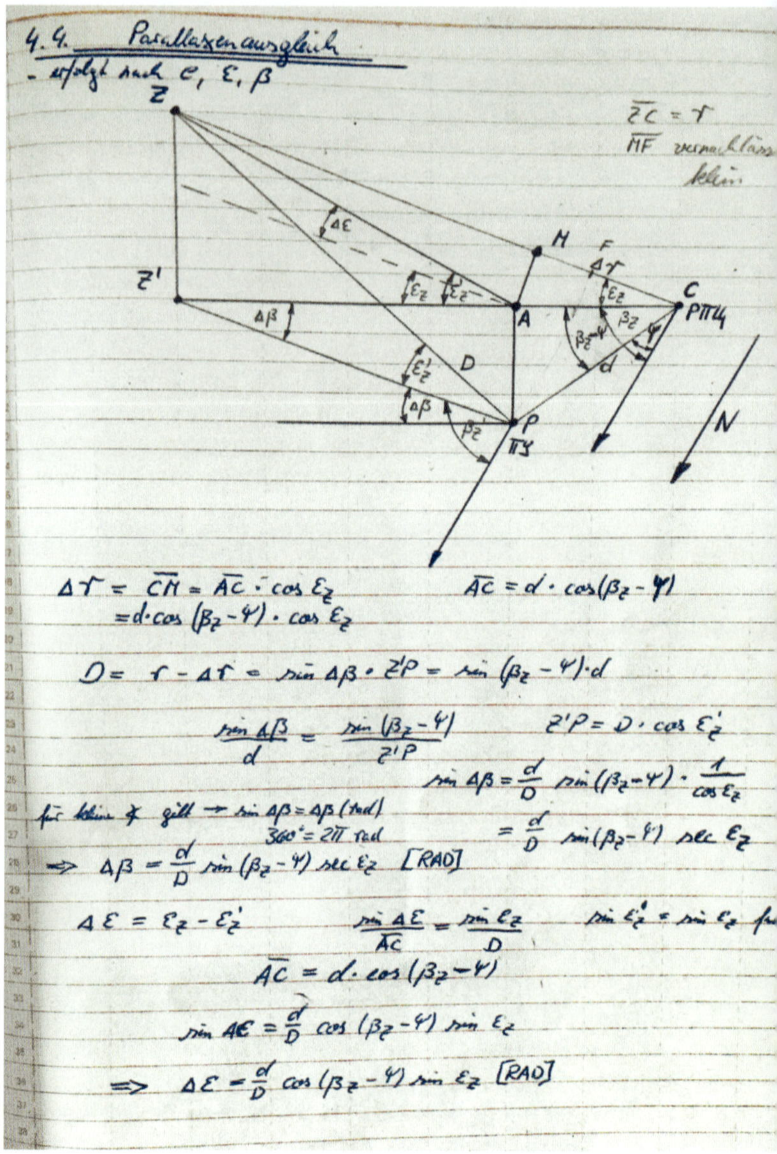

Dieses Bild zur komplexen Parallaxenberechnung wurde den Unterlagen zur Umschulung des Personalbestandes auf das Fla-Raketensystem S-200 entnommen. In der Praxis übernahmen Rechensysteme diese komplizierten Berechnungen.

In der Praxis wurde auch beim Fla-Raketensystem S-200 für die Berechnung der Korrekturdaten für den Seiten- und Höhenwinkel sowie der Entfernung mit Annäherungsgleichungen gearbeitet. Als Beispiel sei hier die Parallaxenkorrektur für den Seitenwinkel näher erläutert.
Ausgegangen wird von der Näherungsformel

$$\Delta\beta = \frac{d \times \sin(\beta_Z - \Psi) \times \sec \varepsilon_Z}{D} \times 57.3^\circ$$

mit
d = Basis: Entfernung zwischen der Drehachse der K-1W und der Startrampe
Ψ = Basisseitenwinkel: Seitenwinkel der Startrampe zur K-1W
D = Entfernung Lenkkopf–Ziel
β_Z, ε_Z: Seiten- und Höhenwinkel des Zieles zur Aufhellstation.

Das Leiten des Lenkkopfes nach dem Seitenwinkel erfolgt durch das Drehen der Startrampe in die Richtung zum Ziel bei gleichzeitiger Ausrichtung der Antenne des Lenkkopfes nach der Längsachse der Fla-Rakete. Dabei muss folgende Bedingung erfüllt sein:

$$\beta_{SR} = \beta_{LK} = \beta_Z \pm \Delta\beta$$

(Seitenwinkel Startrampe = Seitenwinkel Lenkkopf = Seitenwinkel Ziel ± Δβ)

Zur Werteübertragung des Seitenwinkels des Zieles wird eine Drehmeldeverbindung (Zweikanal-Drehmeldeverbindung) mit Folgeantrieb (Verstärker, Antriebsmotor) genutzt. Zur Abstimmung der Drehmeldeverbindungen der Kabinen K-1W und K-3W sind Differenzialdrehmeldegeber zwischengeschaltet. In die Differentialdrehmelder wird die Korrektur der Parallaxe durch Lösung der Gleichung

$$\Delta\beta \times D = d \times \sin(\beta_Z - \Psi) \times \sec \varepsilon_Z$$

eingeführt.
Die Größen »d« und »Ψ« werden nach der topographischen Vermessung für jede Startrampe von Hand eingegeben.
Mittels eines linearen und sin-cos-Drehtransformators sowie Secanspotenziometer wird eine Spannung gebildet, die dem Produkt

$$d = \sin(\beta_Z - \Psi) \times \sec \varepsilon_Z$$

proportional ist.
Diese Spannung wird mit einer Spannung verglichen, die dem Produkt

$$\Delta\beta \times D$$

proportional ist.
Die der Entfernung Lenkkopf–Ziel proportionale Spannung wird aus einer Spannung mit der Frequenz 165 kHz unter Nutzung der Impulse »RO/ro« und »rST« und der der Korrektur der Parallaxe nach der Entfernung proportionalen Spannung »Δr« erzeugt.
Aus dem Vergleich beider Spannungen entsteht ein Fehlersignal, welches nach Verstärkung zum Elektromotor gelangt, der das Potenziometer für die Einstellung der Spannung »Δβ« solange verschiebt, bis beide Spannungen gleich groß sind.
Dadurch wird vom Differentialdrehmelder eine Spannung abgenommen, deren Amplitude den Seitenwinkel des Zieles charakterisiert:

$$\beta'_Z = \beta_Z \pm \Delta\beta$$

Diese Spannung gelangt zu den Drehmeldeempfängern der Startrampe, die den Winkel

$$\beta'_Z = \beta_{SR}$$

abarbeiten.
Die Startrampe dreht sich in Richtung Ziel. Ist der Winkel mit einer Genauigkeit von ± 30' eingestellt, gibt der Anzeigeblock der Startrampe das Signal »Synchronisiert« aus und am Winkelkontrollblock leuchtet die Lampe »Nawed β« des entsprechenden Kanals auf.

11.2. Die Vernichtungs- und Startzone von Fla-Raketen

(Auszug aus dem vermittelten Lehrstoff in der Sowjetunion)

Die Vernichtungszone (VZ) ist das wichtigste Charakteristikum zur Beurteilung eines Fla-Raketenkomplexes (FRK). Sie stellt die Möglichkeiten des FRK zur Zielvernichtung dar.
Die VZ ist der Teil des Luftraumes um den FRK, der durch die Grenzparameter Höhe, Entfernung und Kurswinkel der Rakete zum Ziel begrenzt ist. In diesen Grenzen wird die Vernichtung des Zieles mit der geforderten Wahrscheinlichkeit gewährleistet.
Die VZ charakterisiert die Möglichkeit des Fla-Raketenkomplexes zum Schießen auf Luftziele und wird bestimmt durch die Manöver- und Geschwindigkeitscharakteristik von Ziel und Rakete, durch die Möglichkeiten der Funk-Messmittel zur Ortung und Begleitung von Zielen, durch die Parameter des Regelkreises der Lenkung, durch die Treffbedingungen, durch die funkelektronische Gegenwirkung durch den Gegner und durch die Zeitcharakteristiken der Gefechtsarbeit.
Die Lage der VZ im Raum hängt von der Bewegungsrichtung der Ziel-Aufhellstation (K-1) ab. Die VZ wird so eingerichtet, dass ihre Mittellinie parallel und entgegengesetzt dem Geschwindigkeitsvektor des Zieles ist.
Damit ein Treffen des Zieles in der Vernichtungszone möglich ist, muss, unter Berücksichtigung der Parameter Höhe, Geschwindigkeit und Flugzeit, die Rakete rechtzeitig gestartet werden.
Die Vernichtungszone des S-200 hat ein kompliziertes Aussehen und wird durch entsprechende Grenzen gekennzeichnet. Nach der Höhe durch die obere und untere Grenzhöhe, nach der Entfernung durch e_{nah} und e_{fern} und nach dem maximalen Kurswinkel des Zieles.
Die obere Grenze der VZ wird durch die Manövereigenschaften der Rakete und der geforderten Genauigkeit der Selbstlenkung durch den Zielsuchkopf bestimmt.
Die untere Grenze H_{min} wird dadurch bestimmt, unter welchen Bedingungen die Zielaufhellstation arbeitet, sowie vom ZSK, vom Funkzünder und der Stabilität der Arbeit der Regelkreise der Rakete.
Die nahe Grenze der VZ wird durch die Einschwingzeit der Rakete in die kinematische Flugbahn bestimmt.
Bei der Vorbereitung und in der Führung von Gefechtsschießen unterscheidet man die errechnete und die realisierbare Vernichtungszone.
Die Startzone (SZ) ist ein Teil des Luftraumes, der dem Startmoment der Rakete entspricht, um das Treffen von Rakete und Ziel in der Vernichtungszone zu ermöglichen. Im Gegensatz zur VZ wird die Startzone nicht auf den Sichtgeräten dargestellt.

12. Anhänge

12.1. Vergleich von zwei Systemen weitreichender Fla-Raketen-Komplexe der Bündnisse Nato und Warschauer Vertrag

	NATO	Warschauer Vertrag
	Nike Hercules MIM-14	**S-200 WEGA, SA-5**
Hersteller	USA	UdSSR
Entwicklung	1952	1958
Indienststellung	1955	1967
Länge	12,53 m	10,764 m
Spannweite	3,50 m	2,52 m
Startgewicht	4,850 t	7,018 t
Antrieb 1. Stufe	4 x Feststoffbooster	4 x Feststoffbooster
Antrieb 2. Stufe	Feststofftriebwerk	Flüssigkeitstriebwerk
Startwinkel	fast senkrecht	48°
Geschwindigkeit	Mach 3,65	Mach 3,52
Seitenrichtbereich Startrampe	0°	360°
Nahe Grenze VZ	6 km	17 km
Ferne Grenze VZ	140 km	255 km
Zielhöhe max.	46 km	40,8 km
Lenkung	Funk-Kommando-Lenkung	Halbaktive Zielsuch-Lenkung
Splittergefechtskopf	272 kg	217 kg (Kugeln)
Nukleargefechtskopf	2–40 kT, Typ W31	nuklear möglich
Anzahl Startrampen	Batterie: 9	FRAG: 12 (2 FRA)

MIM-14 Nike Hercules im Fort Lewis Military Museum, Washington. Jedes der vier zu einem Bündel vereinten Starttriebwerke entsprach dem Starttriebwerk der Vorgängerrakete »Nike Ajax« mittlerer Reichweite. (Foto: Joe Mabel. CC BY-SA 3.0)

S-200 Wega. (Foto: Vitaly Kuzmin, CC BY-SA 4.0)

1984, zum Zeitpunkt der Einführung der S-200 in die DDR-Luftverteidigung, galt das stationäre Fla-Raketensystem Nike Hercules bereits als veraltet. Zu diesem Zeitpunkt waren von den 52 Batterien in der Bundesrepublik Deutschland nur noch 40 Stellungen in Betrieb, und die schrittweise Ablösung durch das mobile System mittlerer Reichweite »Patriot« war in der Vorbereitung.

Ein großer Nachteil des Systems Nike Hercules gegenüber dem System S-200 war das Lenksystem der Fla-Rakete. Die Funk-Kommandolenkung der Nike-Rakete war nicht sehr präzise und ebenso wenig störfest. 1979 erhielt etwa ein Viertel der Stellungen den nuklearen Status. Die betreffenden Stellungen wurden mit zusätzlichen Wachtürmen, Erdwällen, Zäunen und zusätzlichen Flak-Abwehrmittel ausgestattet. In jeder dieser Stellungen war ein amerikanisches Wachkontingent stationiert, das den Zugang zur Umgebung der Hangargebäude mit jeweils vier nuklear bestückten Lenkflugkörpern regelte und alle Arbeiten beaufsichtigte.

Die Antriebsvariante der Nike-Hercules-Raketen mit Feststoff in beiden Stufen hatte den Vorteil, dass die Raketen schneller aus der Lagerung heraus für den Start vorbereitet werden konnten, da vergleichsweise wesentlich weniger Personal dafür notwendig war (kein Betankungspersonal wie beim S-200). Während der S-200 weitere knapp zwei Jahrzehnte weltweit erfolgreich im Einsatz war, ist das Waffensystem Nike Hercules 1988 außer Dienst gestellt worden. Keine der Stellungen, die oftmals auf erhöhten Positionen errichtet wurden und weitab von bewohnten Gegenden lagen, ist bis heute einer weiteren Nutzung zugeführt worden, sie verwildern allesamt. Eine Stationierung des Nachfolgesystems »Patriot« auf einigen dieser Stellungen wurde verworfen. Das damalige Ende des Kalten Krieges erforderte ein völliges Umdenken in der Verteidigungsstrategie des zukünftig geeinten Deutschlands.

12.2. Am Bau der Stellung in Prangendorf beteiligte zivile Betriebe (Auszug)

VEB Ingenieurhochbaukombinat Rostock
Sitz in Wismar
Betrieb Bad Doberan
(Bodengutachten)

PGH (Produktionsgenossenschaft des Handwerks)
Zentrum Kavelstorf
(Be- und Entwässerungsanlagen)

LTA Dresden (Lufttechnische Anlagen)
(Lüftungs- und Klimaeinrichtungen)

PGH »Waterkant« Rostock
2500 Rostock 9
Pressentinstraße 3
(Kühlwasseranlagen und Differenzdruckmesser)

VEB IHB Wismar Betriebsteil 1 Grevesmühlen
Abteilung Wasseranlagenbau Klütz
VEB Wasseranlagenbau Klütz
(Sanitäranlagen, Schmutzwasserbehälter, Dränage, Wasserversorgung)

VEB Schwermaschinenbau »Karl Liebknecht«
Magdeburg SKL,
VEB Elbe-Werk Rosslau
(Dieselmotoren der Netzersatzanlage,
Projekt Nr. 179-4600-3)

VEB Kombinat Elektromaschinenbau Dessau
(Bau der Drehstromgeneratoren für die Netzersatzanlage)

VEB Bau- und Montagekombinat Industrie- und Hafenbau
Kombinatsbetrieb Ingenieurhochbau Wismar
Betriebsteil 3
2560 Bad Doberan
Severinstraße 9
(Schweißarbeiten, Versorgungs- und Grundleitungen, schallabsorbierende Decken- und Wandverkleidungen)

VEB Bau- und Montagekombinat Industrie- und Hafenbau (IHB)
Kombinatsbetrieb Ausbau
2200 Greifswald
Gubkower Landstraße

Institut für Bau- und Grobkeramik
Prüflaboratorium Wismar
(Gütekontrollen Beton)

VEB Baustoffversorgung Rostock
(Lieferung von Beton, Kies und Splitt)

VEB Verkehrs- und Tiefbaukombinat Leipzig
Kombinatsbetrieb 3 Bauwerksabdichtung, Markleeberg
7113 Markleeberg
PSF 39 und 40
(Folienabdichtungen von Schutzbauwerken, Einfriedung, Straßenbau)

VEB Starkstromanlagebau
4700 Sangerhausen
Kyselhäuserstraße 3
(Auftraggeber der automatischen Dieselsteuerung ADS-4.1)

VEB Reglerwek Dresden
Betrieb des Kombinats VEB EAW Elektronik Dresden
8060 Dresden
Großenhainer Straße 1–7
(Bau der automatischen Dieselsteuerung)

Kooperative Einrichtung (ZBC) Güstrow
Obst- und Grünanlagenbau
2600 Güstrow
Wilhelm-Pieck-Straße 50
(Geländeanpassungen, Einfriedung)

VEB Elektro-Anlagenbau Saßnitz
Betriebsnummer: 00545005
2355 Saßnitz auf Rügen
Bahnhofstraße 1
(Erstellung von Messprotokollen von Elektroanlagen)

VEB Geodäsie und Kartographie Schwerin
(Gelände- und Objekt-Vermessungen)

VEB Metallleichtbaukombinat Blankenburg
(Überdachungen in der Technischen Abteilung)

VEB Mertik
4300 Quedlingburg
(Zubehör Lüftungsanlagen)

VEB Schaltgerätewerk
1512 Werder
(6 kV Hochspannungsverteiler ISOPONT)

VEB Lüftungstechnik
5800 Gotha
Kindleberstraße 99
(Radialventilatoren)

VEB Industrieöle
7033 Leipzig
Jordanstraße 1
(Luftfilteröl, bakterienhemmend)

VEB Luftfiltertechnik
Wurzen
(Spülkästen)

VEB Schallschutz
1120 Berlin
Langhausstraße 21
(Schallschutzwandverkleidungen)

12.3. Abkürzungsverzeichnis und Erläuterungen

AA Armeeangehöriger

A-Objekt Dienststelle in der Nähe von Gefechtsstellungen mit Truppen-Unterkunfts- und Versorgungsgebäuden, in der Regel mit angrenzendem Wohngebiet für Berufssoldaten

AD/ADK Autodrehkran

Aschuluk Staatspolygon der UdSSR, weiträumiges Gelände in der kasachischen Wüste, auf dem die Mitgliedsländer des Warschauer Vertrages Gefechtsschießen zur Überprüfung der Gefechtsbereitschaft durchführten

AZM Aufklärungs- und Zielzuweisungsmittel. Beim S-200 sind das der Höhenfinder PRW-17 und die weitreichende Rundblickstation »Oborona«. Diese Mittel erfassen Ziele in größeren Entfernungen als die Raketen-Leitstationen der Fla-Raketenabteilungen

B/A Bekleidung und Ausrüstung, meist im Zusammenhang mit B/A-Kammer

B1, B2, B3 Bereitschaftsstufen im DHS

Batzen Soldatenjargon für Angehörige der Startbatterie

BC Batteriechef, Dienststellung, Bezeichnung für einen Kompaniechef, dem die Feuerzüge der Startbatterie unterstellt sind. In der Regel Oberleutnant bis Major

B-Objekt Gesichertes Gelände zur Entfaltung der Kampftechnik

Booster Erste Stufe der Fla-Rakete S-200. Besteht aus vier Starttriebwerken mit Feststoffantrieb, die nach wenigen Sekunden Brenndauer abgeworfen werden.

Deckungswinkel Winkel zwischen der Antennenöffnung und dem sichtbaren Horizont. Beim S-200 war in den Vorgaben zum Stellungsbau ein Deckungswinkel von 0° gefordert.

DGS Diensthabender Gefechtsstand

DHS Diensthabendes System

Dienststellung Auch Planstelle genannt. Legt den Aufgaben- und Verantwortungsbereich fest. Unterstellungsverhältnisse richteten sich zuerst nach der Dienststellung, die man innehatte, und nicht nach dem Dienstgrad. So konnte zum Beispiel ein Oberleutnant als Kompaniechef Vorgesetzter eines Hauptmanns sein, der Zugführer war

Entfaltung Aufstellung im Zusammenhang mit Gefechtstechnik

EWZ Ersatzteile, Werkzeuge, Zubehör, EWZ-Satz

FAR Flugabwehrrakete

FASTA Einmann-Fla-Raketensystem »Strela«, als Vierfachstarteinheit zusammengefasst

Fehlstart Fla-Rakete bleibt trotz Kommando zum Start auf der Startrampe liegen

FK Funktionskontrolle

Fla-Rak Fla-Raketenverbände der Bundeswehr

FO Funkorter

FRA Fla-Raketenabteilung

FRAG Fla-Raketen-Abteilungsgruppe. Bezeichnung ist mit Einführung S-200 übernommen worden. Ein Standort mit dem System S-200 besteht im Regelfall aus 2–3 Fla-Raketenabteilungen (Schießkanälen). Die FRAG hatte den höchsten Ausbaugrad und die höchste Geheimhaltungsstufe der FRT

FRBr Fla-Raketenbrigade (besteht aus mehreren Fla-Raketen-Abteilungen gemischter Systeme)

FRID Fla-Raketen-Ingenieurdienst

FRR Fla-Raketenregiment

FRS Fla-Raketensystem

FRT Fla-Raketentruppen

FuTK Funktechnische Kompanie, Bestandteil einer FRA

FZ Funkzünder. Löst die Detonation des Gefechtsteiles aus

FZF Feuerzugführer, auch nur als Zugführer für Startausrüstung bezeichnet.

Gatschina Ort 45 km südlich des damaligen Leningrad, heute Sankt Petersburg. Hier befand sich eine zentrale Ausbildungsstätte für die Fla-Raketentruppen der Mitgliedsländer des Warschauer Vertrages

Gemischte Systeme Zusammengefasste Waffensysteme unterschiedlicher taktisch-technischer Eigenschaften (S-75, S-125, S-200, S-300)

GKdos Geheime Kommandosache, höchste Geheimhaltungsstufe für Staatsgeheimnisse der DDR

GS Gefechtsstand, zentraler Punkt zur Führung des Gefechtes. Beim S-200 gab es die Besonderheit, dass sich die Anzahl der Gefechtsstände nach der Anzahl der zusammengefassten Fla-Raketenabteilungen richtete. In unserem Beispiel gab es den zentralen Gefechtsstand des Kommandeurs der FRAG und je einen Gefechtsstand der Kommandeure der beiden Fla-Raketenabteilungen

GSN Abkürzung für die russische Übersetzung des Wortes »Zielsuchlenkkopf« (in der Spitze der Rakete)

GSSD Gruppe der Sowjetischen Streitkräfte in Deutschland

GT Gefechtsteil (Sprengkopf), dient der Vernichtung von Luftzielen, ohne diese direkt mit der Rakete treffen zu müssen

GVS Geheime Verschlusssache, Zweithöchste Geheimhaltungsstufe für Staatsgeheimnisse der DDR

Heister Fachbegriff für in Baumschulen herangezogene, 1,25 bis 2,50 m hohe Laubbäume

Hptm. Hauptmann, Dienstgrad

HS Hauptstab. War nichts anderes als der Generalstab der NVA. Die Bezeichnung »Generalstab« für die höchste militärische Kommandobehörde war der NVA von der damaligen Militär-Führung der Sowjetunion untersagt worden.

HSA Hochspannungssicherungsanlage mit mehreren 1000 Volt, diente dem Objektschutz

Kader Personal/Personalbestand

KC Kompaniechef, Dienststellung, in der Regel mit dem Dienstgrad Oberleutnant bis Hauptmann

Kdr. Kommandeur. Vorgesetzter aller Armeeangehörigen und Zivilbeschäftigten einer Dienststelle

Kontaminierung Verschmutzung mit unerwünschten Stoffen (radioaktiv, biologisch, chemisch)

LM Lademaschine, schienengeführtes Trägermittel zur zeitweiligen Lagerung von Fla-Raketen und zur automatischen Beladung der Startrampen

LSK/LV Luftstreitkräfte/Luftverteidigung, Waffengattung der NVA

Ltn. Leutnant, Dienstgrad

LVD Luftverteidigungsdivision. In der NVA gab es die 3. und die 1. LVD. LVDs setzen sich aus Fla-Raketen-Brigaden, -Regimentern und -Abteilungen verschiedener Fla-Raketensysteme zusammen. Der erste S-200 gehörte zur 43. Fla-Raketenbrigade der 3. Luftverteidigungsdivision.

Melange Tarnbezeichnung für die Raketentreibstoff-Komponente Oxydator

MfNV Ministerium für Nationale Verteidigung

Mj. Major, Dienstgrad, allgemein auch erster Stabs-Dienstgrad

MVW Massenvernichtungswaffen, Kern-, chemische- und biologische Waffen, auch ABC-Waffen genannt

NVA Nationale Volksarmee

Oltn. Oberleutnant, Dienstgrad

OSL. Oberstleutnant, Dienstgrad

OT Obertechniker, Dienststellung, in der Regel mit Dienstgrad Leutnant bis Hauptmann ohne Personalverantwortung

PA Politabteilung, auch politische Arbeit

RBS Rundblickstation, im vorliegenden Buch ist damit die weitreichende Station »Oborona« bezeichnet

RD Rückwärtige Dienste, verantwortlich für die Sicherstellung von Infanteriebewaffnung und Munition, Bekleidung und Ausrüstung, Verpflegung, KFZ-Treibstoffen, Medizinischer Versorgung und KFZ-Dienst

Reflexionsfläche Ist die wirksame Fläche eines Flugkörpers, welche ankommende elektromagnetische Strahlen zurücksendet. Durch Spezialanstriche, bestimmte Formgebungen und Verwendung spezieller Materialien kann die Reflexionsfläche wesentlich verkleinert werden. Dies hat entscheidenden Einfluss auf die Auffassentfernungen von Funkmessstationen

Rekognoszierung Begutachtung/Einschätzung vorhandener Geländeeigenschaften

RLS Raketenleitstation, s. auch ZAS

S-75 Sowjetisches Fla-Raketensystem »Wolchow« mittlerer Reichweite, Nato-Code: SA 2

S-125 Sowjetisches Fla-Raketensystem »Newa« kleiner Reichweite, Nato-Code: SA 3

S-200 Sowjetisches Fla-Raketensystem »Wega« großer Reichweite, Nato-Code: SA 5

S-300 Sowjetisches Fla-Raketensystem »PMU Angara« mittlerer Reichweite, hochmobil, Nato-Code: SA 10

Samin Tarnbezeichnung für die Raketen-Treibstoff-Komponente Brennstoff

SB Startbatterie, Bestandteil einer FRA

SC Stabschef, Dienststellung, erster Stellvertreter des Kommandeurs. Ihm unterstanden die VS-Stelle, der Pionierzug, Nachrichten und Gruppe Chemische Aufklärung

SR Startrampe, Gerät zur Ausrichtung der Rakete nach dem Seiten- und Höhenwinkel auf das Ziel, ermöglicht Start der Rakete

STD Druckfeste Sondertore in schwerer Stahlausführung mit Hydraulikantrieb (mechanisch oder elektrisch)

Stellung auch: Gefechtsstellung. Gelände, auf dem die Gefechtstechnik entfaltet ist. Von hier aus werden die Gefechtshandlungen (scharfer Einsatz des jeweiligen Waffensystems) durchgeführt

Strela Einmann-Fla-Raketensystem

STW Starttriebwerke, beim S-200 vier Feststoffbooster

Synchronisation Ausrichten verschiedener Systeme auf ein Ziel. Beispiel: Die Startrampe synchronisiert mit der Ziel-Aufhellstation

SZ Rakete befindet. Anders gesagt ist es der Entfernungsbereich zum Ziel, in dem die Rakete gestartet werden muss, um das Ziel in der Vernichtungszone vernichten zu können

T/S-Dienst Treib- und Schmierstoffdienst

TA Technische Abteilung. Eingangskontrollen, Lagerung, Montage und Bereitstellung verschussbereiter Fla-Raketen. Im Havariefall Bergung beschädigter oder fehlgestarteter Fla-Raketen

Tatra 813 Lkw, schweres Zugkraftmittel tschechischer Produktion. Bevorzugter Einsatz als Zugmittel für schwere Artillerie und Startrampen der Fla-Raketentruppen

TLF Transport-Lade-Fahrzeug, diente der zeitweiligen Lagerung von Fla-Raketen und zum Beladen der Startrampen

TLH Traglufthalle, wetterfeste Kunststoffhülle, die durch Überdruck aufgeblasen wird

Triangulation geometrische Methode der optischen Abstandsmessung durch genaue Winkelmessung innerhalb von Dreiecken

UdSSR Union der Sozialistischen Sowjetrepubliken, im Sprachgebrauch auch Sowjetunion. Vielvölkerstaat, am 26.12.1991 aufgelöst

VVS Vertrauliche Verschlusssache, niedrigster Geheimhaltungsgrad für Staatsgeheimnisse der DDR

VZ Vernichtungszone, hängt von vielen technischen Parametern der Fla-Rakete ab. Die VZ setzt sich hauptsächlich zusammen aus der nahen und der fernen Grenze, unter Berücksichtigung der Zielhöhe

WV Warschauer Vertrag. Am 14. Mai 1955 von acht sozialistischen Ländern unterschriebener Vertrag über Freundschaft, Zusammenarbeit und gegenseitigen militärischen Beistand. Es war die Antwort auf das bereits 1949 gegründete westliche Verteidigungsbündnis, die NATO. Am 1. Juli 1991 vollständig aufgelöst

ZAS Ziel-Aufhellstation. auch Raketen-Leitstation. Erfasst das Ziel und bestrahlt es mit elektromagnetischer Energie. Die vom Ziel reflektierten Strahlen werden von der Station und vom Zielsuchkopf der Rakete aufgefasst und dort über den Bordrechner in Lenkkommandos umgeformt (halbaktive Zielsuchlenkung)

ZDM Zieldarstellungsmittel

ZF Zugführer, Dienststellung, in der Regel mit dem Dienstgrad Leutnant bis Hauptmann

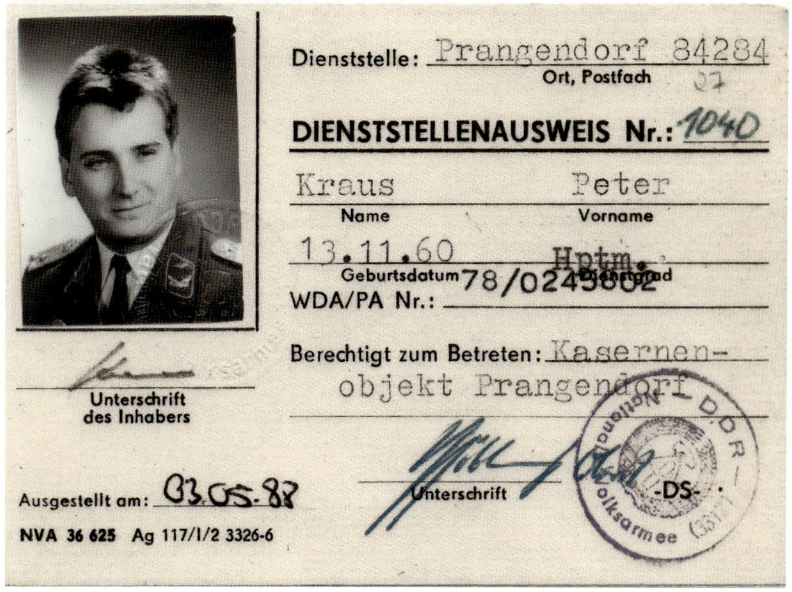

Dienststelle: Prangendorf 84284
Ort, Postfach
DIENSTSTELLENAUSWEIS Nr.: 1040
Kraus Peter
Name Vorname
13.11.60 Hptm.
Geburtsdatum Dienstgrad
WDA/PA Nr.: 78/0245802
Berechtigt zum Betreten: Kasernenobjekt Prangendorf
Unterschrift des Inhabers
Unterschrift
Ausgestellt am: 03.05.88
NVA 36 625 Ag 117/I/2 3326-6

Ehemaliger Dienststellenausweis des Autors für das A-Objekt (Kaserne). Bei seiner Beförderung zum Hauptmann wurde nur noch der Dienstgrad geändert. Das Foto zeigt den Autor als Oberleutnant. Zum Zeitpunkt der Änderung des Dienstgrades hatte er bereits den zweiten Umschulungslehrgang in der Sowjetunion absolviert. Es war die Umschulung auf das Fla-Raketensystem S-300. Bis zur Fertigstellung der Stellung für den S-300 in Retschow war dessen Personal mit der neuen Technik am hinteren Ende der TA untergebracht, abgeschirmt vom übrigen Gelände der Gefechtsstellung des S-200.

12.4. Bildergalerie

URKUNDE
Ugfr. KRAUS
hat in der Jugendinitiative
„100 Tage DHS in Ehren erfüllt – Meine Tat für den Frieden!"
vorbildlich seine Verpflichtung zum Schutz der sozialistischen Heimat eingelöst.
FDJ
Kommandeur FDJ-Sekretär
Ag 117/III-1/303/84

Urkunde für 100 Tage Dienst im Diensthabenden System der FRAG.

Oberst a. D. Dieter Lehmer 75-jährig. Er war der erste Kommandeur einer FRAG des S-200 in der DDR-Luftverteidigung.

Eine seltene Aufnahme von 1991. Kurz vor Übernahme durch die Bundeswehr wurden noch ein Test mit einem neuen Tarnanstrich für die Rakete und die Startrampe vorgenommen.

Hinter der Wohnsiedlung stand der Garagenkomplex. Er wurde in Eigenleistung der Berufssoldaten gebaut.

Zur Wohnsiedlung der Berufssoldaten gehörte auch eine Gaststätte.

Noch einige Wochen nach der Übernahme des Komplexes S-200 in Prangendorf durch die Bundeswehr zierte eine aufgestellte Startrampe mit Rakete auf Startwinkel den Eingangsbereich der Graf-Yorck-Kaserne. Die bedrohlich wirkende Ansicht einer startbereiten Rakete erzeugte in der Bevölkerung einigen Unmut, und so wurde die Startrampe auf Ladewinkel gestellt. Kurze Zeit später wurde die Startrampe samt Rakete abgebaut.

Von der Verbindungsstraße zwischen den Ortschaften Gubkow und Prangendorf ging es links ab zur ehemaligen Gefechtsstellung des S-200. Heute ist auf dem Gelände die Flugabwehrraketengruppe 21 mit dem Waffensystem »Patriot« stationiert. Das Gelände wird als »Friedensausbildungsstellung Gubkow« bezeichnet.

Blick von der Wohnsiedlung auf das A-Objekt. Das Foto verdeutlicht die kurze Entfernung zwischen Wohnsiedlung und Kaserne. Dies erleichterte die Alarmierung der Berufssoldaten.

Dies war die einzige Zufahrtsstraße von der Landstraße zwischen Gubkow und Prangendorf zur Wohnsiedlung und zum A-Objekt.

Blick auf die Wohnsiedlung 2016. Einst bestand die Siedlung aus fünf Wohnblöcken des Plattenbausystems WBS-70. Die beiden Blöcke parallel zur Zufahrtsstraße wurden kurz nach der Wende abgerissen. Interessant bleibt festzustellen, dass die Errichtung der fünf Wohnblöcke in keinem Wohnungsbauprogramm des damaligen Bezirkes Rostock verankert waren. So mussten die Betonelemente von unzähligen Baustellen der Republik als sogenannte »Restbestände« zusammengesammelt werden.

Blick von der Zufahrt zur ehemaligen Gefechtsstellung in Richtung Prangendorf. Auch 2016 ist die Straße noch in einem guten Zustand.

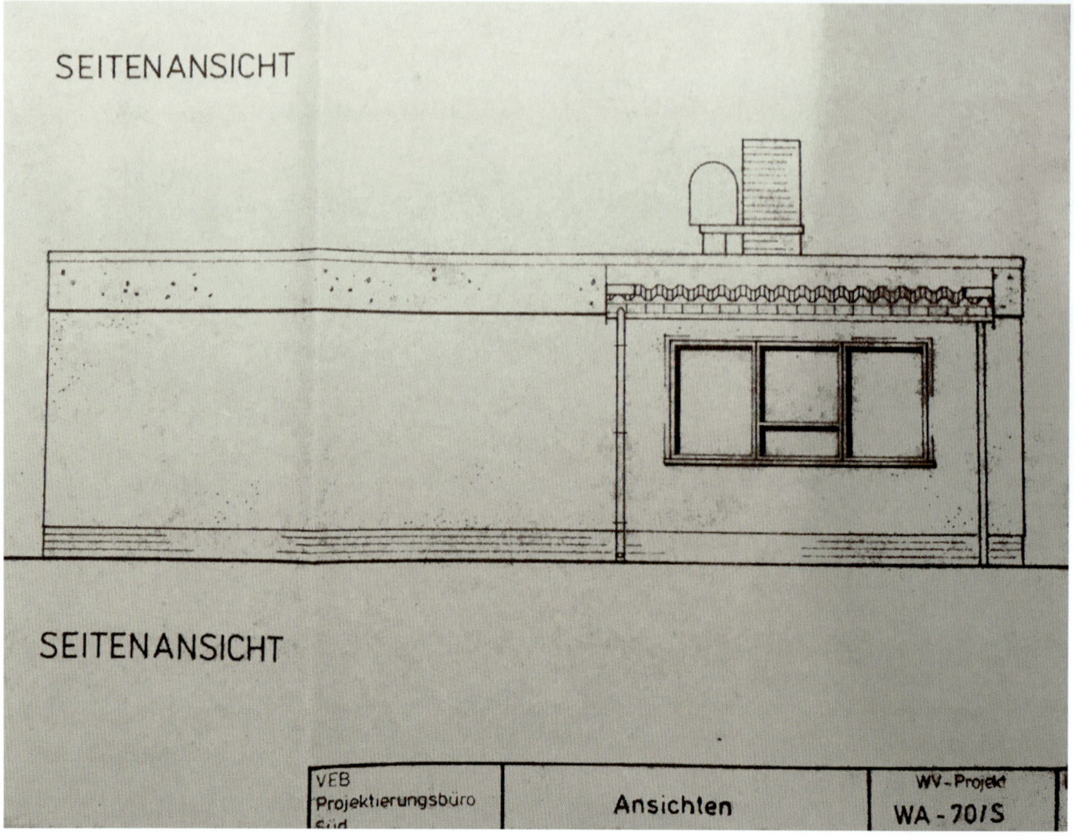

Zeichnung des Wachgebäudes am Eingang des Gefechts-stellung. Das Gebäude wird heute noch von einem zivilen Wachschutzdienst genutzt.

Die Startrampe von hinten, aufgenommen im Museum in Gadow. Der Stecker OSCH-2 ist abgeklappt. Es war die Transportlage für den Stecker, wenn auch die Startrampe in die Transportlage überführt werden sollte. Bei abgeklapptem Stecker OSCH-2 durfte die Startrampe in der Gefechtsstellung des S-200 nicht mit einer Rakete beladen werden.

12.5. Quellen

Literaturverzeichnis

»Die Gefechtseigenschaften des Fla-Raketenkomplexes großer Reichweite S-200 WE«, Studienmaterial der Militärakademie der NVA »Friedrich Engels«, Ausbildungsfach-Nr.: 302.51, Oberst Dr. rer. Rolf Merkewitz, Redaktionsschluss 31.07.1984, GVS-Nr.: B 452 900

»Dienstvorschrift DV 112/0/021« der Technischen Abteilung S-200, Stellvertreter des Ministers und Chef der Luftstreitkräfte und Luftverteidigung, 04.01.1988, GVS-Nr.: C 484 456

»Die Fla-Raketentruppen der Luftverteidigung der DDR«, Bernd Biedermann; Siegfried Horst, Ausgabe 2010

»Die Funktechnischen Truppen der Luftverteidigung der DDR«, Wolf- Rüdiger Stuppert, Siegfried Fiedler, 1. Auflage 2013

»Blazing Skies«(Glühender Schweif), Wilhelm Spreckelsen, Ausgabe 2004

»Das Fla-Raketenregiment 13«, Burghard Keuthe, Ausgabe 2011

»Die Truppenluftabwehr der NVA«, Michael Brix, Ausgabe 2004

»Waffenarsenal Band 10 – Raritäten der NVA«, Wilfried Kopenhagen, Ausgabe 2001

»Waffenarsenal S-49 – Deutsche Fla-Raketen und ihre Kinder«, Wilfried Kopenhagen, Ausgabe 1998

»Nationale Volksarmee, Die Geschichte«, Rüdiger Wenzke, Ausgabe 2014

»Die wichtigsten Flugkörper kapitalistischer Staaten«, Nationale Volksarmee, Kommando der Luftstreitkräfte und Luftverteidigung, Chef Aufklärung, Ausgabe 1980

»Militärtechnische Hefte« , Karl-Heinz Otto, Ausgabe 1985

»Anordnung A 043/1/019 – Kampftechnik, Bewaffnung und Ausrüstung der NATO- und französischen Streikräfte – Luftabwehrmittel«, Ministerrat der DDR, Ministerium für Nationale Verteidigung, Ausgabe 1988

»Anordnung A 043/1/012 – Einsatzgrundsätze der NATO- und französischen Luftstreitkräfte«, Ministerrat der DDR, Ministerium für Nationale Verteidigung, Ausgabe 1988

»Waffensysteme der Fla-Raketentruppen der Luftverteidigung der DDR«, Lothar Herrmann, Ausgabe Dezember 2010

»Fotobuch zur 43. Fla-Raketenbrigade«, Rainer Bergmann, September 2012

»Melange« – Geheime Verschlusssache, Rainer Radloff, 1. Auflage 2010

Persönliche VVS-Aufzeichnungshefte eines Offizier der FutK S-200

Kosten- und Baudokumentationen des Ingenieurbauregiments 2, im Besitz des Autors

VEB Projektierungsbüro Süd Dresden; Original Bau-Zeichnungen zum gesamten Stellungssystem S-200 in Prangendorf im Maßstab 1:500, 1:200 und 1:100, im Besitz des Autors

»ar – Armeerundschau«, Soldatenmagazin der NVA, Heft 01/85

»Zeitschrift der GST der DDR«, Dr. Wolfgang Roschlau, Ausgabe 03/79

»US-Spionage-Flugzeuge«, Hans-Jürgen Becker, 1. Auflage 2008

Umfangreiche Recherche-Unterlagen aus dem Militärarchiv Freiburg zu folgenden Themen: Befehle des Kommandeurs der 3. LVD 1979, 1980, Anordnungen des Kommandeurs der 3. LVD von 1977, Ministerratssitzungen Okt–Dez 1981, Chronik der 43. Fla-Raketen-Brigade von 1980 bis 1990, Operative und taktische Weiterbildung von 01/84, 02/84, 03/84, 01/85 Teil 1 und 2 und 01/86

Internetquellen

www.s200-wega.de
www.ddr-luftwaffe
www.peters-ade.de
www.linkfang.de/wiki/S-200
https://de.wikipedia.org/wiki/S-200
www.lv-wv.de/frt/leben frt/gschießen.html
http://m.bob.de/politik/hintergrund-aktuell/223801/1991-ende-warschauer-pakt
https://de.wikipedia.org/wiki/Geheimhaltungsstufe
https://dipbt.bundestag.de/doc/btd

12.6. Über den Autor

Der Autor Peter Kraus.

Peter Kraus, geboren am 13. November 1960, trat am 28. August 1980 nach kombinierter Abitur- und Berufsausbildung zum Maschinen- und Anlagenmonteur in die Nationale Volksarmee ein.
Nach erfolgreichem dreijährigen Studium an der Offiziershochschule der Luftstreitkräfte/Luftverteidigung »Franz Mehring«, Sektion Fla-Raketentruppen, wurde er 1983 zum Leutnant ernannt. Als Offizier der Fla-Raketentruppen mit der Spezialisierung »Startausrüstung« war er der einzige Offizier einer Startbatterie im Truppendienst einer Fla-Raketenabteilungsgruppe bzw. einer Fla-Raketenabteilung, der auf die Startausrüstung von drei Waffensystemen der DDR-Luftverteidigung ausgebildet war.
Während der Heranbildung zum Offizier erfolgte die übliche Ausbildung auf die Startausrüstung des Fla-Raketensystems mittlerer Reichweite, S-75 »Wolchow«, Nato-Bezeichnung SA 2.
Unmittelbar nach der Ernennung zum Leutnant folgte eine dreimonatige Intensiv-Ausbildung in einer Ausbildungsstätte des Warschauer Vertrages in der damaligen Sowjetunion.
In Gatschina nahe Leningrad, heute Sankt Petersburg, nahm Kraus an der Umschulung auf die Startausrüstung des weitreichenden Fla-Raketensystems S-200 teil, Nato-Bezeichnung SA 5.
Als Zugführer befehligte er den 1. Feuerzug der Startbatterie der Fla-Raketenabteilung 4312 der neu aufzustellenden Fla-Raketenabteilungsgruppe 431.
Nach fünfjährigem Truppendienst und weit über 150 Tagen Diensteinsätzen im Diensthabenden System erklärte er sich auf Anfrage bereit, abermals an einer Umschulung auf ein wiederum völlig neuartiges Waffensystem der Fla-Raketentruppen teilzunehmen. Die einzige Information, die es zu dem neuen System gab, war die, dass es sich um ein Waffensystem handeln sollte, das dem neuen Fla-Raketenkomplex der NATO, dem »Patriot«, in den wichtigsten Gefechtsparametern überlegen sein sollte.
Seine Teilnahme an dem Lehrgang sollte die einzige Kommandierung aus dem Personalbestand des Fla-Raketensystem S-200 »Wega« in Prangendorf bleiben.
Mit weiteren, im Truppendienst erfahrenen Offizieren und Unteroffizieren aus verschiedenen Fla-Raketenabteilungen mit den Systemen mittlerer und kleiner Reichweite, »Wolchow« und »Newa«, folgte eine erneute dreimonatige und hocheffiziente Umschulung im o. g. Ausbildungszentrum auf den hochmobilen, extrem effektiven und mit enormer Feuerkraft ausgestatteten Fla-Raketenkomplex S-300 PMU, Nato-Bezeichnung SA 10. Diese neue Waffe stellte höchste fachliche Anforderungen an das gesamte Bedienpersonal. Erstmalig wurden alle elektronischen Schaltungen vollständig in Mikroprozessortechnologie in ein Waffensystem der Luftverteidigung des Warschauer Vertrages eingebaut.
Als Batteriechef der neu zu formierenden Fla-Raketenabteilung 4351 nahm er an dem letzten und einzigen automatisierten Gefechtsschießen eines Truppenteils der 43. Fla-Raketenbrigade teil, bei dem alle vier Waffensysteme der Luftverteidigung der DDR erfolgreich zum Einsatz kamen.
Hauptmann a. D. Peter Kraus quittierte seinen Dienst in den Streitkräften noch vor dem Ende der Nationalen Volksarmee und ging als leitender Mitarbeiter eines Vertriebsunternehmens in die Wirtschaft.

12.7. Abbildungsnachweis

Die Fotos und Grafiken in diesem Buch entstammen, soweit nichts anderes vermerkt ist, dem persönlichem Archiv des Verfassers.
Bedanken möchte ich mich bei den Herren Dieter Lehmer, Lothar Herrmann, Joachim Kraekel, Fred Pinske und Roland Bartel, deren persönliche Fotos aus ihrer Dienstzeit beim S-200 ich in mein Archiv übernehmen durfte.
Weitere Bezugsquellen waren www.s200-wega.de (25), www.peters.ada.de (2), www.lv-wv.de (2), Bundesarchiv Freiburg, Abteilung Militärarchiv, Referat MA 4 (28)

WEITERE INTERESSANTE BÜCHER ZUM THEMA

Hochspannende Kombination aus Typenkunde, Technik und Geschichte: In diesem Band werden die Kampfflugzeuge der »anderen« deutschen Luftwaffe, u. a. die MiG-15, die MiG-21 bis hin zur hochmodernen MiG-29 im Detail dargestellt.
176 Seiten, 180 Abbildungen, Format 230 x 265 mm
ISBN 978-3-613-04168-4
€ 24,90 / € (A) 25,60

Die Autoren widmen sich dem Aufbau und der Struktur aller Verbände, Truppenteile und Lehreinrichtungen der DDR-Marine. Es werden alle Kampfschiffe, Unterstützungseinheiten sowie die verwendeten Waffen und Ausrüstungen vorgestellt.
288 Seiten, 675 Abbildungen, Format 230 x 265 mm
ISBN 978-3-613-03723-6
€ 29,90 / € (A) 30,80

Dieser Band widmet sich den Rohr- und Raketenwaffen der NVA, die umfassend dargestellt und porträtiert werden. Neben den eigentlichen Waffenträgern werden auch die zahlreichen Leit- und Unterstützungsfahrzeuge vorgestellt.
128 Seiten, 136 Abbildungen, Format 140 x 205 mm
ISBN 978-3-613-03289-7
€ 12,00 / € (A) 12,40

In diesem Typenkompass werden die Überwassereinheiten der Volksmarine porträtiert. Das Spektrum der dargestellten Schiffe reicht von den Fregatten über die Flugkörper-Schnellboote bis hin zu den Aufklärungsschiffen und Marinefliegern.
128 Seiten, 126 Abbildungen, Format 140 x 205 mm
ISBN 978-3-613-03157-9
€ 12,00 / € (A) 12,40

Stand Juni 2019
Änderungen in Preis und Lieferfähigkeit vorbehalten

Überall, wo es Bücher gibt, oder unter
WWW.MOTORBUCH-VERSAND.DE
Service-Hotline: 0711/ 78 99 21 51

Motor buch Verlag